Hoang Long Nguyen

# Betriebliche Sozialberatung im Kontext von Corporate Social Responsibility

## Eine empirische Untersuchung zu Arbeitsaufgaben und Anforderungen in der betrieblichen Sozialberatung in Deutschland

Die vorliegende Dissertation wurde unter dem Titel „Betriebliche Sozialberatung im Kontext von Corporate Social Responsibility. Eine empirische Untersuchung zu Arbeitsaufgaben und Anforderungen in der betrieblichen Sozialberatung in Deutschland" als schriftliche Qualifikationsleistung zur Erlangung des Grades Doktor der Philosophie (Dr. phil.) an der Fakultät Erziehungswissenschaften der Technischen Universität Dresden angenommen. Das Erstgutachten wurde von Prof. Dr. Sandra Bohlinger erstellt. Das Zweitgutachten wurde von Prof. Dr. Dieter Münk erstellt. Die Disputation wurde am 18.10.2022 erfolgreich durchgeführt.



Gesamtherstellung:
wbv Media GmbH & Co. KG, Bielefeld
**wbv.de**

Umschlagmotiv: istockphoto/marigold_88

ISBN (Print): 978-3-7639-7354-5
ISBN (E-Book): 978-3-7639-7355-2

Printed in Germany



**Bibliografische Information der Deutschen Nationalbibliothek**
Die Deutsche Nationalbibliothek verzeichnet diese Publikation in der Deutschen Nationalbibliografie; detaillierte bibliografische Daten sind im Internet über http://dnb.d-nb.de abrufbar.

# Danksagung

Der größte Dank gilt meiner Doktormutter Prof. Dr. Sandra Bohlinger. Ohne ihre ermutigenden Worte vor mehreren Jahren bin ich mir nicht sicher, ob ich ansonsten je einen akademischen Weg eingeschlagen hätte. Vielen Dank für die Betreuung meines Promotionsvorhabens, für detailreiche Rückmeldungen und für ein Höchstmaß an Wertschätzung und Zuverlässigkeit, auf welches ein Promovend in dieser außergewöhnlichen Phase des Lebens nur hoffen kann.

Ich danke Herrn Prof. Dr. Dieter Münk, der sich freundlicherweise bereit erklärt hat, das Zweitgutachten für meine Arbeit zu übernehmen. Vielen Dank für konstruktiv-kritische Feedbacks und Rückfragen sowie für den notwendigen Pragmatismus an der einen oder anderen Stelle.

Meiner Familie danke ich für ihren bedingungslosen emotionalen Rückhalt sowie für die unzähligen Diskussionsgespräche am Küchentisch, bei Spaziergängen als auch während langer Zug- und Autofahrten. Am allermeisten danke ich ihnen jedoch für ihre unerschütterliche Geduld mit mir in den vergangenen zwei Jahren, die alles andere als selbstverständlich ist.

Abschließend danke ich der Graduiertenakademie der TU Dresden für die Förderung durch ein Stipendium während der Abschlussphase der Promotion.

# Inhalt

# Zusammenfassung

Die betriebliche Sozialberatung blickt in Deutschland auf eine wechselvolle Geschichte zurück. Trotzdem ist heutzutage im Fachdiskurs und darüber hinaus wenig über jenes berufliche Tätigkeitsfeld bekannt, das üblicherweise der Sozialen Arbeit zugeordnet wird. Bezüglich Bezeichnungen, Einsatzorten, Qualifikationsstrukturen und Arbeitsaufgaben wirkt das Feld auf einen ersten Blick heterogen und fragmentiert. Dies könnte auch damit zusammenhängen, dass das Anbieten einer betrieblichen Sozialberatung in Deutschland nicht gesetzlich vorgeschrieben ist. Demnach handelt es sich bei ihr um ein freiwilliges Angebot in Wirtschaftsunternehmen, aber auch Behörden, Bildungseinrichtungen, Krankenhäusern und weiteren Organisationen.

Vor diesem Hintergrund sind in der Forschung Bemühungen zu verzeichnen, die Legitimationsgrundlage der betrieblichen Sozialberatung zu konsolidieren, bspw. anhand von Kosten-Nutzen-Analysen. Entsprechende Studien sind jedoch in mehrfacher Hinsicht mit Limitationen konfrontiert, sodass in dieser Arbeit danach gefragt wird, inwieweit das Konzept der Corporate Social Responsibility (CSR) als ein weiterer Zugang zur Legitimierung der betrieblichen Sozialberatung genutzt werden kann. Im Gang der Arbeit wird aufgezeigt, dass betriebliche Sozialberatung an das CSR-Konzept anschlussfähig ist. Das CSR-Konzept wird als theoretisch-konzeptionelle Folie verwendet, um darauf aufbauend empirisch zu untersuchen, welche Arbeitsaufgaben das Personal in der betrieblichen Sozialberatung ausführt und welche Anforderungen damit verbunden sind. Der Anforderungsbegriff meint im Verständnis dieser Arbeit, welche Qualifikationen benötigt werden, um in das Feld einzutreten und darin zu arbeiten (Qualifikationsanforderungen), sowie welche Kompetenzen nötig sind, um bestimmte Aufgaben zu verrichten (Kompetenzanforderungen).

Das Ziel ist hierbei bescheiden. Anstatt zu versuchen, ein übergeordnetes Aufgabenprofil für die betriebliche Soziale Arbeit per se zu konstruieren, wird ein vorsichtigerer Weg gewählt, an dessen Endpunkt ein Arbeitsaufgabenprofil herausgearbeitet werden soll, welches lediglich als eine momentane Bestandsaufnahme zu verstehen ist. Hiermit werden weder Ansprüche auf Vollständigkeit noch auf Allgemeingültigkeit erhoben. Diese Ansprüche wären mit dem gewählten Forschungsdesign nicht erfüllbar. Auf der Grundlage von 16 qualitativen Expert:inneninterviews mit betrieblichen Sozialberatenden aus sechs Bundesländern und Wirtschaftszweigen gibt die Arbeit einen Einblick in Arbeitsaufgabenstrukturen und Qualifikations- und Kompetenzanforderungen eines heterogenen wie auch interdisziplinären beruflichen Tätigkeitsfeldes.

# Abstract

Occupational social counselling in Germany can look back on a rich and varied history. Nevertheless, little is known today in professional discourse and beyond about this specific field of work, that is usually considered to be part of social work. In terms of titles, work settings, qualification structures and work tasks, the field appears heterogeneous and fragmented at first glance. This could also be related to the fact that the provision of occupational social counselling is not legally mandatory in Germany. Therefore, it is a voluntary service that exists in business companies, but also in public institutions, educational institutions, hospitals and other kinds of organisations.

Against this background, research has tried to consolidate the basis of legitimacy of occupational social counselling, for instance based on cost-benefit analyses. However, respective studies are confronted with limitations in several respects, so that this thesis asks to what extent the concept of Corporate Social Responsibility (CSR) can be used as a further approach to provide legitimacy for occupational social counselling. In the course of this thesis, it will be shown that occupational social counselling can be connected to the CSR concept. The CSR concept is used as a theoretical foundation in order to empirically explore, which work tasks are carried out by employees in occupational social counselling and which requirements are associated with them. In the context of this thesis, the term requirements means which qualifications are needed to enter and work in the field (qualification requirements) as well as which competences are needed to carry out certain tasks (competence requirements).

The aim of this study is modest. Instead of attempting to construct an overarching task profile for occupational social work per se, a more cautious path is chosen, at the end of which a task profile is to be carved out, which can be understood merely as a momentary overview. It does neither claim to be complete nor to be universally valid. These claims could not be fulfilled with the chosen research design. On the basis of 16 qualitative expert interviews with occupational social counsellors from six German states and branches, the study provides an insight into work task structures and qualification and competence requirements of a heterogeneous as well as interdisciplinary field of work.

# Abkürzungsverzeichnis

| | |
|---|---|
| bbs | Bundesfachverband Betriebliche Sozialarbeit e. V. |
| BEM | Betriebliches Eingliederungsmanagement |
| BGM | Betriebliches Gesundheitsmanagement |
| BIP | Bruttoinlandsprodukt |
| BMAS | Bundesministerium für Arbeit und Soziales |
| CEO | Chief Executive Officer |
| CSR | Corporate Social Responsibility |
| CSRD | Corporate Sustainability Reporting Directive |
| CSV | Creating Shared Value |
| DBSH | Deutscher Berufsverband für Soziale Arbeit e. V. |
| DBVC | Deutscher Bundesverband Coaching e. V. |
| DGSA | Deutsche Gesellschaft für Soziale Arbeit |
| EAP | Employee Assistance Program |
| ISO | International Organization for Standardization |
| KldB | Klassifikation der Berufe |
| LLV | Lehr-Lern-Veranstaltungen |
| MNU | Multinationale Unternehmen |
| NFRD | Non-Financial Reporting Directive |
| OAP | Occupational Alcoholism Program |
| OECD | Organisation for Economic Co-operation and Development |
| psyGA | Psychische Gesundheit in der Arbeitswelt |
| SDG | Sustainable Development Goal |
| SV | Shared Value |
| TQM | Total Quality Management |
| UN | United Nations |
| WHO | World Health Organization |

# 1 Einleitung

## 1.1 Problemstellungen und Forschungsfragen

Im Bericht *Health at a Glance: Europe 2018* der OECD und der Europäischen Kommission wird dargelegt, dass im Jahr 2016 mehr als jede sechste Person in den EU-Ländern unter psychischen Gesundheitsproblemen litt, was rund 84 Mio. Personen entspricht (vgl. OECD und EU 2018, S. 21). Schätzungsweise sind 2015 EU-weit über 84.000 Menschen infolge psychischer Krankheiten oder Suizide verstorben (vgl. OECD und EU 2018, S. 24). Psychische Probleme beanspruchen nicht nur die Betroffenen selbst, sondern sie belasten auch Volkswirtschaften erheblich. Die Gesamtkosten, die durch sie in der EU verursacht werden, betrugen im Jahr 2015 mehr als 600 Mrd. Euro und umfassten damit ca. 4 % des BIP. Davon sind etwa 190 Mrd. Euro (1,3 % des BIP) auf direkte Ausgaben für Gesundheitssysteme und 170 Mrd. Euro (1,2 %) auf Ausgaben für Sozialversicherungsprogramme zurückzuführen. Der Großteil der Gesamtkosten, das sind ca. 240 Mrd. Euro (1,6 %), wird indirekt durch Einbußen bei Beschäftigung und Produktivität auf dem Arbeitsmarkt verursacht (vgl. OECD und EU 2018, S. 26). In einem früheren OECD-Bericht wird aufgezeigt, dass psychische Probleme mit einer Erhöhung der Wahrscheinlichkeit temporärer Arbeitsausfälle einhergehen. Im Jahr 2010 blieben 42 % der Beschäftigten mit schweren psychischen Erkrankungen in den letzten vier Wochen krankheitsbedingt der Arbeit fern. Im Vergleich dazu waren es bei Beschäftigten mit moderaten psychischen Erkrankungen 28 % und bei denjenigen ohne psychische Erkrankungen 19 % (vgl. OECD 2012, S. 73). Für Deutschland zeigt ein Überblick zu krankheitsbedingten Fehlzeiten im Jahr 2020 auf Grundlage der Arbeitsunfähigkeitsmeldungen 14,1 Mio. erwerbstätiger AOK-Mitglieder, dass 12 % krankheitsbedingter Fehltage auf psychische Erkrankungen zurückzuführen sind. Innerhalb der sechs häufigsten Krankheitsarten rangieren sie nach den Muskel- und Skelett-Erkrankungen (22,1 %) an zweiter Stelle. Seit 2010 haben Krankheitstage aufgrund psychischer Erkrankungen um 56 % zugenommen. Die durchschnittliche Falldauer psychischer Erkrankungen bezifferte im Berichtsjahr 30,3 Tage pro Fall und war damit doppelt so lang wie der Durchschnitt mit 13,8 Tagen pro Fall (vgl. Meyer et al. 2021, S. 443). Kosten entstehen jedoch nicht nur, wenn Beschäftigte ausfallen und verlorene Arbeitszeit zu Produktivitätseinbußen führen (Absentismus), sondern auch dann, wenn sie zwar anwesend sind, aber ihr Leistungsvermögen reduziert und ihre Kapazität nicht voll ausgeschöpft ist (Präsentismus) (vgl. OECD 2021, S. 36). Ferner wird aufgezeigt, dass bei Betroffenen mit schweren psychischen Erkrankungen die Wahrscheinlichkeit, dass sie infolge psychischer oder physischer Gesundheitsprobleme weniger leisten können, als sie möchten, mehr als dreimal so hoch wie bei Beschäftigten ohne solche Erkrankungen ist (88 % vs. 26 %) (vgl. OECD 2012, S. 72–73). Vor dem Hintergrund der weitreichenden (ökonomischen) Konsequenzen psychischer Probleme für

Wirtschaft und Gesellschaft werden auch Arbeitsorte zu einem zentralen Bezugspunkt politischer Initiativen gemacht, um Präventions- und Interventionsstrategien zu entwickeln. Ausführungen hierzu finden sich bspw. im *Comprehensive Mental Health Action Plan 2013–2030* der WHO (vgl. WHO 2021, S. 27), im *WHO European Framework for Action on Mental Health 2021–2025* (vgl. WHO-EURO 2021, S. 11) oder in der *Recommendation on Integrated Mental Health, Skills and Work Policy* der OECD (vgl. OECD 2015). Im *European Framework for Action on Mental Health and Wellbeing*, von der Joint Action Mental Health and Wellbeing (JA MH-WB) erarbeitet, widmet sich ein Arbeitspaket allein der Förderung psychischer Gesundheit am Arbeitsplatz. Der Arbeitsplatz wird als Ort erachtet, an dem zwar psychische und physische Gesundheitsprobleme entstehen können, gleichermaßen aber effektive Prävention ansetzbar ist. Betriebliche Gesundheitsförderung kann sich hierbei nicht nur auf gesetzliche Arbeitsschutzregelungen stützen, sondern ist auch auf das freiwillige Engagement Arbeitgebender angewiesen (vgl. Joint Action Mental Health and Wellbeing 2016, S. 7–8). In diesem Lichte könnte die betriebliche Soziale Arbeit[1] eine gewichtige Rolle einnehmen, um als ein Baustein im Rahmen von Konzepten betrieblichen Gesundheitsmanagements das psychosoziale Wohlbefinden und die Gesundheit von Beschäftigten (am Arbeitsplatz) zu fokussieren. Hierfür hat das BMAS-geförderte Projekt psyGA (Psychische Gesundheit in der Arbeitswelt) in jüngerer Vergangenheit einen Leitfaden veröffentlicht, um Arbeitgebenden das Thema Mitarbeiter:innenberatung näherzubringen (vgl. Projektgruppe psyGA 2017, S. 4). Obwohl die betriebliche Sozialberatung hier ansetzt, ist aktuell noch nicht viel über sie bekannt. Deshalb soll mit dem vorliegenden Promotionsvorhaben ein Beitrag geleistet werden, um den wissenschaftlichen Erkenntnis- und Forschungsstand zu diesem beruflichen Tätigkeitsfeld entlang ausgewählter Fragestellungen zu entfalten und zu erweitern.

Die betriebliche Soziale Arbeit[2] in Deutschland hat eine ereignisreiche Geschichte (ausführlich: vgl. Baumgartner und Sommerfeld 2016, S. 5–13; Klein 2021, S. 13–34; Stoll 2013, S. 26–37). Heutzutage ist dieses Tätigkeitsfeld, das auf psychosoziale Krisen und Probleme im beruflichen Arbeitskontext spezialisiert ist, mehrheitlich, aber nicht ausschließlich, unter der Bezeichnung *betriebliche Sozialberatung* in Wirtschaftsunternehmen, Behörden, Gesundheitseinrichtungen, Bildungseinrichtungen und anderen Organisationen[3] zu finden (vgl. Appelt 2013, S. 176; Bremmer 2017a, S. 9–10; Klein 2021, S. 38). Versucht man, dem Feld eine Kontur zu verleihen, werden die Grenzen dieses Vorhabens schnell spürbar, denn nicht nur die potenziellen Be-

1 In der Arbeit werden die Begriffe *betriebliche Sozialberatung, betriebliche Sozialarbeit, betriebliche Soziale Arbeit* sowie *Soziale Arbeit in Betrieben* synonym verwendet.

2 Wohl wissend um die begrifflichen Diskussionen um die Termini *Soziale Arbeit, Sozialpädagogik* und *Sozialarbeit*, sollen diese Diskussionen an der Stelle nicht entfaltet werden. In Orientierung an Thole (2012, S. 20) wird der Begriff *Soziale Arbeit* als Einheit von *Sozialpädagogik* und *Sozialarbeit* verwendet.

3 Angesichts der Vielfalt der Einsatzfelder für betriebliche Sozialberatende wird im Verlauf der Arbeit bevorzugt *Organisation* als übergeordneter Begriff verwendet. Generell wird Organisation verstanden als „soziales Gebilde, das Mitgliedschaftsregeln aufweist, aufgabenorientierte Strukturen und Prozesse ausgebildet hat und durch Zwecksetzungen eine funktionale Spezifität besitzt" (Häußling und Zimmermann 2010, S. 219). In dieser Arbeit wird eine Organisation vor allem als Ort aufgefasst, „an dem Beschäftigte zusammenkommen, um Güter zu produzieren oder Dienstleistungen zu erbringen. Dabei ist unerheblich, ob es sich um Einrichtungen und Verwaltungen im Öffentlichen Dienst, Organisationen ohne Erwerbscharakter oder im engeren Sinne Betriebe der Privatwirtschaft handelt" (Mitglieder des Rates der Arbeitswelt 2021, S. 24).

zeichnungs- und Einsatzmöglichkeiten sind vielfältig, sondern Heterogenität besteht auch bzgl. *Anbindungsformen* (vgl. Baumgartner und Sommerfeld 2016, S. 147; Bremmer 2017b, S. 110), *Qualifikationsstrukturen* (vgl. Baumgartner und Sommerfeld 2016, S. 145; Lau-Villinger 1994, S. 137; Nguyen und Bohlinger 2019, S. 445–446) und *Arbeitsaufgabenprofilen* (vgl. Baumgartner und Sommerfeld 2016, S. 151; Nguyen und Bohlinger 2019, S. 444–445; Stoll 2013, S. 162). Folglich ist kaum ein einheitliches Berufsbild zu erkennen, was sich auch in der einschlägigen Forschungslage abzeichnet. Der Forschungsstand wird als „rudimentär" beurteilt und es wird ein Mangel an Grundlagenwissen moniert:

> „Über die Verbreitung, die Aufgabenprofile von Betrieblichen Sozialberatungen, ihre Organisationsformen, die Qualifikationen von Sozialberatenden im Feld oder die bearbeiteten Problemlagen der Klientel ist kaum empirisches Wissen vorhanden" (Baumgartner und Sommerfeld 2016, S. 27).

Während für andere Tätigkeitsfelder der Sozialen Arbeit umfangreiche empirische Analysen existieren (für Kindertageseinrichtungen, Hilfen zur Erziehung, Kinder- und Jugendarbeit sowie Jugendamt: vgl. Beher und Gragert 2004; für Jugendberufshilfe: vgl. Mairhofer 2017), sind vergleichbare Studien für die betriebliche Sozialberatung rar. Fragt man danach, weshalb das Feld auf einen ersten Blick fragmentiert wirkt und kein uniformes Berufsbild vorhanden ist, so hängt dies sicherlich auch damit zusammen, dass das Anbieten einer betrieblichen Sozialberatung in Deutschland nicht gesetzlich verlangt wird. Als freiwilliges Angebot in der Arbeitswelt gibt es für sie weder eindeutig geregelte Zugangsvoraussetzungen noch trennscharfe Zuständigkeitsausschnitte. Stattdessen ist anzunehmen, dass Organisationen, in denen betriebliche Sozialberatungen eingebettet und finanziert sind, maßgeblich an deren inhaltlichen Ausgestaltungen beteiligt sind. Deswegen gibt es im Fachdiskurs seit längerer Zeit Bemühungen, um zu erklären, weshalb Sozialberatungen eingerichtet werden (sollten). In Kosten-Nutzen-Studien wird an Fallbeispielen aufgezeigt, dass betriebliche Sozialberatungen positive Auswirkungen auf Unternehmenserfolge haben und demnach als ertragreiche Investitionen markiert werden können (vgl. Baumgartner 2003; Stoll 2013; Zeier 1999). Obgleich solche Untersuchungen relevant sind, um die Legitimationsbasis der betrieblichen Sozialberatung zu festigen, sind sie doch mit Grenzen konfrontiert. Fraglich ist, inwiefern sie erstens die Komplexität personennaher sozialer Dienstleistungen und zweitens andere, nichtökonomische Motive Arbeitgebender adäquat abbilden können. Ergänzend dazu gibt es neuere Arbeiten, in denen beforscht wird, inwiefern die betriebliche Sozialberatung in dem Konzept der *Corporate Social Responsibility* (CSR) eine Berechtigungsgrundlage finden kann (vgl. Baumgartner 2010; Baumgartner und Sommerfeld 2016; Ryser 2010). Zwar ist die damit aufgeworfene Frage nach der Verantwortung von Unternehmen in der Gesellschaft keineswegs neu (vgl. Bluhm 2008, S. 146–149; Latapí Agudelo et al. 2019, S. 3–15), jedoch hat sie in jüngerer Vergangenheit unter dem Akronym CSR deutlich an Brisanz und Kontur gewonnen. Obwohl CSR aufgrund einer gewissen konzeptionellen Offenheit nicht frei von Kritik ist (vgl. Neuhäuser 2011, S. 18–19, 2016, S. 3), wird ihr dennoch eine hohe innovative Kraft zugesprochen, um die Dichotomie zwischen ökonomischen und nicht-ökonomischen Argumenten zu überwinden und Spielräume für Interpretationen zu erweitern, weshalb und wie Organisationen soziale Verantwortung für wen oder was übernehmen (sollen). Konkret wird es in der vorliegenden Arbeit darum gehen, zu erörtern, inwiefern unter Bezugnahme auf das CSR-Konzept Erklärungsansätze jenseits ökonomischer Kosten-Nutzen-Abwägungen herausgearbeitet werden können, aus welchen Gründen Organisationen über betriebliche Sozialberatungen verfügen (sollten). Als Dreh- und Angelpunkt wird die besondere Akzentuierung der sozialen Verantwortung gegenüber der Gruppe der *Beschäftigten* gesehen, die im späteren Verlauf der Arbeit noch an verschiedenen Stellen sichtbar gemacht wird.

Vor dem Hintergrund der aufgerissenen Problemstellungen, die kursorisch illustrieren sollten, weshalb es gegenwärtig wichtig und lohnend ist, sich (wissenschaftlich) mit dem beruflichen Tätigkeitsfeld der betrieblichen Sozialberatung zu befassen, werden drei Forschungsfragen abgeleitet, die den Kern der Arbeit formen und den Gang der Untersuchung steuern:

1. Welche Qualifikationen werden für den Zugang zur betrieblichen Sozialberatung bzw. für die Arbeit in ihr benötigt?
2. Welche Arbeitsaufgaben werden von dem Personal in der betrieblichen Sozialberatung ausgeführt und welche Kompetenzanforderungen werden dabei an es gestellt?
3. Inwiefern kann das Konzept der Corporate Social Responsibility (CSR) zur Konstruktion einer Legitimationsgrundlage für die Konstituierung der betrieblichen Sozialberatung beitragen?

Die Bearbeitung der *ersten* und *zweiten* Forschungsfrage zielt darauf, eine empirisch gestützte Bestandsaufnahme von Qualifikationsanforderungen, Arbeitsaufgaben und Kompetenzanforderungen zu erstellen. Es wird erwartet, dass die Forschungsergebnisse dazu beisteuern, das Berufsbild betrieblicher Sozialberatender zu schärfen, indem Forschungsdesiderata zu Aufgaben- und Anforderungsprofilen bearbeitet werden (vgl. Baumgartner und Sommerfeld 2016, S. 27; Klein und Appelt 2017, S. 5). Als theoretische Folie wird, wie beschrieben, das CSR-Konzept herangezogen. Deshalb wird mit der *dritten* Forschungsfrage diskutiert, inwieweit das CSR-Konzept anschlussfähig ist, um die Einführung betrieblicher Sozialberatungen jenseits von Kosten-Nutzen-Kalkulationen zu erklären. Im Kern wird damit hinterfragt, inwiefern theoretische Ansätze in der Sphäre um CSR fruchtbar gemacht werden können, um zu einem besseren Verständnis der Einführung von und der Arbeit in der betrieblichen Sozialberatung zu gelangen. Hiermit wird insofern eine Forschungslücke adressiert, weil respektive Studien im deutschsprachigen Raum erst ansatzweise vorliegen (vgl. Baumgartner 2010; Baumgartner und Sommerfeld 2016). Vorwegzunehmen ist jedoch, dass die empirische Bearbeitung der dritten Forschungsfrage lediglich aus Perspektive der in dem Feld tätigen Fachkräfte erfolgt. Die Perspektiven Arbeitgebender, die in der Regel federführend darüber entscheiden, ob eine betriebliche Sozialberatung eingeführt und wie diese ausgestaltet wird, bleiben ausgeklammert, sodass die Aussagekraft der Arbeit an der Stelle begrenzt ist. Es kann also nur vordergründiges Ziel sein, theoretische Überlegungen darzulegen und Impulse für weitere Forschungsvorhaben zu geben.

Die Ausrichtung der Arbeit entlang der drei Forschungsfragen lässt nur bedingt zu, sie einer einzelnen wissenschaftlichen Disziplin zuzuordnen. Vielmehr ist sie interdisziplinär angelegt. Ausgehend von der ersten und zweiten Forschungsfrage kann sie an der Schnittstelle zwischen Qualifikations- und Sozialarbeitsforschung verortet werden. Im Zentrum steht die Untersuchung von Arbeitsaufgaben und Anforderungen innerhalb eines beruflichen Tätigkeitsfeldes, das üblicherweise der Sozialen Arbeit zugeordnet ist. Die Ergebnisse, so wird erwartet, bilden eine wissenschaftlich fundierte Grundlage, welche fruchtbar für die Aus- und Weiterbildung (zukünftiger) betrieblicher Sozialberatender sein kann. Dadurch werden wiederum Schnittstellen zur Hochschul- und/oder Erwachsenen-/Weiterbildung eröffnet. Zur Erwachsenen-/Weiterbildung besteht eine weitere Überschneidung, da die Umsetzung von Lehr-Lern-Angeboten für Erwachsene wesentlicher Bestandteil des Aufgabenprofils betrieblicher Sozialberatender ist, worauf im weiteren Verlauf der Arbeit ausführlicher eingegangen wird. Daneben ergeben sich durch die Auseinandersetzung mit dem CSR-Konzept Bezüge zur Wirtschaftsethik und Betriebswirtschaftslehre.

## 1.2 Aufbau der Arbeit

Das *erste Kapitel* befasst sich mit der Kontextualisierung des Themas sowie der Formulierung der Forschungsfragen und Ziele der vorliegenden Arbeit.

Im *zweiten Kapitel* werden zentrale Begriffe geklärt und Arbeitsdefinitionen für den weiteren Gang der Untersuchung bestimmt. Konkret handelt es sich um die Begriffe *betriebliche Sozialberatung, Corporate Social Responsibility, Arbeitsaufgabe, Qualifikation* und *Kompetenz.*

Im *dritten Kapitel* wird eine Analyse des beruflichen Tätigkeitsfeldes der betrieblichen Sozialberatung durchgeführt. Zuerst wird auf Grundlage von Berufsfeldsystematisierungen in der Literatur untersucht, wie die betriebliche Sozialberatung innerhalb der Sozialen Arbeit verortet werden kann. Danach wird hinterfragt, was im Kern als Zuständigkeitsbereich (betrieblicher) Sozialer Arbeit gesehen werden kann. Darauffolgend wird mittels unterschiedlicher Zugänge versucht, die Anzahl der in dem Feld Tätigen zu ermitteln, wobei auch auf die Limitationen der gewählten Zugänge eingegangen wird. Daraufhin wird der Stand der Forschung zu Qualifikationen und Arbeitsaufgaben aufgearbeitet. Ziel ist, die Entwicklung des Forschungsstands entlang von Forschungsarbeiten und -befunden im Verlauf der vergangenen Jahrzehnte grob nachzuzeichnen und Desiderata für die empirische Studie der Arbeit abzuleiten. Abschließend wird ein Exkurs zur Professionalität in der (betrieblichen) Sozialen Arbeit vorgenommen, da die Analyse von Arbeitsaufgaben nicht gänzlich von der Frage nach Professionalität bzw. professionellem Handeln abgekoppelt werden kann.

Das *vierte Kapitel* widmet sich der Frage, inwiefern das CSR-Konzept dazu genutzt werden kann, um einen weiteren Ansatz zur Legitimierung der betrieblichen Sozialberatung jenseits überwiegend ökonomisch ausgerichteter Kosten-Nutzen-Analysen zu eröffnen. Hierfür wird der Forschungsstand zu bisherigen Legitimierungsansätzen erstellt und kritisch diskutiert. Darauf aufbauend wird untersucht, wie betriebliche Sozialberatung und CSR miteinander verzahnt werden können. Da CSR ein facettenreiches Konzept ist, für welches es kein einheitlich geteiltes Verständnis gibt, werden mit der *Stakeholder-Theorie* und dem *Creating-Shared-Value-Konzept* zwei theoretische Zugänge bedient, um sich der Frage anzunähern, für wen und wie Organisationen soziale Verantwortung am Beispiel der betrieblichen Sozialberatung übernehmen (sollten). Dadurch wird eine theoretisch-konzeptionelle Folie für den weiteren Gang der Arbeit konstruiert.

Im *fünften Kapitel* wird der Forschungsprozess erläutert. Dafür werden konzeptionelle Vorüberlegungen dargelegt und die Entscheidung für einen qualitativen Forschungsansatz begründet. Daraufhin wird das methodische Vorgehen zugunsten einer maximalen intersubjektiven Nachvollziehbarkeit offengelegt. Die Schritte beziehen sich auf die Übersetzung der Forschungs- in Leitfragen, die Konstruktion des Datenerhebungsinstruments, das Sampling sowie die Aufbereitung und Auswertung der Daten. Abschließend wird das Vorgehen anhand von sechs Gütekriterien der qualitativen Forschung kritisch reflektiert.

Im *sechsten Kapitel* werden auf Basis der Stichprobe Qualifikationsstrukturen in der betrieblichen Sozialberatung beleuchtet. Das Hauptaugenmerk liegt auf Berufsausbildungs-, Hochschulausbildungs- und Weiterbildungsabschlüssen sowie den beruflichen Werdegängen der Befragten.

Das *siebte Kapitel* betrachtet betriebliche Sozialberatung im organisationalen Kontext. Es wird aufgezeigt, inwiefern strukturelle Besonderheiten und Bedingungen in den Organisationen, in welche Sozialberatende eingebettet sind, ihre Arbeit mitbestimmen können. Im Anschluss wird rekonstruiert, wie Arbeitsaufgaben in Organisationen grundsätzlich entstehen und in welchen Formen sie verankert sein können.

Im *achten Kapitel* werden Ergebnisse zu Arbeitsaufgaben in der betrieblichen Sozialberatung präsentiert. Deskriptiv und materialgeleitet wird dargelegt, was betriebliche Sozialberatende in ihrem beruflichen Arbeitsalltag machen, wie sie vorgehen und weshalb sie so vorgehen. Ziel ist, einen Einblick in die Arbeit der Befragten zu geben und die Ergebnisse mit Befunden aus dem Forschungsstand zu spiegeln. Anhand zweier Arbeitsaufgaben, nämlich der Durchführung der Beratungen und Lehr-Lern-Veranstaltungen, werden zudem Ergebnisse zu der Frage präsentiert, welche Kompetenzanforderungen aus Sicht der Fachkräfte mit ihnen verbunden sind.

Das *neunte Kapitel* umfasst Ergebnisse zu der Frage, welchen Beitrag die betriebliche Sozialberatung aus Perspektive der Befragten zur Wertschaffung in Organisationen (und darüber hinaus) leisten kann. Qualitativ und belegt mit Beispielen aus dem Datenmaterial wird exploriert, welche ökonomischen und nicht-ökonomischen Werte sie potenziell für wen erzeugen kann.

Das *zehnte Kapitel* schließt die Arbeit mit einem Resümee ab. Mit Rückbezug auf die drei Forschungsfragen werden zentrale Erkenntnisse und Ergebnisse der Arbeit, einschließlich der empirischen Untersuchung, gebündelt. In dem Kontext wird der Erkenntniszuwachs, welcher durch die Arbeit geschaffen werden soll, für den Fachdiskurs herausgearbeitet. Gleichwohl wird kritisch reflektiert, worin die Limitationen der vorliegenden Arbeit zu sehen sind, um Ansatzpunkte für weitere Forschungsvorhaben zu formulieren.

# 2 Begriffsbestimmungen

In diesem Kapitel werden die zentralen Begriffe der Arbeit – betriebliche Sozialberatung (vgl. Kapitel 2.1), Corporate Social Responsibility (vgl. Kapitel 2.2), Arbeitsaufgabe (vgl. Kapitel 2.3) sowie Qualifikation und Kompetenz (vgl. Kapitel 2.4) – definiert. Angesichts der Masse an Literatur zu jedem dieser Begriffe wird nicht darauf abgestellt, allgemeingültige Definitionen zu finden. Stattdessen werden Arbeitsverständnisse für den weiteren Gang der Arbeit determiniert.

## 2.1 Betriebliche Sozialberatung

Bei der betrieblichen Sozialberatung handelt es sich um Soziale Arbeit in Unternehmen, Behörden und Verwaltungen oder vergleichbar strukturierten Organisationen (vgl. Appelt 2013, S. 176), die entweder intern oder extern[4] als freiwillige Leistung zur Verfügung gestellt wird[5] (vgl. Bremmer 2017b, S. 110). Es gibt für sie weder eine verbindliche Definition noch eine einheitliche Bezeichnung (vgl. Schultenkämper 1995, S. 218). In der Praxis herrscht eine unübersichtliche Anzahl an Bezeichnungen[6] für Organisationseinheiten vor, in denen betriebliche Soziale Arbeit geleistet wird, z. B.: Beratungsdienst für Mitarbeitende, Anlaufstelle für soziale Angelegenheiten, psychosozialer Dienst für Beschäftigte (Bremmer 2017a, S. 9–10).

In einer älteren englischsprachigen Definition verstehen Googins und Godfrey Folgendes unter *occupational social work*:

> „Occupational social work is that *field of practice in which social workers attend to the human and social needs of employees in the work milieu by designing and executing appropriate interventions to ensure healthier individuals and environments*" (Googins und Godfrey 1985, S. 398; Hervorhebung im Original).

---

4 In externer Form sind die Angebote manchmal unter der Bezeichnung *Employee Assistance Program* (EAP) vorzufinden. EAPs haben ihren Ursprung in den USA. Sie gelten als Nachfolger der *Occupational Alcoholism Programs* (OAP) und haben sich in den 1970er-Jahren herausgebildet (vgl. Maiden 2001, S. 130). In der Arbeit bleiben EAPs weitestgehend unberücksichtigt. Für einen Überblick zur Lage der EAPs wird auf eine 2016 durchgeführte Studie von Roche et al. (2018) hingewiesen. In einer international angelegten quantitativen Erhebung (n = 74) werden Ergebnisse zu treibenden Faktoren zur Einführung von EAPs, Charakteristiken von EAPs sowie regionalen Unterschieden präsentiert (vgl. Roche et al. 2018, S. 171–180).

5 Unabhängig von ihrer organisationalen Verortung werden im Report zum *European Seminar on Personnel Social Work* folgende Empfehlungen für die Konstituierung einer betrieblichen Sozialberatung formuliert (vgl. Fredenhagen 1961, S. 63; UN 1961b, S. 23): (1) Sie befindet sich außerhalb der Weisungskette im Betrieb; (2) nimmt eine beratende Funktion ein, trifft keine Entscheidungen für (potenzielle) Hilfesuchende und übt ihnen gegenüber keine Kontrolle aus; (3) hat keinen maßgeblichen Einfluss auf den beruflichen Werdegang der Beschäftigten; (4) ist an eine Schweigepflicht gebunden und frei in der Auswahl ihrer Arbeitsmethoden, was zu akzeptieren und sicherzustellen ist.

6 Die Diskussion um eine geeignete Bezeichnung für das Tätigkeitsfeld ist weder neu noch wird sie nur im deutschsprachigen Raum geführt. Im Report zum *European Seminar on Personnel Social Work* findet sich in der Einleitung ein Hinweis, dass der Terminus *Personnel Social Work* bevorzugt anstelle von *Industrial Social Work* verwendet werden sollte, um eine Exklusion nicht-industrieller Organisationen zu vermeiden, in denen auch betriebliche Soziale Arbeit geleistet wird. In einer Fußnote wird ergänzt, dass zum Ende des Seminars ein weiterer Terminus ins Gespräch gebracht wurde, nämlich *Occupational Social Work*, der damals jedoch aufgrund seiner leichten Verwechselbarkeit mit anderen Bereichen wie *Occupational Health* oder *Occupational Training* abgelehnt wurde (vgl. UN 1961a, S. 2).

Diese Definition expliziert, dass die betriebliche Sozialberatung als ein berufliches Tätigkeitsfeld aufgefasst wird, in welchem Sozialarbeitende sich um persönliche und soziale Bedarfe von Beschäftigten in beruflichen Arbeitskontexten kümmern. Der Einsatz intervenierender Maßnahmen zielt auf die Förderung der Gesundheit der Individuen und ihrer (sozialen) Umwelt.

Im Report des *European Seminar on Personnel Social Work* wird folgende Definition vorgeschlagen:

> „Personnel social work is a systematic way of helping individuals and groups towards a better adaption to the working situation. Social problems within an enterprise arise whenever an individual employee or a group (within the enterprise) and the work situation cannot adapt to each other.
>
> The personnel social worker works together with individuals and groups to help them develop their inner resources and to ask, if necessary, for the co-operation of other services inside and outside the enterprise to assist in bringing about changes in the work environment.
>
> The personnel social worker should try to operate in advisory capacity to prevent social problems from arising. In this way personnel social work tries to contribute towards good human relations and a better functioning of the working community" (UN 1961b, S. 22).

In diesem Begriffsverständnis werden soziale Probleme als Folgen fehlender Anpassungen zwischen Individuen oder Gruppen und Arbeitssituationen in Organisationen gedeutet. Die Funktion der betrieblichen Sozialberatung besteht darin, Anpassungsleistungen zu unterstützen, indem die Entwicklung von Ressourcen der Individuen und Gruppen gefördert und gleichwohl Veränderungen in den Arbeitsumgebungen herbeigeführt werden. Im Vergleich zur Definition von Googins und Godfrey (1985, S. 398) werden hier präventive Bemühungen betont, damit es nicht erst zur Entstehung sozialer Probleme kommt.

Für den deutschsprachigen Raum hat in jüngerer Vergangenheit eine folgende Begriffsbestimmung besonders Resonanz im Fachdiskurs gefunden:

> „Betriebliche Sozialarbeit meint die ethisch begründeten (sozial-)pädagogischen Interventionen speziell ausgebildeter Fachkräfte, mit deren Hilfe Unternehmen einem Teil ihrer sozialen Verantwortung gerecht werden und einen Beitrag zur Humanisierung der Arbeitswelt leisten. Reagiert wird damit auf das Spannungsfeld wirtschaftlicher Abläufe und menschlicher bzw. sozialer Frage- und Problemstellungen sowie der sich daraus ergebenden leistungsmindernden Reibungspunkte. Präventiv soll die Entstehung von unnötigen Konfliktsituationen verhindert werden. Ziel ist, prozessbegleitend auf sozial verträgliche Weise zum Wachstum des Unternehmens beizutragen. Die Interventionen beziehen sich dabei auf die in das Unternehmen hineinwirkenden Faktoren mit Einfluss auf die Beschäftigten sowie auf die Situation der einzelnen ArbeitnehmerInnen. Beachtung finden muss dabei ihr gesamtgesellschaftlicher Kontext und/oder die sich im Unternehmen ergebenden sozialen Bezüge und Problemstellungen mit Wirkung auf Einzelne oder Gruppen bzw. Systeme" (Stoll 2013, S. 23).

Noch deutlicher als im eben referierten Report erklärt Stoll in ihrer Definition, dass die Fachkräfte der betrieblichen Sozialberatung an den Reibungspunkten infolge des Spannungsverhältnisses zwischen wirtschaftlichen Anforderungen und individuellen Problemstellungen ansetzen. Die Doppelfunktion der betrieblichen Sozialberatung spiegelt sich darin wider, dass sie auf der einen Seite zur Humanisierung der Arbeitswelt und auf der anderen Seite auf sozial verträgliche Weise zur Prosperität des Unternehmens beitragen soll. In dieser Definition werden sowohl eine präventive als auch eine interventive Ausrichtung berücksichtigt. Außerdem betont die Autorin die Notwendigkeit einer speziellen Ausbildung der Fachkräfte, wobei Spezifizierungen nicht vorgenommen werden.

Die vorgestellten Definitionen reflektieren grob eine fortlaufende Entwicklung des Verständnisses von betrieblicher Sozialer Arbeit im Laufe mehrerer Jahrzehnte. Bemerkenswert ist die sukzessive Schwerpunktverlagerung von einer betriebssozialarbeiterischen Unterstützungsleistung für unilaterale Adaptionen der Beschäftigten an ihre Arbeitsplätze und damit verbundene Bedingungen hin zu bilateralen Adaptionsbestrebungen zwischen Individuen und Arbeitsplätzen vor dem Hintergrund der Humanisierung der Arbeitswelt sowie auch der Prosperität der Organisationen.

Für den Rahmen dieser Arbeit wird folgendes Begriffsverständnis festgelegt: Die betriebliche Sozialberatung ist ein berufliches Tätigkeitsfeld der Sozialen Arbeit, dessen Handlungskontext die betriebliche Arbeitswelt ist, in welchem adäquat ausgebildete Fachkräfte (in der Regel Sozialarbeitende) im Einsatz sind. Im Spannungsfeld zwischen wirtschaftlichen Anforderungen und individuellen sozialen Problemkonstellationen helfen die Fachkräfte bei der Prävention und Bewältigung individueller und zwischenmenschlicher Probleme. Sie tragen zur Förderung der psychosozialen Gesundheit und des Wohlbefindens der Beschäftigten und gleichwohl zur Produktivität und Prosperität von bzw. in Organisationen bei.

## 2.2 Corporate Social Responsibility

Die Frage um die soziale Verantwortung von Unternehmen in der Gesellschaft wird seit Jahrzehnten diskutiert und oftmals unterschiedlich beantwortet. Es gibt in der Wissenschaft und Praxis eine Vielzahl an Definitionen für Corporate Social Responsibility (CSR) (vgl. Altenburger 2016, S. 20; Dahlsrud 2008, S. 1). Diese Begriffspluralität wird bspw. in den Arbeiten von Carroll (1999), Dahlsrud (2008) und Kakabadse et al. (2005) anschaulich demonstriert.

Eine der ersten Definitionen zur CSR bietet Bowen an. Dieser Definition zufolge sollen Unternehmen jene Strategien verfolgen und Entscheidungen treffen, welche mit den Zielen und Werten der Gesellschaft übereinstimmen:

> „It refers to the obligations of businessmen to pursue those policies, to make those decisions, or to follow those lines of action which are desirable in terms of the objectives and values of our society" (Bowen 2013, S. 6).

Bowen bezieht sich in seinen Überlegungen vor allem auf die damalig größten Unternehmen in den Vereinigten Staaten von Amerika. Er geht davon aus, „that the several hundred largest business firms are vital centers of power and decision, and actions of these firms touch the lives of the American people at many points" (Bowen 2013, S. xvii). Demnach verfügen sog. *businessmen* („Geschäftsleute") in Großunternehmen über ein hohes Maß an Macht und Einfluss, weshalb sie besonders dazu angehalten sind, an der Verbesserung gesellschaftlicher Werte mitzuwirken (vgl. Bowen 2013, S. 6). Bowens Definition markiert einen Startpunkt für einen intensiveren Diskurs um CSR (vgl. Carroll 1999, S. 270; Latapí Agudelo et al. 2019, S. 15). Folglich ist sie eher vage formuliert, denn es bleibt offen, um welche gesellschaftlichen Ziele und Werte es sich handelt und wie diese konkret ausgeprägt sind.

Davis sieht in CSR eine „nebulöse Idee", welche eine Vielzahl an Definitionen begünstigt. In einem Beitrag verortet er die Idee der sozialen Verantwortung in einem Managementkontext und bezieht diese auf *„businessmen's decisions and actions taken for reasons at least partially beyond the firm's direct economic or technical interest"* (Davis 1960, S. 70; Hervorhebung im Original). Seine Definition macht deutlich, dass CSR sich in Entscheidungen und Handlungen von Geschäftsleuten reflektiert, die zumindest teilweise über die direkten ökonomischen und technischen Eigeninteressen von Unternehmen hinausgehen. Ähnlich wie Bowen ordnet auch Davis den *businessmen* eine zentrale Rolle im Kontext der sozialen Verantwortung von Unternehmen zu, da sie diejenigen sind, welche Unternehmensziele und -strategien maßgeblich bestimmen und letztlich Entscheidungen treffen (vgl. Davis 1960, S. 71). Soziale Verantwortung ist seiner Ansicht nach sowohl eine *socio-economic responsibility* („sozioökonomische Verantwortung") als auch eine *socio-human responsibility* („soziohumane Verantwortung"). Erstere bezieht sich auf das Leisten eines Beitrags zum allgemeinen wirtschaftlichen Wohlergehen (z. B. Vollbeschäftigung, Erhaltung von Wettbewerbsvorteilen) und letztere auf die Förderung und Entwicklung menschlicher Werte (z. B. Selbstverwirklichung in der Arbeit) (vgl. Davis 1960, S. 70–71). In einem späteren Aufsatz präsentiert Davis ein erweitertes Begriffsverständnis, indem er erklärt, dass *social responsibility* Handlungen beinhaltet, welche über das bloße Reagieren auf ökonomische, technische und rechtliche Anforderungen an Unternehmen hinausgehen. Von sozialer Verantwortung kann erst dann gesprochen werden, wenn mehr als das getan wird, was ohnehin gesetzlich geregelt und gefordert ist (vgl. Davis 1973, S. 312–313).

Im Unterschied dazu wird in einer anderen Definition die rechtliche Komponente als ein integraler Bestandteil von CSR angesehen. In Carrolls Framework wird davon ausgegangen, dass CSR aus einer ökonomischen, rechtlichen, ethischen und philanthropischen Komponente besteht (vgl. Carroll 1991, S. 40), die in Form einer mehrstufigen Pyramide konzeptualisiert werden können (vgl. Abbildung 1). Die Auswahl der Darstellungsform, insbesondere die Differenzierung zwischen den verschiedenen Komponenten, erfolgt aus pragmatischen Gründen und dient vordergründig analytischen Zwecken. Hiermit soll nicht suggeriert werden, dass Komponenten sich gegenseitig ausschließen, und ebenso wenig soll die ökonomische Verantwortung anderen

Komponenten gegenübergestellt werden[7] (vgl. Carroll 1991, S. 42). Vielmehr ist die Pyramide als einheitliches Ganzes zu betrachten, was bedeutet, dass Entscheidungen, Richtlinien und Praktiken so festzulegen sind, dass alle Komponenten gleichzeitig berücksichtigt werden (vgl. Carroll 2016, S. 6). Daraus lässt sich folgende Definition ableiten:

> „[...], the total corporate social responsibility of business entails the simultaneous fulfillment of the firm's economic, legal, ethical, and philanthropic responsibilities. Stated in more pragmatic and managerial terms, the CSR firm should strive to make a profit, obey the law, be ethical, and be a good corporate citizen" (Carroll 1991, S. 43).

**Philanthropic Responsibilities**
Be a good corporate citizen.
Desired by society.

**Ethical Responsibilities**
Do what is just and fair. Avoid harm.
Expected by society.

**Legal Responsibilities**
Obey the law and regulations.
Required by society.

**Economic Responsibilities**
Be profitable.
Required by society.

**Abbildung 1:** CSR-Pyramide (Quelle: In Anlehnung an Carroll 1991, S. 42, 2016, S. 5)

*Economic responsibility* („ökonomische Verantwortung") repräsentiert das Fundament, denn Unternehmen müssen in der Lage sein, sich selbst zu erhalten. Voraussetzung dafür ist, dass sie profitabel sind, Anreize für Investitionen schaffen und über ausreichend Ressourcen für ihre Geschäftstätigkeit verfügen (vgl. Carroll 2016, S. 3). Die originäre Funktion von Unternehmen wird darin gesehen, Produkte und Dienstleistungen für die Kundschaft bereitzustellen (vgl. Carroll 1991, S. 40–41). Dafür lässt die Gesellschaft zu, dass Unternehmen Gewinne erwirtschaften. Gewinne werden dann erzielt, sofern Unternehmen Mehrwert erzeugen, wodurch wiederum alle Stakeholder

7 Carroll (2016, S. 5) geht in einer späteren Überprüfung seines Konzepts auf mögliche Konflikte zwischen verschiedenen Verantwortungsbereichen ein. Er erklärt, dass konfligierende Konstellationen zwischen den vier Komponenten auftreten können. Die Annahme, dass diese grundlegend gegensätzlich sind, sei jedoch zu verkürzt. Dabei verweist er auf die Ausführungen zum Business Case für CSR von Kurucz et al. (2013). Angesichts einer durchmischten Forschungslage zum Zusammenhang zwischen Corporate Social Performance (CSP) und Corporate Financial Performance (CFP) konstruieren die Autoren einen breiteren Analyserahmen, indem sie zwischen vier Typen von CSR Business Cases unterscheiden, in denen sich unterschiedliche Vorstellungen widerspiegeln, wie Wertschaffung („value creation") erfolgt. So kann unternehmerisches CSR-Engagement zur (1) Reduktion von Kosten und Risiken, (2) Schaffung von Wettbewerbsvorteilen, (3) Steigerung der Reputation und Legitimität und/oder (4) Stiftung von Win-win-Situationen für alle Stakeholder führen (vgl. Kurucz et al. 2013, S. 93).

profitieren können (vgl. Carroll 2016, S. 3). Die Platzierung der ökonomischen Verantwortung am Fuße der Pyramide spiegelt die Grundannahme von Carrolls CSR-Verständnis wider, wonach CSR auf einem wirtschaftlich stabilen und nachhaltigen Unternehmen aufbaut (vgl. Carroll 2016, S. 4). *Legal responsibility* („rechtliche Verantwortung") bezieht sich auf die Einhaltung von Gesetzen und Vorschriften auf unterschiedlichen Ebenen im Rahmen der Geschäftstätigkeit (vgl. Carroll 2016, S. 3). Gesetze und Vorschriften werden als Kodifizierungen von Grundregeln in Zivilgesellschaften verstanden, in denen Unternehmen tätig sind (vgl. Carroll 2016, S. 4). *Ethical responsibility* („ethische Verantwortung") drückt sich darin aus, dass Unternehmen Normen, Standards und Praktiken wahrnehmen, die zwar von der Gesellschaft erwartet oder erwünscht, aber nicht gesetzlich vorgeschrieben sind. Die Kernidee ist, dass Unternehmen sich für die gesamte Bandbreite an Normen, Standards, Werten, Prinzipien und Erwartungen verantwortlich zeigen, welche widerspiegeln, was Kundschaft, Belegschaft, Investierende und Gemeinschaft mit Blick auf den Schutz moralischer Rechte von Stakeholdern als bedeutsam erachten (vgl. Carroll 1991, S. 41). Obwohl die ethische Verantwortung in der Pyramide als eigenständige Komponente dargestellt wird, weist Carroll darauf hin, dass sie alle anderen Komponenten durchdringt. Demnach sind ethische Aspekte auch in allen anderen Verantwortungsbereichen vertreten (vgl. Carroll 2016, S. 5). *Philanthropic responsibility* („philanthropische Verantwortung") bezieht sich auf die Rolle von Unternehmen als „gute Bürger" und umschließt freiwillige Aktivitäten, die dem Wohl der Gesellschaft dienen und üblicherweise weder gefordert noch erwartet sind (z. B. Spenden, Ehrenamt) (vgl. Carroll 1991, S. 42, 2016, S. 4). Ethische und philanthropische Verantwortung unterscheiden sich insofern voneinander, dass Letztere aus ethischer oder moralischer Sicht nicht erwartet werden. Unternehmen werden also nicht als unethisch kritisiert, wenn sie nicht philanthropisch engagiert sind (vgl. Carroll 1991, S. 42). Zusammengefasst ist mit Carrolls vierteiliger Definition von CSR ein konzeptioneller Rahmen geschaffen, der verschiedene Erwartungen umfasst, die die Gesellschaft zu einem Zeitpunkt an Unternehmen stellt. Die Verantwortungsbereiche sind dabei keineswegs konstant, sondern sie können sich mit der Zeit und den gesellschaftlichen Rahmenbedingungen verändern (vgl. Carroll 2016, S. 4).

Elemente der bisher aufgeführten Worterläuterungen sind auch in einer Definition der EU-Kommission zu finden. Ihr zufolge bezeichnet CSR „die Verantwortung von Unternehmen für ihre Auswirkungen auf die Gesellschaft" (Europäische Kommission 2011, S. 7). Die Wahrnehmung dieser sozialen Verantwortung setzt voraus, dass geltende Rechtsvorgaben und Tarifverträge eingehalten werden. Des Weiteren sollten Unternehmen auf ein Verfahren zurückgreifen, „mit dem soziale, ökologische, ethische, Menschenrechts- und Verbraucherbelange in enger Zusammenarbeit mit den Stakeholdern in die Betriebsführung und in ihre Kernstrategie integriert werden" (Europäische Kommission 2011, S. 7). Dadurch soll die Schaffung gemeinsamer Werte für Anteilseigner, andere Stakeholder sowie Gesamtgesellschaft optimiert und potenzielle negative Auswirkungen sollen aufgezeigt, verhindert und abgefedert werden (vgl. Europäische Kommission 2011, S. 7). Dieses Begriffsverständnis erweitert die oberen Definitionen um die Notwendigkeit einer strategischen Verankerung von CSR und die Berücksichtigung von wie auch Kooperation mit multiplen Stakeholdern. Im weiteren Gang der Arbeit wird sich noch zeigen, dass diese beiden Aspekte in den theoretischen Zugängen besonders zur Geltung gebracht werden (vgl. Kapitel 4.2).

Anhand der Ausführungen kann grob nachvollzogen werden, wie sich das Verständnis unternehmerischer Sozialverantwortung in der zweiten Hälfte des 20. Jahrhunderts entwickelt hat (ausführlich: vgl. Latapí Agudelo et al. 2019). Während bei Bowen und Davis die soziale Verantwortung von Einzelpersonen, nämlich den *businessmen*, im Fokus stand (vgl. Bowen 2013, S. 6; Davis 1960, S. 70), beinhaltet der heutzutage geläufigere Terminus CSR ein breiteres Verständnis (vgl. Garriga und Melé 2004, S. 51). Verantwortung wird nicht länger nur partikularen Entscheidungstragenden zugeschrieben, sondern Unternehmen (und auch andere Organisationen) werden in ihrer Gesamtheit in den Blick genommen. Eine klar abgrenzbare und einheitlich geteilte Definition für CSR liegt bis heute allerdings nicht vor (vgl. Crane et al. 2013, S. 6). Es handelt sich hierbei nach wie vor um ein komplexes Phänomen, das von vielen verschiedenen Perspektiven, Disziplinen, Ideologien und kulturellen Hintergründen geprägt ist (vgl. Altenburger 2016, S. 20; Crane et al. 2013, S. 7). Angesichts dieser Offenheit und Vieldeutigkeit plädieren Beschorner und Hajduk (2015, S. 223) dafür, CSR als eine begriffliche Klammer für Diskurs und Praxis zur unternehmerischen Verantwortung zu sehen, der (historischen) Wandlungsprozessen unterliegt und stets dialogische (Neu-)Justierungen voraussetzt. Folglich geht es bei CSR weniger um konkrete Definitionen, sondern stattdessen um die Reflexion verschiedener Vorstellungen von Unternehmensverantwortung.

In dieser Arbeit wird die Idee geteilt, CSR als Klammerbegriff zu betrachten, in dem unterschiedliche Vorstellungen von Unternehmensverantwortung zum Ausdruck gebracht werden können. Davon ausgehend orientiert die Arbeit sich an einem weit gefassten Begriffsverständnis: *Corporate Social Responsibility* (CSR) bezeichnet die Verantwortung von Organisationen für Auswirkungen ihres Handelns auf ihre unmittelbaren Stakeholder sowie auf die Gesellschaft. CSR fußt grundsätzlich auf der Einhaltung geltender rechtlicher Vorgaben, geht jedoch darüber hinaus und beinhaltet (freiwillig initiierte oder adoptierte) Strategien und Praktiken, die in unterschiedlichen Ausmaßen verschiedene Zielgruppen und Themenfelder idealerweise auf eine positive Art und Weise adressieren[8] (z. B. Schutz von Menschenrechten, Schutz und Förderung von Gesundheit und Wohlbefinden, Bekämpfung von Armut, Umweltschutz).

## 2.3 Arbeitsaufgaben

Zentrales Anliegen der Arbeit ist es, Arbeitsaufgaben des Personals in der betrieblichen Sozialberatung zu untersuchen. Hierfür ist zunächst zu klären, was der Aufga-

8 Als anschlussfähig wird ein weiter Verantwortungsbegriff erachtet, welcher Verantwortung nicht nur auf Rechenschaft und Haftung für vergangene Handlungen und geschehene Ereignisse reduziert, sondern auch den Aspekt der *Sorge* mit Blick auf zukünftige Ereignisse und Entwicklungen einschließt (vgl. Neuhäuser 2011, S. 55).

benbegriff überhaupt meint, denn für ihn gibt es in der Literatur unterschiedliche Definitionen, welche entlang verschiedener Disziplinen und Verwendungskontexte variieren.

In der Organisationslehre stellt eine Aufgabe ein konstitutives Element zur Gestaltung des Aufbaus und Ablaufs in Organisationen dar (vgl. Bea und Göbel 2010, S. 248; Kosiol 1976, S. 41). Aufgaben sind als „Zielsetzungen für zweckbezogene menschliche Handlungen – Handlungsziele – zu verstehen" (Kosiol 1976, S. 43). Es handelt sich bei einer Aufgabe um ein gesetztes (aufgegebenes) Soll, das zu verwirklichen ist. Jede Aufgabe repräsentiert demnach eine Aufforderung bzw. einen zu erfüllenden Anspruch an Menschen (vgl. Kosiol 1976, S. 43). In einer anderen, daran anschlussfähigen Definition wird eine Aufgabe nicht nur als Aufforderung oder Anspruch verstanden, sondern sogar als „dauerhaft wirksame Verpflichtung, bestimmte Tätigkeiten auszuführen, um ein definiertes Ziel zu erreichen (Erbringung einer Soll-Leistung)" (Vahs 2015, S. 51). Kosiols Aufgabenbegriff bringt den Vorteil mit sich, dass es mit ihm möglich gemacht wird, die innere Beschaffenheit bzw. Struktur einzelner Aufgaben aufzubrechen und zu analysieren. Ihm zufolge besteht eine Aufgabe stets aus fünf Bestimmungselementen bzw. Bestandteilen:

- Jede Aufgabe beinhaltet einen (1) *Verrichtungsvorgang* in der Form eines durchzuführenden Arbeitsprozesses, welcher wiederum geistige und/oder körperliche Tätigkeiten umfasst;
- Jede Aufgabe bezieht sich auf einen (2) *Gegenstand* (Objekt) persönlicher oder sachlicher Natur, an dem geforderte Tätigkeiten vollzogen werden;
- Jede Aufgabe erfordert üblicherweise den Einsatz von (3) *Sach- oder Arbeitsmitteln*, um einen Arbeitsprozess durchzuführen;
- Jede Aufgabe wird an einem (4) bestimmten *Ort* und zu einer (5) bestimmten *Zeit* wahrgenommen (vgl. Kosiol 1976, S. 43).

Diese Elemente können theoretisch bis ins kleinste Detail festgelegt werden. Allerdings werden sie meistens bewusst bis zu einem gewissen Grad offen formuliert, um sie in das Ermessen der jeweiligen Aufgabenträger:innen zu stellen und ihnen Gestaltungsspielraum zu geben. Außerdem wird darauf hingewiesen, dass der Konkretisierungsgrad bei der Formulierung einer Aufgabe auch von der Art der Tätigkeiten abhängt. Körperliche, manuelle oder maschinelle Verrichtungen lassen sich in der Regel leichter erfassen, weil diese meist Veränderungen in der sinnlichen Erscheinungswelt bewirken, d. h. eine Zustands- und/oder Lageveränderung des Aufgabenobjekts. Hingegen sind Inhalte überwiegend geistiger Tätigkeiten im Sinne von Denkakten, Entscheidungsprozessen oder Planungsüberlegungen schwerer bestimmbar (vgl. Kosiol 1976, S. 44). Zur Identifizierung von Aufgaben in Organisationen werden sog. Aufgabenanalysen durchgeführt. Die Aufgabenanalyse ist

> „ein empirisches Verfahren der Bestandsaufnahme, die in der Sammlung und Ordnung der mit der Gesamtaufgabe zusammen festgesetzten oder festzusetzenden Teilaufgaben besteht. Hierbei ergibt sich ein Aufgabengefüge, das ein bestimmtes Ordnungsverhältnis aller Teilaufgaben zueinander darstellt" (Kosiol 1976, S. 46).

In diesem Analyseprozess wird eine Obergrenze durch die *Gesamtaufgabe* der Organisation markiert. Die Gesamtaufgabe setzt sich aus Teilaufgaben zusammen, welche wiederum in untergeordnete Teilaufgaben zergliedert werden können. Die Untergrenze der Aufgabenanalyse formiert sich indes aus Aufgaben niedrigster Stufe, sog. *Elementaraufgaben*. Im Kontinuum zwischen der Gesamtaufgabe und den Elementaraufgaben befindet sich eine variable Stufenfolge von Teilaufgaben, deren Menge und Inhalte nicht pauschal bestimmbar sind und für die es keine fixen Terminologien gibt (mögliche Bezeichnungen: Kern-, Haupt-, Zwischen- oder Gruppenaufgaben) (vgl. Kosiol 1976, S. 48).

Die Identifizierung von Aufgaben spielt auch in der Entwicklung von Curricula eine Rolle, bspw. im DACUM-Verfahren („Developing a Curriculum"). DACUM ist eine Methode für Job- und/oder Berufsanalysen, die auf drei Prämissen beruht: Erstens: Fachkräfte können ihren Job oder ihren Beruf präziser beschreiben und definieren als jede andere Person. Zweitens: Eine effektive Möglichkeit zur Bestimmung eines Jobs oder eines Berufs besteht darin, die tatsächlich auszuführenden Tätigkeiten der jeweiligen Fachkräfte genau zu beschreiben. Drittens: Die korrekte Ausführung von Tätigkeiten erfordert den Einsatz von *knowledge* („Kenntnisse"), *skills* („Fertigkeiten"), *tools* („Mittel") und *positive worker behaviors* („positives Arbeitsverhalten") (vgl. Norton 1997, S. 1–2). Im DACUM-Handbuch wird unter *duty* („Aufgabe") eine Bündelung verwandter Tätigkeiten verstanden, die mit einer Beschäftigung einhergehen: „A cluster of related tasks from a broad work area or general area of responsibility (area of competence)" (Norton 1997, Appendix C S. 2). Eine *task* („Tätigkeit") ist hingegen ein Bestandteil einer Aufgabe, die gesondert und beobachtbar innerhalb eines bestimmten Zeitfensters ausgeführt wird und zu einem konkreten Ergebnis führt: „A work activity that is discrete, observable, performed within a limited period of time, and that leads to a product, service or decision" (Norton 1997, Appendix C S. 4). Eine Tätigkeit setzt sich wiederum aus einem Bündel an *steps* („Arbeitsschritte") zusammen: „One of a series of procedures or activities that a worker does to complete a task" (Norton 1997, Appendix C S. 4). Das Kernergebnis mehrtägiger DACUM-Workshops in der Praxis ist eine ausführliche Aufschlüsselung von Aufgaben und Tätigkeiten der beteiligten Fachkräfte.

Das DACUM-Verfahren wird von Becker und Spöttl (2015, S. 125) dafür kritisiert, dass es einerseits von einem amerikanischen „Job"-Verständnis ausgeht und andererseits nur ein geringes Augenmerk auf die Strukturierung von Arbeitsaufgaben unter Berücksichtigung der Arbeitszusammenhänge und der Komplexität von Arbeitsprozessen legt. Sie verwenden hingegen in der berufswissenschaftlichen Forschung den Begriff der *beruflichen Arbeitsaufgabe*. Darunter verstehen sie

> „Aufgaben, die für den Beruf typisch sind und die eine vollständige Handlung (Planen, Durchführen, Kontrollieren, Bewerten) umfassen. Sie beschreiben die konkrete Facharbeit anhand von Sinn vermittelnden Arbeitszusammenhängen und charakteristischen Aufträgen oder Problemstellungen" (Becker und Spöttl 2015, S. 91).

Der Status einer beruflichen Arbeitsaufgabe[9] ist, wie die Definition bereits exemplifiziert, an Bedingungen geknüpft: Eine Aufgabe muss (1) eine vollständige Handlung abbilden, (2) einen Sinn vermittelnden Arbeitszusammenhang darstellen und (3) ein charakteristischer Auftrag für einen Beruf sein (vgl. Becker und Spöttl 2015, S. 91).

Im Rahmen dieser Arbeit (und vor allem ihrer empirischen Untersuchung) wird bevorzugt der Begriff *Arbeitsaufgabe* (oder kurz: Aufgabe) genutzt. Darunter wird die Erbringung bestimmter Soll-Leistungen durch Stelleninhaber:innen in Organisationen verstanden. Jede Arbeitsaufgabe kann anhand verschiedener Elemente (z. B. Verrichtungsvorgang, Gegenstand bzw. Objekt, Sach- bzw. Arbeitsmittel, Ort und Zeit) spezifischer bestimmt werden. Eine Arbeitsaufgabe bildet jeweils einen Sinn vermittelnden Arbeitszusammenhang ab und setzt sich aus einem Bündel untergeordneter Tätigkeiten zusammen.

## 2.4 Qualifikationen und Kompetenzen

In Verbindung mit der Analyse von Arbeitsaufgaben in der betrieblichen Sozialberatung wird in dieser Arbeit auch untersucht, welche Anforderungen aus Sicht der Fachkräfte an sie gestellt werden, um ihre „Soll-Leistungen" adäquat zu erfüllen. Der Anforderungsbegriff meint in diesem Kontext sowohl qualifikatorische Erfordernisse im Sinne von Abschlüssen aus formalen Lernprozessen als auch Kenntnisse, Fähigkeiten und Fertigkeiten, die jenseits formaler Lernprozesse erwerbbar und für die Erfüllung von Arbeitsaufgaben relevant sind. Daher werden im Folgenden zwei Begriffe beleuchtet, die den Anforderungsbegriff spezifizieren sollen, nämlich der Qualifikations- und der Kompetenzbegriff.

In der Literatur gibt es viele Definitionen für den Qualifikationsbegriff (vgl. Wilsdorf 1991, S. 44). Dieser hat eine doppelte Bedeutung, denn mit ihm kann sowohl ein aktiver Aneignungsprozess (Qualifizierung) als auch ein erreichter Zustand im Sinne einer Gesamtheit von Kenntnissen, Fähigkeiten und Fertigkeiten gemeint sein, die eine Person zur Bewältigung von Arbeitsaufgaben benötigt (vgl. Wilsdorf 1991, S. 47). Anknüpfend an Letzteres versteht Teichler unter Qualifikation

> „Befähigungen (oder auch nur die erlernten Befähigungen), d. h. Kenntnisse, Fähigkeiten und Fertigkeiten, über die Personen verfügen, [...], die bei der Ausübung einer beruflichen Tätigkeit (ggf. auch bei anderen zentralen lebenspraktischen Tätigkeiten) zur Verwendung kommen können" (Teichler 1995, S. 501).

9 Beispiel für eine berufliche Arbeitsaufgabe ist die *Durchführung einer kleinen Inspektion*. Zu der Aufgabe gehören die Planung eines Arbeitsablaufs (Inspektionsplan), die Durchführung der Inspektion (Wartungsarbeiten, Diagnosen), die Kontrolle der Arbeiten und die Bewertung des Arbeitsergebnisses (Reflexion der Entscheidungen für weitere Arbeiten am Fahrzeug, Qualitätskontrolle). Dagegen stellt die *Demontage eines Rads* keine berufliche Arbeitsaufgabe dar, weil sie keine vollständige Handlung abbildet, keinen Sinn vermittelnden Arbeitszusammenhang darstellt und nicht charakteristisch für einen Beruf ist. Vielmehr ist sie eine isolierte Tätigkeit innerhalb einer beruflichen Arbeitsaufgabe (vgl. Becker und Spöttl 2015, S. 91).

Auch Schelten geht von einem mehrdimensionalen Qualifikationsbegriff aus und ergänzt ihn um weitere Komponenten wie die persönliche Haltung und Arbeitserfahrungen:

> „Unter Qualifikation wird die Gesamtheit von Kenntnissen und Verständnissen (kognitiv), Fertigkeiten und Fähigkeiten (psychomotorisch und kognitiv), Haltungen und Arbeitserfahrungen (affektiv und kognitiv) verstanden, über die ein Mitarbeiter zur Ausübung seiner Tätigkeiten am Arbeitsplatz verfügen muss. Qualifikationen sind auf ihre Verwertbarkeit für bestimmte Tätigkeiten oder Berufe ausgerichtet" (Schelten 2010, S. 165).

Deutlich wird an dieser Stelle, dass eine Qualifikation sich aus verschiedenen Elementen zusammensetzt und stets tätigkeitsbezogen ist, d. h. eine Eignung bzw. Befähigung bezeichnet, die zur Bewältigung der mit einer Arbeitsstelle zusammenhängenden Anforderungen vorausgesetzt wird (vgl. Schelten 2010, S. 165). Beck hebt in seinem Begriffsverständnis den relationalen Charakter von Qualifikationen hervor. Demnach dient der Qualifikationsbegriff als Ausdruck für das Verhältnis zwischen einem Individuum und seinen Fähigkeiten sowie einem Arbeitsplatz und seinen in der Leistungserstellung zu erfüllenden Funktionen (vgl. Beck 1980, S. 356–357):

> „Erst durch die Festlegung in beiden Bezugsbereichen ‚konkretisiert' sich Qualifikation als ein Maß dafür, in welchem Umfang die in einem Individuum vorhandenen Verhaltensmöglichkeiten den an einer bestimmten Stelle im Leistungserstellungsprozeß zu erfüllenden Funktionen entsprechen" (Beck 1980, S. 356).

In Übereinstimmung damit konstatiert Faulstich (1998, S. 78), dass der Qualifikationsbegriff, trotz diverser Verwendungszusammenhänge, im Kern darauf zielt, das Verhältnis von Mensch und Arbeit zu beschreiben. Er definiert Qualifikation als „Entsprechungsverhältnis von individuellen Voraussetzungen der Arbeitskräfte und technisch-organisatorischen Bedingungen der Arbeitsmittel und Arbeitsgegenstände" (Faulstich 1978, S. 7). Der relationale Charakter der Qualifikation spiegelt sich in den Begriffen Qualifikationsvoraussetzungen aufseiten des Individuums und Qualifikationsanforderungen aufseiten des Arbeitsplatzes wider (vgl. Faulstich 1998, S. 78–79).

Ein weiteres Merkmal von Qualifikationen ist ihre unmittelbare Kopplung an formale Lernprozesse. Damit verbunden sind Nachweismöglichkeiten durch entsprechende Zertifizierungen, wie Bohlingers Definition aufzeigt:

> „Unter **Qualifikationen** werden hier zertifizierte Abschlüsse von formalen Lernprozessen verstanden, wie der Abschluss einer Berufsausbildung, einer beruflichen Fortbildung oder ein Hochschulabschluss. Qualifikationen basieren mehrheitlich auf formalen Lernprozessen und werden maßgeblich von inhaltlichen Prüfungs- und/oder curricularen Anforderungen bestimmt. Häufig ist ein bestimmtes Lernvolumen Voraussetzung für einen Qualifikationserwerb. Dieses wird meist nachgewiesen durch die zeitlich fixierte Teilnahme an einem Bildungsgang und in einer vorgegebenen Bildungsinstitution" (Bohlinger 2013, S. 24; Hervorhebung im Original).

Folglich stößt der Qualifikationsbegriff an Grenzen, wenn nicht nur zertifizierte Abschlüsse formaler Lernprozesse, sondern auch Kenntnisse, Fähigkeiten, Fertigkeiten etc. berücksichtigt werden sollen, die außerhalb formaler Lernprozesse und/oder jenseits beruflicher Arbeitskontexte angeeignet wurden, aber für die Erfüllung von Arbeitsaufgaben trotzdem von Bedeutung sind. Angesichts dieser Überlegung könnte der Kompetenzbegriff fruchtbarer sein, um eben diese Aspekte zu erfassen, zu beschreiben und zu ordnen.

Zunächst ist festzuhalten, dass es für den Kompetenzbegriff ebenfalls eine Vielfalt an Definitionen, Entstehungs- und Verwendungszusammenhängen sowie theoretischen Zugängen gibt, welche hier nicht vertieft werden können (ausführlich: vgl. Arnold und Schüssler 2008; Bohlinger 2008; Klieme und Hartig 2007). Für den erziehungswissenschaftlichen Diskurs haben Klieme und Hartig (2007, S. 21) die Genese des Kompetenzbegriffs seit den 1970er-Jahren skizziert und dabei folgendes Begriffsverständnis herausgearbeitet, welches die zentralen Bestandteile der Diskussion aufnehmen sollte:

> „Kompetenzen sind Dispositionen, die im Verlauf von Bildungs- und Erziehungsprozessen erworben (erlernt) werden und die Bewältigung von unterschiedlichen Aufgaben bzw. Lebenssituationen ermöglichen. Sie umfassen Wissen und kognitive Fähigkeiten, Komponenten der Selbstregulation und sozial-kommunikative Fähigkeiten wie auch motivationale Orientierungen" (Klieme und Hartig 2007, S. 21).

Aus dieser Begriffsbestimmung lassen sich mehrere Charakteristika von Kompetenzen analytisch ableiten: Es handelt sich bei ihnen um Dispositionen. Sie sind erlernbar. Durch sie sollen variierende Aufgaben und Situationen gelingend bewältigt werden. Sie beinhalten verschiedene Elemente (Wissen, kognitive und sozial-kommunikative Fähigkeiten, Selbstregulation, Motivation). Eine andere Definition, die im Rahmen der vergleichenden Leistungsmessung in Schulen vorgelegt wurde und daran anschlussfähig ist, ist die nach Weinert. Er versteht unter Kompetenzen

> „die bei Individuen verfügbaren oder durch sie erlernbaren kognitiven Fähigkeiten und Fertigkeiten, um bestimmte Probleme zu lösen, sowie die damit verbundenen motivationalen, volitionalen und sozialen Bereitschaften und Fähigkeiten um [sic] die Problemlösungen in variablen Situationen erfolgreich und verantwortungsvoll nutzen zu können" (Weinert 2014, S. 27–28).

In diesem Begriffsverständnis sind Kompetenzen als (erlernbare) kognitive Fähigkeiten und Fertigkeiten aufgefasst und mit motivationalen, volitionalen und sozialen Bereitschaften und Fähigkeiten gekoppelt, um Probleme nicht nur erfolgreich, sondern auch verantwortungsvoll zu lösen. Auf die Sicherstellung der individuellen Handlungsfähigkeit in variablen, unvorhersehbaren Situationen wird auch in einer weiteren Definition gezielt, wobei hier die Selbstorganisation betont wird. Sie hat ihren Ursprung eher in der betriebswirtschaftlichen Managementforschung und -praxis und ihr zufolge werden Kompetenzen als geistige oder physische Selbstorganisationsdispositionen[10] verstanden. Es handelt sich bei ihnen also um Fähigkeiten, um selbstorganisiert und kreativ zu denken und zu handeln (vgl. Erpenbeck et al. 2017, S. XII; Erpenbeck et al. 2013, S. 8; Erpenbeck und Sauter 2013, S. 33), welche nur von Individuen selbst und in neuartigen, offenen und realen Problemsituationen kreativ handelnd erworben werden können (vgl. Erpenbeck und Sauter 2013, S. 32).

Zusammenfassend kann fixiert werden, dass Kompetenzen im Vergleich[11] zu Qualifikationen subjektbezogen und ganzheitlich sind. Sie inkludieren individuelle Verhaltens-, Handlungs- sowie Leistungsdispositionen als auch Aspekte von Volition, Motivation und Verantwortung, um sie in verschiedenen Situationen angemessen einsetzen zu können. Außerdem wird mit dem Kompetenzbegriff die Selbstorganisation von Lernprozessen hervorgehoben (vgl. Bohlinger 2013, S. 24–25).

Diese Arbeit orientiert sich an einem Definitionsvorschlag, welcher all die eben skizzierten Facetten des Kompetenzbegriffs weitgehend berücksichtigt: *Kompetenzen* umfassen

> „Kenntnisse, Fertigkeiten und Fähigkeiten sowie die Bereitschaft, diese verantwortungsvoll und situationsadäquat einzusetzen. Dabei dient Kompetenz nicht nur der Lösung von fachlichen Problemen in Arbeits- oder Lernkontexten, sondern auch dem Miteinander in sozialen Kontexten und zur persönlichen Entwicklung. Kompetenz ist also nicht nur auf den beruflichen Kontext und nicht nur auf das berufliche Lernen beschränkt. Kompetenzen können in alltäglichen, beruflichen und privaten Kontexten durch formale und durch informelle Lernprozesse erworben werden" (Bohlinger 2013, S. 28).

Hingegen werden *Qualifikationen* in der vorliegenden Arbeit als zertifizierte Abschlüsse aus formalen Lernprozessen sowie damit erworbene Kenntnisse, Fähigkeiten, Fertigkeiten, Haltungen und/oder Erfahrungen verstanden, die eine Person benötigt, um an sie gestellte Anforderungen im beruflichen Arbeitskontext adäquat durchzuführen.

10 „Unter Dispositionen werden die bis zu einem bestimmten Handlungszeitpunkt entwickelten inneren Voraussetzungen zur Regulation der Tätigkeit verstanden. Damit umfassen Dispositionen nicht nur individuelle Anlagen, sondern auch Entwicklungsresultate" (Erpenbeck et al. 2017, S. XII–XIII).

11 Qualifikationen und Kompetenzen können zwar zu analytischen Zwecken differenziert werden (ausführlich: vgl. Bohlinger 2008, S. 69, 2013, S. 25), allerdings wird darauf hingewiesen, dass entsprechende Gegenüberstellungen praktisch als wenig hilfreich einzuschätzen sind, weil ein Qualifikationserwerb nicht ohne Kompetenzerwerb möglich ist. Hingegen ist es sehr wohl möglich, Kompetenzen zu erwerben, welche nicht direkt dem Erwerb einer Qualifikation dienen (vgl. Bohlinger 2008, S. 25).

# 3 Verortung und Vermessung der betrieblichen Sozialberatung

In dem vorliegenden Teil der Arbeit wird eine umfassende Analyse des beruflichen Tätigkeitsfeldes der betrieblichen Sozialberatung vorgenommen. Im ersten Schritt wird auf Grundlage von Berufsfeldsystematisierungen in der Literatur untersucht, wie die betriebliche Sozialberatung innerhalb der Sozialen Arbeit verortet werden kann (vgl. Kapitel 3.1.1). Im nächsten Schritt wird hinterfragt, was im Kern der Zuständigkeitsbereich (betrieblicher) Sozialer Arbeit ist (vgl. Kapitel 3.1.2). Darauffolgend wird mittels unterschiedlicher Zugänge versucht, die Anzahl der in dem Feld Tätigen zu ermitteln, wobei auch auf die Limitationen der gewählten Zugänge eingegangen wird (vgl. Kapitel 3.2.1). Abschließend wird der Forschungsstand zu Qualifikationen (vgl. Kapitel 3.2.2) und Arbeitsaufgaben (vgl. Kapitel 3.2.3) aufgearbeitet. Ziel ist, die Entwicklung des Forschungsstands entlang von Forschungsarbeiten und Forschungsbefunden im Verlauf der vergangenen Jahrzehnte grob nachzuzeichnen und Desiderata für die empirische Studie der Arbeit abzuleiten. Abschließend wird ein Exkurs zur Professionalität in der (betrieblichen) Sozialen Arbeit vorgenommen, da die Analyse von Arbeitsaufgaben nicht von der Frage nach Professionalität bzw. professionellem Handeln abgekoppelt werden kann (vgl. Kapitel 3.3).

## 3.1 Verortung der betrieblichen Sozialberatung in der Sozialen Arbeit

Üblicherweise wird die betriebliche Sozialberatung als berufliches Tätigkeitsfeld der Sozialen Arbeit unterstellt. Im Report zum *Seminar on Personnel Social Work* wird konstatiert, dass „personnel social work should be look upon as a specialized field within the area of the social work profession. This implies that it adheres to social work objectives, principles and methods“ (Schröder 1961, S. 7). Weitere Hinweise, die diese Annahme stützen, befinden sich u. a. im einschlägigen Berufsbild (vgl. DBSH 2009, S. 2) sowie im Kerncurriculum Soziale Arbeit (vgl. DGSA 2016, S. 8). Im Vergleich zu anderen Tätigkeitsfeldern der Sozialen Arbeit, so die These von Engler (1996, S. 121), weist die betriebliche Sozialberatung besonders viele verschiedene Ausformungen und Nuancierungen auf. Nachkommend werden zwei Fragen untersucht, um ein besseres Verständnis zu entwickeln, in welchem Verhältnis Soziale Arbeit und betriebliche Sozialberatung stehen: Erstens wird danach gefragt, wie die betriebliche Sozialberatung in der Sozialen Arbeit verortet ist. Dafür werden Raster zur Systematisierung der Tätigkeitsfelder Sozialer Arbeit dargelegt und die Zuordnung der betrieblichen Sozialberatung innerhalb derer markiert. Zweitens wird hinterfragt, worin die Zuständigkeit betrieblicher Sozialer Arbeit in der Gesellschaft gesehen werden kann. Hierfür werden theoretische Überlegungen zur Funktion Sozialer Arbeit im Allgemeinen präsentiert und auf die betriebliche Sozialberatung im Speziellen heruntergebrochen.

### 3.1.1 Betriebliche Sozialberatung als berufliches Tätigkeitsfeld Sozialer Arbeit

In der Literatur wird eine Vielzahl an Begriffen verwendet, um unterschiedliche Einsatzmöglichkeiten der Sozialen Arbeit zu beschreiben und zu ordnen: *Handlungsbereiche* (vgl. Nikles 2008, S. 51), *Praxis- und Aufgabenfelder* (vgl. Thole 2012, S. 27–28), *Arbeitsfelder* (vgl. Erath und Balkow 2016, S. 37) oder *Berufsfelder* (vgl. Schilling 2005, S. 256). Die Idee dahinter ist, Soziale Arbeit in Felder zu unterteilen und auszudifferenzieren, um gemäß Zielgruppen, Aufgaben und Zielen einzelne Fälle zu Feldern zusammenzuführen und feldspezifische Tätigkeiten zu identifizieren (vgl. Farrenberg und Schulz 2020, S. 11), wohl wissend, dass es nicht „so etwas wie ‚die' Arbeits- und Handlungsfelder, also ‚das' sozialpädagogische Praxissystem der Sozialen Arbeit gibt" (Thole 2012, S. 25). Soziale Arbeit ist per se durch Heterogenität der Einsatzmöglichkeiten, Adressat:innen, Problemlagen, Organisationen und Handlungsformen geprägt (vgl. Heiner 2018, S. 76). Was als ein Feld der Sozialen Arbeit erachtet wird, hängt meist davon ab, nach welchen Kriterien eine Systematisierung erfolgt (vgl. Nikles 2008, 46; Thole 2012, S. 25–26).

Diese Arbeit orientiert sich an dem Verständnis, dass Soziale Arbeit ein „historisch gewordenes Berufsfeld" (Scherr 2012, S. 287) ist, welches sich in verschiedene berufliche Tätigkeitsfelder (kurz: Felder) ausdifferenziert (hat). Betriebliche Sozialberatung stellt dabei eines von mehreren Feldern dar. Im Folgenden werden einige Systematisierungsraster kursorisch skizziert und es wird aufgezeigt, ob und wie die betriebliche Sozialberatung darin platziert ist.

#### Systematisierung nach Interventionsgraden und Lebenswelten

In der Diskussion um die Frage, wann von einem Tätigkeitsfeld der Sozialen Arbeit die Rede sein kann, positioniert Thole sich gegen ein zu eng gefasstes Verständnis von Sozialer Arbeit im Sinne von Hilfen bei materieller, sozialer oder psychischer Not. Stattdessen geht es „sehr viel allgemeiner um öffentlich organisierte Aufgaben der sozialen Grundversorgung sowie Hilfe, Unterstützung und Bildung durch fachlich einschlägig qualifizierte Personen" (Thole 2012, S. 27). In seiner Übersicht werden vier Praxisfelder differenziert, nämlich (1) Kinder- und Jugendhilfe, (2) erwachsenenbezogene soziale Hilfe, (3) Altenhilfe und (4) sozialpädagogische Angebote im Gesundheitssystem (vgl. Tabelle 1). Anschließend werden die vier Felder in Bezug auf Intensität der Interventionen („Einmischungsgrad") nach lebensweltunterstützenden, lebensweltergänzenden und lebensweltersetzenden sozialen Hilfen und Bildungsanreizen geordnet. Aspekte wie Alter, Zeit, Ort und Adressat:innen sind ausgeblendet, doch wird der Anspruch erhoben, dass es mit dem Raster möglich wird, die Bandbreite Sozialer Arbeit nach außen und innen nachvollziehbar zu ordnen (vgl. Thole 2012, S. 27):

**Tabelle 1:** Interventionsgrade und Lebenswelten (Quelle: In Anlehnung an Thole 2012, S. 28)

| **Intensität der Intervention/ Arbeitsfeldtypen** | **Kinder- und Jugendhilfe** | **Soziale Hilfe** | **Altenhilfe** | **Gesundheitshilfe** |
|---|---|---|---|---|
| Lebenswelt*ergänzend* | • Kindertageseinrichtungen<br>• Kinder- und Jugendarbeit, insbesondere Jugendfreizeitarbeit und Jugendverbandsarbeit<br>• Allgemeiner Sozialer Dienst | • Hilfen für Sozialhilfeempfänger:innen<br>• Schuldnerberatung<br>• Unterstützung von alleinstehenden Nichtsesshaften und Obdachlosen<br>• Hilfen zur Familienplanung<br>• Betreuung von Flüchtlingen, Aussiedler:innen und Asylbewerber:innen<br>• Resozialisierungsmaßnahmen und -hilfen<br>• Betriebliche Soziale Arbeit<br>• Arbeitslosenzentren | • Ambulante Pflegedienste<br>• Altenclubs und Alten-Service-Center | • Sozialpsychiatrische Dienste<br>• Betriebliche Gesundheitsdienste<br>• Beratungsstellen und Gesundheitszentren<br>• Selbsthilfegruppen |
| Lebensweltergänzende und arbeitsfeldübergreifende Projektansätze | Gemeinwesenarbeit/Stadtteilarbeit<br>Sozialraumbezogene Soziale Arbeit<br>Soziale Netzwerkprojekte<br>Sozialstationen<br>Gemeindenahe psychosoziale Zentren | | | |
| Lebenswelt*unterstützend* | • Kinder- und Jugendarbeit inklusive der Jugendsozialarbeit<br>• Hilfen zur Erziehung, bspw. Sozialpädagogische Familienhilfe<br>• Allgemeiner Sozialer Dienst | • Unterkünfte für Nichtsesshafte und Obdachlose<br>• Vormundschaft, Pflegschaft und Betreuung von Volljährigen<br>• Bewährungs- und freie Haftentlassenenhilfe | • Tageseinrichtungen für ältere Menschen<br>• Offene Altenhilfe<br>• Altenbildung | • Teilstationäre Rehabilitationsmaßnahmen<br>• Berufsbildungswerke und Bildungszentren<br>• Werkstätten für Behinderte |

*(Fortsetzung Tabelle 1)*

| **Intensität der Intervention/ Arbeitsfeldtypen** | **Kinder- und Jugendhilfe** | **Soziale Hilfe** | **Altenhilfe** | **Gesundheitshilfe** |
|---|---|---|---|---|
| | • Besonderer Sozialer Dienst<br>• Jugendgerichtshilfe | | | • Arbeitsprojekte für psychisch Kranke und Drogenabhängige<br>• Soziale Dienste in Krankenhäusern und Rehabilitationszentren |
| Lebenswelt*ersetzend* | • Hilfen zur Erziehung, insbesondere Formen der Fremdunterbringung<br>• Mädchenzentren<br>• Jugendgerichtshilfe | • Frauenzentren/-häuser<br>• Soziale Arbeit im Strafvollzug | • Altenzentren<br>• Altenheime<br>• Altenpflegeheime<br>• Hospize | • Sozialtherapeutische und rehabilitative Einrichtungen<br>• Kurhäuser |
| Disziplin- und professionsbezogene Arbeitsfelder | • Sozialpädagogische Aus-, Weiter- und Fortbildung | • Sozialpädagogische Forschung und Evaluation | • Sozialpädagogische Supervision und Praxisberatung, Organisations- und Personalberatung | • Sozialplanung und Sozialberichterstattung |

Obwohl es sich bei der betrieblichen Sozialberatung in der Regel nicht um ein öffentlich organisiertes Angebot handelt[12], sondern um eines, das freiwillig von Arbeitgebenden gemacht wird, wird sie in der Systematisierung berücksichtigt und konkret dem Feld der erwachsenenbezogenen *sozialen Hilfen*, das von Thole selbst als „sehr diffus“ bezeichnet wird, mit *lebensweltergänzender* Funktion zugewiesen (vgl. Thole 2012, S. 28). Weiterführende Begründungen für diese Zuordnung liegen nicht vor. Mit Blick auf das Aufgabenspektrum betrieblicher Sozialberatender, das auch die Beratung zu Suchtthemen sowie die Begleitung von Mitarbeitenden bei der betrieblichen Wiedereingliederung nach längeren Phasen der Erkrankung beinhaltet (vgl. Kapitel 3.2.3), könnte zur Diskussion gestellt werden, inwieweit Überlappungen mit dem Feld der *Gesundheitshilfe* mit lebensweltergänzender Funktion bestehen.

### Systematisierung nach Interventionsgraden und Lebensaltern

Ähnlich der Systematik von Thole (2012, S. 28) folgt jene von Hamburger (2012a, S. 159) einer Steigerungslogik von Interventionsgraden. Anstelle von Lebenswelten wählt Hamburger indes einen biografischen Zugang vor dem Hintergrund der Annahme, dass die Aufgaben der Sozialpädagogik durch die Grundstruktur des Lebenslaufs determiniert sind (vgl. Hamburger 2012a, S. 156). Zwar haben die Pluralisierung und Differenzierung der Lebenslagen zur Individualisierung des Lebenslaufs in der modernen Gesellschaft geführt, gleichwohl

> „hat für immer mehr Menschen eine Standardisierung in der Weise stattgefunden, dass das sozialversicherungspflichtige Arbeitnehmerverhältnis zur zentralen Voraussetzung einer in diesem Rahmen einigermaßen selbstbestimmten Lebensführung geworden ist. Das Herausfallen aus diesem Status ist mit Abhängigkeit verbunden oder führt zu psychosozialen Krisen“ (Hamburger 2012a, S. 157).

Soziale Arbeit setzt häufig an Situationen an, in denen Voraussetzungen für eine altersspezifische Normalität oder für die Bewältigung einer Statuspassage nicht gegeben sind. Daran zeigt sich, dass normative Annahmen über „typische“ Lebensläufe noch immer konstituierend für sozialpädagogische Einrichtungen und Angebote sind (vgl. Hamburger 2012a, S. 157).

In seinem Systematisierungsvorschlag ordnet Hamburger die Felder zum einen nach Lebensalterphasen (Kindheit, Jugend, Erwachsenenstatus und Alter) und zum anderen nach der Steigerungslogik des sozialpädagogischen Problemgehalts (vgl. Tabelle 2). Betont wird, dass der Ordnungsversuch heuristisch ist. Die einzelnen Ebenen können nicht trennscharf voneinander abgegrenzt werden und die Darstellung folgt der Logik der Praxis (vgl. Hamburger 2012a, S. 158):

12 Als Ausnahmen könnten bspw. betriebliche Sozialberatungen in Behörden betrachtet werden.

**Tabelle 2:** Interventionsgrade und Lebensalter (Quelle: In Anlehnung an Hamburger 2012a, S. 159)

| I | Grundstruktur des Lebenslaufs | Kindheit | Jugend | Erwachsenenstatus | Alter |
|---|---|---|---|---|---|
| II | Basisinstitutionen | • Familie | • Schule<br>• Berufsausbildung | • Erwerbsarbeit<br>• Familienarbeit | • Familie<br>• Partnerschaft |
| III | Sozialpädagogische bzw. sozialpolitische Normaleinrichtungen und Absicherungssysteme | • Kindertagesbetreuung<br>• Elternbildung | • Jugendarbeit | • Krankenversicherung<br>• Arbeitslosenversicherung | • Rentenversicherung<br>• Pflegeversicherung |
| IV | Sozialpädagogische Normalisierungsangebote | • Erziehungsberatung<br>• Hort<br>• Sozialpädagogische Familienhilfe | • Jugendwohnheime<br>• Schulsozialarbeit<br>• Jugendsozialarbeit | • Kliniken<br>• Wohngeld<br>• Beratung | • Ambulante und offene Altenarbeit |
| V | Sozialpädagogische Krisenbearbeitung von Strukturproblemen | • Pflegefamilie<br>• Adoptionsvermittlung<br>• Tagesgruppen | • Heimerziehung<br>• Jugendgerichtshilfe<br>• Drogenhilfe | • Obdachlosenprojekte<br>• Wohnungslosenhilfe<br>• Suchtbehandlung<br>• Bewährungshilfe<br>• Schuldnerberatung | • Stationäre Altenhilfe |
| VI | Sozialpädagogische relevante Ausgliederungen | • Inobhutnahme | • Jugendstrafvollzug<br>• Jugendpsychiatrie | • Strafvollzug<br>• Psychiatrie | • Hospize<br>• Sterbebegleitung |

Die Soziale Arbeit in Betrieben wird nicht explizit erwähnt. Werden jedoch die konzeptionellen Vorüberlegungen dieses Ordnungsversuchs bedacht, könnte sie am ehesten den *Normalisierungsangeboten* (Stufe IV) für Erwachsene, genauer: Beschäftigte in bestimmten Organisationen, zugeordnet werden. Darunter sind solche Angebote gefasst, die bereitgestellt werden, wenn Menschen bei der Bewältigung normierter Entwicklungsaufgaben oder situativ begründeter Beanspruchungen Unterstützung benötigen. Üblicherweise haben Angebote in diesem Bereich einen beraterischen Charakter, denn die Bereitstellung von Informationen und Wissen sowie die Erarbeitung von Problemlösungen stehen im Vordergrund, ohne dass die Autonomie der Lebenspraxis eingeschränkt werden soll (vgl. Hamburger 2012a, S. 158). Werden die Forschungsergebnisse dieser Arbeit berücksichtigt, kann hier die These aufgeworfen werden, dass im Falle der Sozialen Arbeit in Betrieben die Grenze zwischen Normalisierungsangeboten für Erwachsene (Stufe IV) und *Krisenbearbeitungsangeboten* (Stufe V) durchlässig ist. Angebote der Stufe V richten sich vor allem an verfestigte Problemkonstellationen, die Betroffene in ihren Bewältigungskompetenzen überfordern und deren Autonomie der Lebenspraxis stark zu gefährden drohen (vgl. Hamburger 2012a, S. 158). Empirisch gestützte Einblicke in die Beratungsarbeit (vgl. Kapitel 8.1.5) korrespondieren damit, denn sie zeigen, dass Existenzsicherung im Sinne der Erhaltung und der Organisation einer finanziellen Basis und Wohnunterkunft auch in die Zuständigkeit betrieblicher Sozialberatender fallen kann.

### Systematisierung nach Aufgabenschwerpunkten und Lebensaltern

Ähnlich wie in der oberen Systematik unterscheidet auch Heiner (2010, S. 90) in ihrer Übersicht auf horizontaler Ebene nach verschiedenen Lebensphasen der Adressat:innen (Kindheit, Jugend, mittlere Lebensphase und Alter). In Abgrenzung zu Thole (2012) und Hamburger (2012a) ordnet sie die Felder auf vertikaler Ebene aber nicht nach steigenden Interventionsgraden, sondern nach Aufgabenschwerpunkten (vgl. Heiner 2010, S. 92):

- *Personalisation* umfasst Bemühen um Persönlichkeitsentwicklung durch Vermittlung sozialer, kultureller Normen und/oder (Nach-)Sozialisation, Bildung und sozialer Integration;
- *Qualifikation* zielt auf Erwerb beruflich relevanter Fähigkeiten, um den Eintritt in die Erwerbstätigkeit und den Verbleib in ihr auf Dauer zu ermöglichen;
- *Reproduktion* beinhaltet Unterstützung und Förderung von Paarbeziehung und Familie, ökonomische Absicherung und Wohnungssicherung;
- *Rehabilitation* und *Pflege* haben Wiederherstellung und/oder Erhalt der körperlichen und geistigen Gesundheit und Leistungsfähigkeit zum Ziel, umfassen Betreuung, Pflege und Schutz von älteren, kranken und behinderten Menschen;
- *Resozialisation* meint Aktivitäten zur Prävention oder zum Abbau von Verhaltensauffälligkeiten und/oder zur Wiedereingliederung in die Gesellschaft (z. B. nach Übertreten von Gesetzen).

Aus der Kombination von Lebensphasen und Aufgabenschwerpunkten entsteht eine Matrix (vgl. Tabelle 3). Die Matrix bildet ein konzeptionelles Raster, um Hauptschwerpunkte zu erfassen, Einordnungen vorzunehmen und Angebotsprofile interorganisational zu vergleichen (vgl. Heiner 2010, S. 93–94). Es wird kein Anspruch erhoben, dass es sich hierbei um eine Landkarte handelt, die eine eindeutige und permanent gültige Verortung der Felder Sozialer Arbeit erlaubt, da es nicht selten vorkommt, dass in einem Feld mehrere Aufgaben bedient werden oder Einrichtungen sich weiterentwickeln und Angebote diversifizieren oder synthetisieren (vgl. Heiner 2010, S. 94). Ergänzend werden einige Tätigkeitsfelder unter *Basisdiensten* gesondert ausgewiesen. Diese sind dadurch charakterisiert, dass sie Hilfen für ihre Klient:innen erschließen, indem sie in erster Linie als Vermittlungsstelle für die Leistungen anderer Einrichtungen fungieren (vgl. Heiner 2010, S. 94).

**Tabelle 3:** Aufgabenschwerpunkte und Lebensphasen (Quelle: In Anlehnung an Heiner 2010, S. 91)

| Lebensphasen/ Aufgaben und Ziele | Kindheit | Jugend | Mittlere Lebensphase (Erwachsene mit minderjährigen Kindern) | Mittlere Lebensphase (Erwachsene ohne minderjährige Kinder) | Alter |
|---|---|---|---|---|---|
| **Personalisation** | • Kindergarten<br>• Hort<br>• Kinderheim | • Jugendbildung<br>• Jugendarbeit<br>• Betreutes Wohnen | | • Betreute Wohngruppe für psychisch Kranke | • Bildungsangebote<br>• Tagesstätten |
| | • Sozialpädagogische Familienhilfe | | | | |
| | • Tagesgruppe<br>• Intensive sozialpädagogische Einzelfallberatung<br>• Kinder- und Jugendpsychiatrie<br>• Erziehungsheim | | | | |
| **Qualifikation** | | • Jugendberufshilfen<br>• Berufsausbildung im Heim/Internat | • Berufliche Integration<br>• Arbeitslosenberatung | | |
| | • Schulsozialarbeit | | | | |
| **Reproduktion** | | | • Psychologische Beratung<br>• Ehe-, Familien- und Lebensberatung | | |
| | | | • Schwangerschaftskonfliktberatung<br>• Familienbildung | | • Wohnungsanpassungsberatung |
| | • Erziehungsberatung | | | | |
| | | • Schuldnerberatung<br>• Wohnungshilfe | | | |

*(Fortsetzung Tabelle 3)*

<table>
<tr><th>Lebensphasen/ Aufgaben und Ziele</th><th>Kindheit</th><th>Jugend</th><th>Mittlere Lebensphase (Erwachsene mit minderjährigen Kindern)</th><th>Mittlere Lebensphase (Erwachsene ohne minderjährige Kinder)</th><th>Alter</th></tr>
<tr><td rowspan="4">Rehabilitation</td><td>• Frühförderung behinderter Kinder</td><td colspan="3">• Sozialdienst im Krankenhaus</td><td>• Sozialdienst im Altenheim</td></tr>
<tr><td></td><td colspan="4">• Behindertenhilfe/Sozialpsychiatrie</td></tr>
<tr><td colspan="2">• Sonderschulbezogene Förderungsangebote</td><td></td><td></td><td></td></tr>
<tr><td></td><td colspan="4">• Suchtberatung</td></tr>
<tr><td rowspan="2">Resozialisation</td><td>• Erziehungsheime</td><td>• Jugendgerichtshilfe<br>• Bewährungshilfe für Heranwachsende</td><td colspan="2">• Bewährungshilfe für Erwachsene</td><td></td></tr>
<tr><td></td><td colspan="4">• Wohnungslosenhilfe</td></tr>
<tr><td>Basisdienste</td><td colspan="5">• Allgemeiner Sozialdienst<br>• Sozialpsychiatrischer Dienst</td></tr>
</table>

Die betriebliche Sozialarbeit wird hier nicht namentlich erwähnt. Versucht man, sie dennoch in dem Raster zu verorten, kann zunächst festgehalten werden, dass ihre Leistungen primär auf Erwerbstätige in der mittleren Lebensphase (Erwachsene mit oder ohne minderjährige Kinder) ausgerichtet sind. Eine exakte Zuordnung zu einem einzigen Aufgabenschwerpunkt ist allerdings kaum möglich. Stattdessen kann sie, unter Berücksichtigung der aktuellen Forschungslage (vgl. Kapitel 3.2.3), mehreren Schwerpunkten zugewiesen werden, allen voran der *Qualifikation* (z. B. Durchführung von Weiterbildungen für Beschäftigte), *Reproduktion* (z. B. psychosoziale Beratung zu familiären Angelegenheiten, Unterstützung bei der Sicherung von Wohnunterkünften) und *Rehabilitation* (z. B. Begleitung von Mitarbeitenden in der betrieblichen Wiedereingliederung).

In weiteren Systematisierungen, auf die nicht im Detail eingegangen werden kann, wird die betriebliche Sozialberatung an verschiedenen Positionen platziert: Nikles ordnet in einer Differenzierung der Handlungsbereiche der Sozialen Arbeit die betriebliche Sozialberatung der *Gesundheitshilfe* zu. Diese „bezeichnet einen Formenkreis überwiegend beratender und präventiver Angebote und Dienstleistungen für diejenigen Bevölkerungsgruppen, die besonderer Unterstützung bei der Sicherung ihrer Gesundheit bedürfen" (Nikles 2008, S. 63). Die Angebote zielen darauf, Gesundheitsschäden früh zu behandeln und gesundheitliche Schäden zu vermeiden oder zu mindern (vgl. Nikles 2008, S. 63). Die Ansiedlung in der Gesundheitshilfe wird damit erklärt, dass der Auftrag der betrieblichen Sozialberatung besonders an die Prävention und Behandlung von Suchtabhängigkeiten gekoppelt war und heutzutage Aufgaben wie die Unterstützung bei Rehabilitationsmaßnahmen und/oder beruflichen Wiedereingliederungen wahrgenommen werden (vgl. Nikles 2008, S. 65). Hingegen weisen Erath und Balkow sie der *Erwachsenenbildung* zu. Erwachsenenbildung verstehen sie als Disziplin der Erziehungswissenschaften, die sich mitunter mit der Konzeptionierung und Erforschung von Bildungsangeboten und Bildungsprozessen Erwachsener auseinandersetzt (vgl. Erath und Balkow 2016, S. 42). Sie begründen die Zuordnung damit, dass die betriebliche Soziale Arbeit „schwerpunktmäßig der Beratung und Unterstützung in arbeitsrechtlichen und gesundheitlichen Fragen dient" (Erath und Balkow 2016, S. 42).

Zusammenfassend zeigen die vorgenommenen Ausführungen, dass (und wie) die betriebliche Sozialberatung im Berufsfeld der Sozialen Arbeit eingebettet werden kann. Zwar wird sie in manchen Systematiken explizit berücksichtigt (vgl. Erath und Balkow 2016; Nikles 2008; Thole 2012), in anderen wiederum nicht (vgl. Hamburger 2012a; Heiner 2010), sodass selbst Einordnungen vorgenommen und begründet werden müssen. Im Zuge solcher Einordnungsversuche wird deutlich, dass eine trennscharfe Zuordnung nur bedingt realisierbar ist, da die betriebliche Sozialberatung häufig die Grenzen der jeweiligen Raster transzendiert und damit auf ihren übergreifenden, flexiblen Charakter aufmerksam macht. Demnach wird im nächsten Kapitel erörtert, was nun Besonderheiten betrieblicher Sozialberatung sind und welche Zuständigkeit ihr zugeschrieben werden kann.

### 3.1.2 Merkmale und Funktionen (betrieblicher) Sozialer Arbeit

Setzt man die betriebliche Sozialberatung in den Kontext der Sozialen Arbeit und fragt danach, was das Besondere der betrieblichen Sozialberatung ist (ggf. auch in Abgrenzung zu anderen Feldern), kann es zum Anfang sinnvoll sein, den Auftrag der Sozialen Arbeit zu beleuchten und mit der betrieblichen Sozialberatung zu spiegeln. Wird davon ausgegangen, dass die Soziale Arbeit[13] einen Vermittlungsauftrag zwischen Individuum und Gesellschaft hat, ergibt sich daraus eine doppelte Zielsetzung im Sinne einer Veränderung der Lebens*weise* und der Lebens*bedingungen* von Klient:innen. Die doppelte Zielsetzung führt wiederum zu einer doppelten Aufgabenstellung, nämlich der Arbeit mit bzw. im *Klient:innensystem* (Hilfesuchende und ihr soziales Umfeld) und im *Leistungssystem* (sozialstaatliche Leistungen zur Lebensbewältigung) (vgl. Heiner 2018, S. 35). Der Vermittlungsauftrag sowie die Dualität von Zielen und Aufgaben haben zur Folge, dass Interventionen in einem Modus zwischen Hilfe und Kontrolle entfaltet werden können (vgl. Heiner 2018, S. 36). In dem Zusammenhang kann vom *Doppelmandat* der Sozialen Arbeit gesprochen werden (vgl. Farrenberg und Schulz 2020, S. 46), welches ein basales Strukturmerkmal der sozialen Dienstleistungsfunktion Sozialarbeitender ist (vgl. Böhnisch und Lösch 1973, S. 28). Das Doppelmandat illustriert die Herausforderung,

> „ein stets gefährdetes Gleichgewicht zwischen den Rechtsansprüchen, Bedürfnissen und Interessen des Klienten einerseits und den jeweils verfolgten sozialen Kontrollinteressen seitens öffentlicher Steuerungsagenturen andererseits aufrechtzuerhalten" (Böhnisch und Lösch 1973, S. 28).

Die Situation ist im Hinblick auf die betriebliche Sozialberatung anders. Das markanteste Differenzierungskriterium der betrieblichen Sozialberatung zu anderen Feldern der Sozialen Arbeit ist der Kontext, in dem sie agiert. Sie ist in der beruflichen Arbeitswelt verortet und ihre Einsatzmöglichkeiten sind auf Organisationen eingegrenzt, in denen Menschen erwerbstätig sind. Bei ihrem Klient:innensystem handelt es sich in aller Regel um die Beschäftigten eines Betriebs. Das Leistungssystem stellt primär jener Betrieb dar, in der die Stelle angesiedelt ist[14]. Deshalb ist insofern eine Besonderheit zu konstatieren, dass die betriebliche Sozialberatung vordergründig im Spannungsfeld zwischen individuellen Problemen und wirtschaftlichen Anforderungen situiert ist. Sie muss die Bedürfnisse ihrer Klient:innen berücksichtigen, aber hat auch „auf sozial verträgliche Weise zum Wachstum des Unternehmens beizutragen" (Stoll 2013, S. 23). Dies hat zur Folge, dass das oben erwähnte Doppelmandat der Sozialen

13 Soziale Arbeit wird laut dem Fachbereichstag Soziale Arbeit und dem Deutschen Bundesverband für Soziale Arbeit e. V. (DBSH) wie folgt definiert: „Soziale Arbeit fördert als praxisorientierte Profession und wissenschaftliche Disziplin gesellschaftliche Veränderungen, soziale Entwicklungen und den sozialen Zusammenhalt sowie die Stärkung der Autonomie und Selbstbestimmung von Menschen. Die Prinzipien sozialer Gerechtigkeit, die Menschenrechte, die gemeinsame Verantwortung und die Achtung der Vielfalt bilden die Grundlage der Sozialen Arbeit. Dabei stützt sie sich auf Theorien der Sozialen Arbeit, der Human- und Sozialwissenschaften und auf indigenes Wissen. Soziale Arbeit befähigt und ermutigt Menschen so, dass sie die Herausforderungen des Lebens bewältigen und das Wohlergehen verbessern, dabei bindet sie Strukturen ein" (Fachbereichstag Soziale Arbeit und DBSH 2016, S. 2).

14 Das schließt nicht aus, dass es Verbindungen zum Leistungssystem im Sinne von sozialstaatlichen Diensten und Einrichtungen gibt. Der Forschungsstand zeigt, dass die Herstellung des Zugangs zu weiteren sozialen Dienstleistungen eine Aufgabe der betrieblichen Sozialberatung ist (vgl. Kapitel 3.2.3).

Arbeit um einen Eckpunkt, nämlich die Verpflichtung gegenüber auftraggebenden Organisationen, zum *Tripelmandat*[15] erweitert werden muss (vgl. Abbildung 2):

**Abbildung 2:** Tripelmandat in der betrieblichen Sozialen Arbeit (Quelle: In Anlehnung an Farrenberg und Schulz 2020, S. 46)

Das Tripelmandat visualisiert, dass die betriebliche Sozialberatung nicht nur im Spannungsfeld zwischen Interessen, Bedarfen und Ansprüchen einzelner Klient:innen und der Gesellschaft vermittelt (vgl. Füssenhäuser 2017, S. 766). Sie hat darüber hinaus auch eine Verpflichtung gegenüber Organisationen, die sie (freiwillig) eingeführt haben und finanzieren. Als „harmonisierende und koordinierende Instanz" kann es vorkommen, dass sie in Situationen gerät, in denen Erwartungen und Interessen divergent sind (vgl. Appelt 2013, S. 176). Deshalb wurde im Laufe der Zeit immer wieder kritisch infrage gestellt, weshalb Organisationen, vor allem Wirtschaftsunternehmen, eigentlich über betriebliche Sozialberatungen verfügen (vgl. Sauer 1988, S. 225) und inwiefern dort arbeitende Fachkräfte als verlängerte Arme von Geschäftsführungen zu betrachten sind (vgl. Klinger 1995, S. 378; Meier 2001, S. 29). Aus diesem Grund ist es zielführend, die Frage nach der *Zuständigkeit* der betrieblichen Sozialberatung auf gesellschaftlicher Ebene zu fokussieren, um zu einem klareren Verständnis für die Arbeit in diesem spezifischen Feld zu gelangen.

Die Frage nach der Zuständigkeit der betrieblichen Sozialberatung ist umfangreich und könnte auf verschiedenen Ebenen, aus verschiedenen Perspektiven und unter verschiedenen Gesichtspunkten untersucht werden. Die folgenden Ausführungen stützen sich vor allem auf Überlegungen von Baumgartner und Sommerfeld (2016, S. 208), die sich dieser Frage mithilfe eines Theorieansatzes der Sozialen Arbeit anneh-

15 Hiermit ist nicht das von Staub-Bernasconi (2019, S. 86–87) konzipierte Tripelmandat gemeint.

men. Dieser baut auf dem Begriffspaar *Integration* und *Lebensführung*[16] auf (ausführlich: vgl. Sommerfeld et al. 2011): Er ist den Autoren zufolge besonders dafür geeignet, die Funktion und Gegenstandsbereiche (betrieblicher) Sozialer Arbeit auf gesellschaftlicher Ebene zu erklären (vgl. Baumgartner und Sommerfeld 2016, S. 208). In dem Ansatz wird Sozialer Arbeit in modernen Gesellschaften die Funktion zugeschrieben,

> *„das gesellschaftsstrukturell induzierte Integrationsproblem zu bearbeiten, das sich in gesellschaftlich randständigen, psychosozial problembeladenen, im Sinne von eingeschränkter Teilhabe und Ressourcenausstattung unterprivilegierten Lebenslagen und Formen der Lebensführung zeigt. In einer präventiven Wahrnehmung dieser Funktion nimmt sie sich auch problematischen Formen der Lebensführung an, die auf Dauer zu einem Abstieg in die Randbezirke der Gesellschaft führen würden“* (Baumgartner und Sommerfeld 2016, S. 220; Hervorhebung im Original).

Menschen sind in *Lebensführungssysteme* eingebunden, die sich wiederum aus unterschiedlichen sozialen Systemen konstituieren, in denen sie mit anderen in Interaktion treten und bestimmte Positionen in Relation zu diesen einnehmen[17]. Die Integration in verschiedene soziale Systeme kann bei jedem Menschen unterschiedlich gestaltet und ausgeprägt sein (vgl. Baumgartner und Sommerfeld 2016, S. 212–213). In modernen, funktional differenzierten, kapitalistischen und demokratischen Gesellschaftsformen wird eine komplexe Entwicklungsaufgabe für Individuen darin gesehen, mittels ihrer jeweiligen Lebensführung ihre Integration in die Gesellschaft zum Teil selbst herstellen zu müssen. Dieser Prozess der individuellen Integration kann gelingen, aber er kann auch vom Scheitern bedroht sein, was im Begriff des *strukturellen Integrationsproblems* ausgedrückt wird (vgl. Baumgartner und Sommerfeld 2016, S. 219–220). In diesem Lichte setzt Soziale Arbeit in Betrieben dort an, „wo das gesellschaftliche Integrationsproblem im Wesentlichen entsteht, nämlich dort wo Erwerbsarbeit stattfindet, die als grundlegender Faktor für die gesellschaftliche Integration eines Individuums gesehen werden muss“ (Baumgartner und Sommerfeld 2016, S. 221). An der Stelle trägt sie konkret zur Bearbeitung des gesellschaftlichen Integrationsproblems und dessen Folgen für die individuelle Lebensführung von Menschen bei, sofern es ihr gelingt, deren Integration in den Arbeitsmarkt aufrechtzuerhalten, wenn diese aufgrund sozialer und/oder gesundheitlicher Probleme gefährdet ist (vgl. Baumgartner und Sommerfeld 2016, S. 222, 2018, S. 7). Zur Erfüllung dieser Funktion werden fünf Zuständigkeitsbereiche differenziert: (1) Probleme der Lebensführung außerhalb des Betriebs, die Integration in den Betrieb gefährden; (2) Probleme der Lebensführung

16 Die Autor:innen erklären, dass *Integration* und *Lebensführung* zusammen ein begriffliches Duo bilden, „mit dem das Zusammenspiel von Individuum und Gesellschaft als dynamische Einheit theoretisch und empirisch gefasst werden kann“ (Sommerfeld et al. 2011, S. 274). Mit dem Begriffspaar ist es möglich, die Lebensverhältnisse von Hilfesuchenden in der Sozialen Arbeit so zu rekonstruieren, „dass die Funktionsweise des dynamischen Zusammenspiels der individuellen, biopsychischen Struktur mit der sozio-kulturellen Struktur der Gesellschaft vermittelt über die Tätigkeit der Akteure darstellbar geworden ist“ (Sommerfeld et al. 2011, S. 274).

17 Mit dem Begriff des Lebensführungssystems wird die analytische Systemgrenze nicht zwischen Individuum und sozialer Umwelt gesetzt, sondern das Lebensführungssystem setzt sich im Verständnis der Autor:innen aus dem/der Akteur:in sowie den gewordenen Formen der Integration in verschiedene Handlungssysteme zusammen (vgl. Sommerfeld et al. 2011, S. 63): „Das Lebensführungssystem ist das zu beobachtende, zu analysierende und zu beschreibende System, nicht das intransparente Individuum in einer opaken sozialen Umwelt, die irgendwie über Irritationen miteinander gekoppelt sind, deren Wirkungszusammenhänge als Black Box im Nebel gelassen werden, was nicht zuletzt für die Gestaltung der professionellen Arbeit vollkommen unzureichend ist“ (Sommerfeld et al. 2011, S. 63).

im Betrieb, die Integration in den Betrieb gefährden; (3) Probleme der Lebensführung im Betrieb und im Hinblick auf den Betrieb, die Lebensqualitäten und Leistungen beeinträchtigen; (4) Gestaltung von Übergängen in den und aus dem Betrieb; (5) Unterstützung der Organisation zur Bearbeitung gesellschaftlicher Probleme im Gemeinwesen (vgl. Baumgartner und Sommerfeld 2016, S. 234, 2018, S. 8).

Die Soziale Arbeit in Betrieben befindet sich in einem Kontext, dessen Leitorientierung zuvorderst ökonomische Wertschaffung ist, d. h. Maximierung von Profit und optimale Verwertung von Arbeitskraft. Eine vollständige Ausrichtung an dieser Leitorientierung wird als wenig zielführend eingeschätzt, da sie mit den Gefahren verbunden ist, das eigene Profil zu erodieren und Zuständigkeitskonflikte auszulösen, gleichwohl ist aber deutlich, dass ein Anschluss an sie hergestellt werden muss, um sich in der Rationalität des Wirtschaftssystems als lohnende Investition zu legitimieren. Daher wird ein *intermediäres Konzept* benötigt, das ermöglicht, einerseits wirtschaftlichen Erwartungen nachzukommen und andererseits eine eigene Identität und damit korrespondierende Inhalte zu erschließen. Im Konzept der Corporate Social Responsibility (CSR) wird Potenzial gesehen, ein solch zeitgemäßes intermediäres Konzept für die betriebliche Soziale Arbeit darstellen zu können (vgl. Baumgartner und Sommerfeld 2016, S. 207, 2018, S. 6). Die vorliegende Arbeit knüpft an diesem Gedanken an und möchte ihn fortsetzen. Dafür wird im Kapitel 4 die Anschlussfähigkeit zwischen betrieblicher Sozialberatung und CSR ausführlich untersucht.

## 3.2 Forschungsstand zum Personal und zu Qualifikationen und Arbeitsaufgaben in der betrieblichen Sozialberatung

Mit Blick auf das Ziel dieser Arbeit, zur Schärfung des Berufsbilds betrieblicher Sozialberatender beizutragen, erscheint es angebracht, hier die Frage zu untersuchen, wer denn in der betrieblichen Sozialberatung arbeitet, über welche Qualifikationen diejenigen verfügen und welche Aufgaben sie wahrnehmen. Durch die Erarbeitung des Forschungsstands wird es möglich, zusammenzutragen, was hinsichtlich der Erkenntnisinteressen der Arbeit bereits bekannt ist, was noch nicht, woran das eigene Forschungsvorhaben anknüpfen und wovon es sich abgrenzen kann.

### 3.2.1 Personal

Wie sich die Zahl der in dem Feld tätigen Personen entwickelt (hat), ist schwer bestimmbar. In der Literatur lassen sich über die Jahre hinweg Schätzungen finden, die von einer Anzahl zwischen 300 und 1.500 Fachkräften in Deutschland ausgehen (vgl. Bremmer 2017a, S. 10; Gehlenborg 1994, S. 20, 1996, S. 125; Stoll 2013, S. 33). Es ist jedoch schwer nachvollziehbar, auf welcher Datenbasis diese Schätzungen vorgenommen worden sind. Ausgereifte und datengestützte Berichterstattungen, wie etwa zu den Fachkräften in der Frühen Bildung (vgl. Autorengruppe Fachkräftebarometer 2019), liegen für die Soziale Arbeit in Betrieben nicht vor. Um die Anzahl der Beschäftigten zu erfassen, können demnach zwei Zugänge in Erwägung gezogen werden, nämlich über (1) Angaben des Bundesfachverbands und (2) Beschäftigtenstatistiken.

Der öffentlich zugänglichen Homepage des (1) Bundesfachverbands Betriebliche Sozialarbeit e. V. kann entnommen werden, dass in ihm ungefähr 300 Fachkräfte organisiert sind (vgl. bbs o. J.). Unklar bleibt jedoch, wie groß der Anteil jener Personen ist, der faktisch betriebliche Soziale Arbeit leistet, jedoch keine Mitgliedschaft im Verband hat.

Zieht man die (2) Beschäftigtenstatistik nach Berufen der Bundesagentur für Arbeit heran (vgl. Tabelle 4), ist erkennbar, dass innerhalb der Berufsgruppe „Erziehung, Sozialarbeit, Heilerziehungspflege“ (Kennzeichen 831) zum Stichtag 31.03.2021 insgesamt 1.662.433 Personen tätig sind. Naheliegend ist es, betriebliche Sozialberatende der Berufsuntergruppe „Berufe in der Sozialarbeit und Sozialpädagogik“ (Kennzeichen 8312) zuzuordnen, die von insgesamt 320.795 Personen ausgeübt werden. Allerdings ist es auch denkbar, sie in der Berufsuntergruppe „Berufe in der Sozial-, Erziehungs- und Suchtberatung“ (Kennzeichen 8315) zu verorten, die von 11.939 Personen ausgeübt werden. Und zwar sind in dieser Berufsuntergruppe Sozialberatende erfasst (vgl. Bundesagentur für Arbeit 2011, S. 296), doch es bleibt unklar, ob damit auch *betriebliche* Sozialberatende/Sozialarbeitende gemeint sind. Somit verschaffen die Daten zunächst einen groben Überblick, doch sie erlauben keinen zuverlässigen Rückschluss auf die Grundgesamtheit des Personals der betrieblichen Sozialen Arbeit in Deutschland.

**Tabelle 4:** Beschäftigte nach Tätigkeit der KldB 2010 (Quelle: In Anlehnung an Bundesagentur für Arbeit 2021, SVB - Tabelle II)

| ausgeübte Tätigkeit nach der KldB 2010; Berufshauptgruppen, Berufsgruppen und Berufsuntergruppen | Insgesamt | darunter | | | | | | | | | |
|---|---|---|---|---|---|---|---|---|---|---|---|
| | | Arbeitszeit | | Anforderungsniveau aus der KldB 2010 | | | | Berufsabschluss | | | |
| | | in Vollzeit | in Teilzeit | Helfer:innen | Fachkräfte | Spezialist:innen | Expert:innen | Ohne berufl. Ausbildungsabschluss | Mit anerkanntem Berufsabschluss | Mit akademischem Berufsabschluss | Ausbildung unbekannt |
| | 1 | 2 | 3 | 4 | 5 | 6 | 7 | 8 | 9 | 10 | 11 |
| **83 Erziehung, soziale und hauswirtschaftliche Berufe, Theologie** | **1.953.257** | **760.825** | **1.192.432** | **323.932** | **1.143.750** | **123.169** | **362.406** | **198.021** | **1.268.954** | **401.353** | **84.929** |
| **831 Erziehung, Sozialarbeit, Heilerziehungspflege** | 1.662.433 | 683.729 | 978.704 | 213.164 | 1.001.031 | 101.885 | 346.353 | 144.369 | 1.090.145 | 376.812 | 51.107 |
| **8311 Berufe in der Kinderbetreuung und -erziehung** | 963.438 | 389.295 | 574.143 | 123.515 | 830.642 | 9.281 | – | 80.010 | 757.979 | 99.042 | 26.407 |
| **8312 Berufe in der Sozialarbeit und Sozialpädagogik** | 320.795 | 149.081 | 171.714 | – | 49 | 24.056 | 296.690 | 19.260 | 73.338 | 218.833 | 9.364 |
| **8313 Berufe Heilerziehungspflege und Sonderpädagogik** | 230.032 | 87.438 | 142.594 | 88.606 | 84.617 | 38.673 | 18.136 | 27.661 | 165.363 | 28.459 | 8.549 |
| **8314 Berufe in der Haus- und Familienpflege** | 94.961 | 26.888 | 68.073 | 1.043 | 85.723 | 8.195 | – | 16.537 | 62.639 | 9.935 | 5.850 |
| **8315 Berufe in der Sozial-, Erziehungs- und Suchtberatung** | 11.939 | 4.957 | 6.982 | – | – | – | 11.939 | 520 | 3.552 | 7.494 | 373 |
| **8319 Aufsichts- und Führungskräfte – Erziehung, Sozialarbeit, Heilerziehungspflege** | 41.268 | 26.070 | 15.198 | – | – | 21.680 | 19.588 | 381 | 27.274 | 13.049 | 546 |

Anmerkung: Deutschland; Stichtag 31.03.2021

Auch eine Differenzierung der Beschäftigten nach Wirtschaftszweigen (vgl. Statistisches Bundesamt (Destatis) 2020, S. 143) erweist sich als wenig aufschlussreich, um die Zahl der Fachkräfte zu ermitteln. Das liegt daran, dass die Heterogenität an Organisationen, in denen betriebliche Sozialberatung angeboten wird (u. a. Wirtschaftsunternehmen, Krankenhäuser, Hochschulen), mit einer Vielzahl an Optionen einhergeht, worunter das respektive Personal erfasst werden könnte.

Anhand dieser Zugänge ist es also nur in einem außerordentlich begrenzten Umfang möglich, zuverlässige Aussagen über die Beschäftigtenzahl und deren Entwicklung sowie über Aspekte wie bspw. Geschlechterverhältnisse, Alter, Beschäftigungssituationen, Qualifikationsstrukturen und Einsatzorte zu treffen. Die quantitative Erfassung der Beschäftigten erweist sich allerdings nicht nur für die betriebliche Sozialberatung im Besonderen als schwierig, sondern sie gerät auch bei der Betrachtung des gesamten Berufsfeldes der Sozialen Arbeit an Grenzen (vgl. Aner und Hammerschmidt 2018, S. 186; Züchner und Cloos 2012, S. 934): Zum einen sind in der Sozialen Arbeit Personen mit unterschiedlichen formalen Qualifikationen vertreten. Neben einschlägigen „Kernqualifikationen" der Sozialen Arbeit, bei denen es sich vor allem um Sozialarbeiter:innen, Sozialpädagog:innen sowie Erzieher:innen handelt, gibt es eine Menge an Personen mit anderen Qualifikationen (u. a. Pädagog:innen, Lehrer:innen, Psycholog:innen, Heilpädagog:innen, Ergänzungskräfte ohne Berufsausbildung) (vgl. Züchner und Cloos 2012, S. 934–935). Zum anderen ist die Orientierung an Anteilen sozialarbeiterischer Aufgaben auch nur begrenzt zielführend. So gibt es Personen, die den Großteil ihrer Arbeitszeit mit direktem Klient:innenbezug verbringen, während andere Personen sozialarbeitsbezogene Unterstützung in der Organisation und Verwaltung leisten und wiederum andere nur zum geringen Teil mit sozialarbeiterischen Aufgaben befasst sind (z. B. Meister:innen, die in überbetrieblichen Ausbildungsstätten im Rahmen der Jugendberufshilfe mit Lehrlingen arbeiten) (vgl. Züchner und Cloos 2012, S. 935).

Unter diesen Umständen wird es nachkommend nicht weiter um die Ermittlung der Beschäftigtenzahlen gehen, sondern um die Erörterung zweier Fragen anhand von Forschungsbefunden: Über welche Qualifikationen verfügen diejenigen, die in der betrieblichen Sozialberatung tätig sind? Welche Arbeitsaufgaben nehmen sie wahr?

### 3.2.2 Qualifikationen

Im Folgenden wird der Forschungsstand zu Qualifikationen in der betrieblichen Sozialberatung erarbeitet. Zugunsten eines besseren Überblicks werden die Forschungsbefunde entlang der Eckpunkte *Berufsausbildung/Studium, Weiterbildung, Berufserfahrung* und *sonstige Qualifikationserfordernisse* in zeitlicher Reihenfolge systematisiert.

#### Berufsausbildung und Studium

Im Jahr 1965 hat die Sozialforschungsstelle der Universität Münster in Dortmund 242 Industrie- und Handelsbetriebe angeschrieben, um zu erfragen, wie viele von ihnen eine sozialfürsorgerische Fachkraft beschäftigen. Die Samplebeschreibung (n = 181) zeigt, dass 28 Betriebe Werksschwestern im Gesundheitsdienst beschäftigten. In 18

Betrieben arbeiten staatlich anerkannte Sozialarbeitende, darunter sind zwei mit ausländischen Sozialarbeitenden für die Betreuung ausländischer Arbeitnehmender vertreten. In anderen 12 Betrieben wurde die Werksfürsorge von Personen mit anderer Vorbildung besetzt, nämlich fünf Krankenschwestern, zwei Jugendleiterinnen, zwei ehemalige Sekretärinnen, eine medizinisch-technische Assistentin und zwei Personen ohne besondere Vorbildung (vgl. Girmes 1970, S. 54–55). In Interviews werden die Qualifikationen der staatlich anerkannten Sozialarbeitenden näher untersucht: 11 Sozialarbeitende wurden an ehemaligen Wohlfahrtsschulen ausgebildet, fünf haben nach 1959 Höhere Fachschulen für Sozialarbeit besucht (vgl. Girmes 1970, S. 125–126). Zusätzlich hat die Sozialforschungsstelle 1968 ein Schreiben an 46 Höhere Fachschulen für Sozialarbeit in der BRD verschickt und um Stellungnahme zur Relevanz der Werksfürsorge im Berufsfeld der Sozialarbeit sowie in den Ausbildungsgängen der Lehrstätten gebeten. Auf Basis der Stellungnahmen von 24 Schulen zeichnet sich ab, dass eine gezielte Vorbereitung auf Besonderheiten und Herausforderungen der Sozialarbeit in Betrieben nur im geringen Maße erfolgt, teils durch bestimmte Unterrichtsfächer (z. B. Sozialkunde, Sozialgesetzgebung, Betriebssoziologie) und/oder durch Arbeitskreise zur betrieblichen Sozialarbeit (vgl. Girmes 1970, S. 162–163).

Lau-Villinger (1994, S. 133) hat eine Befragung 24 hessischer Unternehmen (18 Personalleitende, 6 Sozialberatungsleitende) zur Unternehmensstruktur, zum Personal-, Sozial- und Gesundheitswesen sowie Optimierungsbedarf der betrieblichen Sozialberatung durchgeführt. Fünf Unternehmen geben Auskunft über die Qualifikationen ihrer Fachkräfte in der Sozialberatung: 86 % haben einen kaufmännischen Berufsausbildungs- oder Fachhochschulabschluss in der Betriebswirtschaft. 14 % verfügen über einen Fachhochschulabschluss in der Sozialpädagogik (vgl. Lau-Villinger 1994, S. 137). Im Anschluss wurde ein Workshop veranstaltet, um Aufgaben interner Sozialberatungen vorzustellen, Arbeitskonzepte zu vergleichen und Trends zu diskutieren. Die Konzepte verweisen auf ein Spektrum an Berufsausbildungs- und Studienabschlüssen in den Sozialberatungen (vgl. Lau-Villinger 1994, S. 147), darunter: Sozialpädagogik (FH), Pädagogik, Soziologie, Wirtschaftsingenieurwesen, Psychologie, Ernährungswissenschaften mit kaufmännischer Berufsausbildung.

In einer quantitativen Teilstudie aus dem Jahr 2008 wurden schriftliche Befragungen in der Schweiz und in Deutschland durchgeführt, um die betriebliche Soziale Arbeit, insbesondere ihre Verbreitung und Ausgestaltung, zu untersuchen (vgl. Baumgartner und Sommerfeld 2016, S. 123). In 48 deutschen betrieblichen Sozialberatungen, die an der Studie teilnahmen, sind insgesamt 187 Fachkräfte tätig. Etwa drei Viertel verfügen über einen Abschluss in der Sozialen Arbeit. In 36 von 48 Sozialberatungsstellen haben *alle* Fachkräfte einen Ausbildungsabschluss in Sozialer Arbeit (vgl. Baumgartner und Sommerfeld 2016, S. 145). Welche Abschlüsse die übrigen Fachkräfte besitzen, wird nicht geklärt.

Studienabschlüsse der Sozialen Arbeit dominieren auch in einer qualitativen Studie zu Qualifikations- und Tätigkeitsprofilen, die 2018 in Deutschland durchgeführt wurde. In einer ersten Teiluntersuchung wurden einschlägige Stellenausschreibungen analysiert. Als Ergebnis wird aufgezeigt, dass in 14 von 15 Inseraten ein Studienabschluss der Sozialen Arbeit (Sozialarbeit, Sozialpädagogik) gefordert wird. In einer zweiten Teiluntersuchung wurden problemzentrierte Interviews mit Fachkräften der betrieblichen Sozialberatung geführt. Von sieben Interviewten haben sechs ein Studium der Sozialen Arbeit absolviert (vgl. Nguyen und Bohlinger 2020, S. 299).

### Weiterbildungen

In einer Vollerhebung fragt Stoll mittels einer schriftlichen Befragung aller Sozialberatender in der Siemens AG im Jahr 1998 danach, welche Qualifikationen in der betrieblichen Sozialberatung benötigt werden (vgl. Stoll 2013, S. 40). Sie stellt fest, dass alle Personen aus der Stichprobe neben einem Studium der Sozialpädagogik über Zusatzqualifikationen verfügen. Deren Bandbreite zeichnet sich in folgender Tabelle ab:

**Tabelle 5:** Zusatzqualifikationen (Quelle: In Anlehnung an Stoll 2013, S. 205)

| Therapie und Beratung | Gesundheitsförderung | Thematische Qualifizierung | Sonstige |
|---|---|---|---|
| Systemisch-lösungs-orientierte Beratung (81,3 %)<br>Gestalttherapie (12,5 %)<br>Systemische Paar- und Familientherapie (12,5 %)<br>Krisenintervention (12,5 %)<br>Klientenzentrierte Gesprächsführung, Beratung (12,5 %)<br>Transaktionsanalyse (6,3 %)<br>Rational-emotive Therapie (6,3 %)<br>NLP-Practitioner (6,3 %)<br>Supervision (6,3 %)<br>Coaching (6,3 %)<br>Ergotherapie (6,3 %) | Entspannungsverfahren nach Jacobsen (6,3 %)<br>Mediationsanleitung (6,3 %)<br>Pädagogik für psychosomatische Gesundheitsbildung (6,3 %) | Suchtkrankentherapie/ betriebliche Suchtberatung (12,5 %)<br>Schuldnerberatung (6,3 %) | Gruppenmoderation (31,3 %)<br>Industriekauffrau (6,3 %)<br>PR-Assistenz (6,3 %)<br>Buchhandel (6,3 %) |

Anmerkung: n = 16, Mehrfachnennungen möglich

Die Mehrheit (81,3 %) hat eine Qualifikation in systemisch-lösungsorientierter Beratung, da die Ausbildung von der Fachleitung initiiert worden ist. Ungefähr ein Drittel (31,3 %) kann eine Zusatzqualifikation in der Gruppenmoderation vorweisen. Darüber hinaus sind weitere Qualifikationen feststellbar, wobei der Fokus gemäß der Systematisierung im Bereich der *Therapie und Beratung* liegt (vgl. Stoll 2013, S. 204–205). Auffällig ist, dass unter *Sonstiges* neben Weiterbildungs- auch Berufsausbildungsabschlüsse (Industriekauffrau, PR-Assistenz, Buchhandel) angeführt sind (vgl. Tabelle 5). Ferner wird danach gefragt, welche Kenntnisse, Fähigkeiten und Fertigkeiten aus Sicht der Sozialberatenden notwendig sind, um die Aufgaben in dem Feld zu bewältigen. Die Hälfte (50 %) gibt an, dass betriebswirtschaftliche Kenntnisse gebraucht werden. Ebenfalls sind Kenntnisse in der Organisationsberatung und -entwicklung (31,3 %), im Marketing (18,8 %) und in Moderations- und Präsentationstechniken (18,8 %) relevant. Ferner sind Themen genannt, die als Vertiefung der Inhalte einer sozialpädagogischen Ausbildung subsumiert werden (z. B. Umgang mit Konflikten, Kommunikation, systemisches Handeln) (37,6 %) (vgl. Stoll 2013, S. 90–91).

Anschlussfähig an diese Befunde sind jene von Nguyen und Bohlinger (2020): In ihrer Studie werden in der Mehrheit der analysierten Stelleninserate formale Weiterbildungen in der Beratung gefordert. Die sieben Interviewten haben alle mindestens eine formale Weiterbildung absolviert. Fünf Personen haben eine Weiterbildung im (systemischen) Coaching und zwei in der Organisationsberatung. Die übrigen Abschlüsse beziehen sich auf systemische Beratung, Case Management, Sucht- und Sozialtherapie, Business Moderation, Suchtberatung, Konfliktmanagement und Mediation sowie Sozialmanagement (vgl. Nguyen und Bohlinger 2020, S. 299).

### Berufserfahrung

Über berufliche Werdegänge des Personals der betrieblichen Sozialen Arbeit ist in der Forschung bis dato wenig bekannt. In einer Studie wird gezeigt, dass in der Mehrzahl von Stellenanzeigen Berufserfahrung mit Bezug zur Beratung verlangt wird. Von sieben Interviewten konnten alle mehrjährige Berufserfahrung vorweisen. Der Schwerpunkt liegt auf Feldern der Sozialen Arbeit (u. a. sozialpädagogische Familienhilfe, Schulsozialarbeit, Suchthilfe); darüber hinaus aber auch in der Erwachsenen-/Weiterbildung, Wirtschaft und Verwaltung sowie Betriebsratstätigkeiten (vgl. Nguyen und Bohlinger 2019, S. 446, 2020, S. 300).

### Weitere Qualifikationsanforderungen

Neben formalen Qualifikationsanforderungen werden weitere persönliche Erfordernisse aufgezählt, die an dieser Stelle als *(arbeitsplatz-)übergreifende Qualifikationselemente* verdichtet werden (vgl. Bohlinger 2013, S. 24; Dahrendorf 1956, S. 553). In der Untersuchung von Lau-Villinger (1994, S. 142–143) werden einige solcher Elemente aufgezählt: Zugehen auf Mitarbeitende, vertrauenserweckende Ausstrahlung, Eigeninitiative, Durchsetzungsvermögen, strategisches Planungsvermögen, Fähigkeit zur Vermittlung zwischen verschiedenen Positionen. Auch Nguyen und Bohlinger (2020, S. 300) identifizieren *extrafunktionale Qualifikationselemente*, darunter: Kenntnisse im Umgang mit Softwares, Englischkenntnisse, kommunikative Fähigkeiten, Organisationsfähigkeit, psychische Belastbarkeit, Team- und Kooperationsfähigkeit, Empathie, Verhandlungsgeschick. Die Identifizierung solcher Elemente erfolgt bisher noch recht allgemein und wenig systematisch. Es bleibt bspw. offen, welche Elemente für welche konkreten Arbeitsaufgaben benötigt werden.

Anhand der Forschungsbefunde zeichnet sich ein mosaikartiges, noch zu schärfendes Bild mit vielfältigen Qualifikationsanforderungen ab. Vorerst ist festzuhalten, dass das Feld heutzutage überwiegend, aber nicht exklusiv, durch akademisch ausgebildetes Personal besetzt ist. Anhand der Befunde, die sich grob auf einen Zeitraum von rund sechs Jahrzehnten verteilen, kann eine sukzessive Fokussierung auf Studienabschlüsse der Sozialen Arbeit nachvollzogen werden. Somit kann ein abgeschlossenes Studium Sozialer Arbeit als elementares Zugangskriterium erachtet werden. Nähere Erläuterungen zu sowie Unterscheidungen zwischen Hochschularten, akademischen Graden oder der Notwendigkeit staatlicher Anerkennungen werden jedoch kaum thematisiert. Ferner wurde in den Untersuchungen eine diffuse Bandbreite an Zusatzqualifikationen ermittelt, die benötigt werden bzw. vorhanden sind. Auch in diesem Punkt mangelt es jedoch an präziseren Erläuterungen zu Inhalten, Zeitumfängen, Zertifizierungen und/oder zur Relevanz erworbener Weiterbildungsabschlüsse für die Bearbeitung bestimmter Arbeitsaufgaben. Des Weiteren liegen so gut wie keine Ergebnisse zu beruflichen Werdegängen der in dem Feld Tätigen vor. Bemerkenswert ist außerdem, dass Qualifikationen selten ein zentrales Kerninteresse in den Forschungsfragen der Studien darstellen und meist lediglich in Verbindung mit soziodemografischen Daten erhoben und ausgewertet werden.

### 3.2.3 Arbeitsaufgaben

Im Weiteren werden Forschungsarbeiten referiert, die sich größtenteils mit jenen aus dem Kapitel 3.2.2 decken. Der Grund dafür ist, dass in den meisten Untersuchungen sowohl Ergebnisse zu Qualifikationen als auch zu Aufgaben zu finden sind. Die unteren chronologischen Ausführungen beleuchten die Befunde ausschließlich mit Fokus auf Arbeitsaufgaben[18].

In einer komparativen Studie zur betrieblichen Sozialarbeit in der BRD und in Holland aus dem Jahr 1965 befasst sich Girmes (1970, S. 101) mitunter mit der Frage, welche Aufgaben Sozialarbeitende wahrnehmen. In diesem Zusammenhang wird rekonstruiert, dass fürsorgerische, betreuende Aufgaben im Rahmen betrieblicher Sozialleistungen (z. B. Gewährung materieller Hilfen) noch präsent sind, aber immer weiter abnehmen (vgl. Girmes 1970, S. 105). Hingegen ist die Durchführung von Sprechstunden ein wesentlicher Schwerpunkt im Arbeitsalltag der Sozialarbeitenden. Hier werden vor allem vielfältige persönliche Angelegenheiten der Klient:innen besprochen und Hilfen im Umgang mit Behörden angeboten. Zwar wird eine sukzessive Verschiebung von materieller zur beratenden, psychosozialen Hilfe konstatiert, gleichwohl wird aber angemerkt, dass die Sozialarbeitenden meist mit Problemen *außerhalb* der Betriebe befasst sind und nicht konsistent bei innerbetrieblichen Problemen einbezogen werden (vgl. Girmes 1970, S. 110). Weitere Aufgaben sind Hausbesuche, Betriebsrundgänge, Teilnahme an Dienstbesprechungen, Mitwirkung bei Arbeitsplatz- und Personalfragen sowie Gruppenarbeit (vgl. Girmes 1970, S. 111–119).

Baur hat zwischen 1975 und 1976 eine qualitative Untersuchung in einer Isoliermittel- und in einer Waschmittelfirma durchgeführt. Den Ergebnissen zufolge liegt der Schwerpunkt der Werksfürsorge in der Bearbeitung von Beschäftigtenproblemen gesundheitlicher, finanzieller und rechtlicher Art (vgl. Baur 1979, S. 255). Die Unter-

18 Eine frühere kompakte Erarbeitung des Forschungsstands zu Arbeitsaufgaben in der betrieblichen Sozialberatung ist in Nguyen (2022, S. 188–190) zu finden.

stützung der Beschäftigten in Betrieben erfolgt in Form von Beratungsgesprächen zur Information über Rechtsansprüche und Hilfsmöglichkeiten, Anfertigung von Anträgen und Bittschreiben, Beantragung von Rehabilitationskuren und Durchführung von Krankenbesuchen (vgl. Baur 1979, S. 259). Resümiert wird, dass die Werksfürsorge zwar Hilfesuchenden die Möglichkeit zur Aussprache bietet und beim Umgang mit Behörden zur finanziellen Existenzabsicherung hilft, jedoch liegt das Hauptaugenmerk oft – wie auch von Girmes (1970, S. 110) herausgearbeitet – auf *außerbetrieblichen* Problemen, obwohl Probleme in der Mehrzahl ihren Ursprung im Betrieb haben (z. B. infolge von Rationalisierung, Zunahme von Arbeitsbelastungen, Verschlechterung von Gesundheitsstörungen). Demnach wird lediglich ein begrenzter Beitrag zur „Humanisierung industrieller Arbeitsbedingungen“ bescheinigt (vgl. Baur 1979, S. 261).

In der Befragung 24 hessischer Unternehmen, die von Lau-Villinger (1994, S. 133) durchgeführt wurde, werden folgende Arbeitsschwerpunkte identifiziert: Suchtberatung, Betreuung von Problemfällen, Unterstützung bei Kontaktierungen von Institutionen außerhalb der Betriebe, Vorbereitung auf Therapie-/Heilverfahren, Schulung von Führungskräften und Mitarbeitenden zu Alkoholauffälligkeiten. Sie konkludiert, dass die Aufgaben auf die Einzelfallhilfe beschränkt sind, und moniert ein unzureichendes systemisches Herangehen an soziale Probleme, welches durch eine niedrige Ansiedlung der betrieblichen Sozialberatung in der Organisationsstruktur sowie eine fehlende wissenschaftliche Ausbildung des Personals begründet wird (vgl. Lau-Villinger 1994, S. 137–138).

Auch Stoll identifiziert in ihrer Studie aus dem Jahr 1998 Aufgaben in den Sozialberatungen der Siemens AG. Dabei unterscheidet sie „klassische“ und „neue“ Aufgaben (vgl. Stoll 2013, S. 119). Aus der Fragebogenerhebung geht hervor, dass klassische Aufgaben wie Einzelberatung, Krisenintervention und die Vermittlung von Hilfesuchenden an externe Stellen von allen durchgeführt werden (vgl. Tabelle 6). Neue Aufgaben werden von mindestens der Hälfte der Befragten wahrgenommen, doch es zeichnet sich ein differenzierteres Bild ab (vgl. Stoll 2013, S. 161–162). Hier dominieren Round-Table-Gespräche, Konfliktmoderationen sowie Team- und Gruppengespräche:

**Tabelle 6:** Klassische und neue Aufgaben (Quelle: In Anlehnung an Stoll 2013, S. 162)

| **Aufgaben** | **Anteil Nennungen** |
|---|---|
| **Klassische Aufgaben** | |
| Einzelberatung | 100 % |
| Krisenintervention | 100 % |
| Vermittlung nach extern | 100 % |
| Themenbezogene Infoveranstaltungen | 87,5 % |

*(Fortsetzung Tabelle 6)*

| Aufgaben | Anteil Nennungen |
|---|---|
| **Neue Aufgaben** | |
| Round-Table-Gespräche | 93,8 % |
| Konfliktmoderation | 93,8 % |
| Team-/Gruppengespräche | 87,5 % |
| Coaching | 81,3 % |
| Moderation von Führungsgesprächen | 75 % |
| Teamentwicklung | 62,5 % |
| Kommunikationstrainings | 62,5 % |
| Klimagruppen | 62,5 % |

Anmerkung: n = 16; Mehrfachnennungen möglich

Baumgartner und Sommerfeld (2016, S. 131) haben in ihrer quantitativen Teiluntersuchung zum Zwecke einer Bestandsaufnahme zur Sozialen Arbeit in Betrieben in Deutschland und in der Schweiz im Jahr 2008 danach gefragt, welche Aufgaben betriebliche Sozialberatende übernehmen. In der deutschen Teilstichprobe (vgl. Tabelle 7) werden Konfliktmanagement (100 %), Einzelfallberatung (98 %) sowie Fachberatung von Vorgesetzten und Führungskräften (98 %) am häufigsten angegeben (vgl. Baumgartner und Sommerfeld 2016, S. 151):

**Tabelle 7:** Anzahl und Anteil der Aufgaben (Quelle: In Anlehnung an Baumgartner und Sommerfeld 2016, S. 151, und Baumgartner 2017, S. 23)

| Aufgaben | Anzahl Nennungen | Anteil Nennungen |
|---|---|---|
| Konfliktmanagement | 48 | 100 % |
| Einzelfallberatung | 47 | 98 % |
| Fachberatung von Vorgesetzten und Führungskräften | 47 | 98 % |
| Kriseninterventionen | 44 | 92 % |
| Information oder Aufklärung zu Präventionsthemen | 42 | 88 % |
| Schulung von Vorgesetzten und Führungskräften | 41 | 85 % |
| Case Management | 38 | 79 % |
| Seminare oder Schulungen zu Präventionsthemen | 37 | 77 % |
| Unternehmensinterne Projekte | 37 | 77 % |

*(Fortsetzung Tabelle 7)*

| Aufgaben | Anzahl Nennungen | Anteil Nennungen |
|---|---|---|
| Teamentwicklung | 24 | 50 % |
| Beratung der Geschäftsleitung zu sozialen Themen | 24 | 50 % |
| Gemeinsame Projekte mit externen Stellen | 19 | 40 % |
| Beratung bei Umstrukturierungen oder Outsourcing | 12 | 25 % |
| Förderung von Freiwilligenarbeit | 4 | 8 % |

Anmerkung: n = 48; Mehrfachnennungen möglich

Des Weiteren wurde erfragt, welche Themen bearbeitet werden und welche davon in Relation zur Arbeitszeit zu den fünf wichtigsten gehören (vgl. Tabelle 8). Hierfür wurde eine Liste mit 17 Themen vorgegeben (vgl. Baumgartner und Sommerfeld 2016, S. 153). In nahezu allen Sozialberatungen werden psychische Schwierigkeiten (100 %), familiäre Beziehungen (98 %), Sucht (98 %) und Probleme am Arbeitsplatz (96 %) zur Sprache gebracht (vgl. Baumgartner 2017, S. 23):

**Tabelle 8:** Themen (Quelle: In Anlehnung an Baumgartner und Sommerfeld 2016, S. 156–157, und Baumgartner 2017, S. 24)

| Themen | Anzahl Nennungen (Anteil in %) | Anzahl Nennungen unter den 5 wichtigsten Themen (Anteil in %) |
|---|---|---|
| Psychische Schwierigkeiten von Mitarbeitenden | 48 (100 %) | 43 (90 %) |
| Familiäre Beziehungen (Trennung, Scheidung, Erziehung) | 47 (98 %) | 24 (50 %) |
| Sucht | 47 (98 %) | 26 (54 %) |
| Probleme am Arbeitsplatz (Konflikte, Mobbing) | 46 (96 %) | 35 (73 %) |
| Wiedereingliederung nach Rehabilitationsmaßnahmen | 43 (90 %) | 14 (29 %) |
| Stressbewältigung | 43 (90 %) | 14 (29 %) |
| Finanzielle Angelegenheiten | 42 (88 %) | 13 (27 %) |
| Förderung von Kommunikation oder Kooperation | 41 (85 %) | 13 (27 %) |
| Gesundheitsförderung | 40 (83 %) | 14 (29 %) |
| Vereinbarkeit von Familie und Beruf | 35 (73 %) | 4 (8 %) |
| Sexuelle Belästigung am Arbeitsplatz | 32 (67 %) | 0 (0 %) |
| Abwesenheiten, Fehlzeiten | 30 (63 %) | 9 (19 %) |
| Organisationsbedingte Veränderungen/Umstrukturierungen | 28 (58 %) | 5 (10 %) |

*(Fortsetzung Tabelle 8)*

| Themen | Anzahl Nennungen (Anteil in %) | Anzahl Nennungen unter den 5 wichtigsten Themen (Anteil in %) |
|---|---|---|
| Ältere Mitarbeitende/Vorbereitungen auf den Ruhestand | 23 (48 %) | 1 (2 %) |
| Hilfen bei der Kinderbetreuung | 17 (35 %) | 2 (4 %) |
| Hilfen bei der Betreuung älterer Personen | 15 (31 %) | 0 (0 %) |
| Diversity im Betrieb | 15 (31 %) | 1 (2 %) |

Anmerkung: n = 48

In der qualitativen Teiluntersuchung wurde eine Fallanalyse innerhalb eines Schweizer Unternehmens durchgeführt, welche Dokumentenanalysen und 13 halbstrukturierte Interviews mit Personen innerhalb und im Umfeld des Unternehmens beinhaltete (vgl. Baumgartner und Sommerfeld 2016, S. 46). In diesem Zusammenhang wurden fünf Aufgabenbündel identifiziert: (1) Prävention, (2) Anlaufstelle, (3) Beratung, (4) Mandate und Projekte sowie (5) Grundleistung (vgl. Baumgartner und Sommerfeld 2016, S. 58–59).

In einer qualitativen Studie aus dem Jahr 2018 wurde der Versuch unternommen, Aufgaben und Tätigkeiten in der betrieblichen Sozialberatung differenzierter zu untersuchen. Anhand zweier Teilunteruntersuchungen, nämlich der Analyse von 15 Stelleninseraten sowie sieben problemzentrierten Interviews, wurden die Daten zu einem Profil integriert, das folgende acht Aufgabenschwerpunkte beinhaltet:

1. *Psychosoziale Beratung*: Beratung, Begleitung und Unterstützung von Mitarbeitenden und Führungskräften (zu Themen wie Konflikte, Mobbing, Pflege, Kindererziehung, Beziehungsprobleme), Koordinierung weiterer Hilfsangebote, Unterstützung bei Antragstellungen;
2. *Konfliktmanagement*: Konfliktprävention (z. B. Moderation von Gruppengesprächen, Durchführung von Konfliktberatungsgesprächen in Organisationsentwicklungsprozessen) und Konfliktintervention (z. B. Bearbeitung bereits ausgetragener Konflikte mit den Involvierten);
3. *Betriebliches Gesundheitsmanagement*: Leitung von Projekten (Entwicklung von Konzepten, Planung von Strategien, Steuerung der Projektgruppe) oder Mitarbeit an Projekten (Beratung bei der Projektkonzeption, Erstellung von Statistiken, Netzwerkarbeit), Mitwirkung im betrieblichen Eingliederungsmanagement, Beratung und Unterstützung bei der Umsetzung psychischer Gefährdungsbeurteilungen[19];

19 Laut § 5 Absatz 1 Arbeitsschutzgesetz (ArbSchG) sind Arbeitgebende dazu verpflichtet, auf Grundlage einer Beurteilung der für die Beschäftigten mit ihrer Arbeit verbundenen Gefährdung zu ermitteln, welche Maßnahmen des Arbeitsschutzes erforderlich sind. Gemäß § 5 Absatz 3 Ziffer 6 Arbeitsschutzgesetz (ArbSchG) kann sich eine Gefährdung auch durch psychische Belastungen bei der Arbeit ergeben.

4. *Personalentwicklung*: Konzeption und Durchführung von Seminaren, Workshops und Vorträgen zu Themen in der gesundheitlichen Bildung (z. B. Umgang mit Stress und Belastungen) sowie der beruflichen Weiterbildung (z. B. Führung von Mitarbeitergesprächen), Beratung und Coaching von Führungskräften;
5. *Angebotsentwicklung*: Weiterentwicklung des Angebotsportfolios, Ausbau der Sozialberatungsstelle auf weitere Standorte;
6. *Informations- und Öffentlichkeitsarbeit*: Durchführung von Informationsveranstaltungen, Gestaltung des Internetauftritts;
7. *Netzwerkmanagement*: Aufbau und Pflege von Kontakten zu externen Einrichtungen (z. B. Beratungen, Kliniken) und Akteur:innen im Betrieb;
8. *Administration*: Anfertigen von Dokumentationen und Berichten, Aktenführung, Recherchearbeiten (vgl. Nguyen und Bohlinger 2019, S. 444–445, 2020, S. 300–302).

Das Profil bestätigt vorher referierte Forschungsbefunde und hebt gleichwohl die Bedeutung von Schnittstellen zu anderen Bereichen hervor. So werden Aufgaben in Verbindung mit dem betrieblichen Gesundheitsmanagement ausführlich dargelegt und es wird gezeigt, dass Sozialberatende in diesem Bereich verantwortungsvolle, teils gesetzlich vorgeschriebene Aufgaben wahrnehmen (vgl. Nguyen und Bohlinger 2020, S. 302).

Resümierend ergibt sich aus dem Forschungsstand ein Konglomerat an Arbeitsaufgaben in der betrieblichen Sozialberatung. Es zeigt sich deutlich, dass bestimmte Aufgaben dominieren, allen voran die Beratung von Beschäftigten zu Themen wie psychische Beanspruchung, Konflikte am Arbeitsplatz, Probleme aus dem Privatleben oder Sucht. Entlang der Befunde kann grob nachgezeichnet werden, wie sich die Spannbreite an Arbeitsaufgaben innerhalb mehrerer Jahrzehnte entwickelt hat. Wurden in den Studien von Girmes (1970), Baur (1979) und Lau-Villinger (1994) noch ein schwach ausgeprägter Bezug zu innerbetrieblichen Problemen sowie ein fehlendes systemisches Vorgehen kritisiert, deuten die Ergebnisse von Baumgartner und Sommerfeld (2016) oder Nguyen und Bohlinger (2020) auf eine stärkere Ausdifferenzierung und Vielfalt von Arbeitsaufgaben hin. Ihnen zufolge werden nicht mehr nur Einzelberatungen durchgeführt, sondern die Fachkräfte wirken aktiv in Projekten mit, entwickeln Teams und coachen Führungskräfte. Diese zunehmende Expansion des Aufgabenkreises könnte mit verstärkten Professionalisierungsbemühungen seit den 1980/90er-Jahren verbunden sein, die mitunter auf ein Abrücken von der Einzelfallorientierung hin zur strukturellen Bearbeitung sozialer Probleme in Organisationen zielten (vgl. Schaarschuch 1994, S. 15).

Letztlich geben die Befunde einen Überblick über das Aufgabenspektrum in der betrieblichen Sozialberatung, jedoch erlauben sie kaum einen tieferen Einblick. So werden Aufgaben oft lose aufgelistet und es werden keinerlei Aussagen zu ihren Bestandteilen und Prozessen getroffen (vgl. Kapitel 2.3). Offen bleibt auch die Rekonstruktion, wie Arbeitstätigkeiten in einem spezifischen betrieblichen Kontext zustande kommen, ausgehandelt und ausgeführt werden. Ebenso besteht ein Mangel an branchenspezifischen und -vergleichenden Ansätzen. Werden die Befunde zu Qualifikationen und Arbeitsaufgaben gemeinsam betrachtet, fällt auf, dass sie nicht miteinander verzahnt werden, obgleich in einigen Untersuchung Daten zu beiden Forschungsgegenständen erhoben worden sind. Es wird also nicht danach gefragt, welche Qualifikationen, Kenntnisse, Fähigkeiten und/oder Fertigkeiten für welche partikularen Arbeitsaufgaben und aus welchen Gründen benötigt werden.

## 3.3 Exkurs: Professionalität in der (betrieblichen) Sozialen Arbeit

In dieser Arbeit werden Aufgaben (sowie damit verbundene Anforderungen) von Fachkräften analysiert, die in der betrieblichen Sozialen Arbeit tätig sind. Es wird nicht angestrebt, spezifische Handlungsgrammatiken in dem Feld im Detail zu beleuchten (vgl. Dewe und Stüwe 2016, S. 19), sondern das Vorhaben zielt vielmehr darauf, Aufgaben im beruflichen Arbeitsalltag der Fachkräfte explorativ zu untersuchen, d. h. Aufgabenbestandteile im Sinne von Arbeitsprozessen, Objekten, Arbeitsmitteln, Ort und Zeit mittels empirischer Daten zu rekonstruieren (vgl. Kosiol 1976, S. 43). Es wird sich zeigen, dass die Analyse von Arbeitsaufgaben insbesondere in qualitativen Forschungszugängen, wie hier vorliegend, nicht gänzlich von der Frage nach der Professionalität abgekoppelt werden kann. Werden Bestandteile von Aufgaben beschrieben, können schemenhaft auch Einblicke in die Art und Struktur des Handelns der Fachkräfte gewonnen werden. Es eröffnen sich dadurch Interpretationsmöglichkeiten, inwiefern das Handeln als professionell oder nicht professionell einzuschätzen ist. Mit dem Exkurs wird umrissen, was in der vorliegenden Arbeit unter Professionalität verstanden wird.

Diese Arbeit orientiert sich an einem Professionalitätsbegriff, der von Nittel (2000, S. 85) herausgearbeitet wurde. Ihm zufolge ist *Professionalität*

> „kein ‚Zustand‘, der errungen oder erreicht werden kann, sondern eine flüchtige, jedes Mal aufs Neue situativ herzustellende berufliche Leistung. Sie kann weder verordnet werden, noch erschöpft sie sich in der Ausformulierung normativer Prämissen. Professionalität stellt in dieser Perspektive somit ein extrem störanfälliges, durch das Merkmal der Fallibilität gekennzeichnetes Handlungsphänomen dar“ (Nittel 2000, S. 85).

Professionalität wird im Kern als ein besonderer Modus im Vollzug des Berufshandelns verstanden, welcher weder in Abhängigkeit von kollektiven Professionalisierungsprozessen noch von gesellschaftlich etablierten Professionen steht (vgl. Nittel 2000, S. 70–71; Siebert 1990, S. 284). Jener spezifische Modus speist sich aus Kombinationen von Wissen und Können, die sich nur schwer eindeutig bestimmen lassen (vgl. Nittel 2000, S. 71). Helsper (2021, S. 20) arbeitet heraus, dass berufliche Tätigkeiten von ihrer Art und Struktur des Handelns als *professionell* eingestuft werden können, sofern folgende Voraussetzungen erfüllt sind: (1) Basieren auf einem der wissenschaftlichen Erkenntniskritik verpflichteten Wissen, das üblicherweise durch ein wissenschaftliches Studium vermittelt wird; (2) Ungewissheit und Offenheit von Situationen, in denen wissenschaftliches Wissen nicht standardisiert einsetzbar ist, sondern Besonderheiten und Spezifika von Personen und Situationen berücksichtigt werden müssen; (3) Bezug auf menschliche Belange anderer, die selbst über Sinnhaftigkeit sowie Deutungs- und Interpretationskompetenz verfügen; (4) Prävention und Intervention von Krisen, die sich auf die existenzielle Integrität von Menschen in physischer, psychischer, moralisch-ethischer, rechtlicher Hinsicht und Sicherung von Teilhabe beziehen; (5) Entfaltung in komplexen Interaktionssituationen, in denen Integrität unter aktiver Mitwirkung der Betroffenen wiederhergestellt, gesichert oder ermöglicht werden soll; (6) Ausrichtung an einem universalistischen Anspruch.

In der Literatur werden Fragen um Soziale Arbeit als Profession, Professionalisierung der Sozialen Arbeit sowie Professionalität in der Sozialen Arbeit seit Längerem intensiv diskutiert (vgl. Becker-Lenz et al. 2013, S. 11; Müller 2012, S. 963; Müller-Hermann und Becker-Lenz 2018, S. 688–689; Thole und Polutta 2011, S. 104; Unterkofler 2018, S. 3). Während Debatten zur Professionalisierung bis Anfang der 1970er-Jahre vor allem mit Blick auf die Anhebung des Qualifizierungs-, Kompetenz- und Prestigeniveaus der Berufsgruppe geführt wurden, richtete sich der Fokus in den Folgezeiten immer mehr auf Fragen zu markanten Komponenten von Professionalität in unmittelbaren Handlungssituationen in der Sozialen Arbeit (vgl. Dewe und Stüwe 2016, S. 32–33). Abgrenzend zu klassischen Professionsmodellen und Expertenkulturen wird konstatiert, dass die Soziale Arbeit eigene Konzepte von Professionalität benötigt, welche die Komplexität und Bedingungen ihres Feldes adäquat berücksichtigen (vgl. Dewe et al. 2011, S. 27; Müller 2012, S. 965).

Überlegungen um Konzepte von Professionalisierung für die Soziale Arbeit beziehen sich des Öfteren auf Oevermanns Professionalisierungstheorie, die sich mit der Strukturlogik professionalisierten Handelns befasst (ausführlich: vgl. Oevermann 2017). Im Mittelpunkt der Theorie steht die These,

> „wonach alle professionalisierungsbedürftigen Berufspraxen im Kern mit der Aufgabe der *stellvertretenden Krisenbewältigung* für einen Klienten auf der Basis eines explizit methodisierten Wissens beschäftigt sind" (Oevermann 2013, S. 119; Hervorhebung im Original).

Die professionalisierte Praxis der stellvertretenden Krisenbewältigung, also der Bewältigung von Krisen anderer, entzieht sich angesichts komplexer Krisenkonstellationen weitestgehend Mechanismen der Standardisierung und Verallgemeinerung. So lässt sich wissenschaftlich generiertes Wissen nur bedingt auf eine technische, ingenieuriale Art und Weise auf akute Krisen menschlicher Lebenspraxis anwenden, sondern muss im Rahmen von Interventionen fallspezifisch „übersetzt" werden. Folglich wird postuliert, dass die Einheit von Theorie und Praxis erst in der professionalisierten Praxis stellvertretender Krisenbewältigung hergestellt werden kann (vgl. Oevermann 2013, S. 121–122). Ein weiteres Kernmerkmal professionalisierter Praxis ist die Dialektik zwischen Autonomiegewinn und Autonomieverlust. Sie resultiert daraus, dass „gelungene" Interventionen prinzipiell auf den Gewinn von Autonomie und Integrität der Betroffenen zielen, gleichwohl jedoch ein latenter Autonomieverlust durch die Abhängigkeit der Klient:innen von der Expertise der sie unterstützenden Fachleute droht.

Eine Möglichkeit, um diese Tendenz zur Abhängigkeit aufzuheben, wird darin verortet, Klient:innen systematisch in *Arbeitsbündnisse* einzubinden und sie dazu zu ermutigen, sich aktiv mit vorhandenen Ressourcen an der stellvertretenden Krisenbewältigung zu beteiligen und somit aus der Expert:innenhilfe eine Hilfe zur Selbsthilfe zu machen (vgl. Oevermann 2013, S. 123, 2017, S. 115). Mit Blick auf die Soziale Arbeit per se konstatiert Oevermann (2013, S. 146), dass auch hier das Arbeitsbündnis eine gewichtige Rolle einnimmt, dessen Ausgangsbedingungen und Gestaltung jedoch schwierig sind. Dies liegt u. a. daran, dass Initiierungen der Arbeitsbündnisse nicht immer durch Klient:innen selbst erfolgen, Hilfen in der Regel staatlich finanziert und bürokratisch organisiert sind und Arbeitsbündnisse nicht selten nur von kurzer Zeitdauer sind, wenn Klient:innen an andere Krisenbewältigungsinstanzen vermittelt werden müssen.

Aus interaktionistischer Perspektive postuliert Schütze, dass professionelles Handeln stets durch spezifische Kernprobleme bzw. Paradoxien geprägt ist (vgl. Schütze 2017, S. 187, 2021, S. 241). Mit Blick auf die Soziale Arbeit stellt er fest, dass Paradoxien des professionellen Handelns besonders prägnant sind, „weil dort die Fallgestalten von Klientenproblemen innerhalb der Klienten-Lebenswelten in ihren oft ganz diffusen Ereignis- und Merkmalskonstellationen besonders schwer zu durchschauen sind" (Schütze 2021, S. 244). Für sie hat er in einer vorläufigen Auflistung insgesamt 15 unterschiedliche Paradoxien herausgearbeitet (ausführlich: vgl. Schütze 2021, S. 247–248). Diese beziehen sich u. a. auf die Notwendigkeit zur Erstellung von Prognosen zu sozialen und biografischen Prozessen in der Fallbearbeitung auf unsicherer empirischer Grundlage, das Spannungsfeld zwischen geduldigem Zuwarten und sofortiger Interventionen oder dem sog. „pädagogischen Grunddilemma" zwischen exemplarischem Vormachen und der damit verbundenen Gefahr, Klient:innen dadurch unselbstständig zu machen (vgl. Schütze 1992, S. 147–162, 2021, S. 247). Paradoxien sind dem professionellen Handeln immanent, d. h., sie lassen sich nicht aufheben und verlangen deshalb danach, umsichtig berücksichtigt und bearbeitet zu werden, um der Entstehung systematischer Fehler vorzubeugen (vgl. Schütze 1992, S. 163, 2021, S. 246). In der Sozialen Arbeit ist daher, so Schütze (2021, S. 244), das Heranziehen kommunikativer Meta-Klärungsverfahren (z. B. kollegiale Fallbesprechungen, Supervisionen) im Rahmen von Fallbearbeitungen von besonderer Relevanz.

Ausführliche Überlegungen hinsichtlich des benötigten Wissens und Könnens für professionelles Handeln in der Sozialen Arbeit lassen sich bei Dewe et al. (2011, S. 33) finden. Den Autoren zufolge sind Fachkräfte in sozialen Dienstleistungsberufen mit komplexen Problemlagen konfrontiert, welche sich in spezifischen Fallkonstellationen ausdrücken. Zur Bearbeitung jener ist es nötig, spezifisches Wissen fall- und kontextbezogen einzusetzen. Im Vorgang der „Transformation des Wissens im Handeln“[20] sehen sie eine besondere Leistung Professioneller, „die nicht nach dem Modell der Übersetzung naturwissenschaftlicher Gesetze in technische Verfahren gedacht werden kann“ (Dewe et al. 2011, S. 34). Konsequenterweise ist professionelles Handeln weder durch reine Technologieorientierung noch durch starre Regelbefolgung charakterisierbar, sondern durch Fallverstehen. Dafür ist wiederum wissenschaftliches Wissen notwendig, das aber durch Erfahrungswissen und hermeneutische Sensibilität angereichert werden muss. Professionelles Handeln wird in dem Sinne als Angebot betrachtet, um bei der Bewältigung lebenspraktischer Krisen zu unterstützen und die Fähigkeit von Hilfesuchenden zur Bearbeitung von Problemen zu ergänzen, ohne vorgefertigte Lösungsmuster anzubieten (vgl. Dewe et al. 2011, S. 35–36). Die Arbeit an und Deutung von Einzelfällen in der kommunikativen Verständigung mit Hilfesuchenden stellen folglich eine zentrale Komponente dar, die sich nur bedingt methodisieren bzw. standardisieren lassen und es erforderlich machen, mit Ungewissheit umzugehen (vgl. Dewe et al. 2011, S. 40; Dewe 2013, S. 96). Professionalität im beruflichen Handeln wird verstanden als Gleichzeitigkeit von Theorieverstehen (instrumentell-technische bzw. wissenschaftlich-rationale Komponente) und Fallverstehen (verstehens- bzw. verständnisorientierte Komponente), deren herzustellende Einheit die Nicht-Standardisierbarkeit professionellen Handelns begründet (vgl. Dewe et al. 2011, S. 40–41). Beide Komponenten, also zum einen die universelle Regelanwendung auf wissenschaftlicher Grundlage und zum anderen das explorativ-hermeneutische Fallverstehen, befinden sich in einem logischen Widerspruch und können nicht vereint werden. Eine Verschiebung in Richtung der wissenschaftlichen Komponente birgt die Gefahr einer technologisch-ingenieurhaften Anwendung von Wissen und Konditionierung der Lebenspraxis. Hingegen birgt eine Verschiebung in Richtung des hermeneutischen Prinzips die Gefahr, dass die spezifische Professionellen-Klient:innen-Beziehung in die Intimität von Primärbeziehungen abdriftet. Es ist diese widersprüchliche Einheit, die den professionalisierten Handlungstypus ausmacht, so Dewe und Stüwe (2016, S. 143). Professionelles Handeln ist daher „nicht unwesentlich auch eine ‚Kunst‘, die sich sehr wohl auf Wissen stützt, aber sich selbst nicht methodisieren, nach dem Muster wissenschaftlicher oder technischer Arbeit ordnen lässt“ (Dewe et al. 2011, S. 42).

Mit diesem Exkurs sollte in Kürze und ausschnitthaft skizziert werden, was Professionalität (in der Sozialen Arbeit) ausmacht. Mit den Ausführungen kann keineswegs Anspruch auf Vollständigkeit erhoben werden, denn wie Thole und Polutta (2011, S. 114) anhand einer Systematisierung verdeutlichen, ist die Diskussion um Professionalität und Professionalisierung in der Sozialen Arbeit durch eine Vielzahl an Model-

20 Im Konzept der *Reflexiven Professionalität*, das aus struktur- und handlungstheoretischer Perspektive darauf zielt, die Logik professionellen Handelns zu rekonstruieren, werden verschiedene Wissensformen differenziert. Postuliert wird, dass professionelles Handeln sowohl *wissenschaftliches Wissen* (unterliegt einem erhöhten Begründungszwang) als auch *praktisches Handlungswissen* (unterliegt einem erhöhten Entscheidungsdruck) braucht. Durch die Kontextualisierung und Relationierung jener Wissensformen als auch durch einen reflexiven Umgang mit Wissen und Nicht-Wissen entsteht *professionelles Wissen*, das einen eigenen Bereich darstellt (vgl. Dewe und Gensicke 2018, S. 8–9). Dewe (2013, S. 107–108) insistiert auf einer „kategoriale[n] Differenz“ zwischen Wissenschafts- und Handlungswissen und positioniert sich gegen die Annahme, dass Wissenschaftswissen in der Praxis angewendet oder in diese transferiert werden kann. In der *Relationierung* der Wissensformen und in dem *reflexiven* Umgang damit sieht er maßgebliche Abgrenzungsmerkmale einer reflexiven Professionalität gegenüber technizistischen und expertokratischen Professionsvorstellungen (vgl. Dewe 2013, S. 108).

len und Konzepten gekennzeichnet, sodass nach unterschiedlichen theoretischen Positionen unterschiedliche Perspektiven darauf entstehen, was als Professionalität gilt und was nicht. Im Falle der Sozialen Arbeit bleibt zu bedenken, dass ihre Einsatzfelder und -orte äußerst heterogen sind, sodass Professionalität bzw. die Komponenten davon stets in ihrer Kontextualisierung untersucht werden müssen (vgl. Dewe 2013, S. 100; Dewe und Stüwe 2016, S. 19; Helsper 2021, S. 47; Köngeter 2013, S. 183; Unterkofler 2018, S. 17). Wie jedoch vorab erklärt, zielt die vorliegende Arbeit nicht in erster Linie darauf, das Handeln von Fachkräften in der betrieblichen Sozialberatung auf der Folie professionalisierungstheoretischer Zugänge zu untersuchen. Es ist aber möglich, im Rahmen der Aufgabenanalyse vereinzelt Bezüge zu professionalisierungstheoretischen Perspektiven herzustellen, um die Interpretation von Ergebnissen analytisch zu schärfen.

## 3.4 Zwischenfazit

Am Anfang des Kapitels wurde der Versuch unternommen, die betriebliche Sozialberatung innerhalb der Sozialen Arbeit zu verorten. Zuerst wurde danach gefragt, wie die betriebliche Sozialberatung im Berufsfeld Soziale Arbeit eingebettet ist, um herauszuarbeiten, was als „Kerngeschäft" der betrieblichen Sozialberatung betrachtet wird. Anhand unterschiedlicher Systematisierungsraster hat sich gezeigt, dass eine klare, trennscharfe Zuordnung dieses Feldes kaum möglich ist. Sofern es von den jeweiligen Autor:innen überhaupt Berücksichtigung findet, wird das Feld bspw. der *sozialen Hilfe* (vgl. Thole 2012, S. 28), *Gesundheitshilfe* (vgl. Nikles 2008, S. 65) oder *Erwachsenenbildung* (vgl. Erath und Balkow 2016, S. 42) zugeordnet. Daraufhin wurde hinterfragt, was Besonderheiten der betrieblichen Sozialen Arbeit sind, worin ihre Funktion (in der Gesellschaft) im Kern besteht. Das markanteste Differenzierungskriterium zu anderen Feldern der Sozialen Arbeit ist ihre unmittelbare Ansiedlung in der Erwerbsarbeitswelt, in welcher insbesondere Beschäftigte in Wirtschaftsunternehmen, Behörden etc. das zentrale Klient:innensystem konstituieren, in und mit dem sie arbeitet. Mit Rückbindung an die theoretischen Überlegungen von Baumgartner und Sommerfeld kann die Funktion der betrieblichen Sozialberatung darin gesehen werden, die Integration von Menschen in das Wirtschaftssystem, konkreter: in Organisationen, in denen sie Erwerbsarbeit nachgehen, aufrechtzuerhalten, sofern diese aufgrund sozialer und/oder gesundheitlicher Probleme gefährdet ist (vgl. Baumgartner und Sommerfeld 2016, S. 22, 2018, S. 7). Sie befindet sich hier in Kontexten, die grundsätzlich nach anderen Logiken funktionieren und in denen sie ein sog. „Gast in einem fremden Haus" (Baumgartner und Sommerfeld 2016, S. 206) ist. Deswegen wird ein intermediäres Konzept benötigt, damit sie ökonomischen Erwartungen Arbeitgebender nachkommen, aber auch ihre eigene Identität entfalten kann. Als anschlussfähig wird das Konzept der Corporate Social Responsibility erachtet (vgl. Baumgartner und Sommerfeld 2016, S. 207, 2018, S. 6). Inwiefern dem zugestimmt werden kann, wird im Kapitel 4 näher untersucht.

Zur Schärfung des Berufsbildes betrieblicher Sozialberatender wurde eine „Vermessung“ des Feldes entlang der Eckpunkte *Personal, Qualifikationen* und *Arbeitsaufgaben* vorgenommen. Bisher ist wenig darüber bekannt, wer in der betrieblichen Sozialberatung arbeitet. Anhand von Schätzungen, öffentlich einsehbaren Angaben des Fachverbands sowie Beschäftigtenstatistiken können so gut wie keine gesicherten Aussagen zur Grundgesamtheit betrieblicher Sozialberatender abgeleitet werden. Informationen zu soziodemografischen Strukturen, Beschäftigungslagen, Qualifikations- und Aufgabenformationen können höchstens durch Samplebeschreibungen und Ergebnisse empirischer Studien herausgefiltert werden. Zur Analyse des aktuellen Forschungsstands hinsichtlich Qualifikationsvoraussetzungen und Arbeitsaufgaben wurden Forschungsarbeiten und -befunde referiert, die einen zeitlichen Horizont von rund sechs Jahrzehnten abdecken. Befunde zu Qualifikationen weisen auf eine zunehmende Akademisierung mit Fokussierung auf die Soziale Arbeit hin. Ein Studienabschluss in Sozialer Arbeit scheint eine gängige Anforderung (geworden) zu sein, um in das Feld eintreten und darin arbeiten zu können. Weshalb das so ist und welche Studieninhalte für die Praxis betrieblicher Sozialberatung von Relevanz sind, lässt sich an der Stelle nicht beantworten. Mit Blick auf Weiterbildungen ist ein komplexes Konglomerat an Abschlüssen festzustellen, wobei auch hier unklar bleibt, welche Abschlüsse aus welchem Grund für die betriebliche Sozialberatung von Bedeutung sind. Ebenso sind kaum empirische Daten zu Berufsbiografien betrieblicher Sozialberatender bekannt, sodass noch weitgehend offenbleibt, zu welchen Zeitpunkten in ihren jeweiligen beruflichen Werdegängen und mit welcher Berufserfahrung ausgestattet Fachkräfte in das Feld einmünden. Der Forschungsüberblick verweist zusammenfassend auf viele Forschungslücken, die nicht zuletzt damit begründet werden können, dass die Untersuchung von Qualifikationen häufig randständig vorgenommen wird und selten eine Priorität darstellt. Anhand der Befunde zu Arbeitsaufgaben lässt sich schemenhaft rekonstruieren, wie das Aufgabenspektrum über die Jahre hinweg sukzessive expandiert ist. Wurde in älteren Studien noch ein geringer Bezug zu innerbetrieblichen Problemen moniert (vgl. Baur 1979; Girmes 1970; Lau-Villinger 1994), machen Arbeiten aus jüngerer Vergangenheit darauf aufmerksam, dass die Beratung von Beschäftigten zwar immer noch die Kernaufgabe ist, aber Sozialberatende darüber hinaus ihre Zielgruppen und Ansatzebenen erweitert haben, um auch Prozesse und Strukturen in Organisationen mitgestalten zu können (vgl. Baumgartner und Sommerfeld 2016; Nguyen und Bohlinger 2020). Nichtsdestotrotz werden in den bisherigen Studien Arbeitsaufgaben selten in ihren inneren Strukturen aufgebrochen und somit zum Gegenstand der Qualifikationsforschung gemacht. Häufig werden Aufgaben lose aufgezählt, ohne deren Zusammenhänge zu diskutieren und Einblicke in ihre einzelnen Bestandteile im Sinne von Arbeitsprozessen, Arbeitsmitteln, Zeit und Ort zu vermitteln (vgl. Kapitel 2.3). Dieses Desiderat bildet einen Ausgangspunkt für die empirische Untersuchung dieser Arbeit. In ihr werden Arbeitsaufgaben von Fachkräften mittels eines qualitativen Zugangs dezidiert analysiert (vgl. Kapitel 5). Bevor es aber dazu kommt, wird es im nächsten Kapitel erst einmal darum gehen, die oben aufgeworfene Frage nach der Anschlussfähigkeit zwischen betrieblicher Sozialberatung und dem CSR-Konzept zu vertiefen. Das Kapitel wird das Scharnier bilden, um von der Theorie in die Empirie überzuleiten.

# 4 Betriebliche Sozialberatung im Kontext von Corporate Social Responsibility

Wer die komplexe Geschichte der betrieblichen Sozialen Arbeit in Deutschland nachverfolgt (ausführlich: vgl. Baumgartner und Sommerfeld 2016, S. 5–13; Klein 2021, S. 13–34; Stoll 2013, S. 26–37), wird schnell feststellen können, dass die Frage nach einer Legitimationsgrundlage für sie, entweder belegt mit Argumenten für einen ökonomischen Nutzen für Betriebe und Volkswirtschaft und/oder mit Argumenten beruhend auf der sozialen Verantwortung von Unternehmen, wenn auch noch nicht unter dem Stichwort CSR, nicht neu, sondern schlichtweg nach wie vor unbeantwortet ist (vgl. Frentz 2015, S. 155; Ohlenburg 1979, S. 270–271; Riedrich 1983, S. 290; Schaarschuch 1994, S. 15–16; Wunderlich 1926, S. 7). Im vorherigen Kapitel wurde die These von Baumgartner und Sommerfeld (2016, S. 207) dargelegt, dass die betriebliche Sozialberatung ein intermediäres Konzept braucht, um zum einen ökonomische Erwartungen Arbeitgebender erfüllen und zum anderen eine eigene Identität entfalten zu können, die nicht ausschließlich wirtschaftlicher Rationalität unterworfen ist. Im CSR-Konzept sehen die Autoren ein adäquates und zeitgemäßes Konzept, um diese intermediäre Position einnehmen zu können. Daran knüpft das vorliegende Kapitel an, um die Anschlussfähigkeit zwischen betrieblicher Sozialberatung und CSR weiter zu beleuchten. Gezeigt wird, dass der Diskurs um CSR genutzt werden kann, um einen weiteren Ansatz zur Legitimierung der betrieblichen Sozialberatung jenseits überwiegend ökonomisch ausgerichteter Kosten-Nutzen-Analysen zu eröffnen. Dafür wird zunächst ein Forschungsüberblick zu bisherigen Arbeiten erstellt, in welchen die Frage nach der Legitimation der betrieblichen Sozialberatung adressiert wird (vgl. Kapitel 4.1). Daraufhin wird eruiert, inwiefern betriebliche Sozialberatung und CSR theoretisch verzahnt werden können. Angesichts dessen, dass es sich bei CSR um ein facettenreiches Konzept handelt (vgl. Kapitel 2.2), für das es kein einheitliches Verständnis gibt, werden mit der *Stakeholder-Theorie* (vgl. Kapitel 4.2.1) und dem *Creating-Shared-Value-Konzept* (vgl. Kapitel 4.2.2) zwei Zugänge bedient, um sich der Frage zu nähern, für wen und wie Organisationen soziale Verantwortung in Form betrieblicher Sozialberatungen übernehmen (sollten).

## 4.1 Forschungsstand zur betrieblichen Sozialberatung im Kontext von Kosten-Nutzen-Analysen und CSR

In diesem Kapitel werden zuerst Studien referiert, die primär ökonomisch ausgerichtet sind. Hierauf werden ihre Limitationen kritisch diskutiert. Im Anschluss werden Arbeiten vorgestellt, in denen betriebliche Sozialberatung in den Kontext von CSR eingebettet ist.

## Betriebliche Sozialberatung im Kontext von Kosten-Nutzen-Analysen

Die betriebliche Sozialberatung ist ein Angebot, das Organisationen nach eigenem Ermessen bereitstellen können, aber nicht müssen. Kalküle für die Bereitstellung eines solchen Angebots können auf ökonomischen Argumenten beruhen. Demnach bilden Studien zum möglichen wirtschaftlichen Nutzen der betrieblichen Sozialberatung, sog. Kosten-Nutzen-Analysen, einen eigenen Strang in der Forschungslandschaft (vgl. Baumgartner und Sommerfeld 2016, S. 25). Im deutschsprachigen Raum sind hierbei insbesondere die Arbeiten von Stoll (2013) und Baumgartner (2003) zu erwähnen. Stoll hat in der Siemens AG eine Untersuchung durchgeführt, in der sie Sozialberatende und Führungskräfte befragt, welche Kriterien herangezogen werden können, um den Nutzen betriebssozialarbeiterischer Interventionen mit Blick auf den Unternehmenserfolg nachzuweisen. Sie identifiziert drei Indikatoren, anhand derer direkte Aussagen über die Kostenbelastung des Unternehmens hergeleitet werden sollen, nämlich (1) Fehlzeiten der Mitarbeitenden, (2) Fluktuation, (3) Arbeitsproduktivität (vgl. Stoll 2013, S. 175–176). In einer Gegenüberstellung von Kosten und Nutzen errechnet sie für die betriebliche Sozialberatung eine positive Rendite von 168 % (vgl. Stoll 2013, S. 195). Hingegen hat Baumgartner in der Schweiz eine komparative Kosten-Nutzen-Analyse für ein Industrie- und ein Gastronomieunternehmen durchgeführt. Es wird belegt, dass die Inanspruchnahme der Sozialberatung zur Verbesserung von Arbeitsleistungen, Verringerung von Absenzen, Vermeidung von Kündigungen sowie Entlastung von Vorgesetzten und Personalabteilungen führt (vgl. Baumgartner 2003, S. 8). Für beide Fälle wird ein positiver Netto-Nutzen berechnet, der für das Industrieunternehmen bei ca. 212 % und für das Gastronomieunternehmen bei ca. 116 % der Kosten liegt (vgl. Baumgartner 2003, S. 12). Somit attestieren beide Studien der betrieblichen Sozialberatung einen positiven Saldo und belegen, dass ihre Arbeit eine positive Auswirkung[21] auf den Unternehmenserfolg hat. Die Ergebnisse sind zweifelsohne von Bedeutung, um zu demonstrieren, dass betriebliche Sozialberatung organisationsspezifischen Bedarfen entsprechen und als wirksam anerkannt werden kann (vgl. Müggler und Baumgartner 2019, S. 244). Ohne ins Detail zu gehen, ist allerdings kritisch anzumerken, dass

21 Die Frage nach dem Nutzen von Mitarbeiterberatungsangeboten wird auch im Hinblick auf EAPs in der internationalen Forschung diskutiert: Csiernik (2011, S. 335) hat im Rahmen eines systematischen Literaturreviews 42 Evaluationsstudien identifiziert, die zwischen 2000 und 2009 veröffentlicht worden sind, und sie verschiedenen „Evaluationstypen" zugeordnet (Bedarfsermittlung, Programmentwicklung (Case Studies), Input-Evaluation, Outcome-Evaluation und Prozessevaluation). Auf Grundlage der Analyse wird konkludiert, dass EAPs effektiv sind. Durch sie können Organisationen Geld sparen und sie leisten einen wichtigen Beitrag zum Wohlbefinden der Mitarbeitenden, die sie nutzen. Trotzdem wird ein Bedarf an rigoroseren Forschungsmethoden zur Evaluierung von EAPs konstatiert, da es sich bei einem Großteil der Arbeiten (n = 21) lediglich um Fallstudien handelt, welche die *Programmentwicklung* untersuchen (vgl. Csiernik 2011, S. 352). Rund ein Jahrzehnt später wurde erneut ein systematisches Literaturreview durchgeführt. Es wurden 26 Publikationen identifiziert, die im Zeitraum zwischen 2010 und 2019 veröffentlicht worden sind und sich mit der Evaluierung von EAPs beschäftigen. Im Vergleich zur vorherigen Studie fällt hier auf, dass mehr als die Hälfte der Studien (n = 15) *Outcomes* evaluieren. Jene Arbeiten befassen sich nicht nur mit (potenziellen) Veränderungen, die Mitarbeitende infolge einer Inanspruchnahme von EAPs erleben können, sondern sie konzentrieren sich auch auf die Frage, wie viel Geld Organisationen mittels EAPs einsparen (vgl. Csiernik et al. 2021, S. 120). In einer anderen systematischen Übersichtsarbeit von Joseph et al. (2018, S. 1) wird darauf gezielt, empirische Studien zusammenzutragen, welche die Effektivität von EAPs untersuchen. Die Stichprobe setzt sich aus 17 Beiträgen zusammen, die zwischen 2005 und 2016 publiziert worden sind, wobei mehr als die Hälfte aus den USA stammt (vgl. Joseph et al. 2018, S. 4). Als Ergebnis wird festgehalten, dass Inanspruchnahmen von EAPs zu Verbesserungen von individuellen und organisationalen Outcomes führen. Dies zeigt sich insbesondere anhand der Reduktion von Präsentismus als auch anhand von Verbesserungen bei den „levels of functioning" am Arbeitsplatz und im Privatleben. Die Ergebnisse hinsichtlich der Auswirkungen auf Absentismus sind hingegen gemischt (vgl. Joseph et al. 2018, S. 12).

bei der Interpretation der Befunde inhärente Herausforderungen von Vorhaben zur Ermittlung des Nutzens (betrieblicher) sozialer Dienstleistungen berücksichtigt werden müssen (vgl. Baumgartner und Sommerfeld 2012, S. 1166–1167). Eine Schwierigkeit besteht in der Herstellung direkter Kausalzusammenhänge. So können Interventionen der betrieblichen Sozialberatung auf vielfältige Art und Weise positive Auswirkungen auf die Wertschöpfung in Organisationen haben, wie bspw. Stoll in ihrer Untersuchung verdeutlicht (vgl. Stoll 2013, S. 172). Zweifelhaft ist jedoch, inwieweit direkte Zusammenhänge zwischen Interventionen und einzelnen Indikatoren und/oder Kennzahlen isoliert herstellbar sind. Zum Beispiel können Maßnahmen der Sozialberatung zur Reduzierung von Fehlzeiten der Beschäftigten beitragen, aber auch andere Faktoren oder Ereignisse (z. B. veränderte Führungsstile der Vorgesetzten, positive Veränderungen in Lebensbedingungen der Betroffenen) können auf diese Kennzahl miteinwirken (vgl. Wachter 2017, S. 38). Bei diesem Problem handelt es sich um ein sog. *strukturelles Technologiedefizit*. Mit ihm soll zum Ausdruck gebracht werden, dass es in der Sozialen Arbeit kaum möglich ist, stabile und eindeutige Zusammenhänge zwischen Ursache und Wirkung oder zwischen methodischer Vorgehensweise und Zielstellung herzustellen (vgl. Spiegel 2011, S. 42). Aufgrund der strukturellen Komplexität sozialer Prozesse sind alle Komponenten einer Situation einem ständigen Wandel ausgesetzt und deshalb grundsätzlich nicht vorhersehbar. Selbst mit dem Eintreten einer beabsichtigten Wirkung, „lässt sich nicht mit Sicherheit sagen, ob sich dieses Ereignis *aufgrund* einer Intervention oder *trotz* dieser eingestellt hat" (Spiegel 2011, S. 42–43; Hervorhebung im Original). Davon ausgehend ist kritisch zu hinterfragen, inwiefern Kennzahlen, wie etwa ein Rückgang an Fehltagen, der Komplexität sozialarbeiterischer Praxis in adäquater Weise gerecht werden können (vgl. Albus et al. 2011, S. 249). Ferner bleibt zu bedenken, dass ökonomische Nutzenberechnungen in der Erörterung der Gründe zur Implementierung betrieblicher Sozialberatungen insofern zu kurz greifen, dass nichtökonomische Motive Arbeitgebender weitgehend ausgeblendet bleiben.

### Betriebliche Sozialberatung im Kontext von CSR

In einer Studie zu Entstehungsfaktoren, Umsetzungsstrategien und zentralen Feldern sozial verantwortlichen Handelns wurde eine schriftliche Befragung von 2.900 Unternehmen mit Sitz in der Schweiz durchgeführt (Rücklaufquote: 8 %) (vgl. Ryser 2010, S. 158–159). 65,2 % der Unternehmen geben an, dass sie sich für ihre Mitarbeitenden sozial engagieren, vor allem zur Förderung der Geschlechtergleichstellung, Arbeitsmarktfähigkeit, Gesundheit und Diversität. Mit Blick auf die betriebliche Sozialarbeit[22] engagieren sich 20,4 % (bei n = 226) der Unternehmen *wenig*, 35 % *mittelmäßig* und 44,2 % *stark* (vgl. Ryser 2010, S. 200–201). Der Studie zufolge korreliert ein Engagement in der Sozialarbeit positiv mit anderen mitarbeiterorientierten CSR-Praktiken, insbesondere mit Gesundheits- und Diversitätsförderung (vgl. Baumgartner 2010,

22 Engagement in der betrieblichen Sozialen Arbeit setzt im Rahmen der Studie nicht voraus, dass eine Organisationseinheit der Sozialen Arbeit mit entsprechenden Fachkräften im Unternehmen vorhanden sein muss. Auch die Wahrnehmung respektiver Aufgaben durch Vorgesetzte oder Mitarbeitende des Personalmanagements sind hier inkludiert (vgl. Baumgartner 2010, S. 217).

S. 223–224). Ferner wird aufgezeigt, dass ein verstärktes Engagement in der betrieblichen Sozialberatung auch mit einem stärkeren Engagement in ökologischen Belangen, Corporate Governance sowie Beziehungen zur Kundschaft und zu Lieferunternehmen einhergeht. Mit dem Befund wird die These erhärtet, dass die betriebliche Soziale Arbeit keineswegs eine Sonderstellung einnimmt, sondern als Bestandteil eines sozial und ökologisch verantwortungsvollen Unternehmenshandelns zu sehen ist (vgl. Baumgartner 2010, S. 224). Anhand weiterer positiver Korrelationen mit den Faktoren „ethische Werte und moralische Vorstellungen“ sowie „ökonomischer Nutzen der Aktivitäten“ wird konkludiert, dass Engagement in der betrieblichen Sozialen Arbeit sowohl in Überlegungen zum ökonomischen Nutzen als auch in ethischen Werten und moralischen Vorstellungen verankert sein kann, die sich nicht ausschließen müssen. Daraus ergibt sich eine doppelte Legitimationsgrundlage für die betriebliche Soziale Arbeit (vgl. Baumgartner 2010, S. 225–226). Sie „ist somit ein charakteristisches Beispiel für eine strategisch-philanthropische Motivlage und die Vereinbarkeit von sozialer Verantwortung *und* ökonomischem Kalkül im Rahmen unternehmerischer Entscheidungen“ (Baumgartner 2010, S. 225; Hervorhebung im Original). Dieses Kernergebnis wird in weiteren Arbeiten bestätigt. In einer Fallstudie eines Schweizer Unternehmens aus 2008 werden erneut zwei zusammenwirkende Bedingungen identifiziert, die es der Sozialen Arbeit ermöglichen, an Organisationen des Wirtschaftssystems anzudocken, nämlich die soziale Verantwortung in der Kultur eines Unternehmens einerseits sowie der ökonomische Nutzen andererseits (vgl. Baumgartner und Sommerfeld 2016, S. 112): Ökonomischer Nutzen zeigt sich darin, dass die Sozialberatung

> „einen Beitrag zur Schaffung der Bedingungen der *Verwertung der Arbeitskraft* der Mitarbeitenden leistet, und zwar zunächst einmal dann, wenn diese Arbeitskraft durch betriebsexterne psycho-soziale oder gesundheitliche Probleme in ihrer Verwertbarkeit eingeschränkt wird. Analog zur Betriebsfeuerwehr wird ein Hilfesystem vom Betrieb bereitgestellt, das im Notfall, also wenn die persönlichen Ressourcen zur Problemlösung nicht ausreichen, den Mitarbeitenden zur Verfügung steht“ (Baumgartner und Sommerfeld 2016, S. 112; Hervorhebung im Original).

Auf der Basis formulieren die Autoren die Konklusion, dass die Soziale Arbeit im Betrieb zunächst ein „Gast im fremden Haus“ ist, der sich bewähren muss. Wie im Kapitel 3.1.2 skizziert, sehen sie den funktionalen Bezugspunkt betrieblicher Sozialer Arbeit darin, „die Integration von Personen in das Wirtschaftssystem bzw. in eine Organisation, in der Individuen bezahlter Arbeit nachgehen können, aufrecht zu erhalten oder auch Optionen der Integration in das Wirtschaftssystem zu eröffnen“ (Baumgartner und Sommerfeld 2016, S. 257). Das bedeutet, „primär den Problemen der Lebensführung und den Interessen und dem Wohlergehen der Mitarbeitenden verpflichtet zu sein, und dadurch gleichzeitig auch einen Mehrwert in ökonomischer Hinsicht zu erzeugen“ (Baumgartner und Sommerfeld 2016, S. 257). Dieser Anspruch kann über das CSR-Konzept eingelöst werden (vgl. Baumgartner und Sommerfeld 2016, S. 257). Die Autoren haben mit ihren Arbeiten dazu kontribuiert, die Anschlussfähigkeit der betrieblichen Sozialberatung an CSR theoretisch und empirisch zu fundieren. Im kommenden Kapitel wird es darum gehen, theoretische Fundierungsmöglichkeiten zu erweitern. Es wird veranschaulicht, inwiefern Theorieansätze, die üblicherweise mit CSR in Verbindung gebracht werden, fruchtbar sind, um Erklärungen zu liefern, weshalb, für wen und wie betriebliche Sozialberatung angeboten wird.

## 4.2 Theoretische Ansätze zur Fundierung von CSR und Anschlussmöglichkeiten für die betriebliche Sozialberatung

Bisher wurde aufgezeigt, dass die Entscheidung für die Einrichtung einer betrieblichen Sozialberatung auf einer doppelten Legitimationsgrundlage beruhen kann. Einerseits übernehmen Arbeitgebende soziale Verantwortung für ihre Beschäftigten, indem sie freiwillig eine Dienstleistung anbieten und finanzieren, die gesetzlich nicht verlangt wird. Beschäftigte werden bei der Bewältigung von Krisen und Problemen unterstützt, wodurch bestenfalls ein Beitrag zur psychosozialen Gesundheit und zum Wohlbefinden geleistet wird. Andererseits können Arbeitgebende in Verbindung damit erwarten, dass in irgendeiner Form ökonomischer Nutzen erzielt wird (durch Wiederherstellung der Produktivität, Reduktion der Fluktuation etc.) (vgl. Baumgartner 2003, S. 8; Ohlenburg 1979, S. 271; Stoll 2013, S. 175–176). Aufbauend auf der Figur der doppelten Legitimationsgrundlage werden nun theoretische Zugänge hergestellt, mittels derer zu erklären versucht wird, weshalb und wie Unternehmen[23] soziale Verantwortung für Beschäftigte, konkret: am Beispiel der betrieblichen Sozialberatung, übernehmen (sollten). Wie die Begriffsdefinition (vgl. Kapitel 2.2) allerdings deutlich macht, ist CSR ein komplexes Phänomen, für das es kein einheitliches Verständnis gibt (vgl. Altenburger 2016, S. 20; Crane et al. 2013, S. 7). Infolgedessen gibt es keine genuine „CSR-Theorie“, sondern es müssen verschiedene Theorieansätze herangezogen werden, die Erklärungsbausteine liefern, für wen, weshalb und auf welche Art und Weise Unternehmen soziale Verantwortung übernehmen (sollen) (vgl. Garriga und Melé 2004; Klonoski 1991; Sohn 1982; Windsor 2006). Im Folgenden wird die theoretische Folie unter Berücksichtigung zweier Zugänge erarbeitet, nämlich eines *normativen* Zugangs anhand der Stakeholder-Theorie (vgl. Kapitel 4.2.1) sowie eines *instrumentellen* Zugangs anhand des Creating-Shared-Value-Konzepts (vgl. Kapitel 4.2.2). In der Stakeholder-Theorie bilden Beziehungen zu Anspruchsgruppen die Analyseeinheit für Unternehmen (vgl. Freeman und Moutchnik 2013, S. 6). Dadurch wird ein Zugang zu der Gruppe der Beschäftigten geschaffen, die sowohl primäre Stakeholder als auch das Kernklientel betrieblicher Sozialer Arbeit sind. Auf Grundlage der Stakeholder-Theorie ist es vor allem möglich, sich der Frage zu nähern, *für wen* soziale Verantwortung übernommen werden soll. Im Creating-Shared-Value-Konzept wird die wechselseitige Verflechtung zwischen Wettbewerbsfähigkeit von Unternehmen sowie

23 In den folgenden Kapiteln wird bevorzugt der Unternehmensbegriff verwendet, weil die Ausführungen in den theoretischen Ansätzen sich meist auf Wirtschaftsunternehmen beziehen.

gesellschaftlichem Wohlstand als Ausgangspunkt markiert, um zu fragen, wie ökonomischer und gesellschaftlicher Fortschritt gemeinsam verfolgt werden können (vgl. Porter und Kramer 2011, S. 66). Auf Basis der Analyse von Wertschöpfungsketten und Clustern werden Optionen erörtert, inwiefern die betriebliche Sozialberatung als Ausdruck eines arbeitnehmerzentrierten Ansatzes von *creating shared value* („gemeinsamen Wert schaffen") betrachtet werden kann. Mit dem CSV-Konzept kann sich also der Frage angenähert werden, *wie* soziale Verantwortung strategisch und operativ umsetzbar ist.

### 4.2.1 Stakeholder-Theorie

Der Begriff *stake* hat im Englischen mehrere Bedeutungen. Das Verb *to stake* meint, dass etwas Wertvolles auf das erwartete Gelingen eines Vorhabens eingesetzt und riskiert wird (vgl. Bruton 2011, S. 158). Das Substantiv *stake* kann entweder Interesse, Recht oder Besitz bedeuten: Ein *Interesse* („interest") liegt vor, wenn eine Person oder Gruppe durch eine Entscheidung Dritter in solchem Maße tangiert wird, dass dadurch ein Interesse an dieser Entscheidung entsteht. Ein *Recht* liegt vor, wenn eine Person oder Gruppe einen Rechtsanspruch darauf hat, auf eine bestimmte Art und Weise behandelt zu werden oder dass ein bestimmtes Recht von ihr geschützt wird („legal right"). Ein Recht liegt aber auch dann vor, wenn eine Person oder Gruppe davon ausgehen kann, ein moralisches oder ethisches Recht zu besitzen, auf eine bestimmte Art und Weise behandelt zu werden oder dass ein bestimmtes Recht von ihr geschützt wird („moral right"). Um *Besitz* („ownership") handelt es sich, wenn eine Person oder Gruppe rechtmäßige Eigentümerin einer Sache ist (vgl. Buchholtz und Carroll 2012, S. 64)

Es wird vermutet, dass der Begriff *Stakeholder* in der Managementliteratur erstmals 1963 in einem internen Memorandum des Stanford Research Institutes verwendet wurde und sich auf jene Gruppen beziehen sollte, ohne deren Unterstützung ein Unternehmen aufhören würde zu existieren. Damit waren Anteilseignende, Mitarbeitende, Kundschaft, Zuliefernde, Geldgebende und die Gesellschaft gemeint (vgl. Freeman et al. 2010, S. 30–31). In den Folgejahren wurde der Stakeholder-Ansatz im Kontext vierer Stränge ausdifferenziert: (1) Strategieplanung, (2) Systemtheorie, (3) CSR und (4) Organisationstheorie (ausführlich: vgl. Freeman et al. 2010, S. 31–45). In seinem Werk *Strategic Management: A Stakeholder Approach*, das 1984 veröffentlicht wurde, zeichnet Freeman die Genese des Stakeholder-Ansatzes entlang dieser Stränge nach, präsentiert praxisnahe Methoden für das Stakeholder-Management und legt den Grundstein für eine Stakeholder-Theorie, die seither weiterentwickelt wurde (vgl. Freeman et al. 2010, S. 57).

#### 4.2.1.1 Grundannahmen

Die Herausbildung der Stakeholder-Theorie fußt auf dem Zusammenspiel zweier Thesen, nämlich der *integration thesis* („Integrationsthese")[24] und der *responsibility the-*

24 Es werden bevorzugt die englischsprachigen Originalbegriffe verwendet. In Klammern sind jeweils Vorschläge für Übersetzungen angegeben.

*sis* („Verantwortungsthese") (vgl. Freeman et al. 2010, S. 9). Die *integration thesis* besagt, dass Wirtschaft und Ethik nicht voneinander separiert betrachtet werden können:

> „Most business decisions or statements about business have some ethical content or an implicit ethical view. Most ethical decisions or statements about ethics have some business content or an implicit view about business" (Freeman et al. 2010, S. 7).

Demnach ist es nicht möglich, die instrumentellen Komponenten einer wirtschaftlichen Entscheidung von den normativen Komponenten zu trennen (vgl. Freeman et al. 2018, S. 14). Die gegenteilige Annahme wird als *separation thesis* („Separationsthese") bezeichnet:

> „The discourse of business and the discourse of ethics can be separated so that sentences like ‚x is a business decision' have no moral content, and ‚x is a moral decision' have no business content" (Freeman 2000, S. 172).

Die *separation thesis* wird als problematisch erachtet. Zum einen bergen wirtschaftliche Entscheidungen, welche ohne ethische Erwägungen getroffen werden, die Gefahr unmoralischen Managementhandelns. Zum anderen kann die *separation thesis* dazu verleiten, ethische Belange als residual anzusehen und CSR-Programme zu missbrauchen, um verursachte Schäden zu verhüllen (vgl. Freeman et al. 2018, S. 14). Konsequenterweise wird dafür plädiert, diese These abzulehnen (vgl. Freeman et al. 2010, S. 9; Freeman et al. 2018, S. 14). Die *responsibility thesis* hingegen unterstellt Menschen eine grundlegende Bereitschaft zur Übernahme von Verantwortung für die Auswirkungen ihres Handelns in Bezug auf andere: „Most people, most of the time, want to, and do, accept responsibility for the effects of their actions on others" (Freeman et al. 2010, S. 8). Die Übernahme von Verantwortung für das eigene Handeln wird als notwendig erachtet, damit in wirtschaftlichen Entscheidungen ethische Aspekte nicht ausgeblendet werden. Wenn, entsprechend der *separation thesis*, Wirtschaft und Ethik als voneinander abgekoppelt behandelt werden, würde demnach auch nicht die Frage nach moralischer Verantwortung für unternehmerisches Handeln aufgeworfen werden können (vgl. Freeman et al. 2010, S. 8).

Im Kern handelt es sich bei der Stakeholder-Theorie um eine Management-Theorie (vgl. Freeman 2000, S. 173, 2010b, S. 43; Freeman und Phillips 2002, S. 339; Freeman et al. 2010, S. 224; Freeman et al. 2018, S. 3), deren unmittelbarer Bezugspunkt die wirtschaftliche Unternehmenspraxis[25] und in dem Sinne *value creation and trade* („Wertschöpfung und Tausch") im kapitalistischen Kontext ist (vgl. Freeman 2000, S. 173–174; Freeman und Phillips 2002, S. 340):

25 Die Stakeholder-Theorie wird häufig in Verbindung mit Wirtschaftsunternehmen („business firms") verwendet, jedoch ist sie auch auf andere Arten von Organisationen anwendbar (vgl. Freeman et al. 2018, S. 17). Deshalb wird in der Literatur der englischsprachige Begriff *firm* eher offen und aus einem prozessorientierten Blickwinkel verwendet. Er beschreibt „a mechanism for organizing and directing stakeholder resources and actions so that value is created and then allocated fairly to stakeholders" (Freeman et al. 2018, S. 17).

> „Stakeholder theory is explicitly a managerial theory. Indeed, it was developed precisely to help managers acknowledge and deal with the complex reality they faced more effectively than other prevailing theories. Particularly in the context of the array of techniques for developing their theory of the firm, implementing it, and assessing it, speaking to and guiding the activity of managers was a core concern of all the early stakeholder theorists" (Freeman et al. 2010, S. 224).

In einem Vorhaben, Perspektiven auf und Begründungen für die Stakeholder-Theorie zu systematisieren, unterscheiden Donaldson und Preston drei Ausrichtungen der Stakeholder-Theorie: (1) *deskriptive Ansätze* beschreiben und erklären spezifische Eigenschaften und Handlungsweisen von Unternehmen (vgl. Donaldson und Preston 1995, S. 70); (2) *instrumentelle Ansätze* beleuchten Zusammenhänge zwischen Stakeholder-Management und der Erreichung ökonomischer Ziele (z. B. Rentabilität und Wachstum) (vgl. Donaldson und Preston 1995, S. 71); (3) *normative Ansätze* beschäftigen sich mit Funktionen von Unternehmen unter Berücksichtigung moralischer oder philosophischer Richtlinien (vgl. Donaldson und Preston 1995, S. 71). Darüber hinaus wird die These aufgestellt, dass die Stakeholder-Theorie eine *manageriale* Ausrichtung hat. Sie beinhaltet Handlungsempfehlungen für Entscheidungstragende in Unternehmen, welche das *Stakeholder-Management* konstituieren, und schließt gleichwohl deskriptive, instrumentelle und normative Sichtweisen ein (vgl. auch: Freeman und Phillips 2002, S. 339):

> „The stakeholder theory is **managerial** in the broad sense of that term. It does not simply describe existing situations or predict cause-effect relationships; it also recommends attitudes, structures, and practices that, taken together, constitute stakeholder management. Stakeholder management requires, as its key attribute, simultaneous attention to the legitimate interests of all appropriate stakeholders, both in the establishment of organizational structures and general policies and in case-by-case decision making. This requirement holds for anyone managing or affecting corporate policies, including not only professional managers, but shareowners, the government, and others" (Donaldson und Preston 1995, S. 67; Hervorhebung im Original).

Donaldson und Preston schlussfolgern, dass die Grundlage der Stakeholder-Theorie normativ ist und auf moralischen wie philosophischen Prinzipien beruht. Inhärent ist die Idee, dass Stakeholder Personen oder Gruppen mit legitimen Interessen an den Aktivitäten eines Unternehmens sind, unabhängig davon, ob das Unternehmen funktionale Interessen an ihnen hat. Stakeholder sollen um ihrer selbst willen berücksichtigt werden und nicht, um die Interessen anderer voranzutreiben (vgl. Donaldson und Preston 1995, S. 67). Auch Freeman et al. erklären, dass eine moralische Grundlage basal für das Stakeholder-Management ist. Diese schließt Respekt vor Menschen und deren Grundrechten, Integrität, Gerechtigkeit, Loyalität, Entscheidungsfreiheit sowie die Übernahme von Verantwortung für die Konsequenzen des eigenen Handelns ein (vgl. Freeman et al. 2010, S. 280–281; Freeman et al. 2018, S. 3). Die Stakeholder-Theorie kann demnach in der Wirtschaftsethik[26] verortet werden. Die theoretische Anschlussfähigkeit gilt vor allem dann als fruchtbar, wenn Ethik und Wirtschaft als verwoben betrachtet werden („*integration thesis*"), wenn Ethik als Zugang genutzt wird, um die Kernaktivitäten eines Unternehmens zu beleuchten (vgl. Freeman et al. 2010, S. 202).

#### 4.2.1.2 Primäre und sekundäre Stakeholder

Die Grundidee der Stakeholder-Theorie ist, dass Unternehmenserfolge davon abhängen, inwiefern es gelingt, Beziehungen zu relevanten Stakeholdern aufzubauen und zu pflegen, welche die Umsetzung der Geschäftszwecke beeinflussen können. Die primäre Aufgabe des Managements ist, die Unterstützung der Stakeholder zu sichern, ihre Interessen auszutarieren und mit der Zeit optimale Bedingungen für maximale Wertschöpfung für alle Stakeholder zu schaffen (vgl. Freeman und Phillips 2002, S. 333). In der Literatur gibt es eine Menge an Vorhaben, die zu klären versuchen, wer oder was Stakeholder sind, wie sie identifiziert und systematisiert werden können[27]. Freeman et al. legen fest, dass diejenigen, die sich mit *value creation and trade* befassen, für jene Individuen und Gruppen verantwortlich sind, die ihr Handeln beeinflussen können oder, andersherum, die von ihren Handlungen betroffen sind. Diese Individuen und Gruppen werden als *Stakeholder* bezeichnet (vgl. Freeman et al. 2010, S. 9). In einer neueren Definition wird nachgeschärft, dass es sich bei Stakeholdern um Individuen und Gruppen handelt, welche valide Interessen („*stakes*") an Aktivitäten und Ergebnissen von Unternehmen haben und von denen Unternehmen abhängig sind, um ihre Ziele zu erreichen (vgl. Freeman et al. 2018, S. 15).

In einem engeren Verständnis steht dahinter die Idee, dass Unternehmen Werte für diejenigen schöpfen, ohne deren Unterstützung sie nicht mehr funktions- bzw. existenzfähig wären. So müssen sich nahezu alle Unternehmen mit ihren Beziehungen zu Mitarbeitenden, Geldgebenden, Verbrauchenden, Zuliefernden und Gemeinden auseinandersetzen. Diese Gruppen sind *primäre Stakeholder* (vgl. Freeman et al. 2010, S. 26). Sie sind direkt in Wertschöpfungsprozesse involviert und haben ökonomische *stakes* (vgl. Freeman et al. 2018, S. 16). Sie sind im inneren Ring der Abbildung 3 dargestellt und ihre Interessen bzw. Erwartungen können in aller Kürze wie folgt skizziert werden: *Geldgebende* stellen Kapital bereit und erwarten in erster Linie finanzielle Erträge. *Verbrauchende* bezahlen für Produkte oder Dienstleistungen und erwarten, dass diese einen Mehrwert bringen und Qualitätsversprechen eingehalten werden. *Mitarbeitende* setzen ihre Qualifikationen sowie andere Ressourcen ein und erwarten dafür regelmäßige Entlohnungen, sichere Arbeitsplätze und angemessene Aufgaben. *Zuliefernde* stehen mit Unternehmen in Transaktionsverhältnissen, in denen Güter oder Leistungen bereitgestellt und im Gegenzug Bezahlungen erwartet werden. Lokale *Ge-*

26 Als Disziplin stellt die Wirtschaftsethik einen Teilbereich von Ethik und Moralphilosophie dar, der sich mit ethischen Belangen im wirtschaftlichen Kontext auseinandersetzt (vgl. Freeman et al. 2010, S. 197).

27 Mitchell, Agle und Wood identifizieren in ihrer *Theory of Stakeholder Identification and Salience* drei Attribute, um Stakeholder zu bestimmen und deren Interessen zu priorisieren (vgl. Mitchell et al. 1997, S. 854). Bei den Attributen handelt es sich um (1) Macht eines Stakeholders („power"), (2) Legitimität der Forderung eines Stakeholders („legitimacy") und (3) Dringlichkeit der Forderung eines Stakeholders („urgency") (vgl. Mitchell et al. 1997, S. 865–870). Auf Basis einer Kombination dieser Attribute ergibt sich eine Typologie unterschiedlicher Stakeholder-Typen, die mit einem entsprechend unterschiedlichen Grad an Salienz einhergehen (vgl. Mitchell et al. 1997, S. 874–878).

*meinden* stellen Standorte, Infrastrukturen sowie Arbeitskräfte zur Verfügung und erwarten indessen (mehr) Arbeitsplätze, Steuereinnahmen sowie Wirtschaftswachstum durch regionalen Handel (vgl. Freeman et al. 2010, S. 24–25; Harrison und Wicks 2013, S. 104).

In einer weiter gefassten Definition steht die Idee im Zentrum, dass diejenigen, die Unternehmen (bzw. ihre primären Stakeholder) beeinflussen können, in Wertschöpfungsprozessen berücksichtigt werden sollten. Diese werden als *sekundäre Stakeholder* bezeichnet (vgl. Freeman et al. 2010, S. 26) und sind im äußeren Ring der Abbildung 3 angeordnet. Sie sind nicht direkt an Wertschöpfungsprozessen beteiligt, haben aber berechtigte Interessen an Aktivitäten von Unternehmen. Zum Beispiel setzen sich Vertretende des Verbraucherschutzes dafür ein, dass Produkte und Dienstleistungen ein bestimmtes Maß an Qualität und Sicherheit aufweisen und angemessen mit Verbrauchenden umgegangen wird. In dieser Mission zeichnet sich ihr berechtigtes Interesse ab, ohne dass sie direkt in Wertschöpfungsprozesse involviert sind (vgl. Freeman et al. 2018, S. 17).

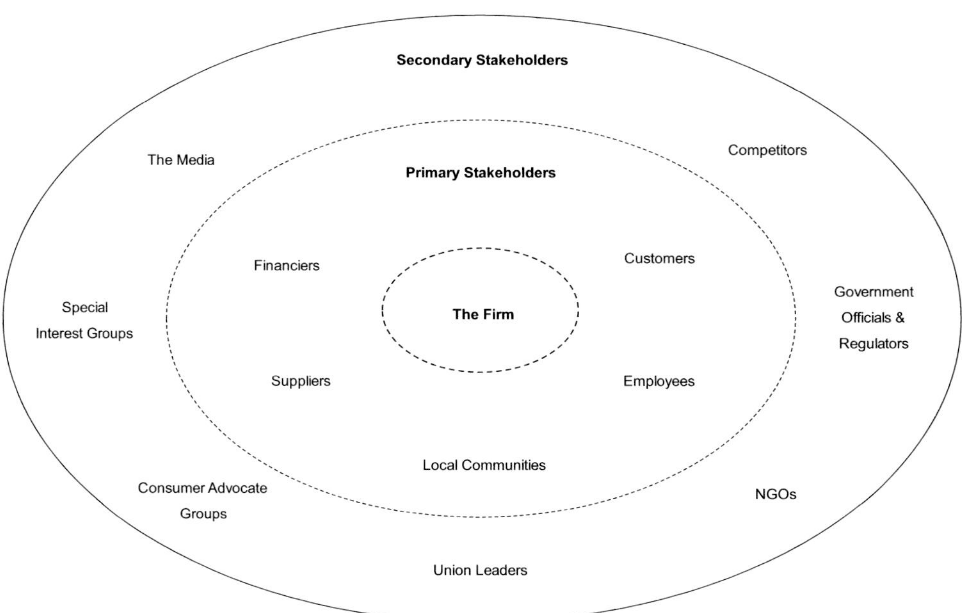


**Abbildung 3:** Stakeholder Map (Quelle: In Anlehnung an Freeman et al. 2018, S. 16)

In der Stakeholder-Theorie bilden Beziehungen zu Stakeholdern die *unit of analysis* (vgl. Freeman und Moutchnik 2013, S. 6). Dadurch wird ein Zugang zu der Gruppe der *Beschäftigten* in Unternehmen geschaffen, welche nicht nur primäre Stakeholder, sondern auch die Adressat:innen betrieblicher Sozialer Arbeit sind. Die bedeutsame Position der Beschäftigten im Kreis der primären Stakeholder wird im folgenden Zitat hervorgehoben:

> „Whereas shareholders basically 'own' all material and immaterial assets of the firm, employees, in many cases even physically 'constitute' the corporation. They are perhaps the most important production factor or 'resource' of the corporation, they represent the company towards most other stakeholders, and act in the name of the corporation towards them. This essential contribution, as well as the fact that employees benefit from the existence of their employers, and are quite clearly affected by the success or otherwise of their company, is widely regarded to give employees some kind of definite stake in the organization" (Crane und Matten 2007, S. 265).

Beschäftigte stellen wesentliche Produktionsfaktoren oder Humanressourcen für die Existenz und Funktionsfähigkeit von Organisationen dar. Auf der anderen Seite verbringen diese einen erheblichen Teil ihrer Lebenszeit am Arbeitsplatz und setzen dort Ressourcen ein, um ihren Lebensunterhalt zu bestreiten und ihre Existenz zu sichern. Oft ist der Arbeitsplatz darüber hinaus auch ein Ort, an dem soziale Beziehungen gelebt werden und berufliche Selbstverwirklichung angestrebt wird (vgl. Crane und Matten 2007, S. 265). Unter bestimmten Bedingungen kann Erwerbsarbeit für manche Menschen, so legt es Rosa (2021, S. 397–399) dar, sogar eine essenzielle „Resonanzsphäre" sein, sofern es gelingt, Resonanzbeziehungen zu Aspekten der Arbeit aufzubauen und intakt zu halten. Im gegenseitig abhängigen Verhältnis zwischen Arbeitgebenden und -nehmenden können jedoch ethische Fragen und Dilemmata hervortreten, die nicht stets vollumfänglich durch Arbeitsverträge abgedeckt sind. Deshalb werden sie bspw. zum Gegenstand für gesetzliche Initiativen (vgl. Crane und Matten 2007, S. 266) oder Rahmenwerke[28] für verantwortungsvolles Wirtschaften und Arbeiten gemacht. In diesem Lichte ist die betriebliche Sozialberatung zwar nicht gesetzlich vorgeschrieben, aber, wie im Kapitel 3.1.2 skizziert, ist die individuelle Integration in den Arbeitsmarkt von elementarer Bedeutung, um materielle Ressourcen und damit wiederum eine weitgehend autonome Lebensführung in modernen, funktional differenzierten, kapitalistischen und demokratischen Gesellschaftsformen zu ermöglichen. Der funktionale Ankerpunkt der betrieblichen Sozialberatung ist, ebendiese Integration von Individuen aufrechtzuerhalten, ggf. auch neu zu schaffen, wenn sie aufgrund sozialer und/oder gesundheitlicher Probleme strapaziert ist (vgl. Baumgartner und Sommerfeld 2018, S. 7). Damit soll jedoch nicht suggeriert werden, dass Integration in jegliche Art und Bedingung von Erwerbsarbeit zu erzwingen ist. Vielmehr geht es darum, „die jeweils spezifischen Integrationsbedingungen und deren Zusammenhang mit der konkreten Form des individuellen Lebensführungssystems genau anzuschauen" (Sommerfeld et al. 2011, S. 303). Hier kann die Stakeholder-Theorie anschließen, um die Frage aufzu-

28 Seit den 1990er-Jahren haben sich Initiativen zur Etablierung uniformer, globaler Verhaltens- und Berichtsstandards im Sozial- und Umweltbereich gehäuft (vgl. Bluhm 2008, S. 148). Dies geschah angesichts einer sukzessiven Entwicklung, Verbreitung und Standardisierung organisationaler Innovationen (z. B. Verhaltenskodizes, CSR-Berichte), Managementfunktionen (z. B. CSR-Abteilungen) und Kooperationen zwischen Unternehmen und Nichtregierungsorganisationen (vgl. Bluhm 2008, S. 147). Derweil gibt es eine Vielzahl an Standards, Leitsätzen, Grundsätzen, Prinzipien und Aktionsplänen zu CSR (kurz: Rahmenwerke). In der EU-Strategie (2011–14) für die soziale Verantwortung der Unternehmen (CSR) wird auf mehrere Rahmenwerke verwiesen, die als „Kernbestand an international anerkannten Grundsätzen und Leitlinien [...] für einen sich weiterentwickelnden und kürzlich aufgewerteten globalen CSR-Rahmen" (Europäische Kommission 2011, S. 8) stehen. Konkret sind hier die *Zehn Prinzipien des UN Global Compact*, die *Leitprinzipien für Wirtschaft und Menschenrechte* der UN, die *OECD-Leitsätze für multinationale Unternehmen*, die *Dreigliedrige Grundsatzerklärung über multinationale Unternehmen und Sozialpolitik* des Internationalen Arbeitsamts sowie die *Internationale Norm ISO 26000* der International Organization for Standardization gemeint.

werfen, was erstens Interessen und Erwartungen Beschäftigter sind und zweitens, wie und weshalb diese im (strategischen) Management berücksichtigt werden sollten.

#### 4.2.1.3 Wertschöpfung für alle Stakeholder

In der Stakeholder-Theorie sind Unternehmen als Komplexe von Beziehungen zwischen Stakeholdern zu verstehen[29] (vgl. Freeman et al. 2010, S. 24). Im Fokus der Betrachtung steht „how customers, suppliers, employees, financiers (stockholders, bondholders, banks, etc.), communities, and managers interact and create value" (Freeman et al. 2010, S. 24). Konstituierend sind drei Prämissen, die in der Theorie verwoben sind:

##### (1) Gemeinsame Interessen

Es wird angenommen, dass unterschiedliche Stakeholder *joint interests* („gemeinsame Interessen") haben können (vgl. Freeman et al. 2010, S. 9; Freeman 2010a, S. 8). Dies wird von Freeman als Schlüsselerkenntnis in der Entwicklung der Stakeholder-Theorie erachtet (vgl. Freeman 2010a, S. 8). In Wertschöpfungsprozessen sind Stakeholder nicht isoliert voneinander zu betrachten, sondern die *stakes* aller sind inhärent miteinander verbunden. Praktisch zeigt sich dies exemplarisch daran, dass Verbrauchende Produkte oder Dienstleistungen nicht ohne aktive Mitwirkung von Mitarbeitenden und Zuliefernden in Wertschöpfungsprozessen erhalten könnten (vgl. Freeman 2010a, S. 8).

##### (2) Maximale Wertschöpfung für Stakeholder

Verbunden mit der Annahme, dass Stakeholder gemeinsame Interessen haben können, wird das primäre Ziel unternehmerischer Entscheidungen und Aktivitäten in der maximalen Wertschöpfung für sie (und im weiteren Sinne für die Gesellschaft) gesehen, möglichst ohne dabei *trade-offs* einzugehen (vgl. Freeman 2010a, S. 9; Freeman et al. 2010, S. 28; Freeman et al. 2018, S. 10). Werte, die Unternehmen mit und für Stake-

29 Nicht selten wird die Stakeholder-Theorie als Gegenstück zur Shareholder-Theorie betrachtet (vgl. Freeman 2010a, S. 7; Freeman et al. 2010, S. 10). Freeman et al. halten diese Gegenüberstellung allerdings für nicht zielführend. Vielmehr erklären sie, dass die Shareholder-Theorie mit der Stakeholder-Theorie kompatibel ist, und gehen sogar weiter, indem sie den Begründer der Shareholder-Theorie, Milton Friedman, als einen frühzeitigen Stakeholder-Theoretiker anerkennen (vgl. Freeman et al. 2010, S. 10). Friedman vertritt die Ansicht, dass es in einem freien Wirtschaftssystem nur eine Verantwortung für Unternehmen gibt: „Sie besagt, dass die verfügbaren Mittel möglichst Gewinn bringend eingesetzt und Unternehmungen unter dem Gesichtspunkt der größtmöglichen Profitabilität geführt werden müssen, solange dies unter Berücksichtigung der festgelegten Regeln des Spiels geschieht, d. h. unter Beachtung der Regeln des offenen und freien Wettbewerbs und ohne Betrugs- und Täuschungsmanöver" (Friedman 2020, S. 164). Unternehmen sollen maximalen Gewinn für Aktionäre ihrer Gesellschaften erwirtschaften. Die Annahme, dass es darüber hinaus eine andere soziale Verantwortung gäbe, untergrabe, so Friedman, das Fundament der freien Gesellschaft (vgl. Friedman 2020, S. 165). Der entscheidende Unterschied zwischen den Sichtweisen liegt jedoch darin, dass Friedman Unternehmenserfolg anhand von Profitmaximierung vordergründig für Shareholder definiert, während Freeman et al. postulieren, dass die Interessen *aller* Stakeholder befriedigt werden müssen, um langfristig und nachhaltig Wertmaximierung für alle (also auch für Shareholder) herbeiführen zu können (vgl. Freeman et al. 2010, S. 12).

holder schöpfen, können sowohl ökonomisch als auch nichtökonomisch sein[30] (vgl. Freeman et al. 2018, S. 5). Unter Bezugnahme auf Harrison und Wicks (2013) wird konstatiert, dass

> „[t]he value a business firm creates for its stakeholders is more than economic in nature, and can include a wide variety of other benefits associated with human factors such as personal development, affiliation, freedom to choose, esteem, and happiness" (Freeman et al. 2018, S. 5).

Harrison und Wicks (2013, S. 97) diskutieren die Frage, was Wertschöpfung für Stakeholder meint und wie sie gemessen werden kann. Sie sprechen sich gegen eine Vereinfachung und Einengung des Wertbegriffs auf ökonomische Erträge aus (vgl. Harrison und Wicks 2013, S. 97). Obgleich sie die Relevanz finanzieller Kennzahlen anerkennen, schätzen sie eine unausgewogene Fokussierung darauf als verkürzt ein, denn

> „[f]inancial measures offer an important but limited perspective on value creation, particularly when they are tied to efforts to quantify events in terms of specific and measurable financial outcomes in the short or medium term – and thus reduce the ability and/or desire of managers to think more broadly about what a firm might do to increase total value across stakeholders" (Harrison und Wicks 2013, S. 109).

In ihrem Aufsatz unterscheiden sie die Begriffe *value* („Wert") und *utility* („Nutzen"). *Value* wird definiert als „anything that has the potential to be of worth to stakeholders" (Harrison und Wicks 2013, S. 100–101). *Utility* hingegen „reflect value a stakeholder receives that actually has merit in the eyes of the stakeholder – it is a function of the stakeholder's utility function, which expresses the stakeholder's preferences for particular types of value" (Harrison und Wicks 2013, S. 101). Eine Stakeholder-basierte Perspektive auf *firm performance* („Unternehmensleistung") sieht diese als „the sum of the utility created by a firm for its legitimate stakeholders" (Harrison und Wicks 2013, S. 108). Dabei differenzieren sie vier Formen von Nutzen: (1) *stakeholder utility associated with actual goods and services,* (2) *stakeholder utility associated with organizational justice,* (3) *stakeholder utility from affiliation,* (4) *stakeholder utility associated with perceived opportunity costs* (vgl. Harrison und Wicks 2013, S. 103–108). Wird also davon ausgegan-

30 Freeman, Harrison und Zyglidopoulos betrachten finanzielle Kennzahlen als *proxies* dafür, wie viel Wert („value") ein Unternehmen schöpft. *Proxies* sind zwar leichter messbar, doch sie können Diskrepanzen zum Nutzen („utility") aufweisen, den Leistungen oder Produkte in den Augen der Stakeholder haben. Der tatsächlich wahrgenommene Nutzen, den Stakeholder durch Interaktionen und Transaktionen mit Unternehmen wahrnehmen, lässt sich im Gegensatz zu wirtschaftlichen Kennzahlen jedoch schwerer messen. Nichtsdestotrotz plädieren die Autoren dafür, das Wertekonzept über ökonomische Werte hinaus zu erweitern und den Blickwinkel für andere Wertearten auszuweiten. Ferner erklären sie, dass alle Stakeholder über kundenähnliche Macht verfügen, d. h., sie entscheiden auf Basis von Abwägungen zwischen Werten, die sie einem Unternehmen bieten, und Werten, die sie im Gegenzug erhalten, inwiefern sie in Interaktion und Transaktion mit dem entsprechenden Unternehmen treten bzw. bleiben. Ausschlaggebend sind hierfür wahrgenommene Opportunitätskosten (vgl. Freeman et al. 2018, S. 24).

gen, dass Wert nicht nur eine ökonomische, sondern mehrere Facetten[31] hat, muss eine Wertsteigerung für eine Stakeholdergruppe nicht eine Wertminderung für eine andere Gruppe zur Folge haben, weil die Höhe des von einem Unternehmen generierten Wertes nicht von vornherein fixiert ist. Stakeholder-orientiertes Management bedeutet, gerade solche Entscheidungen zu treffen, die vorteilhaft für einen oder mehrere Stakeholder sind, möglichst ohne die Interessen der anderen zu verletzen („win-win-win-win decisions") (vgl. Freeman et al. 2018, S. 7–8). In diesem Kontext kann die betriebliche Soziale Arbeit dabei unterstützen, die Qualität der Beziehungen zu Stakeholdern, vor allem zu Mitarbeitenden und zum Gemeinwesen, zu verbessern und hierdurch zur Wertschöpfung im Unternehmen zu kontribuieren (vgl. Baumgartner und Sommerfeld 2016, S. 228–229).

#### (3) Das Menschenbild in der Stakeholder-Theorie

Das Menschenbild, welches der Stakeholder-Theorie zugrunde gelegt wird, begreift Stakeholder zuallererst als menschliche Wesen: „Stakeholders have names and faces and children" (Freeman et al. 2010, S. 29). Unternehmen sind als von Menschen geschaffene und belebte Organisationen zu verstehen, in denen Menschen miteinander arbeiten, die nicht lediglich Platzhalter für soziale Rollen sind (vgl. Freeman 2010a, S. 9; Freeman et al. 2010, S. 29). Die Vorstellung, dass Menschen ausschließlich aus Eigeninteresse und durchweg rational handeln, wird als beschränkend kritisiert und abgelehnt (vgl. Freeman et al. 2018, S. 21). Stattdessen werden Menschen als komplexe Wesen mit Emotionen, Wünschen und Bedürfnissen charakterisiert, deren Handeln sowohl durch Eigeninteresse als auch Interesse an Mitmenschen geprägt ist. Unternehmen funktionieren jenseits ökonomischer Anreize auch auf Basis des menschlichen Bedürfnisses, Produkte oder Dienstleistungen mit und für andere zu entwickeln, die das Leben besser, angenehmer und/oder glücklicher machen (vgl. Freeman 2010a, S. 9; Freeman et al. 2018, S. 21).

### 4.2.1.4 Stakeholder-Theorie und CSR

Die Stakeholder-Theorie ist eng mit CSR verschränkt (vgl. Altenburger 2016, S. 20–21; Carroll 1991, S. 43; Kakabadse et al. 2005, S. 288–289; Matten et al. 2003, S. 111; Melé

31 *Value* („Wert") ist ein komplexes Konstrukt, das Gegenstand verschiedener Disziplinen ist und für das es viele Begriffsverständnisse gibt (vgl. Garriga 2014, S. 491; Harrison und Wicks 2013, S. 101; Kujala et al. 2019, S. 131). Er lässt sich schwer eindeutig definieren, weil es sich hierbei um ein subjektives, facettenreiches Phänomen handelt, das für jeden Stakeholder eine andere Bedeutung haben kann (vgl. Bowman und Ambrosini 2010, S. 479; Mele und Colurcio 2006, S. 467). Stakeholder haben unterschiedliche Vorstellungen und Sichtweisen, was für sie von Wert ist, weil sie verschiedene *stakes* haben und in verschiedenen Beziehungskonstellationen stehen (vgl. Garriga 2014, S. 491). Demzufolge variieren Versuche, den abstrakten Wertbegriff anhand von Dimensionen zu erfassen (vgl. Kujala et al. 2019, S. 131). Zur Veranschaulichung werden drei Beispiele aufgeführt: Argandoña plädiert für eine Ausweitung des Wertbegriffs, denn er bezweifelt, dass ökonomische Werte allein ausreichend sind, um der Forderung nach *creating value for all stakeholders* vollumfänglich nachzukommen. Exemplarisch schlägt er aus Perspektive der Mitarbeitenden als Stakeholder vor, sechs Wertearten zu unterscheiden: (1) *economic extrinsic value*, (2) *intangible extrinsic value*, (3) *psychological intrinsic value*, (4) *intrinsic value*, (5) *transcendent value*, (6) *value that consists of positive or negative externalities* (vgl. Argadoña 2011, S. 8–9). Mele und Colurcio haben in einer Untersuchung zur Einführung von TQM-Systemen in Unternehmen danach gefragt, welche Werte durch Qualitätsmanagementmaßnahmen für Stakeholder geschaffen werden (sollen). Sie unterscheiden fünf Dimensionen: (1) *customer value*, (2) *human resource value*, (3) *shareholder value*, (4) *firm value* und (5) *society value* (vgl. Mele und Colurcio 2006, S. 484). Lerro differenziert in einer „Stakeholder Value Matrix" zur Bestandsaufnahme, welche Werte ein Organisationsentwicklungsprojekt für seine Stakeholder schafft, vier Dimensionen: (1) *economic value*, (2) *socio-cultural value*, (3) *environmental value* und (4) *knowledge value* (vgl. Lerro 2011, S. 7).

2013, S. 48; Mesicek 2016, S. 5–6; Wood 1991, S. 696). Während CSR zunächst lediglich zum Ausdruck bringt, dass Unternehmen soziale Verantwortung haben, fokussiert die Stakeholder-Theorie hingegen die Frage, *für wen* (soziale) Verantwortung übernommen werden soll (vgl. Kakabadse et al. 2005, S. 289; Wood 1991, S. 696). Carrolls Zitat verdeutlicht dies folgendermaßen:

> „There is a natural fit between the idea of corporate social responsibility and an organization's stakeholders. The word ‚social' in CSR has always been vague and lacking in specific direction as to whom the corporation is responsible. The concept of stakeholder personalizes social or societal responsibilities by delineating the specific groups or persons business should consider in its CSR orientation. Thus, the stakeholder nomenclature puts ‚names and faces' on the societal members who are most urgent to business, and to whom it must be responsive" (Carroll 1991, S. 43).

Die Stakeholder-Theorie trägt also zur Operationalisierung bei, welche soziale Verantwortung das Management einer Organisation gegenüber welchen Personengruppen hat (vgl. Freeman et al. 2010, S. 260).

Wie im Kapitel 2.2 aufgezeigt, ist CSR nicht nur ein komplexer Begriff, sondern CSR repräsentiert auch ein Feld an diversen, teils konträren theoretischen Ansätzen (vgl. Garriga und Melé 2004, S. 51). In einem Versuch, diese zu strukturieren, differenzieren Garriga und Melé vier Theoriestränge, nämlich (1) instrumentelle, (2) politische, (3) integrative sowie (4) ethische Theorien (vgl. Garriga und Melé 2004, S. 52). Die Stakeholder-Theorie, so wie von Freeman et al. dargelegt, wird aufgrund ihres normativen Kerns dem *ethischen* Theoriestrang zugeordnet (vgl. Garriga und Melé 2004, S. 60). Darüber hinaus ist die Stakeholder-Theorie, wie oben verdeutlicht, auch eine Management-Theorie mit Handlungsanweisungen für die Praxis. Aufgrund dessen ordnen Garriga und Melé (2004, S. 59) das Stakeholder-Management dem *integrativen* Strang zu, dem jene Theorieansätze zugeordnet werden, in denen die Integration sozialer Bedürfnisse durch Unternehmen in den Blick genommen werden.

Freeman et al. geben allerdings zu bedenken, dass die Stakeholder-Theorie nicht mit einem Verständnis von CSR vereinbar ist, sofern dieses eine strikte Trennung zwischen finanziellen und sozialen Werten vorsieht. Unter dieser sog. *residualen Sichtweise* (vgl. Tabelle 9) bedeutet CSR, dass Unternehmen aus moralischer Verpflichtung heraus und/oder aus praktischen Gründen einen Teil bereits geschaffener Werte an die Gesellschaft (zurück-)geben („ex-post profit distribution"). Weder ist CSR dabei in Wertschöpfungsprozesse integriert noch erfolgt eine dezidierte Reflexion des traditionellen Verständnisses von Profitmaximierung als primäre und einzige soziale Verantwortung von Unternehmen (vgl. Freeman et al. 2010, S. 257). Hingegen wird eine *integrative Sichtweise* auf CSR als eher vereinbar mit der Stakeholder-Theorie erachtet. Ihr zufolge bedeutet CSR die Integration sozialer, ethischer und ökologischer Belange in Unternehmensstrategien. CSR wird dann als Bestandteil von Managementkonzepten und -prozessen angesehen, was das Management von Beziehungen zu Stakeholdern inkludiert. Dieser Ansatz fordert zur Reflexion der Rolle und der Verantwortung von Unternehmen auf und der Fokus ist auf *ex-ante value creation* ausgerichtet (vgl. Freeman et al. 2010, S. 258–259).

**Tabelle 9:** Residual and integrated approaches to CSR (Quelle: In Anlehnung an Freeman et al. 2010, S. 258)

| | **Residual CSR** | **Integrated CSR** |
|---|---|---|
| **CSR definition** | Giving back to society (after profits are made) | Integration of economic with ethical, social and environmental decision-making criteria |
| **Stakeholder focus** | Shareholders first, then others | All stakeholders have moral standing |
| **Economic focus** | Profit redistribution (after profits are maximized) | Value creation |
| **Purpose of CSR** | Sustain legitimacy of business | Contribute to overall success of the corporation |
| **CSR business model** | Being responsive to societal claims | Building partnerships with stakeholder groups |
| **CSR processes** | Communication, public relations | Stakeholder engagement |
| **CSR activities** | Corporate philanthropy, sponsorships | Integration of „nonfinancial reporting" into traditional reporting |

In diesem Zusammenhang schlagen Freeman et al. vor, den Terminus Corporate Social Responsibility durch *Company Stakeholder Responsibility* zu ersetzen. Damit soll die Bedeutung von CSR grundlegend neu ausgelegt werden: Der Begriff *company* schließt alle Organisationen ein, die in irgendeiner Form Wertschöpfung und Tausch betreiben; *stakeholder* impliziert, dass das Ziel von CSR darin besteht, Werte für alle relevanten Stakeholder zu schöpfen und Verantwortung für sie zu übernehmen; *responsibility* meint, dass Wirtschaft und Ethik nicht separiert voneinander betrachtet werden können (vgl. Freeman et al. 2010, S. 263):

> „This new approach to CSR – namely the idea of company stakeholder responsibility – looks at business and society as intertwined, and it looks not just at corporations, but at many different forms of organizations, and promotes a pragmatic focus on managing the relations with all the organization's stakeholders as a primary task for success. This requires a detailed understanding of to whom exactly a firm is responsible and the nature of those responsibilities. Firms address these questions in a variety of ways, but each time they need the language of stakeholders to get to a more actionable level of specificity" (Freeman et al. 2010, S. 264).

Vor diesem Hintergrund erweitert der vorgeschlagene Ansatz der *Company Stakeholder Responsibility* den analytischen Fokus auf mehrere Arten von Organisationen. Demnach stehen nicht mehr nur Wirtschaftsunternehmen im Mittelpunkt, sondern auch Behörden und Verwaltungen, Einrichtungen des Gesundheits- und Sozialwesens, Nichtregierungsorganisationen und mehr werden berücksichtigt.

#### 4.2.1.5 Kritische Würdigung

Die Stakeholder-Theorie betrachtet wirtschaftliche Belange in Verbindung mit ethischen Implikationen. Sie öffnet eine breiter gefasste Sichtweise auf Unternehmensaktivitäten und ermöglicht Analysen wirtschaftlicher Entscheidungen und Handlungen aus ethischen, sozialen und ökonomischen Blickwinkeln sowie aus Perspektiven verschiedener Personen und Gruppen (vgl. Freeman et al. 2018, S. 69–70). In der Auseinandersetzung mit der Stakeholder-Theorie wird jedoch schnell deutlich, dass es weder für den Stakeholder-Begriff noch für die dazugehörige Theorie ein einheitliches Verständnis gibt (vgl. Freeman et al. 2010, S. xv; Phillips et al. 2003, S. 479). Der Stakeholder-Begriff hat für verschiedene Personen eine unterschiedliche Bedeutung. Diese Offenheit für Interpretationen kann sowohl als Stärke als auch als theoretische Hürde aufgefasst werden (vgl. Phillips et al. 2003, S. 479). Inwiefern diese Interpretationsbedürftigkeit und -offenheit eine Stärke darstellen, zeigt sich darin, dass die Stakeholder-Theorie in den vergangenen Jahrzehnten nicht nur Einzug in diverse Disziplinen gefunden hat (vgl. Freeman et al. 2018, S. 70), sondern ihre Grundideen auch in politischen Initiativen und Dokumenten wiedergefunden werden können. So können die *Leitprinzipien des UN Global Compact*[32] als Kodifizierung der Verantwortung gegenüber einer Reihe von Gruppen, wie Mitarbeitenden, Zuliefernden und Gemeinwesen, betrachtet werden (vgl. Freeman et al. 2010, S. 256). Auch in der *Norm ISO 26000*[33] ist die Berücksichtigung der Erwartungen von Stakeholdern ein Bestandteil der Definition gesellschaftlicher Verantwortung (vgl. DIN Deutsches Institut für Normung e. V. 2011, S. 17). In den sieben Grundsätzen der Norm sind sowohl ethisches Handeln als auch die Achtung der Interessen von Stakeholdern integriert (vgl. DIN Deutsches Institut für Normung e. V. 2011, S. 25–29). In den Kernthemen und Handlungsfeldern werden die Ansprüche mehrerer Stakeholdergruppen aufgeschlüsselt und respektive Handlungsmöglichkeiten aufgezeigt (vgl. DIN Deutsches Institut für Normung e. V. 2011, S. 10–11). Hingegen können die Interpretationsbedürftigkeit und -offenheit der Stakeholder-Theorie insofern als Schwäche ausgelegt werden, dass sie dadurch besonders anfällig für kritische Verzerrungen und Fehlinterpretationen sind (ausführlich: vgl. Phillips et al. 2003, S. 482).

Aufgrund der Vielfalt an Verortungsmöglichkeiten in diversen Disziplinen, theoretischen Überlegungen sowie praktischen Anwendungsfeldern, die mit der Stakeholder-Theorie in Verbindung gebracht werden können, wird vorgeschlagen, sie nicht als

32 Der UN Global Compact wurde 2000 von dem damalig amtierenden UN-Generalsekretär initiiert. Unternehmen, die ihm beitreten, verpflichten sich auf CEO-Ebene, ihre Strategien und Praktiken mit den *Zehn Prinzipien des UN Global Compact* in Einklang zu bringen und Maßnahmen zu ergreifen, die zur Erreichung der Sustainable Development Goals (SGDs) beitragen. Der UN Global Compact (2020, S. 12) unterstützt dabei durch Handlungsanleitungen, Weiterbildungen und Vernetzungen. Die Prinzipien entlang der Bereiche *Menschenrechte*, *Arbeitsnormen*, *Umweltschutz* und *Korruptionsprävention* dienen der Operationalisierung unternehmerischer Verantwortung und bilden ein Framework für verantwortungsvolles und ethisches Handeln (vgl. UN Global Compact 2020, S. 14–16).

33 Die *Internationale Norm ISO 26000* ist ein freiwillig und individuell anwendbarer Leitfaden, der von der International Organization for Standardization im Kontext eines Multi-Stakeholder-Ansatzes mit Fachleuten aus 90 Ländern und 40 internationalen oder regionalen Organisationen entwickelt wurde (vgl. DIN Deutsches Institut für Normung e. V. 2011, S. 5). Es wird der Anspruch erhoben, dass die Norm für jede Art von Organisation in der Privatwirtschaft, im öffentlichen und im gemeinnützigen Sektor, unabhängig von Standort, Größe und Kerngeschäft, umsetzbar ist (vgl. DIN Deutsches Institut für Normung e. V. 2011, S. 8). Organisationen werden dazu ermutigt, nicht nur geltendes Recht einzuhalten, sondern weiterzugehen und einen Beitrag zur nachhaltigen Entwicklung in der Gesellschaft zu leisten (vgl. DIN Deutsches Institut für Normung e. V. 2011, S. 14). Die Basis hierfür bilden sieben Grundsätze: Rechenschaftspflicht, Transparenz, ethisches Verhalten, Achtung der Interessen von Anspruchsgruppen, Achtung der Rechtsstaatlichkeit, Achtung internationaler Verhaltensstandards, Achtung der Menschenrechte (vgl. DIN Deutsches Institut für Normung e. V. 2011, S. 25–29). Ferner werden sieben Kernthemen unterschieden, die in insgesamt 37 Handlungsfelder ausdifferenziert sind (vgl. DIN Deutsches Institut für Normung e. V. 2011, 10–11).

eine singuläre Theorie zu betrachten, sondern als ein Framework bestehend aus einem Set an Ideen bzw. ein Genre von Theorien (vgl. Freeman und Phillips 2002, S. 334; Freeman et al. 2010, S. 63–64; Freeman et al. 2018, S. 70).

Die Stakeholder-Theorie, wie sie in diesem Kapitel entfaltet wurde, eröffnet einen normativen Zugang zu der Frage, *für wen* Organisationen im Grunde soziale Verantwortung übernehmen sollen, nämlich für all jene, die ihr Handeln beeinflussen können bzw., andersherum, die von ihren Handlungen betroffen sind (vgl. Freeman et al. 2010, S. 9). Übertragen auf den Kontext dieser Arbeit wird hiermit vor allem ein Zugang zu den *Beschäftigten* aufgeschlossen, welche insbesondere von Interesse sind, weil sie nicht nur primäre Stakeholder sind, sondern auch die Hauptadressat:innen betrieblicher Sozialberatungen. Offen bleibt an der Stelle noch, *wie* die Übernahme von sozialer Verantwortung praktisch aussehen und sich in Form welcher Funktionen und Aufgaben manifestieren könnte. Deshalb wird mit dem Creating-Shared-Value-Konzept ein weiteres theoretisches Konzept herangezogen, in dem praktische Handlungsansätze näher bestimmt sind. Werden Stakeholder-Theorie und Creating-Shared-Value-Konzept verzahnt, ergibt sich eine theoretische Hintergrundfolie, welche die Forschungsfragen der Arbeit miteinander verklammern kann (vgl. Kapitel 4.3).

### 4.2.2 Creating-Shared-Value-Konzept

Die Entwicklung des Creating-Shared-Value-Konzepts (CSV-Konzept) durch Porter und Kramer kann anhand von Beiträgen im Harvard-Business-Review im Laufe mehrerer Jahre nachverfolgt werden (vgl. Crane et al. 2014, S. 131). Die Autoren veröffentlichten 1999 einen Aufsatz, in dem sie aufzeigen, wie wohltätige Stiftungen ihre Performanz zugunsten höherer gesellschaftlicher Wertschöpfung verbessern können (vgl. Porter und Kramer 1999, S. 122). Die Etablierung geeigneter Strategien sowie die Ausrichtung operativer Geschäfte an Strategien, Revisionen der Stiftungssteuerung sowie Monitoring und Evaluation werden als essenziell erachtet (vgl. Porter und Kramer 1999, S. 130). Im Jahr 2002 erschien ein Artikel, in dem die Autoren ihr Augenmerk auf Wirtschaftsunternehmen richten und fehlende strategische Ausrichtungen philanthropischer Aktivitäten monieren. Unternehmen werden aufgefordert, philanthropisches Engagement auf jene soziale Probleme zu fokussieren, die eine Vereinigung sozialer und ökonomischer Ziele erlauben und gleichwohl zur Schaffung langfristiger Wettbewerbsvorteile beitragen (vgl. Porter und Kramer 2002, S. 58). Vier Jahre darauf erschien 2006 ein Beitrag, in dem die Verbindung zwischen CSR und Wettbewerbsvorteilen diskutiert und theoretische Überlegungen bzgl. Möglichkeiten zur Schaffung von *shared value* („gemeinsamer Wert") fortgeführt werden. In dem Zusammenhang legen die Autoren Ansätze zur Identifikation und Integration sozialer Probleme in Kernstrategien und operative Kerngeschäfte dar (vgl. Porter und Kramer 2006a, S. 83–91). Im Jahr 2011 wurde das CSV-Konzept vorgestellt (vgl. Porter und Kramer 2011), auf das im Weiteren näher eingegangen wird.

#### 4.2.2.1 Grundannahmen

Die Grundannahme des Konzepts lautet, dass die Wettbewerbsfähigkeit von Unternehmen und das Wohlergehen der Gesellschaft, in der Unternehmen verortet sind, wechselseitig verflochten sind (vgl. Porter und Kramer 2006a, S. 83, 2011, S. 66, 2015, S. 145):

> „A business needs a successful community, not only to create demand for its products but also to provide critical public assets and a supportive environment. A community needs successful business to provide jobs and wealth creation opportunities for its citizens" (Porter und Kramer 2011, S. 66).

Die Autoren postulieren, dass ökonomische und soziale Zielstellungen nicht dichotom oder konkurrierend sein müssen (vgl. Porter und Kramer 2002, S. 59). Das Prinzip von *shared value* (SV) liegt in „creating economic value in a way that *also* creates value for society by addressing its needs and challenges" (Porter und Kramer 2011, S. 64; Hervorhebung im Original). Damit wird ausgedrückt, dass SV aus der Schnittmenge von ökonomischen und sozialen Werten hervorgeht (vgl. Schormair und Gilbert 2017, S. 98). Während *economic value* („ökonomischer Wert") den Gewinn im Sinne des erzielten Ertrags abzüglich angefallener Kosten meint (vgl. Porter und Kramer 2011, S. 66), bezieht sich *social value* („sozialer Wert") auf die Befriedigung sozialer bzw. gesellschaftlicher Bedürfnisse (vgl. Porter und Kramer 2011, S. 64). Ihre Konvergenz in der Form von SV beschreibt eine Erhöhung ökonomischer und sozialer Werte zugleich. In der Folge gehen Gewinnsteigerungen mit sozialen Verbesserungen einher (vgl. Schormair und Gilbert 2017, S. 98).

CSV zielt also darauf, Schnittstellen zwischen wirtschaftlichen und sozialen Fortschritten zu identifizieren und zu erweitern (vgl. Porter und Kramer 2011, S. 66), wobei die Einhaltung von Gesetzen und ethischen Standards vorausgesetzt wird (vgl. Porter und Kramer 2011, S. 75). SV bezieht sich nicht auf persönliche Werte und beinhaltet auch nicht das Teilen bereits erzeugter Werte in einem ex-post-Umverteilungsansatz, sondern „it is about expanding the total pool of economic and social value" (Porter und Kramer 2011, S. 65).

Die Autoren postulieren, dass die (Neu-)Ausrichtung auf CSV – anstelle von exklusiver Profitmaximierung – zu Innovationswellen und Wachstum in der Weltwirtschaft führt. Mit ihrem Konzept streben sie an, einen Weg zu bahnen, um die zunehmend in die Kritik geratene Wirtschaftsform des Kapitalismus neu zu definieren und zu legimitieren, wobei dieser Anspruch im Fachdiskurs nicht unkritisiert bleibt (vgl. dazu Kapitel 4.2.2.4). Kapitalismus per se verstehen sie als „an unparalleled vehicle for meeting human needs, improving efficiency, creating jobs, and building wealth" (Porter und Kramer 2011, S. 64). Jedoch wird die Ansicht vertreten, ein zu eng gefasstes Kapitalismusverständnis habe Unternehmen bislang daran gehindert, ihre Potenziale zur Bearbeitung großer Herausforderungen in der Gesellschaft vollumfänglich zu entfalten (vgl. Porter und Kramer 2011, S. 64).

#### 4.2.2.2 Gemeinsame Werte schöpfen

In dem Konzept werden drei praktische Möglichkeiten zur Operationalisierung von CSV skizziert: (1) Produkte und Märkte sollen neu begriffen, (2) Wertschöpfungsproduktivität soll neu bewertet und (3) lokale Cluster sollen aufgebaut werden.

##### (1) Produkte und Märkte neu begreifen

Unternehmen können soziale Bedarfe und Bedürfnisse berücksichtigen, indem bestehende Märkte besser beliefert, neue Märkte erschlossen oder neue Produkte und Produktinnovationen, die auf Schaffung gemeinsamer Werte zielen, entwickelt werden (vgl. Porter und Kramer 2015, S. 145). Als Ausgangspunkt sollen soziale Bedürfnisse und Bedarfe, Nutzen und Schäden, die mit den Aktivitäten, Produkten oder Dienstleistungen von Unternehmen stehen (könnten), identifiziert werden. Dadurch ergeben sich Möglichkeiten zur Differenzierung oder Neupositionierung auf bestehenden Märkten oder zur Erschließung neuer Märkte. Die Bedienung bisher nicht berücksichtigter Märkte kann wiederum die Erneuerung von Produkten oder Dienstleistungen und/oder Vertriebsverfahren erfordern (vgl. Porter und Kramer 2011, S. 68).

##### (2) Wertschöpfungsproduktivität neu bewerten

Aktivitäten im Rahmen von Wertschöpfungsketten[34] können sich auf gesellschaftliche Themen auswirken und andersherum durch sie beeinflusst werden. Optionen zur Schaffung von SV ergeben sich daraus, dass bestimmte soziale Probleme Kosten in Wertschöpfungsketten von Unternehmen verursachen können. Die Autoren gehen davon aus, dass sozialer Fortschritt und Produktivität in Wertschöpfungsketten kongruent sein können und Synergien erhöht werden, sobald Unternehmen soziale Probleme aus der Perspektive von *shared value* angehen und neue Vorgehensweisen entwickeln, um sich derer anzunehmen (vgl. Porter und Kramer 2011, S. 69). Zur Neubewertung von Wertschöpfungsketten sollen alle Aktivitäten im Zusammenhang mit Geschäftstätigkeiten identifiziert und bzgl. ihrer positiven und negativen Auswirkungen beurteilt werden. In diesem Sinne fungieren Wertschöpfungsketten als Frameworks (vgl. Abbildung 4), um einen analytischen Blick von innen heraus einzunehmen („*looking inside out*") (vgl. Porter und Kramer 2006b, S. 8):

34 Porter erklärt, dass Wettbewerbsvorteile auch davon abhängen, wie in Unternehmen einzelne Aktivitäten organisiert und durchgeführt werden. Bei den Aktivitäten handelt es sich um jene, die Werte für Verbrauchende schaffen. Der monetäre Wert, den ein Unternehmen schafft, wird an dem Betrag gemessen, den Verbrauchende für Produkte oder Dienstleistungen zu zahlen bereit sind. Die Aktivitäten können zu Kategorien zusammengefasst und nach Haupt- und Stützungsaktivitäten geordnet werden, wodurch die Wertkette (oder Wertschöpfungskette) gebildet wird (vgl. Porter 1999, S. 62–63). Die Wertkette ist ein interdependentes Netz aus Aktivitäten, die durch Bindungen verknüpft sind. Bindungen kommen zustande, weil die Art, in der bestimmte Aktivitäten ausgeführt werden, die Kosten oder Effektivität anderer Aktivitäten beeinflussen (vgl. Porter 1999, S. 64).

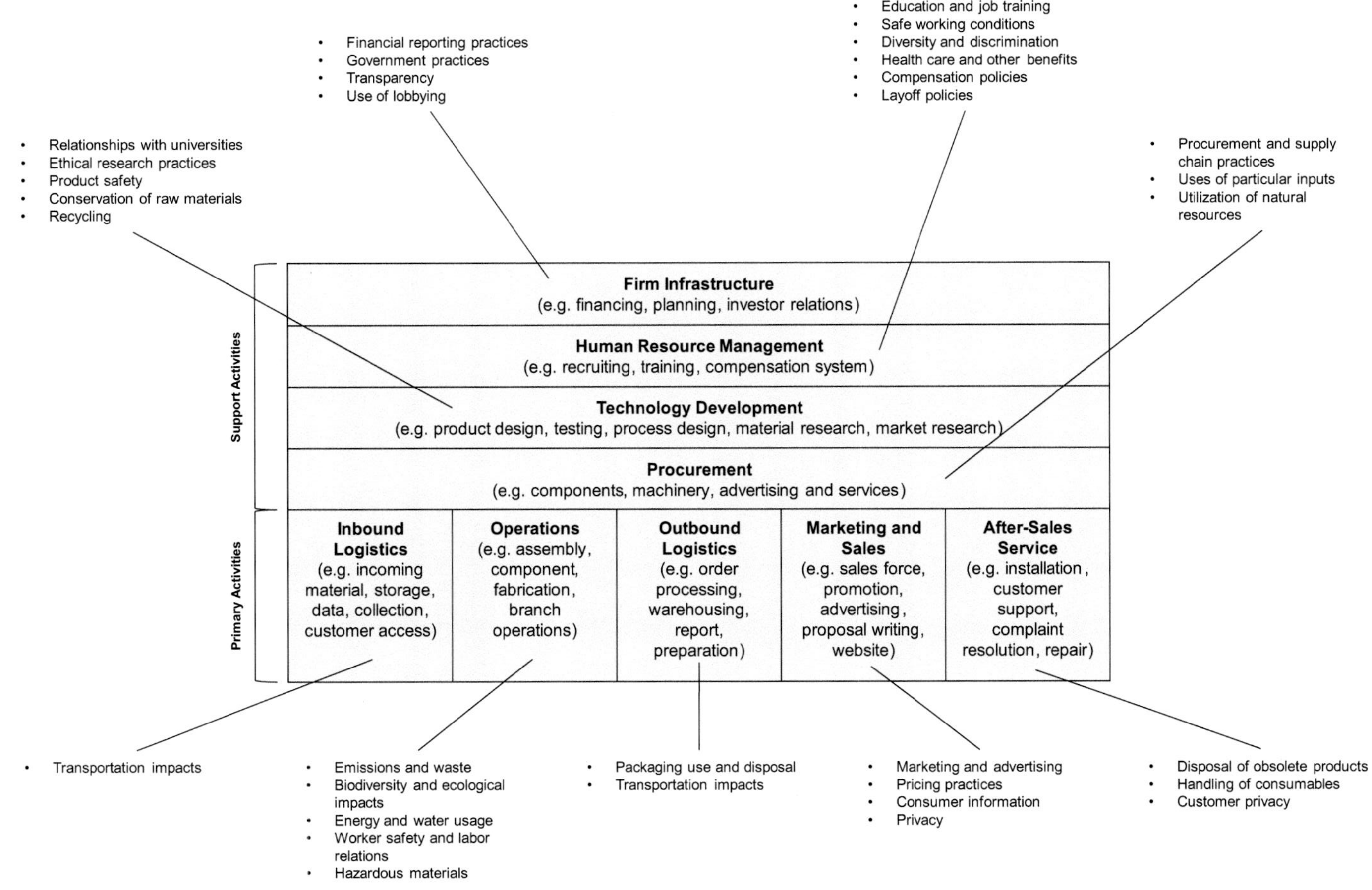


**Abbildung 4:** Mapping the social impacts of the value chain (Quelle: In Anlehnung an Porter 1999, S. 63, und Porter und Kramer 2006b, S. 8)

Übertragen auf den Kontext der betrieblichen Sozialen Arbeit kann davon ausgegangen werden, dass die Produktivität in Wertschöpfungsketten darunter leidet, wenn Beschäftigte mit persönlichen Problemen und Krisen konfrontiert sind, die ihre Problemlösungskapazitäten überschreiten. Es kommt zu einer negativen Beeinträchtigung des Leistungsvermögens und der Arbeitsbeziehungen (vgl. Baumgartner und Sommerfeld 2016, S. 236). Zum Beispiel zeigt eine 2017 durchgeführte Befragung 2.000 Erwerbstätiger (zwischen 16 und 65 Jahren), dass das Erleben kritischer Lebensereignisse einen Einfluss auf die berufliche Leistungsfähigkeit der Betroffenen haben kann. Folgen können häufigere Arbeitsunfähigkeitszeiten (34,1 % bei n = 1.040), Unzufriedenheit mit der Arbeit (37,3 %) sowie Einschränkungen der Leistungsfähigkeit (53,4 %) sein (vgl. Waltersbacher et al. 2017, S. 140). Im Angesicht solcher Ereignisse befinden sich Betroffene also in äußerst vulnerablen Zuständen, weshalb es sinnvoll sein kann, passende betriebliche Angebote zu etablieren, um sie bei der Bewältigung persönlicher kritischer Herausforderungen und Aufgaben zu unterstützen (vgl. Hobson et al. 2001, S. 41).

Jenseits individueller Probleme können im beruflichen Arbeitsalltag aber auch interpersonale Konflikte zwischen mehreren Parteien auftreten, die sich hemmend auf Produktivität sowie Wohlbefinden und Arbeitszufriedenheit der Betroffenen auswirken. So zeigen Spector und Jex (1998, S. 362) in einer Metaanalyse, dass das Erleben interpersonaler Konflikte am Arbeitsplatz positiv mit Ängstlichkeit, Depression, Frustration und Kündigungsabsicht sowie negativ mit Arbeitszufriedenheit korreliert. In einer anderen Metaanalyse weisen De Dreu und Weingart (2003, S. 745) nach, dass Beziehungs- und Aufgabenkonflikte negativ mit der erlebten Zufriedenheit von Teammitgliedern sowie mit der Teamleistung korrelieren. Insbesondere Beziehungskonflikte können die erlebte Zufriedenheit und Gruppenleistungen beeinträchtigen, sodass adäquate Strategien zum Umgang mit ihnen gefordert werden (vgl. De Dreu und Weingart 2003, S. 747–748).

Ausgehend von diesen Beispielen zeigt sich, dass im Rahmen von Wertschöpfungsketten Anknüpfungsmöglichkeiten für die betriebliche Soziale Arbeit vorhanden sind, um Probleme der Lebensführung außer- und innerhalb von Betrieben, welche die Integration in die Betriebe gefährden (vgl. Kapitel 3.1.2), zu bearbeiten und zugleich ökonomische Werte zu schaffen. Menschen werden bei der Bewältigung von Krisen und Problemen (auf der Arbeitsstelle) unterstützt. Im Idealfall werden durch die Bearbeitung sozialer Anliegen interne Kosten für Unternehmen gesenkt bzw. niedrig gehalten, sofern es gelingt, das Leistungsvermögen von Beschäftigten zu erhalten bzw. wiederherzustellen, längere Arbeitsausfälle und Fluktuation zu vermeiden, Konflikte in Teams konstruktiv zu lösen etc. (vgl. Kapitel 4.1). Geht man vom CSV-Gedanken aus, wird in diesem Lichte die Bearbeitung sozialer Anliegen (auf Mikroebene) mit wirtschaftlichen Interessen unmittelbar verschränkt[35].

35 Am Beispiel von Programmen zur Verbesserung des Wohlbefindens legen Porter und Kramer (2011, S. 68) die Überlegung dar, dass entsprechende Investitionen sowohl dem Unternehmen als auch der Gesellschaft zugutekommen, sofern die Gesundheit der Beschäftigten und deren Familien gefördert und krankheitsbedingte Abwesenheiten und Produktivitätsverluste für das Unternehmen verringert werden.

### (3) Lokale Cluster aufbauen

Unternehmen sind in wirtschaftliche Kreisläufe eingebunden und auf stabile, wettbewerbsfähige Umfelder mit zuverlässigen Zulieferunternehmen, Zugang zu qualifizierten Mitarbeitenden sowie funktionstüchtigen Infrastrukturen angewiesen (vgl. Porter und Kramer 2015, S. 145). Cluster werden als geografische Konzentrationen von Unternehmen, Zuliefernden, Dienstleistenden und logistischen Infrastrukturen in bestimmten Geschäftsfeldern verstanden. Darüber hinaus beinhalten sie öffentliche Organisationen und Institutionen, gesetzliche Bestimmungen sowie öffentliche Güter. Clustern wird eine essenzielle Rolle zugeschrieben, um Produktivität, Innovation und Wettbewerbsfähigkeit zu steigern. In einem Positivbeispiel können zuverlässige lokale Zuliefernde eine höhere logistische Effizienz und Möglichkeiten für Kollaborationen fördern. In einem Negativbeispiel können Defizite in äußeren Rahmenbedingungen eines Clusters Kosten verursachen. Zusätzliche Kosten für Maßnahmen der Weiterbildung können anfallen, wenn Fachkräfte aufgrund eines mangelhaften Bildungswesens nicht adäquat für die Anforderungen des Arbeitsmarkts ausgebildet sind. Diskriminierungen aufgrund des Geschlechts oder der Herkunft können das Reservoir an potenziellen Fachkräften verringern. Armut kann die Nachfrage nach Produkten und Dienstleistungen einschränken sowie den Gesundheitszustand von Arbeitskräften beeinträchtigen. Unternehmen können also SV schaffen, indem sie Cluster entwickeln, um die Produktivität von Unternehmen zu steigern und zugleich Probleme und Defizite in den Rahmenbedingungen der Cluster zu beheben (vgl. Porter und Kramer 2011, S. 72–73).

Auch hier gibt es Anschlussmöglichkeiten für die betriebliche Sozialberatung. So kann sie Unternehmen dabei unterstützen, soziale Verantwortung für das Gemeinwesen in Form bürgerschaftlichen Engagements zu übernehmen (vgl. Baumgartner und Sommerfeld 2016, S. 234). Dadurch kann auch indirekt ökonomischer Nutzen erzeugt werden, wenn das Image des Unternehmens aufgewertet wird und/oder Beziehungen zu Stakeholdern verbessert werden. Die strukturelle Verortung der betrieblichen Sozialen Arbeit an der Nahtstelle zwischen Unternehmen und Umwelt kann als Ausgangspunkt genutzt werden, um regionale (soziale) Bedarfe zu erfassen und Projekte auszuarbeiten, die das freiwillige Engagement von Unternehmen umsetzen (z. B. Projekte zur Bekämpfung der Jugendarbeitslosigkeit, Organisation von Freiwilligenarbeit). Die Vernetzung der Sozialberatung mit anderen Organisationen (der Sozialen Arbeit) kann in diesem Kontext eine wichtige Gelingensbedingung markieren (vgl. Baumgartner und Sommerfeld 2016, S. 248–249).

Die drei skizzierten Möglichkeiten zur Schaffung von SV sind nicht isoliert voneinander zu betrachten, sondern sie stehen in Wechselwirkungen, die an folgenden Beispielen erklärt werden:

> „Enhancing the cluster, for example, will enable more local procurement and less dispersed supply chains. New products and services that meet societal needs or serve overlooked markets will require new value chain choices in areas such as production, marketing, and distribution. And new value chain configurations will create demand for equipment and technology that save energy, conserve resources, and support employees" (Porter und Kramer 2011, S. 76).

Die optimale Möglichkeit zur Schaffung von SV ergibt sich, wenn Unternehmen sich sozialen Anliegen widmen, die eine Verbindung zu ihrem Kerngeschäft aufweisen und für sie von besonderer Relevanz sind (vgl. Porter und Kramer 2011, S. 75). Andere Themen sollten hingegen jenen Akteur:innen überlassen werden, die über die entsprechenden Voraussetzungen verfügen, um größtmögliche Wirkungen zu erzielen. Deshalb sollte die Themenfindung an der Frage ausgerichtet sein, inwiefern SV für Gesellschaft und Unternehmen kreiert werden kann (vgl. Porter und Kramer 2006a, S. 84). Die Festlegung auf bestimmte Anliegen kann mit Blick auf Marktpositionierung, Geschäftsbereich, Branche und geografische Lage zwischen Unternehmen unterschiedlich ausfallen (vgl. Porter und Kramer 2006a, S. 85). Als wesentlich erachten die Autoren allerdings stets eine *strategische* Vorgehensweise:

> „Strategic CSR moves beyond good corporate citizenship and mitigating harmful value chain impacts to mount a small number of initiatives whose social and business benefits are large and distinctive. Strategic CSR involves both inside-out and outside-in dimensions working in tandem. It is here that the opportunities for shared value truly lie" (Porter und Kramer 2006a, S. 88).

Porter und Kramer sehen den größtmöglichen Impact in Praktiken zur Neubewertung der Wertschöpfungsproduktivität sowie zum Aufbau bzw. zur Stärkung lokaler Cluster. So können Aktivitäten in der Wertschöpfungskette dazu beitragen, soziale Bedingungen zu verbessern. Investitionen in Cluster können dazu beisteuern, den Druck auf die Aktivitäten eines Unternehmens entlang der Wertschöpfungskette zu verringern. Ziel ist, soziale Verantwortung als einen integralen Bestandteil der Unternehmensstrategie zu betrachten (vgl. Porter und Kramer 2006a, S. 89). Verfügt ein Unternehmen nicht über ausreichend Erfahrungen und Ressourcen zur Bearbeitung bestimmter Probleme im Cluster, können neue Formen der Zusammenarbeit notwendig sein (vgl. Porter und Kramer 2011, S. 76). Das CSV-Konzept wird als disziplinübergreifend ausgelegt und soll Gelegenheiten eröffnen, um die Kluft zwischen wirtschaftlichen und sozialen Belangen zu überwinden und Menschen diverser Bildungs- und Berufshintergründe zusammenzubringen (vgl. Porter und Kramer 2011, S. 77). Die Ausrichtung an CSV soll daher zu neuen Kollaborationen zwischen wirtschaftlichen und nichtwirtschaftlichen Organisationen ermutigen (vgl. Porter und Kramer 2015, S. 158).

#### 4.2.2.3 CSV und CSR

CSV nimmt zahlreiche Ideen von CSR auf und soll eine Weiterentwicklung des CSR-Konzepts sein. Gemeinsam haben CSV und CSR, dass die Einhaltung von Gesetzen und Ethikstandards sowie die Verringerung von Schäden durch Unternehmensaktivitäten vorausgesetzt werden (vgl. Porter und Kramer 2011, S. 76). Eine Abgrenzung wird aber mit Blick auf den Begriff der *Verantwortung* gesehen. So erklären Porter und Kramer (2015, S. 146), dass bei CSR der Fokus auf einer Verantwortung des Unternehmens liegt, einen Beitrag für die Gesellschaft zu leisten, was sich im englischsprachigen Begriff *responsibility* zeigt. Das CSV-Konzept steht nicht im Widerspruch dazu, denn es wird anerkannt, dass es durchaus gute gesellschaftliche und politische Gründe gibt, welche für soziales Engagement durch Unternehmen sprechen, doch sehen sie im *Eigennutz* der Unternehmen ein zusätzliches, basales Argument zur Untermauerung entsprechender Aktivitäten. Ferner postulieren die Autoren, dass das traditionelle Verständnis von CSR auf einem inhärenten Konflikt zwischen den facettenreichen gesellschaftlichen Anliegen und den weitaus enger gefassten Unternehmensinteressen fußt. Beispielsweise werden schlechte Arbeitsbedingungen als externe bzw. gesellschaftliche Probleme angesehen, durch welche keine Kosten für Betriebe entstehen. Politische Interventionen und Druck aus der Gesellschaft müssen initiiert werden, um Unternehmen dazu zu bewegen, ihr Erwirtschaftetes zu teilen und sich an der Lösung von Problemen zu beteiligen (vgl. Porter und Kramer 2015, S. 147). Im CSV-Konzept wird eine andere Sicht eingenommen, denn das entscheidende Argument liegt hier

> „in der Schaffung eines Ausgleichs zwischen Unternehmertum und Gesellschaft. Denn ‚Shared Value' bedeutet, dass gerade der Einsatz für gesellschaftliche und ökologische Probleme in seiner Umgebung den Interessen eines Unternehmens dient" (Porter und Kramer 2015, S. 147).

Demzufolge stellt das Beispiel schlechter Arbeitsbedingungen gerade keine externe Angelegenheit dar, sondern es ist als relevantes betriebswirtschaftliches Anliegen zu sehen, wenn bedacht wird, dass schlechte Arbeitsbedingungen sich ungünstig auf Produktivität und Effizienz Beschäftigter auswirken können. Die Ausrichtung an CSV verlangt also sowohl eine grundsätzliche Haltungsänderung als auch eine Anpassung operativer Methoden und Praktiken (vgl. Porter und Kramer 2015, S. 147).

Wesentliche Unterschiede, die Porter und Kramer zwischen CSV und CSR sehen, werden in Tabelle 10 aufgezeigt:

**Tabelle 10:** Gegenüberstellung von CSV und CSR (Quelle: In Anlehnung an Porter und Kramer 2015, S. 146)

| | **Corporate Social Responsibility (CSR)** | **Creating Shared Value (CSV)** |
|---|---|---|
| **Motivation** | Reputationssicherung | Neue Geschäftsfelder |
| **Treiber** | Externe Stakeholder | Unternehmensstrategie |
| **Bemessung** | Kosten, standardisierte Evaluationssysteme | Gesellschaftlicher Mehrwert für Wirtschaft und Gesellschaft |
| **Steuerung** | CSR-Abteilung | Vertikale Verankerung im gesamten Unternehmen |
| **Gesellschaftlicher Nutzen** | Erfolgreiche (Sozial-)Projekte | Weitreichender nachhaltiger Wandel |
| **Wirtschaftlicher Nutzen** | Reduktion unternehmerischen Risikos und Sicherung des öffentlichen Wohlwollens | Strategischer Wettbewerbsvorteil |

Wie in der Tabelle zu sehen, werden bisherige CSR-Initiativen dahingehend kritisiert, dass sie vordergründig auf Reputationssicherung ausgerichtet sind und nur schwach ausgeprägte Verbindungen zum Kerngeschäft aufweisen, wodurch langfristige Wirkungen der Initiativen in Zweifel gestellt werden. Im Kontrast dazu ist CSV für die Rentabilität und die Wettbewerbsfähigkeit von Unternehmen von entscheidender Bedeutung. Es wird gezielt an Ressourcen und Expertisen von Unternehmen angeknüpft, um soziale und ökonomische Wertschöpfung zu fördern (vgl. Porter und Kramer 2011, S. 76). Anzumerken ist jedoch, dass jenes von den Autoren zugrunde gelegte Verständnis von CSR und somit auch die angeführte Gegenüberstellung (vgl. Tabelle 10) als äußerst simplifiziert und überholt kritisiert werden (vgl. Beschorner und Hajduk 2015, S. 221; Crane et al. 2014, S. 134; Hübscher 2015, S. 206). Zwar gibt es nicht *das* eine Verständnis von CSR, aber die Ausführungen im Kapitel 2.2 zeigen deutlich, dass CSR sich heutzutage nicht mehr ausschließlich auf Reputationssicherung reduzieren lässt und sehr wohl Überlegungen zur Verankerung von CSR-Aktivitäten in Organisationsstrategien vorhanden sind.

#### 4.2.2.4 Kritische Würdigung

Das CSV-Konzept hat infolge eines Beitrags im Harvard Business Review im Jahr 2011 weitreichende Resonanz in Praxis und Wissenschaft erfahren (vgl. Beschorner und Hajduk 2015, S. 220; Crane et al. 2014, S. 130; Liel und Lütge 2015, S. 183). Seitdem sind im wissenschaftlichen Diskurs sowohl der Mehrwert als auch die Limitationen des Konzepts zu Gegenständen intensiver Diskussionen gemacht geworden (ausführlich: vgl. Crane et al. 2014).

Trotz des ganzheitlichen Anspruchs des Konzepts räumen Porter und Kramer selbst kritisch ein, dass nicht alle gesellschaftlichen Probleme durch CSV-Initiativen lösbar sind (vgl. Crane et al. 2014, S. 150; Porter und Kramer 2011, S. 77). Dennoch kann ein Mehrwehrt des Konzepts darin gesehen werden, dass es zu einem Perspektivenwechsel anregt, um Unternehmen nicht als schädliche und zur Wiedergutmachung verpflichtete Organisationen zu sehen, sondern als Akteure, die aktiv zur Bearbeitung von Problemen in der Gesellschaft beitragen können und wollen (vgl. Beschorner und Hajduk 2015, S. 220; Liel und Lütge 2015, S. 190). Ferner wird die strategische Relevanz sozialer Zielsetzungen betont, wodurch die Verfolgung sozialer Ziele auf unternehmensstrategische Ebene erhoben wird (vgl. Crane et al. 2014, S. 133). Außerdem bietet das Konzept ausführliche Überlegungen zur Rolle des Staates im Zusammenhang mit dem sozialen Engagement von Unternehmen an (vgl. Crane et al. 2014, S. 133). Staatliche Akteur:innen sind aufgefordert, Regulierungen[36] zu implementieren, welche die Schaffung von SV fördern, Ziele setzen und Innovationen stimulieren (vgl. Porter und Kramer 2011, S. 14). Die Resonanz des Konzeptes reflektiert sich beispielshalber darin, dass in der EU-Strategie (2011–14) für die soziale Verantwortung der Unternehmen Ideen des Konzeptes identifiziert werden können (vgl. Crane et al. 2014, S. 132). In

36 Regulierungen sollen (1) klare und messbare soziale Ziele setzen; (2) Leistungsvorgaben formulieren, aber keine Methoden zur Erreichung der Vorgaben vorgeben; (3) Einführungszeiträume zur Erfüllung der Anforderungen berücksichtigen; (4) einheitliche Mess- und Berichtserstattungssysteme einsetzen (vgl. Porter und Kramer 2011, S. 74).

einer neueren CSR-Definition wird die Voraussetzung zur Übernahme sozialer Verantwortung seitens der Unternehmen darin gesehen, dass diese sich einem solchen Verfahren bedienen, „mit dem soziale, ökologische, ethische, Menschenrechts- und Verbraucherbelange in enger Zusammenarbeit mit den Stakeholdern in die Betriebsführung und in ihre Kernstrategie integriert werden“ (Europäische Kommission 2011, S. 7). Dadurch soll „die Schaffung gemeinsamer Werte für die Eigentümer/Aktionäre der Unternehmen sowie die übrigen Stakeholder und die gesamte Gesellschaft optimiert werden“ (Europäische Kommission 2011, S. 7). Ein strategischer CSR-Ansatz wird als bedeutsam für die Wettbewerbsfähigkeit von Unternehmen im Sinne der Anpassung an gesellschaftliche Erwartungen (Erschließung neuer Märkte, Eröffnung neuer Wachstumsmöglichkeiten) und des Aufbaus von Vertrauen zu relevanten Stakeholdern (Vertrauen als Basis für nachhaltige Geschäftsmodelle, Vertrauen zur Schaffung eines innovativen Umfeldes) erachtet (vgl. Europäische Kommission 2011, S. 4). Die Federführung bei der Entwicklung und Umsetzung von CSR wird bei den Unternehmen gesehen, während staatliche Institutionen eine unterstützende Rolle einnehmen (z. B. durch Vorschriften zur Förderung von Transparenz, Schaffung von Anreizen, Sicherstellung der Rechenschaftspflicht etc.) (vgl. Europäische Kommission 2011, S. 9).

Es wird anerkannt, dass Porters und Kramers Konzept zur Debatte um *conscious capitalism* beiträgt und als Rahmenkonzept diverse CSR-Ansätze verklammern kann (vgl. Crane et al. 2014, S. 133), dennoch wird ihm zum Teil ein begrenzter Innovationsgehalt bescheinigt (vgl. Beschorner und Hajduk 2015, S. 222; Crane et al. 2014, S. 134–135; Hübscher 2015, S. 204). Mitunter wird darauf verwiesen, dass die Idee von *value creation* bereits auf Freemans Arbeiten zur Stakeholder-Theorie (vgl. Kapitel 4.2.1) zurückgeht (vgl. Crane et al. 2014, S. 135). Während Porter und Kramer (2011, S. 77) außerdem dem CSV-Konzept das Potenzial zutrauen, Kapitalismus neu denken und gestalten zu können, wird dies im Fachdiskurs nicht unkritisch diskutiert (vgl. Crane et al. 2014, S. 140; Hübscher 2015, S. 215; Scholz und Reyes 2015, S. 198). Aus Sicht von Scholz und Reyes (2015, S. 194) ist die Frage nicht eindeutig geklärt, auf welcher Ebene eine Re-Legitimierung des Kapitalismus überhaupt angestrebt wird. Es bleibt unklar, ob neben dem Makroziel (Re-Legitimierung des kapitalistischen Systems) auch ein Mikroziel (individuelle Verbesserung der Legitimität der CSV praktizierenden Unternehmen) verfolgt wird. Crane et al. (2014, S. 140) formulieren mehrere Kritikpunkte und konkludieren, dass das CSV-Konzept seinem ambitionierten Anspruch nicht gerecht werden kann. Sie argumentieren, dass das Konzept keine tief verwurzelten Probleme im Kern der kapitalistischen Legitimationskrise beheben kann. In Zweifel wird gestellt, inwieweit der Zweck von Unternehmen (in der Gesellschaft) tatsächlich neu gedacht werden kann, wenn zentrale Bezugspunkte des Ansatzes nach wie vor Eigeninteressen von und Profitmaximierung für Unternehmen sind (vgl. Crane et al. 2014, S. 142).

Ferner wird an dem Konzept kritisiert, dass keine Hinweise zum Umgang mit konfligierenden Zielsetzungen formuliert sind. Scholz und Reyes (2015, S. 195) geben zu bedenken, dass nicht in allen Fällen optimale Bedingungen vorhanden sind, um gemeinsame Werte zu schaffen. Bei sog. *A-Cases* liegen Fälle vor, bei denen bestimmte gesellschaftliche Interessen mit den Interessen eines Unternehmens gut vereinbar sind und Win-win-Situationen umgesetzt werden können. Es gibt allerdings auch *B-Cases*, bei denen gesellschaftliche und unternehmerische Interessen nicht harmonieren oder sogar gegensätzlich sind (vgl. Scholz und Reyes 2015, S. 195). Auch Crane et al. (2014, S. 136) kritisieren, dass im Konzept nicht ausreichend auf mögliche *trade-offs* zwischen ökonomischen und sozialen Zielen und den sich daraus ergebenden dilemmatischen Situationen eingegangen wird.

Abschließend soll noch ein weiterer Kritikpunkt aufgezeigt werden, der sich auf fehlende Hinweise zum Umgang mit konfligierenden ethischen Standards bezieht. Zwar verweisen Porter und Kramer (2011, S. 76) auf die Einhaltung von Recht und ethischen Standards, jedoch wird nicht konkretisiert, welche Standards gemeint sind. Die Vagheit an dieser Stelle wird vor allem mit Blick auf die besondere Position multinationaler Unternehmen (MNUs) als problematisch erachtet (vgl. Beschorner und Hajduk 2015, S. 222; Crane et al. 2014, S. 139–140; Scholz und Reyes 2015, S. 196).

Trotz der umfangreichen kritischen Rezeption des CSV-Konzepts und trotz dessen, dass wohl kaum alle gesellschaftlichen Probleme hiermit aufhebbar sind, wird es dennoch als fruchtbar eingeschätzt, um sich in dem Rahmen dieser Arbeit der Frage zu nähern, *wie* Organisationen soziale Verantwortung für Beschäftigte (und auch für das Gemeinweisen) übernehmen können. Es konnte aufzeigt werden, dass von den drei Optionen zur Umsetzung von CSV (vgl. Kapitel 4.2.2.2) im Kontext dieser Arbeit insbesondere der Ansatz zur Neubewertung von Wertschöpfungsketten und teilweise auch der Ansatz zur Entwicklung lokaler Cluster Schnittstellen öffnen, an welche die betriebliche Soziale Arbeit anschließen kann. Wird die betriebliche Sozialberatung vor diesem Hintergrund also als eine CSV-Initiative (neben anderen) betrachtet, kann darauf basierend die Frage forciert werden, welche Aufgaben sie bzw. das Personal, das in dem Feld beruflich tätig ist, praktisch verrichtet. Diese Argumentationslinie zeigt somit die Verbindung zur Kernfrage der Arbeit (Arbeitsaufgaben und Anforderungen in der betrieblichen Sozialberatung). Im kommenden Zwischenfazit wird dieser Gedankengang noch einmal in Kürze rekapituliert, um die Brücke von der Theorie zur Empirie zu schlagen.

## 4.3 Zwischenfazit

Im Kapitel 3.1.2 wurde unter Bezugnahme auf die Theorie der Integration und Lebensführung skizziert, dass die Funktion betrieblicher Sozialer Arbeit in der Gesellschaft darin besteht, Integration von Menschen ins Wirtschaftssystem, oder konkreter: in Organisationen, in welchen sie (dauerhaft) Erwerbsarbeit nachgehen können, aufrechtzuerhalten, sofern die Integration wegen sozialer und/oder gesundheitlicher Probleme gefährdet ist (vgl. Baumgartner und Sommerfeld 2016, S. 22, 2018, S. 7). Die betriebliche Soziale Arbeit ist hier des Öfteren in Kontexten angesiedelt, welche zuvörderst nach anderen, nämlich (betriebs-)wirtschaftlichen, Logiken funktionieren. Sie braucht deshalb ein intermediäres Konzept, damit sie ökonomische Erwartungen erfüllen, aber trotzdem ihre eigene Identität als sozialarbeiterische Dienstleistung entfalten kann. Es wurde die These aufgestellt, dass das Konzept der CSR ein solch intermediäres Konzept abbilden kann (vgl. Baumgartner und Sommerfeld 2016, S. 207, 2018, S. 6). Diese Arbeit knüpft daran an und zielt darauf, die theoretische Anschlussfähigkeit zwischen betrieblicher Sozialberatung und CSR weiter auszuleuchten.

Der Forschungsstand zur betrieblichen Sozialberatung im Kontext von CSR ist im deutschsprachigen Raum noch ausbaufähig. Bisher sind es vor allem die Schweizer Untersuchungen, welche jene Nahtstelle beforscht haben (vgl. Baumgartner 2010; Baumgartner und Sommerfeld 2016; Ryser 2010). Die Befunde zeigen, dass freiwilliges Engagement von Unternehmen in Form der betrieblichen Sozialberatung auf ökonomischen wie auch ethischen Kalkülen basieren kann. Sie gilt somit als Exempel, bei dem die Logik der doppelten Legitimation zutrifft (vgl. Kapitel 4.1). Die Konstruktion der theoretischen Folie erfolgte unter Einbezug der Stakeholder-Theorie nach Freeman et al. (vgl. Kapitel 4.2.1) und des CSV-Konzepts nach Porter und Kramer (vgl. Kapitel 4.2.2). Eine Gemeinsamkeit der Ansätze ist zunächst die Annahme, dass wirtschaftliche und gesellschaftliche bzw. soziale Interessen und Ziele nicht immer konfligieren und einander ausschließen müssen. So muss das Handeln von bzw. in Unternehmen nicht *ausschließlich* auf Maximierung von Profit für Shareholder ausgerichtet sein, sondern es können auch soziale Anliegen bearbeitet werden – sei es zur Befriedigung der Interessen von Stakeholdern in der Lesart der Stakeholder-Theorie oder zur Schaffung gemeinsamer Werte für Unternehmen und Gesellschaft in der Lesart des CSV-Konzeptes. Sowohl die Stakeholder-Theorie als auch das CSV-Konzept sind fruchtbar, um den breit gefassten und interpretationsbedürftigen CSR-Begriff (vgl. Kapitel 2.2) zu konkretisieren, indem Organisationen sich bedacht solchen sozialen Themen widmen sollen, die für Stakeholder und/oder für das Kerngeschäft bedeutsam sind. Erfolgt eine Festlegung auf bestimmte Themen, sind sie zielgerichtet in Strategien und Praktiken zu integrieren. Es sollen Möglichkeiten eruiert werden, welche die Schöpfung ökonomischer und nichtökonomischer Werte für Organisation, Stakeholder sowie Gesellschaft begünstigen. Hierbei geht es nicht darum, bereits generierten Profit zu verteilen, sondern früher anzusetzen und kritisch zu hinterfragen, was aktiv getan werden kann, um die Interessen der Stakeholder bzw. der Gesellschaft entlang der Kerngeschäftstätigkeit zu berücksichtigen. Eine weitere Gemeinsamkeit ist, dass beide Ansätze eine kritische Position gegenüber CSR beziehen, sofern darunter schlicht ex-post-Profitredistribution und Reputationssicherung verstanden, soziale Belange als Appendix betrachtet werden und eine dezidierte strategische Verankerung sozialer Ziele ausbleibt. Mit *Company Stakeholder Responsibility* und *Creating Shared Value* werden durch die jeweiligen Autoren neue Narrative zur Frage nach sozialer Verantwortung von Unternehmen angeboten. Der wesentliche Unterschied der beiden Ansätze liegt in ihren Zugängen. Die Stakeholder-Theorie, so wie von Freeman et al. vertreten und entwickelt, repräsentiert einen *(wirtschafts-)ethischen* Zugang (vgl. Freeman et al. 2010, S. 280–281; Freeman et al. 2018, S. 3). Die Theorie fußt auf der Idee, dass Stakeholder Personen oder Gruppen mit legitimen Interessen an Aktivitäten von

Unternehmen sind, unabhängig davon, ob diese funktionale Interessen an ihnen hegen. Sie sollen um ihrer selbst willen berücksichtigt werden und nicht, um die Interessen anderer voranzutreiben (vgl. Donaldson und Preston 1995, S. 67). Beim CSV-Konzept liegt hingegen ein *instrumenteller* Zugang vor (vgl. Mesicek 2016, S. 7). In erster Linie geht es um Schaffung ökonomischer Werte und strategischer Wettbewerbsvorteile, allerdings eben auf solch eine Art und Weise, dass gleichwohl Vorteile für die Gesellschaft im weitesten Sinne erzielt werden (vgl. Porter und Kramer 2011, S. 64, 2015, S. 146).

Die beiden Ansätze bilden eine Folie, um die Arbeit theoretisch zu verankern und die aufgestellten Forschungsfragen ein Stück weit zu verklammern (vgl. Abbildung 5):

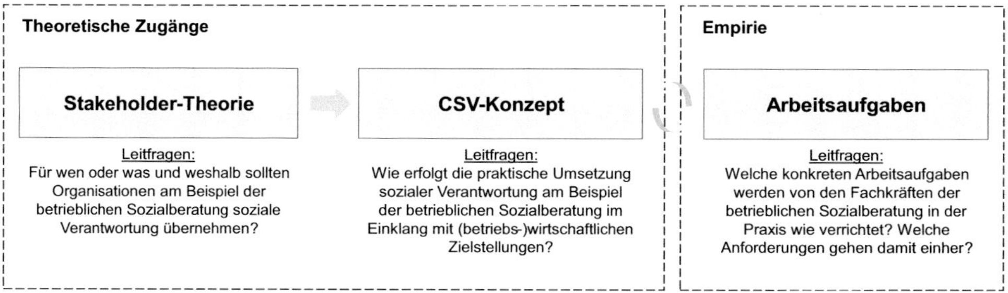


**Abbildung 5:** Theoretische Folie (Quelle: Autor)

Die Stärke dieser theoretischen Folie ist, dass mit ihr die Dichotomie zwischen ökonomischen und nichtökonomischen Argumenten überwunden und Raum für vielfältige Deutungsangebote aufgeschlossen werden kann, aus welchen Gründen Organisationen betriebliche Sozialberatungen einführen (sollten):

In der Stakeholder-Theorie werden die Beschäftigten als primäre Stakeholder erachtet, von denen Organisationen maßgebend abhängig sind (vgl. Freeman et al. 2018, S. 1). Sie sind direkt in Wertschöpfungsprozesse eingebunden, haben berechtigte Interessen und erheben berechtigte Ansprüche. In Inter- und Transaktionsprozessen mit Arbeitgebenden bringen sie ihre Ressourcen wie Arbeitskraft und Qualifikationen ein, wofür sie wiederum Entlohnung, gute Arbeitsbedingungen, Entwicklungsperspektiven etc. erwarten (vgl. Freeman et al. 2018, S. 24). In diesem Kontext könnte die betriebliche Sozialberatung ein Instrument sein, um ökonomische und nichtökonomische Werte zu schaffen. Durch sie besteht bspw. Potenzial, um Mitarbeitende bei der Bewältigung von Krisen und Problemen zu unterstützen sowie Arbeitsproduktivität auf Dauer zu erhalten.

Das CSV-Konzept kann an diese Überlegungen anschließen, denn in ihm wird die Annahme hervorgebracht, dass soziale Probleme Kosten in Wertschöpfungsketten verursachen, wenn bspw. Mitarbeitende aufgrund des Erlebens kritischer Lebensereignisse nicht mehr wie üblich einsatzfähig sind oder interpersonale Konflikte in Teams die Zusammenarbeit beeinträchtigen (vgl. Porter und Kramer 2011, S. 68). In diesem Sinne könnte die betriebliche Sozialberatung als ein Instrument betrachtet werden, um soziale Anliegen (überwiegend auf der Mikroebene) zu bearbeiten und dadurch zur Erhaltung der Wertschöpfungsproduktivität beizutragen (vgl. Kapitel 9). Außerdem kann die betriebliche Sozialberatung dabei unterstützen, soziale Verantwortung *außerhalb* von Unternehmen in Form bürgerschaftlichen Engagements zu übernehmen (vgl. Baumgartner und Sommerfeld 2016, S. 234) und dadurch zu Verbesserungen von Bedingungen in Clustern beizutragen (vgl. Porter und Kramer 2011, S. 72). Die betriebliche Sozialberatung kann, das wurde aufzuzeigen versucht, als paradigmatisches Beispiel von CSV gelten, bei dem soziale und wirtschaftliche Ziele miteinander verflochten werden können.

In dieser theoretisch-konzeptionellen Folie bauen die Ansätze aufeinander auf und erlauben es, von der weiten Frage nach sozialer Verantwortung von Unternehmen zur feinen Frage nach Aufgaben im Berufsalltag betrieblicher Sozialberatender hinzuführen. Mit der Stakeholder-Theorie kann im ersten Schritt geklärt werden, *für wen* soziale Verantwortung übernommen werden soll. Im zweiten Schritt kann mithilfe des CSV-Konzepts erörtert werden, *wie* (und wo) soziale Verantwortung praktisch ansetzt. Diesem Gedankengang folgend kann im dritten Schritt das *Wie* en détail untersucht werden. Es bleibt nun danach zu fragen, welche *Arbeitsaufgaben* Fachkräfte in der Funktion als betriebliche Sozialberatende tatsächlich wahrnehmen, um Ziele wie Hilfe bei Herausforderungen der Lebensführung und/oder Erhaltung der Arbeitsproduktivität in praktische Handlungsvollzüge zu übersetzen. Außerdem kann argumentiert werden, dass die Untersuchung von Arbeitsaufgaben ein fruchtbarer Zugang ist, um die Umsetzung von CSR an einem sehr konkreten Beispiel (betriebliche Sozialberatung) zu erforschen. Auf diesem Wege können soziale Praktiken, bspw. im Vergleich zur Analyse von Dokumenten wie Nachhaltigkeitsberichten, authentischer erfasst werden, um im Umkehrschluss zu einem besseren Verständnis von CSR zu kommen. Die Frage nach konkreten Arbeitsaufgaben bildet das Herzstück dieser Arbeit und soll mittels einer eigenen empirischen Untersuchung vertieft werden, deren Methodik im nächsten Kapitel dargelegt wird.

# 5 Methodik der empirischen Untersuchung

In diesem Teil der Arbeit wird der Forschungsprozess der empirischen Studie erläutert. Zunächst werden die konzeptionellen Vorüberlegungen dargelegt und die Entscheidung für einen qualitativen Forschungsansatz begründet (vgl. Kapitel 5.1). Daraufhin wird das methodische Vorgehen zugunsten der intersubjektiven Nachvollziehbarkeit (vgl. Steinke 2017, S. 324) transparent offengelegt. Die einzelnen Schritte beziehen sich auf die Übertragung der Forschungs- in Leitfragen, die Konstruktion des Erhebungsinstruments (vgl. Kapitel 5.2.1), das Sampling (vgl. Kapitel 5.2.2) sowie die Datenaufbereitung (vgl. Kapitel 5.3) und Datenauswertung (vgl. Kapitel 5.4). Abschließend wird der Prozess mittels ausgewählter Gütekriterien qualitativer Forschung kritisch reflektiert (vgl. Kapitel 5.5).

## 5.1 Methodische Vorüberlegungen und Entscheidungen

Die Untersuchung zielte darauf, charakteristische Arbeitsaufgaben sowie Qualifikations- und Kompetenzanforderungen in der betrieblichen Sozialberatung zu identifizieren. In Abgrenzung zu mehreren Studien aus dem Forschungsstand wurde keine quantitative Zusammenstellung von Aufgaben anvisiert. Vielmehr sollten sie möglichst im Detail exploriert und analysiert werden. Dieses Vorhaben war mit der Frage nach der Legitimationsgrundlage der betrieblichen Sozialen Arbeit verklammert, denn sowohl die theoretischen Zugänge als auch Forschungsbefunde zeigen, dass die Einführung einer Sozialberatungsstelle in einer Organisation vor dem Hintergrund ökonomischer Kosten-Nutzen-Überlegungen und/oder sozialer Verantwortung (CSR) erfolgen kann (vgl. Kapitel 4). Es werden mit ihr also bestimmte Ziele seitens Arbeitgebender verfolgt, welche sich, so die These, in konkreten Arbeitsaufgaben des jeweiligen Personals niederschlagen (vgl. Kapitel 4.3).

Das Forschungsvorhaben ist in erster Linie in der *Qualifikationsforschung* zu verorten, deren Anspruch darin besteht, „in ihrer Analyse eine Verbindung zwischen Arbeit, daraus geschlossenen Anforderungen an die Berufstätigen, berufsrelevanten Persönlichkeitsmerkmalen sowie schließlich Inhalten und Prozessen des Lernens herzustellen“ (Teichler 1995, S. 502). Im Kern hat die Qualifikationsforschung also die Aufgabe, geforderte Qualifikationen im Beschäftigungssystem zu ermitteln und dadurch eine empirische Grundlage zur Bestimmung von Aus- und Weiterbildungsinhalten herzustellen (vgl. Kuhlmeier 2015, S. 644). Angesichts des erkenntnisleitenden Interesses der Arbeit konnten Methoden *berufswissenschaftlicher Qualifikationsforschung*, wie von Becker und Spöttl (2015, S. 69) präsentiert, als Orientierung dienen. Ihre direkte Übertragbarkeit auf das Forschungsvorhaben wurde allerdings als nur bedingt möglich und sinnvoll eingeschätzt, weil sie vor allem in der Berufsbildungsforschung eingesetzt werden (vgl. Becker und Spöttl 2006, S. 6) und entsprechende Forschungsarbeiten überwiegend auf die gewerblich-technische Facharbeit bezogen sind (vgl. Becker und Spöttl 2014; Hägele 2006; Molzow-Voit und Plönnigs 2016; Riehle 2020). Teichler (1995, S. 502) weist darauf hin, dass eine steigende Komplexität beruflicher Arbeitsaufgaben größere Herausforderungen an die konzeptionelle und methodische Vorgehensweise im Forschungsprozess stellt. Im Falle der betrieblichen Sozialberatung ist eine vollumfängliche Identifikation von Arbeitsaufgaben und -prozessen mit Anspruch auf Standardisierbarkeit und Generalisierbarkeit über alle Einsatzfelder hinweg als kritisch einzuschätzen. Dies hängt schlichtweg mit den komplexen Rahmen- und Strukturbedingungen sozialer personenbezogener Dienstleistungen zusammen (vgl. Galuske und Müller 2012, S. 590–592; Hasenfeld 2010, S. 11–26; Heiner 2012, S. 611; Klatetzki 2010, S. 10–18). Auch der Exkurs zur Frage nach der Professionalität hat verdeutlicht, dass das Handeln der Mitarbeitenden in der Sozialen Arbeit sich weitestgehend Mechanismen der Standardisierung und Verallgemeinerung entzieht (vgl. Kapitel 3.3). Dies trifft noch mehr auf die betriebliche Sozialberatung zu, deren Einsatzlandschaft fragmentiert ist und deren Arbeitsaufgaben weder durch gesetzliche Vorgaben noch durch ein einheitliches Berufsbild geregelt sind. Infolge dieser Überlegungen wurde in dem Forschungsvorhaben der Ansatz verfolgt, mithilfe eines *qualitativen* Forschungszugangs Bereiche des Feldes tiefgründiger zu explorieren und Arbeitsaufgaben der Sozialberatenden mehrerer Wirtschaftszweige zu identifizieren, kontrastierend zu analysieren und zu strukturieren. Aufgrund der erläuterten Spezifika der (betrieblichen) Sozialen Arbeit wurde auf den Einsatz hochstandardisierter Erhebungsmethoden verzichtet, um größtmögliche Offenheit gegenüber dem Untersuchungsfeld und den Forschungsgegenständen zu bewahren.

Zur Vorbereitung der Untersuchung wurden aus den Forschungsfragen und identifizierten Forschungsdesiderata Leitfragen formuliert, die als Bindeglied zwischen den theoretischen Vorüberlegungen und den Erhebungsmethoden fungieren sollten (vgl. Gläser und Laudel 2010, S. 90). Die Leitfragen konkretisierten jene Informationen, die im Forschungsprozess erhoben werden sollten, und unterstützten dadurch, die Forschungsfragen empirisch bearbeitbar zu machen. Ferner stellten sie für den Forscher eine „Handlungsanleitung" dar, um den weiteren Gang der Untersuchung zu steuern (vgl. Gläser und Laudel 2010, S. 91).

Für das Forschungsvorhaben wurden folgende Leitfragen formuliert (vgl. Tabelle 11):

**Tabelle 11:** Leitfragen der Untersuchung (Quelle: Autor)

| **I. Konstituierung und Legitimation der betrieblichen Sozialberatung** |
|---|
| 1. Wie ist die Geschichte der betrieblichen Sozialberatung?<br>2. Weshalb wurde die betriebliche Sozialberatung eingeführt bzw. weshalb wird sie aufrechterhalten?<br>3. Inwiefern ist sie in Strategien des Unternehmens verankert (z. B. CSR-Strategie, Personalstrategie)? |
| **II. Entstehung von Arbeitsaufgaben** |
| 4. Wie entstehen Arbeitsaufgaben für die Fachkräfte der betrieblichen Sozialberatung?<br>5. Wovon ist es abhängig, welche Arbeitsaufgaben wahrgenommen werden sollen und welche nicht?<br>6. Welche Einschätzung wird getroffen, wie sich Arbeitsaufgaben in Zukunft verändern werden? |
| **III. Arbeitsaufgaben und Anforderungen** |
| 7. Wie setzen die Fachkräfte (an sie gestellte) Arbeitsaufgaben in ihrem beruflichen Arbeitsalltag um?<br>8. Was sind die Kernaufgaben und anhand welcher Kriterien wird solch eine Festlegung vorgenommen?<br>9. Welche Qualifikationen und Kompetenzen werden benötigt, um die Kernaufgaben durchzuführen?<br>10. Welche Herausforderungen treten bei welchen Kernaufgaben auf und wie werden diese bewältigt? |

Wie sich im nächsten Kapitel zeigen wird, spielten diese Leitfragen für die Konstruktion des Datenerhebungsinstruments eine wesentliche Rolle.

## 5.2 Datenerhebung

### 5.2.1 Expert:inneninterviews als Erhebungsmethode

Bei dem Expert:inneninterview handelt es sich um eine Erhebungsmethode der empirischen Sozialforschung, die sowohl als singuläre Methode als auch im Rahmen einer Triangulation mit anderen Methoden angewendet werden kann (vgl. Meuser und Nagel 2009, S. 465). Expert:inneninterviews werden in diversen Forschungsfeldern, wie etwa in der Sozialarbeits-, Organisations-, Bildungs- oder Politikforschung, eingesetzt (vgl. Meuser und Nagel 1991, S. 446, 2009, S. 465). Durch sie soll kontextgebundenes Wissen entschlüsselt werden, über das nur bestimmte unmittelbar beteiligte Personen verfügen (vgl. Gläser und Laudel 2010, S. 11). Das Erkenntnisinteresse richtet sich dabei weniger auf einzelne Personen mit ihren persönlichen Einstellungen und Orientierungen, sondern mehr auf organisatorische oder institutionelle Kontexte, in denen die Personen einen „Faktor" darstellen (vgl. Meuser und Nagel 1991, S. 442). Anhand von Expert:inneninterviews wird spezifisches Wissen zu Strukturzusammenhängen und Prozessen in Organisationen und Institutionen gewonnen (vgl. Liebold und Trinczek 2009, S. 53).

Mit Blick auf das anvisierte Wissen der Expert:innen ist es möglich, aus einer forschungslogisch motivierten Perspektive heraus unterschiedliche Wissensformen zu separieren (vgl. Meuser und Nagel 1991, S. 446, 2009, S. 470). So unterscheiden Meuser und Nagel (1991, S. 446) zwischen Betriebswissen und Kontextwissen: Wird das Expert:inneninterview eingesetzt, um *Betriebswissen* zu ermitteln, sollen die Befragten dezidierte Einblicke in die Bedingungen ihres eigenen Handelns sowie die dem Handeln zugrunde liegenden Maximen, Regeln und Logiken geben (vgl. Meuser und Nagel

2009, S. 472). Daraus generierte Forschungsergebnisse zielen darauf, die Reichweite von theoretischen Erklärungsansätzen zu überprüfen (vgl. Meuser und Nagel 1991, S. 447). Wird das Expert:inneninterview hingegen eingesetzt, um *Kontextwissen* zu erheben, stellt nicht das Handeln der Befragten selbst den Untersuchungsgegenstand dar, sondern es sollen bestimmte Rahmenbedingungen und Entwicklungen, die im Zusammenhang mit ihrem Handeln stehen, analysiert werden (vgl. Meuser und Nagel 2009, S. 471). Entsprechende Forschungsergebnisse eignen sich zur näheren Bestimmung von Sachverhalten, nicht aber zur Überprüfung der Gültigkeit von theoretischen Annahmen über die Sachverhalte (vgl. Meuser und Nagel 1991, S. 447). Eine andere methodisch motivierte Unterscheidung von Formen des Expert:innenwissens schlagen Bogner et al. (2014, S. 17) vor, indem sie nach technischem Wissen, Prozesswissen und Deutungswissen differenzieren: *Technisches Wissen* umfasst Daten, Fakten, Informationen und Tatsachen, zu denen die Befragten einen privilegierten Zugang haben. Solches Wissen ist in der Regel weitgehend personenunabhängig und kodifizierbar (vgl. Bogner et al. 2014, S. 17–18). *Prozesswissen* beinhaltet Einblicke in Handlungsabläufe, Interaktionen, organisationale Konstellationen und Ereignisse, in welche die Befragten eingebunden waren oder sind und zu denen sie eine persönliche Nähe aufweisen. Im Vordergrund stehen Erfahrungen, die Personen gemacht haben, weshalb diese Wissensform stärker personen- und standortgebunden ist (vgl. Bogner et al. 2014, S. 18). Schließlich umfasst *Deutungswissen* u. a. Interpretationen, Einschätzungen, Sinnentwürfe, Erklärungsmuster und normative Dispositionen. Diese Wissensform bezieht sich insbesondere auf subjektive Perspektiven der Befragten, die sowohl individuell, aber auch kollektiv geteilt sein können (vgl. Bogner et al. 2014, S. 18–19).

Wer als Expert:in gilt und über als relevant erachtete Wissensbestände verfügt, ist relativ, da im Forschungsprozess der Expert:innenstatus in Abhängigkeit vom Forschungsinteresse verliehen werden muss (vgl. Meuser und Nagel 1991, S. 443). Einschränkend anzumerken ist, dass eine rein forschungspragmatische Festlegung des Expert:innenstatus nicht ausreicht, denn

> „sie böte letztlich keine Hilfe bei der Frage, wo die für das Forschungsinteresse relevanten Experten zu suchen sind. Die vom Forscher vorgenommene Etikettierung einer Person als Experten bezieht sich notwendig auf eine im jeweiligen Feld vorab erfolgte und institutionell-organisatorisch zumeist abgesicherte Zuschreibung“ (Meuser und Nagel 2009, S. 470).

Deswegen wird vorgeschlagen, dass jemand als Expert:in betrachtet werden kann,

> „wer in irgendeiner Weise Verantwortung trägt für den Entwurf, die Ausarbeitung, die Implementierung und/oder die Kontrolle einer Problemlösung, und damit über einen privilegierten Zugang zu Informationen über Personengruppen, Soziallagen, Entscheidungsprozesse, Politikfelder usw. verfügt“ (Meuser und Nagel 2009, S. 470).

Expert:innen sind zuvörderst als Repräsentierende und Funktionstragende innerhalb organisatorischer oder institutioneller Kontexte von Interesse. Relevante Untersuchungsgegenstände sind damit zusammenhängende Kompetenzen, Arbeitsaufgaben und Tätigkeiten sowie daraus gewonnene Erfahrungen und Wissensbestände (vgl. Meuser und Nagel 1991, S. 444).

In diesem Forschungsvorhaben stellten Expert:inneninterviews mit betrieblichen Sozialberatenden das zentrale Erhebungsinstrument dar. Die Sozialberatenden waren die Zielgruppe der Untersuchung und durch sie wurden Informationen bzgl. ihres eigenen Handlungsfeldes erhoben (vgl. Meuser und Nagel 1991, S. 445). Im Zentrum stand ihr Betriebswissen im Sinne ihres eigenen Handelns im beruflichen Arbeitsalltag und der damit zusammenhängenden Regeln und Logiken (vgl. Meuser und Nagel 2009, S. 472). Gleichermaßen interessierte auch ihr Kontextwissen, weil angenommen wurde, dass sie durch ihr Handeln und ihre Entscheidungen Einfluss auf die Gestaltung ihrer (organisationalen) Rahmenbedingungen haben können und umgekehrt (vgl. Meuser und Nagel 2009, S. 471). Der stringente Fokus auf das berufliche Handeln und die respektiven Anforderungen der Zielgruppe eröffnete eine Schnittstelle zur berufswissenschaftlichen Erhebungsmethode des *Fachinterviews* (vgl. Niethammer 2018, S. 723). So weist Niethammer (2018, S. 724) darauf hin, dass Expert:innen- und Fachinterviews nicht immer klar trennbar sind, denn in beiden Fällen geht es im Grunde nicht um subjektive Sichtweisen von Lai:innen auf Arbeitsinhalte, sondern um die Reflexion von Arbeitsinhalten durch Fachleute, welche über entsprechende Qualifikationen verfügen.

### Konzeption und Inhalte der Expert:inneninterviews

In Vorbereitung auf die Interviews wurden offene Interviewleitfäden konstruiert, die Meuser und Nagel (2009, S. 472) zufolge das angemessene Erhebungsinstrument für Expert:inneninterviews darstellen. Die Leitfäden erfüllten in der Untersuchung in doppelter Hinsicht eine Orientierungsfunktion: Zum einen unterstützten sie bei der Strukturierung des Themenfeldes und zum anderen sollten sie als konkrete Hilfsmittel in den Erhebungssituationen eingesetzt werden (vgl. Bogner et al. 2014, S. 27). Dafür war es notwendig, die Forschungsfragen in das Erhebungsinstrument zu überführen (vgl. Bogner et al. 2014, S. 31). Eine erste Operationalisierung wurde bereits mit der Formulierung von Leitfragen vorgenommen (vgl. Kapitel 5.1). Im nächsten Schritt wurden die Leitfragen in Interviewfragen übersetzt und thematischen Schwerpunkten zugeordnet (vgl. Anlage 1):

- *Zugang zur betrieblichen Sozialberatung*: Bildungsverläufe, berufliche Werdegänge und Zugänge zu den derzeitigen beruflichen Tätigkeiten werden rekonstruiert.
- *Arbeitsaufgaben und Anforderungen*: Alle Ausführungen zu Arbeitsaufgaben werden erfasst. Anschließend werden Kernaufgaben fokussiert, aufgeschlüsselt und damit verbundene Anforderungen bzgl. Qualifikationen, Erfahrungen, Kenntnissen, Fähigkeiten, Fertigkeiten etc. ermittelt.
- *Konstituierung und Entwicklung*: Sofern die Befragten aussagefähig sind, wird erfasst, auf wessen Initiative hin und aus welchem Grund die betriebliche Sozialberatung eingeführt wurde und wie sie sich seit ihrer Einführung bis in die Gegenwart entwickelt hat.

- *Legitimationsgrundlage:* Es wird danach gefragt, weshalb eine Organisation eine betriebliche Sozialberatung hat und welche Ziele durch sie verfolgt werden. Damit einher geht auch die Frage, inwiefern aus Sicht der Befragten in der sozialen Verantwortung von Unternehmen (CSR) eine Legitimationsgrundlage für die betriebliche Sozialberatung gesehen wird.

Die Ausführlichkeit des Leitfadens sollte in konkreten Interviewsituationen unterstützen, bei Bedarf weitere Fragen parat zu haben. Dabei wurde nicht beabsichtigt, den kompletten Leitfaden standardisiert zu bearbeiten, sondern er sollte entsprechend der Gesprächssituationen und -verläufe flexibel angewendet werden. Vor der Datenerhebungsphase wurde der Interviewleitfaden in einem Pre-Test mit einer in der betrieblichen Sozialberatung tätigen Person erprobt, um die Verständlichkeit der Fragen zu eruieren. Infolgedessen wurden einige Fragen in ihrer Formulierung angepasst. Die Inhalte aus dem Pre-Test-Interview wurden nicht mit in die Datenauswertung einbezogen.

### 5.2.2 Sampling

Infolge eines Fehlens an öffentlich zugänglichen Bestandsaufnahmen betrieblicher Sozialberatungen in Deutschland wurden zwei Zugänge bedient, um potenzielle Fälle für die Untersuchung zu finden. Erstens wurde auf webbasierten sozialen Netzwerken für Geschäftszwecke (LinkedIn und Xing) nach Beschäftigten in Sozialberatungen gesucht. Zweitens wurde über die Internet-Suchmaschine Google mit einschlägigen Suchbegriffen nach Organisationen recherchiert, die eine betriebliche Sozialberatung anbieten. Potenzielle Ansprechpartner:innen erhielten anschließend eine Anfrage per E-Mail mit weiterführenden Informationen zum laufenden Forschungsvorhaben, Interviewrahmen und -ablauf. Nach erfolgreicher Terminvereinbarung wurde den Interviewpartner:innen per E-Mail eine Datenschutzerklärung (vgl. Anlage 2) sowie eine Einwilligungserklärung (vgl. Anlage 3) zur Teilnahme an der Studie zugeschickt. Aufgrund der Reisebeschränkungen im Zusammenhang mit der COVID-19-Pandemie im Erhebungszeitraum von Januar bis April 2021 wurden die Interviews je nach Präferenz der Befragten entweder in Form einer webbasierten Videokonferenz oder eines Telefonats durchgeführt. Insgesamt wurden im Erhebungszeitfenster 15 Interviews mit 17 Sozialberatenden geführt[37] (teils haben zwei Personen aus einer Sozialberatungsstelle ein gemeinsames Interview gegeben). Die Dauer der Interviews variierte zwischen einem Minimum von rund 53 Minuten und einem Maximum von rund einer Stunde und 50 Minuten.

Angesichts eines geringen Vorwissens über den Umfang und die Struktur der betrieblichen Sozialberatungslandschaft in Deutschland wurde ein sukzessives Samplingverfahren als geeignet eingeschätzt, um aus der Analyse der ersten Fälle Kriterien für die Auswahl weiterer Fälle zu gewinnen (vgl. Kelle und Kluge 2010, S. 109). Eine solche kriteriengesteuerte Fallauswahl und -kontrastierung erfolgte in Orientierung an

37 Aufgrund technischer Störungen und damit verbundener Schwierigkeiten bei der Datenaufbereitung musste ein Interview exkludiert werden, sodass die finale Stichprobe 16 Personen umfasst.

dem Verfahren des theoretischen Samplings. Hierbei handelt es sich um „den auf die Generierung von Theorie zielenden Prozess der Datenerhebung, währenddessen der Forscher seine Daten parallel erhebt, kodiert und analysiert sowie darüber entscheidet, welche Daten als nächstes erhoben werden sollen und wo sie zu finden" (Glaser und Strauss 2010, S. 61) sind. In diesem Prozess wurden die Prinzipien der minimalen und maximalen Kontrastierung angewendet. Durch eine *Minimierung* von Unterschieden zwischen den einzelnen Fällen sollte die Wahrscheinlichkeit erhöht werden, dass in Bezug auf bestimmte Kategorien mehr ähnliche Daten erhoben werden. Dadurch sollten die mittels einer Kategorie erfassten Ähnlichkeiten des Datenmaterials verifiziert, Kategorien möglichst gesättigt und Forschungsbefunde konsolidiert werden. Gleichwohl trug die Minimierung von Unterschieden auch dazu bei, den Forschenden für Unterschiede innerhalb einzelner Kategorien zu sensibilisieren, die bislang in der Datenerhebung möglicherweise noch nicht ausreichend berücksichtigt wurden (vgl. Glaser und Strauss 2010, S. 71). Durch eine *Maximierung* von Unterschieden sollte anschließend die Wahrscheinlichkeit erhöht werden, verschiedene Daten zu erheben, die sich auf eine Kategorie beziehen, um möglichst diverse Eigenschaften der Kategorie zu explorieren (vgl. Glaser und Strauss 2010, S. 71–72). Damit sollten auch die Heterogenität im Untersuchungsfeld gewürdigt und vergleichende Analysen zwischen Fällen ermöglicht werden (z. B. Sozialberatungsstelle im Öffentlichen Dienst und im Wirtschaftsunternehmen, Sozialberatungsstelle mit nur einer Person und mit mehreren Personen, neue Sozialberatungsstellen und solche mit längerer Tradition).

Die Stichprobe der Untersuchung setzt sich aus 16 Personen zusammen, die zum Zeitpunkt der Datenerhebung in der betrieblichen Sozialberatung tätig sind[38] (vgl. Tabelle 12). Der Großteil (13 Personen) ist weiblichen Geschlechts, drei Personen sind männlichen Geschlechts. Von den Befragten tragen vier Personen zum Teil Führungsverantwortung im Team (z. B. als (stellvertretende) Teamleitung), während die anderen als Fachkräfte beschäftigt und/oder allein in der Sozialberatung tätig sind. Im Sample spiegelt sich insofern die Heterogenität des Feldes wider, dass Sozialberatende verschiedenen Geschlechts aus Organisationen sechs unterschiedlicher Wirtschaftszweige sowie sechs unterschiedlicher Bundesländer der Bundesrepublik Deutschland (Bayern, Berlin, Hamburg, Niedersachsen, Nordrhein-Westfalen, Rheinland-Pfalz) vertreten sind. Ein Überblick der Stichprobe kann folgender Tabelle entnommen werden:

**Tabelle 12:** Sample der Untersuchung (Quelle: Autor)

| Kürzel | Wirtschaftszweig der Organisation laut Klassifikation der Wirtschaftszweige 2008 |
|---|---|
| SB01 | Verarbeitendes Gewerbe |
| SB02 | Erziehung und Unterricht |
| SB03 | Öffentliche Verwaltung, Verteidigung; Sozialversicherung |
| SB04 | Erbringung von Finanz- und Versicherungsdienstleistungen |

38 Eine Person befand sich zum Erhebungszeitpunkt in einem beruflichen Übergang. Aufgrund ihrer langjährigen Berufserfahrung in der betrieblichen Sozialen Arbeit wurde ihr im Rahmen der Untersuchung dennoch der „Expert:innenstatus" verliehen (vgl. Kapitel 5.2.1).

*(Fortsetzung Tabelle 12)*

| Kürzel | Wirtschaftszweig der Organisation laut Klassifikation der Wirtschaftszweige 2008 |
|---|---|
| SB05 | Handel; Instandhaltung und Reparatur von Kraftfahrzeugen |
| SB06 | Erziehung und Unterricht |
| SB07 | Verarbeitendes Gewerbe |
| SB08 | Verarbeitendes Gewerbe |
| SB09 | Verarbeitendes Gewerbe |
| SB10 | Erziehung und Unterricht |
| SB11 | Verkehr und Lagerei |
| SB12 | Erziehung und Unterricht |
| SB13 | Verarbeitendes Gewerbe |
| SB14 | Öffentliche Verwaltung, Verteidigung; Sozialversicherung |
| SB15 | Öffentliche Verwaltung, Verteidigung; Sozialversicherung |
| SB16 | Öffentliche Verwaltung, Verteidigung; Sozialversicherung |

Auf eine Präsentation weiterer soziodemografischer Daten wird an der Stelle verzichtet, um die Anonymität der Befragten zu wahren.

## 5.3 Datenaufbereitung

Alle Interviews wurden mit Einverständnis der Befragten komplett aufgezeichnet und im Anschluss verschriftlicht (vgl. Anlagen 5–18). Hinsichtlich der Art und des Umfangs der Transkription wurde die Entscheidung für eine *Volltranskription* getroffen (vgl. Döring und Bortz 2016a, S. 583). Dadurch sollte es möglich sein, im Forschungsprozess immer wieder auf das gesamte Originalmaterial zurückzugreifen und Forschungsergebnisse zu kontextualisieren. Zwar vertreten Meuser und Nagel (1991, S. 455) die Ansicht, dass eine Transkription der gesamten Tonaufnahme nicht der „Normalfall" ist, und doch räumen sie ein, dass umfassendere Transkriptionen zielführend sein können, wenn Expert:inneninterviews primär auf die Erhebung von Betriebswissen zielen, wie es in diesem Forschungsvorhaben der Fall ist. Darauffolgend wurden Transkriptionsregeln festgelegt, welche mit Blick auf das Erkenntnisinteresse des Forschungsvorhabens angemessen erschienen. Weil vor allem die inhaltlich-thematische Ebene für die Analyse im Vordergrund stand (vgl. Mayring 2016, S. 91), wurde auf eine Feinprotokollierung von Stimmlagen, Sprechpausen, nonverbalen Äußerungen, abgebrochenen Satzanfängen sowie weiteren hörbaren Nuancen der Audioaufnahmen größtenteils verzichtet (vgl. Bogner et al. 2014, S. 42; Meuser und Nagel 1991, S. 455). Die Transkriptionsregeln können Tabelle 13 entnommen werden:

**Tabelle 13:** Transkriptionsregeln (Quelle: In Anlehnung an Kuckartz 2018, S. 167–168)

- Es wird wörtlich transkribiert. Dialekte werden nicht übernommen, sondern die Transkripte werden dem Schriftdeutsch angenähert.
- Sprache und Interpunktion werden leicht geglättet. Stil und Satzbau werden jedoch beibehalten, auch wenn Fehler enthalten sind.
- Bestätigende Lautäußerungen der Gesprächspartner:innen werden in der Regel nicht mit transkribiert.
- Off-topic-Inhalte, wie z. B. Kommunikation über technische Probleme oder spontane organisatorische Zwischenfragen, werden in der Regel nicht transkribiert.
- Jeder Sprechbeitrag wird als eigener Absatz transkribiert. Der Interviewer und die Interviewten werden in den Transkripten unterschiedlich gekennzeichnet.

| Symbol | Bedeutung |
|---|---|
| I | Interviewer |
| SB | Interviewte |
| (...) | Sprechpause |
| (lachen) | Relevante nonverbale Aktivitäten und Äußerungen |
| (unv.) | Unverständlich in der Audioaufnahme |

Im Anschluss an die Verschriftlichung wurde jedes Transkript durch einen Abgleich mit der dazugehörigen Tonaufzeichnung einmal vollständig überprüft, um Transkriptionsfehler zu beheben (vgl. Döring und Bortz 2016a, S. 584).

Qualitative Daten beinhalten sensible Informationen, die einen Rückschluss auf bestimmte Personen und Organisationen ermöglichen (vgl. Kuckartz 2018, S. 171). Dies trifft umso mehr auf das scheinbar überschaubare Feld der betrieblichen Sozialen Arbeit zu, was eine hochgradige Anonymisierung des Datenmaterials umso mehr erforderlich machte. Die Leitlinien zur Anonymisierung der Transkripte sind Tabelle 14 zu entnehmen:

**Tabelle 14:** Leitlinien zur Anonymisierung (Quelle: In Anlehnung an Kuckartz 2018, S. 171–172)

- Alle Personennamen der Interviewten werden durch Pseudonyme ersetzt.
- Textabschnitte, die eine eindeutige Identifizierung von Personen und/oder Organisationen ermöglichen, werden durch entsprechende Platzhalter in eckigen Klammern ersetzt, um die Angaben zu abstrahieren.
- Erscheint ein Einsatz von Platzhaltern in bestimmten Textabschnitten nicht sinnvoll, weil diese eine eindeutige Identifizierung von Personen und/oder Organisationen potenziell ermöglichen, wird der Textabschnitt komplett entfernt und in eckigen Klammern entsprechend kenntlich gemacht.

| Daten | Beispiele für Platzhalter |
|---|---|
| Spezifische Organisationsart (z. B. Bäckerei) | [Organisation] |
| Spezifische Organisationseinheit (z. B. Personalabteilung) | [Abteilung], [Bereich] |
| Organisationsname (z. B. Bäckerei Lehmann) | [Organisationsname] |
| Produktbezeichnung (z. B. Bäckerei-Lehmann-Brötchen) | [Produktart] |

*(Fortsetzung Tabelle 14)*

| Daten | Beispiele für Platzhalter |
|---|---|
| Ortsangaben | [Land], [Bundesland], [Stadt], [Stadtteil] |
| Zeitangaben | [Jahr in einem Zeitraum], [Monat], [Tag] |
| Altersangaben | [Alter in einer 10-Jahres-Spanne] |

Die Anonymisierung des Datenmaterials wurde insgesamt zweimal komplett durchgeführt. Eine Pseudonymisierung aller Personennamen und erste grobe Anonymisierung erfolgte Hand in Hand mit der Überprüfung der Transkripte auf Transkriptionsfehler. Eine weitere detailliertere Anonymisierung erfolgte etwa in der Mitte des Auswertungsprozesses, als der Forscher ein besseres Verständnis hinsichtlich der Relevanz der Daten zur Bearbeitung der Forschungsfragen entwickelt hatte. In diesem Schritt wurden bspw. fast alle Daten zur Geschichte der Sozialberatungsstellen entfernt, da sie einerseits Rückschlüsse auf die Organisationen erlaubt hätten und andererseits eher als kontextualisierendes Hintergrundwissen für den Forscher dienen sollten.

## 5.4 Datenauswertung

Nach Bogner et al. (2014, S. 71) gibt es für die Auswertung von Expert:inneninterviews kein allgemeingültiges Verfahren. Die Entscheidung für ein Auswertungsverfahren sollte in Abhängigkeit vom konkreten Forschungsinteresse und von der Funktion, die das Expert:inneninterview im Forschungsdesign einnimmt, erfolgen. Fungiert das Expert:inneninterview vordergründig als Instrument zur explorativen und systematisierenden Informationsgenerierung, wie es in diesem Forschungsvorhaben der Fall ist, wird ein qualitativ inhaltsanalytisches Auswertungsverfahren empfohlen (vgl. Bogner et al. 2014, S. 72). Die qualitative Inhaltsanalyse kann allgemein als

> „ein Verfahren zur Beschreibung ausgewählter Textbedeutungen verstanden [werden]. Diese Beschreibung erfolgt, indem relevante Bedeutungen als Kategorien eines inhaltsanalytischen Kategoriensystems expliziert und anschließend Textstellen den Kategorien dieses Kategoriensystems zugeordnet werden“ (Schreier 2014).

Ein zentrales Definitionsmerkmal (und Kriterium zur Differenzierung gegenüber anderen qualitativen Auswertungsverfahren) stellt die Orientierung an Kategorien sowie die Arbeit mit einem Kategoriensystem dar (vgl. Schreier 2014). Es gibt allerdings nicht *die* qualitative Inhaltsanalyse, sondern eine Vielzahl an Techniken und Abläufen, die in der Forschungspraxis von verschiedenen Personen vertreten werden (vgl. Gläser und Laudel 2010; Kuckartz 2018; Mayring 2015). Für die vorliegende Arbeit wurde die Technik der *inhaltlich strukturierenden* qualitativen Inhaltsanalyse ausgewählt. Diese gilt als die zentralste inhaltsanalytische Technik (vgl. Mayring 2015, S. 97) und zielt im Kern darauf,

> „am Material ausgewählte inhaltliche Aspekte zu identifizieren, zu konzeptualisieren und das Material im Hinblick auf solche Aspekte systematisch zu beschreiben [...]. Diese Aspekte bilden zugleich die Struktur des Kategoriensystems; die verschiedenen Themen werden als Kategorien des Kategoriensystems expliziert" (Schreier 2014).

Das Vorgehen der Datenauswertung in dieser Arbeit lehnte sich weitestgehend an das Kuckartz'sche Ablaufschema einer inhaltlich strukturierenden Inhaltsanalyse (vgl. Kuckartz 2018, S. 100). Wesentlich ist für diese Vorgehensweise die Idee, das Datenmaterial entlang zweier Dimensionen, nämlich *Fälle* und *Kategorien*, zu strukturieren und daraus eine Matrix der inhaltlichen Strukturierung zu formen (vgl. Kuckartz 2018, S. 49). Die Arbeit an und mit der Matrix wurde in der Untersuchung als geeignet eingeschätzt, um das Material stets in Rückkopplung an die Fälle, d. h. die Sozialberatenden in ihren jeweiligen organisationalen Kontexten, zu analysieren und zu interpretieren. Darüber hinaus erlaubte die Matrix, fall- und kategorienorientierte Kontrastierungen vorzunehmen (vgl. Kuckartz 2018, S. 50). Die Auswertung erfolgte computergestützt mithilfe der Software MAXQDA Plus 2020. Das konkrete Vorgehen wird im Folgenden anhand von sieben Phasen erläutert (vgl. Kuckartz 2018, S. 100).

In der *ersten* Phase wurden alle bis zu dem Zeitpunkt vorliegenden Transkripte sorgfältig gelesen. Auffällige Textstellen und vorläufige Ideen für die Bildung von Kategorien wurden in Form von Memos festgehalten. Ferner wurden stichpunktartig Fallzusammenfassungen erstellt (vgl. Kuckartz 2018, S. 101), die im weiteren Verlauf des Auswertungsprozesses ergänzt werden sollten.

In der *zweiten* Phase wurden die ersten Kategorien erstellt. Einerseits wurden diese aus den Forschungsfragen und den theoretischen Vorüberlegungen abgeleitet, wobei eine Orientierung an den vorab formulierten Leitfragen der Untersuchung sich hier als äußerst fruchtbar erwies (vgl. Kapitel 5.1). Andererseits deuteten Memos aus der ersten Phase bereits darauf hin, dass es Themen gab, die von den Interviewten mehrmals aufgegriffen wurden, obwohl sie ursprünglich nicht in den Forschungsfragen oder theoretischen Vorüberlegungen berücksichtigt waren. Entsprechende Themen wurden in Form induktiv entstandener Kategorien aufgenommen. Alle Kategorien wurden in dieser Phase noch recht grob formuliert, da Verfeinerungen und Präzisierungen des Kategorienrasters in den kommenden Phasen erwartet wurden. Zur Testung der Kategorien und ihrer Definitionen hinsichtlich ihrer Anwendbarkeit auf das empirische Material wurde ein Probedurchlauf durchgeführt, bei dem etwa ein Viertel des bis dato vorhandenen Datenmaterials bearbeitet wurde (vgl. Kuckartz 2018, S. 102).

In der *dritten* Phase wurden alle Transkripte vollständig und sequenziell durchgearbeitet und codiert. Die Zuordnung der relevanten Textabschnitte zu den thematischen Kategorien erfolgte unter Beachtung folgender Regeln:

- Eine Textstelle kann mehreren Kategorien zugeordnet werden, wenn in ihr mehrere Themen adressiert werden;
- Es werden üblicherweise Sinneinheiten codiert, jedoch mindestens ein vollständiger Satz. Die Eingrenzung der Textstelle erfolgt so, dass diese ohne den sie umgebenden Text ausreichend verständlich ist;
- Fragen des Interviewers werden mitcodiert, sofern diese förderlich für das Gesamtverständnis der Textstelle sind (vgl. Kuckartz 2018, S. 102–104).

Die *vierte* Phase und *fünfte* Phase gingen in dem Auswertungsprozess dieser Untersuchung Hand in Hand (vgl. Kuckartz 2018, S. 106). Das bislang noch grob formulierte Kategorienraster wurde erheblich modifiziert und präzisiert. Zum einen konnten weitere (neue) Hauptkategorien induktiv aus dem Datenmaterial heraus entwickelt werden. Zum anderen wurden für bereits vorhandene Kategorien, wo es nötig und möglich war, sowohl deduktiv als auch induktiv Subkategorien gebildet. Des Weiteren wurden teilweise Kategorienbezeichnungen angepasst, Kategoriendefinitionen geschärft und interkategoriale Abgrenzungen deutlicher hervorgehoben.

In der *sechsten* Phase wurde das komplette Datenmaterial ein weiteres Mal vollständig durchgearbeitet und systematisch mit dem ausdifferenzierten Kategorienraster codiert (vgl. Kuckartz 2018, S. 110). Diese umfangreiche Arbeitsphase erwies sich in mehrfacher Hinsicht als ergiebig: Die erneute intensive Auseinandersetzung mit den einzelnen Fällen förderte nicht nur ein vertieftes Verständnis für die heterogenen und komplexen Fälle, sondern war auch hilfreich, um Ideen für die Interpretation und Präsentation der Befunde zu generieren. Ferner eröffnete der erneute Materialdurchgang die Möglichkeit, mit zeitlichem Abstand zu den Phasen vorab bisher vorgenommene Codierungen kritisch zu reflektieren und bei Bedarf Korrekturen vorzunehmen. Schließlich wurde das Kategorienraster auch in diesem Schritt modifiziert, indem teils (Sub-)Kategorien umgeordnet, ausdifferenziert und/oder geschärft wurden. Ein Überblick des finalen Kategorienrasters mit 16 Oberkategorien bietet Tabelle 15.

**Tabelle 15:** Kategorienraster (Quelle: Autor)

| Oberkategorien | Erzeugung | Definition |
|---|---|---|
| (1) Bildungsweg | Deduktiv | Umfasst Angaben zu Berufsausbildungen, Hochschulausbildungen und Weiterbildungen, welche die Befragten im Laufe ihres Lebens absolviert haben bzw. zum Erhebungszeitpunkt gerade absolvieren. Umfasst ggf. auch Einschätzungen zur Relevanz absolvierter Bildungsprogramme hinsichtlich ihrer derzeitigen Tätigkeit. |
| (2) Berufserfahrung | Deduktiv | Umfasst Angaben zum beruflichen Werdegang nach Berufsausbildungs- und/oder Studienabschluss und ggf. Einschätzungen hinsichtlich der Relevanz der Berufserfahrung für die Tätigkeit in der betrieblichen Sozialberatung. |
| (3) Zugang zur betrieblichen Sozialen Arbeit | Induktiv | Umfasst Angaben dazu, in welchem Kontext die Befragten erstmals mit dem beruflichen Tätigkeitsfeld der betrieblichen Sozialen Arbeit in Kontakt gekommen sind und sich eine Beschäftigung in diesem Feld vorstellen konnten. |

*(Fortsetzung Tabelle 15)*

| Oberkategorien | Erzeugung | Definition |
|---|---|---|
| (4) Organisation und organisationale Verortung | Deduktiv/ Induktiv | Umfasst Angaben zur Organisation der betrieblichen Sozialberatungsstelle, d. h. ihrer Verortung in der Aufbauorganisation, ihrer personellen Ausstattung, ihrer Führungsstruktur. Umfasst darüber hinaus Beschreibungen zu Besonderheiten bzgl. der Branche und/oder der Organisation, die sich auf die Arbeit auswirken können. |
| (5) Gestaltung des Tätigkeitsfeldes | Deduktiv/ Induktiv | Umfasst Angaben dazu, wie Arbeitsaufgaben für die Sozialberatungsstelle entstehen und in welcher Form sie (formal) verankert werden. |
| (6) Konturierung des Tätigkeitsfeldes | Induktiv | Umfasst Angaben zu jeglichen Formen von Abgrenzungstendenzen der betrieblichen Sozialberatung gegenüber anderen Einrichtungen, Abteilungen, Personen etc. innerhalb und außerhalb der Organisation. |
| (7) Durchführung von Beratungen | Deduktiv/ Induktiv | Umfasst Angaben im Zusammenhang mit der Beratung von Einzelpersonen, d. h. Zielgruppen, Anlässe, Formen der Kontaktaufnahme, Formen der Dokumentation sowie konkrete Vorgehensweisen im Beratungsprozess. |
| (8) Coaching von Führungskräften | Deduktiv | Umfasst Angaben zum Coaching von Führungskräften und anderen Personen in besonderen Funktionen im Betrieb (z. B. Betriebsratsmitglieder). |
| (9) Konfliktmanagement | Induktiv | Umfasst Angaben zur Bearbeitung bzw. Lösung von interpersonellen Konflikten, in denen mehrere Parteien involviert sind. |
| (10) Lehr-Lern-Veranstaltungen | Deduktiv/ Induktiv | Umfasst alle Informationen in Verbindung mit Veranstaltungen, welche die Vermittlung von Kenntnissen, Fähigkeiten, Fertigkeiten etc. zum Ziel haben und sich in der Regel an mehr als eine Person richten. Dazu gehören das Spektrum an unterschiedlichen Lehr-Lern-Arrangements, Themen der Veranstaltungen sowie konkrete Vorgehensweisen seitens der Fachkräfte. |
| (11) Betriebliches Eingliederungsmanagement | Deduktiv | Umfasst Angaben zur Mitwirkung im betrieblichen Eingliederungsmanagement, sei es in federführender oder in unterstützender Funktion. |
| (12) Gestaltung von Kooperationen | Induktiv | Umfasst Angaben zur Vorgehensweise zur Etablierung von Kooperationen, potenziellen Kooperationspartnerschaften sowie Einschätzungen zur Relevanz von Kooperationen. |
| (13) Öffentlichkeitsarbeit | Induktiv | Umfasst Angaben dazu, weshalb und in welcher Form Zielgruppen auf Angebote der Sozialberatungsstelle aufmerksam gemacht werden. |
| (14) Weitere Arbeitsaufgaben | Induktiv | Umfasst sonstige Arbeitsaufgaben, die im Datenmaterial identifiziert werden können und noch nicht Gegenstand der anderen arbeitsaufgabenbezogenen Kategorien sind. |
| (15) Leistungsnachweis | Deduktiv | Umfasst Angaben dazu, inwiefern es in den Sozialberatungsstellen der Befragten Zielvorgaben für ihre Arbeit gibt und welche Ansätze verfolgt werden, um die eigenen Leistungen zu erfassen und messbar zu machen. |
| (16) Wertschöpfung | Deduktiv | Umfasst Einschätzungen, inwiefern die betriebliche Sozialberatung für wen oder was Wert erzeugen kann. |

Zur Veranschaulichung, wie einzelne Kategorien im Detail für die Codierung aufgeschlüsselt sind, wird ein Beispiel aufgeführt. Hierbei handelt es sich um die neunte Kategorie *Konfliktmanagement* (vgl. Tabelle 16). Das vollständige Kategorienraster befindet sich in der Anlage 4.

**Tabelle 16:** Beispielkategorie (Quelle: Autor)

| Bezeichnung | Kürzel | Erzeugung | Definition | Ankerbeispiel | Anmerkung |
|---|---|---|---|---|---|
| Konflikt-management | KONFL | Induktiv | Umfasst Angaben zur Bearbeitung bzw. Lösung von interpersonellen Konflikten, in denen mehrere Parteien involviert sind. | *„Konfliktberatung, Konfliktmoderation bieten wir an. Ich will es nicht Mediation nennen, weil wir nicht nach diesem klassischen Konzept der Meditation arbeiten, aber wenn es Konflikte gibt, dann bieten wir eine Beratung an und auch, dass man da miteinander das klären kann“* (SB03). | Es werden nur Stellen codiert, in denen ersichtlich wird, dass es sich um interpersonelle Konflikte handelt, d. h. mehrere Personen sind beteiligt. Intrapersonelle Konflikte werden hier nicht erfasst. |

In der *siebten* Phase dieses iterativen Auswertungsprozesses wurden die entlang des Kategorienrasters codierten Daten analysiert und die Präsentation der Ergebnisse vorbereitet (vgl. Kuckartz 2018, S. 117). Bei Bedarf wurde die Mayring'sche Technik der *Zusammenfassung* integriert, um das Datenmaterial zu reduzieren und durch Abstraktion einen überblickbaren Corpus zu schaffen, der allerdings immer noch das Grundmaterial abbilden sollte (vgl. Mayring 2015, S. 67). Der Einsatz dieser Technik erschien vor allem dann als sinnvoll, wenn größere Datenmengen in bestimmten Kategorien vorlagen, die auf ein überschaubares Maß reduziert und für eine tiefgründigere Analyse zugänglich gemacht werden sollten (vgl. Mayring 2015, S. 85). Die konkrete Vorgehensweise orientierte sich dabei an den von Mayring (2015, S. 72) vorgeschlagenen Schritten der Paraphrasierung, Generalisierung und Reduktion.

Die Präsentation der Forschungsergebnisse erfolgt in den Kapiteln 6 bis 9. Im kommenden Kapitel wird zunächst eine kritische Reflexion des Forschungsprozesses anhand von Gütekriterien für qualitative Forschung vorgenommen, um den methodischen Teil der Arbeit abzuschließen.

## 5.5 Gütekriterien für qualitative Forschung

In der empirischen Forschung dienen Gütekriterien dazu, die Qualität der Ergebnisse am Ende von Forschungsvorhaben einzuschätzen (vgl. Mayring 2016, S. 140). Die Diskussion um geeignete Gütekriterien für die qualitative Forschung wird kontrovers geführt. Im Kern werden drei Grundpositionen vertreten: (1) *Übernahme quantitativer Kriterien für die qualitative Forschung*; (2) *Entwicklung eigener Kriterien für die qualitative Forschung*; (3) *Ablehnung von Gütekriterien für die qualitative Forschung* (vgl. Döring und

Bortz 2016b, S. 107–108; Kuckartz 2018, S. 202; Steinke 2017, S. 319–321). Diese Studie ordnet sich der zweiten Grundposition zu. Es wird davon ausgegangen, dass qualitative Forschung ein Set an Kriterien benötigt, die auf ihre wissenschaftstheoretischen und methodologischen Besonderheiten abgestimmt und je nach Untersuchung zu konkretisieren, modifizieren und ggf. zu ergänzen sind (vgl. Steinke 2017, S. 322–324). Im Folgenden werden sechs Gütekriterien qualitativer Forschung, wie von Mayring (2016, S. 144) vorgeschlagen, in Kürze vorgestellt. Daraufhin wird kritisch reflektiert, wie sie im vorliegenden Forschungsprozess umgesetzt wurden. Die Auswahl dieses Sets an Kriterien erfolgte vor dem Hintergrund, dass sie offen formuliert sind und sich als geeignet für die Untersuchung erweisen. Andere Sets, wie etwa die Kernkriterien nach Steinke (2017, S. 323), legen hingegen einen stärkeren Fokus auf die Generierung von Theorie, die in der Arbeit nicht im Vordergrund steht.

1. **Verfahrensdokumentation**
   In Abgrenzung zur quantitativen Forschung kann bei qualitativen Untersuchungen kein Anspruch auf intersubjektive Überprüfbarkeit, sehr wohl aber auf intersubjektive *Nachvollziehbarkeit* erhoben werden (vgl. Steinke 2017, S. 324). Dieses Kriterium wurde in der Untersuchung insofern erfüllt, dass der komplette Forschungsprozess transparent dokumentiert wurde. Die Dokumentation beinhaltet: methodische Vorüberlegungen und die begründete Entscheidung für ein qualitatives Forschungsdesign (vgl. Kapitel 5.1), die begründete Entscheidung für das Expert:inneninterview als zentrale Erhebungsmethode und die Konstruktion des Erhebungsinstruments (vgl. Kapitel 5.2.1), Ausführungen zu den Verfahren der Datenerhebung (vgl. Kapitel 5.2.2), Datenaufbereitung (vgl. Kapitel 5.3) und Datenauswertung (vgl. Kapitel 5.4). Zusätzlich wurde im Rahmen der Datenauswertung in der Software MAXQDA Plus 2020 ein Logbuch geführt, in dem über den gesamten Auswertungszeitraum vorgenommene Auswertungsschritte stichpunktartig und in chronologischer Reihenfolge dokumentiert wurden.
2. **Argumentative Interpretationsabsicherung**
   Interpretationen nehmen in qualitativen Untersuchungen eine bedeutsame Rolle ein. Sie dürfen allerdings nicht gesetzt, sondern müssen argumentativ begründet werden (vgl. Hirsch, Jr. 1972, S. 257; Mayring 2016, S. 145; Terhart 1981, S. 787). Dies wird mitunter dadurch eingelöst, dass Interpretationen an Vorverständnisse anschlussfähig und in sich kohärent sind (vgl. Mayring 2016, S. 145). Das Kriterium wird insoweit erfüllt, dass die Forschungsergebnisse nicht nur deskriptiv präsentiert werden. Stattdessen werden sie darüber hinaus interpretiert und es werden nach Möglichkeit Rückbezüge zu (theoretischen sowie empirischen) Vorverständnissen hergestellt und diskutiert.
3. **Regelgeleitetheit**
   Qualitative Forschungsprozesse müssen ihren Gegenständen gegenüber offen sein, sodass Revisionen von theoretischen und methodologischen Zugängen möglich sind, sofern die Gegenstände dies erfordern (vgl. Mayring 2016, S. 28). Gleichwohl soll das Vorgehen systematisch und an bestimmten Verfahrensregeln orientiert sein (vgl. Mayring 2016, S. 145). Regelgeleitetheit spiegelt sich im Rah-

men dieser Untersuchung an zahlreichen Stellen wider: Die Interviewführung wurde durch Interviewleitfäden vorstrukturiert, welche dennoch Raum für Abweichungen und Modifizierungen in den jeweiligen Gesprächssituationen zuließen (vgl. Kapitel 5.2.1). Die Transkription der Interviewaufnahmen sowie die Anonymisierung der Datensätze erfolgte im Einklang mit vorab festgelegten Regeln (vgl. Kapitel 5.3). Für die Datenauswertung (vgl. Kapitel 5.4) wurden mit der inhaltlich strukturierenden qualitativen Inhaltsanalyse nach Kuckartz (2018, S. 97) sowie der Technik der inhaltsanalytischen Zusammenfassung nach Mayring (2015, S. 67) kodifizierte Auswertungsverfahren angewendet, bei denen die Datenanalyse systematisch und regelorientiert erfolgte (vgl. Mayring 2016, S. 146; Steinke 2017, S. 326).

4. **Nähe zum Gegenstand**
   Nähe zum Gegenstand wird in der qualitativen Forschung dadurch hergestellt, dass möglichst nahe an der Alltagswelt der beforschten Subjekte angeknüpft wird und Interessenübereinstimmungen zwischen Forschenden und Beforschten identifiziert werden (vgl. Mayring 2016, S. 146). In der Untersuchung war ein Besuch in Betrieben aufgrund der vorherrschenden COVID-19-Pandemie und der damit verbundenen Restriktionen nicht möglich. Dadurch konnten die Interviews nicht in betrieblichen Sozialberatungsstellen vor Ort geführt werden. Stattdessen wurde den Befragten die Auswahl ermöglicht, die Interviews entsprechend ihrer Präferenz und technischen Ausstattung entweder am Telefon oder über eine Videokonferenz zu geben (vgl. Kapitel 5.2.2). Eine Interessenannäherung wurde dadurch erreicht, dass die Interviewfragen unmittelbar mit der beruflichen Praxis der Beforschten verzahnt waren. Sie wurden als Expert:innen ihres beruflichen Tätigkeitsfeldes gewürdigt. Durch ihre Teilnahme an der Studie sollten Forschungsergebnisse generiert werden, mittels derer das Berufsbild ihrer Berufsgruppe geschärft wird.
5. **Kommunikative Validierung**
   Kommunikative Validierung bezieht sich auf die Überprüfung der Gültigkeit der Ergebnisse und Interpretationen, indem sie den Beforschten vorgelegt und mit ihnen diskutiert werden (vgl. Mayring 2016, S. 147). Dieses Kriterium ist nicht erfüllt, da im Anschluss an die Datenauswertung keine Diskussion mit den Befragten vorgenommen wurde.
6. **Triangulation**
   Als Triangulation wird die Einnahme verschiedener Perspektiven auf einen Untersuchungsgegenstand bezeichnet. Dies zeigt sich bspw. in der Anwendung unterschiedlicher Theoriezugänge, Forschungsmethoden sowie Datensorten. Ziel ist es, durch die Ausweitung und Kombination an Zugängen den maximalen Erkenntniszuwachs zu ermöglichen (vgl. Flick 2004, S. 12). In der Untersuchung wurden keine unterschiedlichen Forschungsmethoden und Datensorten trianguliert. Allerdings wurden die Forschungsergebnisse nach Möglichkeit mit Befunden aus dem Forschungsstand gespiegelt. Hierdurch sollte herausgearbeitet werden, inwiefern die Forschungsbefunde aneinander anschlussfähig sind, einander

erweitern, vertiefen oder aber widersprechen. Im letzteren Fall wurde versucht, mögliche Erklärungsansätze darzulegen.

Zusammenfassend legt die Reflexion des Forschungsprozesses anhand der vorgestellten Gütekriterien nahe, dass es in unterschiedlichem Ausmaß gelungen ist, diesen gerecht zu werden. Während die Kriterien der (1) *Verfahrensdokumentation*, (2) *argumentativen Interpretationsabsicherung*, (3) *Regelgeleitetheit* und (4) *Gegenstandsnähe* als weitestgehend erfüllt eingeschätzt werden können, machen die Kriterien der (5) *kommunikativen Validierung* und (6) *Triangulation* auf forschungsmethodische Grenzen der Untersuchung aufmerksam, die Anknüpfungsmöglichkeiten für weitere Vorhaben bieten. Angesichts dessen werden im Kapitel 10 die inhaltlichen Limitationen der Arbeit kritisch diskutiert und es werden weitere Ansatzpunkte für die Forschung vorgeschlagen.

# 6 Qualifikationsanforderungen in der betrieblichen Sozialberatung

In diesem Kapitel werden Ergebnisse zu Qualifikationen des Personals in der betrieblichen Sozialberatung auf Grundlage der Stichprobe vorgestellt. Der Fokus liegt auf Berufsausbildungs-, Studien- und Weiterbildungsabschlüssen (vgl. Kapitel 6.1 und Kapitel 6.2). Daraufhin werden die beruflichen Werdegänge der Befragten vergleichend analysiert (vgl. Kapitel 6.3). Die Befunde dienen dazu, Zugänge bzw. Zugangswege in die betriebliche Sozialberatung zu untersuchen.

## 6.1 Berufs- und Hochschulausbildungen

Nahezu alle Befragten haben ein Studium der Sozialen Arbeit (Sozialarbeit und Sozialpädagogik eingeschlossen) absolviert. Der Großteil hat das Studium mit einem akademischen Diplomgrad abgeschlossen. Demzufolge handelt es sich bei den meisten von ihnen um akademisch ausgebildete Sozialarbeitende. Damit kann die These gestützt werden, dass die betriebliche Sozialberatung ein berufliches Tätigkeitsfeld der Sozialen Arbeit ist, welches überwiegend, jedoch nicht ausschließlich, von einschlägig qualifiziertem Personal besetzt ist (vgl. Kapitel 3.1). Anhand dieses Befundes könnte der Eindruck erweckt sein, dass die qualifikatorischen Anforderungen an (potenzielle) Stelleninhaber:innen im Großen und Ganzen eindeutig sind. Das ist zutreffend, wenn der empirische Fokus nur auf Ausbildungs- und/oder Studienabschlüsse zugeschnitten ist. Werden allerdings auch individuelle Bildungswege der Fachkräfte in den Blick genommen, entsteht ein weitaus differenzierteres Bild. Hinsichtlich der Bildungswege ab dem zweiten Sekundarbereich können verschiedene Verläufe innerhalb des Samples identifiziert werden, die sich folgendermaßen verdichten lassen:

1. Absolvierung einer Berufsausbildung: Eine Person hat „lediglich“ eine Berufsausbildung im Gesundheitsbereich abgeschlossen.
2. Absolvierung eines Studiums: Neun Personen haben „nur“ ein Studium absolviert. Davon haben zwei Personen duale Studiengänge an Berufsakademien durchlaufen.
3. Absolvierung einer Berufsausbildung und eines Studiums: Von allen Studienabsolvierenden haben sechs Personen vor dem Studium eine Berufsausbildung wahrgenommen. Die Ausbildungsberufe sind heterogen. Es liegen Abschlüsse in den Bereichen Soziales, Gastgewerbe, Gestaltung und Handwerk vor. Weshalb die Interviewten sich nach einer Berufsausbildung und meist daran anschließender Berufstätigkeit dafür entschieden haben, ein Studium aufzunehmen, hat verschiedene persönliche Gründe. Manche von ihnen haben im Rahmen der Erwerbstätigkeit das Interesse für die betriebliche Sozialberatung entdeckt und sich daraufhin gezielt für ein Studium der Sozialen Arbeit entschieden, um eine zu-

künftige Anstellung in dem Feld zu antizipieren. Für andere war hingegen nicht das konkrete Interesse an einer Stelle in der betrieblichen Sozialberatung ausschlaggebend, sondern es standen andere Gründe im Fokus (z. B. Suche nach neuen Herausforderungen im Berufsleben, Realisierung bislang unerfüllter Berufswünsche).

Die Ergebnisse machen auf die Vielfalt möglicher Qualifizierungswege des Personals in der betrieblichen Sozialen Arbeit aufmerksam. In den meisten Qualifikationsprofilen dominiert ein Studienabschluss in der Sozialen Arbeit als höchster Bildungsabschluss. Wird dieses Ergebnis mit Befunden aus dem Forschungsstand über die Jahre hinweg in Beziehung gesetzt, kann von einer zunehmenden *Akademisierung* ausgegangen werden (vgl. Baumgartner und Sommerfeld 2016, S. 145; Lau-Villinger 1994, S. 137; Nguyen und Bohlinger 2020, S. 299), in deren Prozess die Diversität der Studienabschlüsse sukzessive abnimmt und eine Konzentration auf die Soziale Arbeit stattfindet. Diese These bleibt für andere (quantitativ angelegte) Studien genauer zu überprüfen. Angesichts seiner scheinbar zentralen Bedeutung wird das Studium der Sozialen Arbeit im nächsten Abschnitt näher untersucht.

### Zur Relevanz des Studiums

In den Interviews haben die Befragten Einschätzungen vorgenommen, welche Komponenten aus dem Studium sie für ihre (derzeitige) Arbeit in der betrieblichen Sozialberatung aus welchen Gründen als „hilfreich" erachten. Um die Daten zu systematisieren, wurde der Strukturierungsvorschlag im Kerncurriculum Soziale Arbeit der DGSA als konzeptionelles Raster herangezogen[39]. In ihm wird empfohlen, dass einschlägige Studiengänge über Inhalte zu insgesamt sieben Studienbereichen verfügen sollten (vgl. DGSA 2016, S. 3). Die Studienbereiche und die ihnen zugeordneten Inhalte aus der Untersuchung sind in Tabelle 17 aufgelistet:

**Tabelle 17:** Studieninhalte (Quelle: Autor; Aufschlüsselung der Studienbereiche nach DGSA 2016, S. 3)

| Studienbereiche Kerncurriculum Soziale Arbeit | Relevante Studieninhalte aus Sicht der Befragten |
|---|---|
| 1. Fachwissenschaftliche Grundlagen | Theoretische Grundlagen Sozialer Arbeit<br>Professionalität in der Sozialen Arbeit |
| 2. Erweitertes Gegenstands- und Erklärungswissen | Medizin (v. a. zum Thema Sucht)<br>Psychologie<br>Erwachsenenbildung<br>Systemtheoretische Ansätze<br>Persönlichkeitsstörungen<br>Biografie und problematische Lebenssituationen<br>Kommunikationstheorien<br>Soziokulturelle Theorien |

39 Mehrfachzuordnungen sind möglich: Beispielsweise kann Erwachsenenbildung sowohl als *Disziplin* betrachtet werden, die erweitertes Gegenstands- und Erklärungswissen für die Soziale Arbeit liefert (vgl. DGSA 2016, S. 5), als auch ein *Handlungsfeld*, das im Bildungswesen verortet ist (vgl. DGSA 2016, S. 8).

*(Fortsetzung Tabelle 17)*

| Studienbereiche Kerncurriculum Soziale Arbeit | Relevante Studieninhalte aus Sicht der Befragten |
|---|---|
| 3. Normative Grundlagen | Recht für Soziale Arbeit<br>Sozialgesetzgebung<br>Verwaltungsrecht<br>Verwaltungsorganisation |
| 4. Gesellschaftliche und institutionelle Rahmenbedingungen | Jugendkriminalpolitik<br>Gesellschaftliche Strukturen und problematische Lebenssituationen |
| 5. Handlungstheorien und Methoden | Einzelfallberatung<br>Beratungsansätze (u. a. Kurzzeitberatung, lösungsorientiert, systemisch)<br>Gesprächsführung<br>Grundhaltung<br>Soziale Diagnostik<br>Problemanalyse und Arten von Problemlösungen<br>Case Management<br>Gruppenprozesse, Gruppendynamiken<br>Mediation<br>Gemeinwesenarbeit<br>Sozialmanagement<br>Personalentwicklung |
| 6. Handlungsfelder und Zielgruppen | Drogenhilfe<br>Betriebliche Soziale Arbeit<br>Erwachsenenbildung<br>Gemeinwesenarbeit<br>Einzelfallberatung<br>Einzeltherapie<br>Gruppentherapie<br>Mediation<br>Case Management<br>Sozialmanagement<br>Multi-Problem-Familien<br>Praxiserfahrungen (u. a. Arbeit mit unterschiedlicher Klientel) |
| 7. Forschung in der Sozialen Arbeit | Wissenschaftliches Arbeiten |

Die Tabelle 17 visualisiert, dass die Mehrheit der Inhalte drei Studienbereichen zugeordnet werden kann:

- *Erweitertes Gegenstands- und Erklärungswissen* (Studienbereich 2) integriert Wissen aus verschiedenen Wissenschaftsdisziplinen, welches benötigt wird, um Gegenstände zu erfassen und zu bearbeiten (vgl. DGSA 2016, S. 5). Studieninhalte, die Befragte als relevant einschätzen, liegen in variierenden Abstraktionsgraden vor. Es werden sowohl Disziplinen wie Medizin, Psychologie und Erwachsenenbildung als auch konkrete Inhalte wie system- und kommunikationstheoretische Ansätze benannt.
- *Handlungstheorien und Methoden* (Studienbereich 5) bezieht sich auf „die Konzeption des professionellen Umgangs mit sozialen Problemen und die dazu notwen-

digen handlungstheoretischen bzw. methodischen Kompetenzen“ (DGSA 2016, S. 7). Ein Schwerpunkt ist die Gestaltung von (Einzel-)Beratungen, was die Auseinandersetzung mit Beratungsansätzen, Reflexion der Grundhaltung, Führung von Gesprächen, Sozialdiagnostik sowie Analyse von Problemen und Lösungsmöglichkeiten einschließt.
- *Handlungsfelder und Zielgruppen* (Studienbereich 6) beinhaltet das Kennenlernen der Praxisfelder Sozialer Arbeit (vgl. DGSA 2016, S. 8). Die Angaben der Befragten können wie folgt differenziert werden: *funktional* (z. B. Drogenhilfe), *sozialsystemisch* (z. B. Multi-Problem-Familien) oder *konzeptionell und methodisch* (z. B. Einzelfallberatung, Case Management, Gruppentherapie, Gemeinwesenarbeit) (vgl. DGSA 2016, S. 8). Ein Schwerpunkt liegt in praxisbezogenen Phasen oder Projekten, um zu lernen, mit unterschiedlicher Klientel zu arbeiten und eine professionelle Haltung zu entwickeln (vgl. SB07, Z. 103–104; SB09, Z. 55–56).

Die Ergebnisse geben Anhaltspunkte über die als wichtig erachteten Inhalte aus dem Studium der Sozialen Arbeit, welche aufschlussreich für die Entwicklung oder Revision von Curricula sein könnten. Jedoch befinden sich die Angaben auf hohen Abstraktionsniveaus und Einschätzungen, inwiefern ein Studium der Sozialen Arbeit auf einen Einsatz in der betrieblichen Sozialberatungspraxis vorbereitet, sind zwiespältig. Diese Zwiespältigkeit kann anhand zweier Fälle deutlich gemacht werden: Eine Person hat im Studium der Sozialpädagogik einen Schwerpunkt auf betriebliche Sozialarbeit gelegt, der von einer Fachkraft aus einschlägiger Praxis angeleitet wurde. Es wurden u. a. Inhalte zu potenziellen Anliegen der Hilfesuchenden sowie Kooperationsbeziehungen behandelt (vgl. SB05, Z. 74–81). Demzufolge wird dem Studium eine hohe Wertschätzung beigemessen und es wird davon ausgegangen, dass neben dem Studienabschluss keine weiteren Qualifikationen notwendig sind, um in dem Feld tätig sein zu können:

> „Ich habe unser Sozialpädagogikstudium umso mehr schätzen gelernt, weil ich dann gemerkt habe, was da eigentlich wirklich alles drin war oder ist. Also, das Studium hat mir wahnsinnig Spaß gemacht und ich würde es immer gerne wieder machen und zwar genau so. Also, ob eine Zusatzqualifikation wirklich nötig ist, ich sage mal Nein“ (SB05, Z. 117–122).

Hingegen fällt die Einschätzung aus Sicht einer anderen Person kritischer aus. Sie findet,

> „dass das Handwerkszeug, was man im Studium beigebracht bekommt oder was man mal anreißt, ist wirklich sehr theoretisch und schwierig, sich daraufhin jetzt, ja, die Arbeitsstelle vielleicht doch auszusuchen oder vielleicht sich gerade deswegen hier in diesem Bereich zu bewerben“ (SB15, Z. 90–93).

Mit der Betonung der Individualität und Komplexität der Fallbearbeitung in der sozialarbeiterischen Praxis wird kritisch hinterfragt, inwiefern diese Aspekte im Studium ausreichend abgebildet werden können (vgl. SB15, Z. 116–123). Für diese Diskrepanz der Perspektiven können verschiedene Gründe vorliegen, wie etwa die tatsächliche inhaltliche Ausgestaltung von Studiengängen und die Rolle betrieblicher Sozialberatung in Studiencurricula. Nichtsdestotrotz zeigen die Ergebnisse, dass das Studium eine „türöffnende" Funktion haben kann. In der Studienzeit werden (erste) Berührungspunkte mit dem Tätigkeitsfeld hergestellt, sei es im Zusammenhang mit studienintegrierten Praxisphasen (vgl. SB04, Z. 22–24; SB10, Z. 9–13; SB15, Z. 159–163) oder Lehrveranstaltungen, die durch Dozent:innen aus der Berufspraxis angeboten werden (vgl. SB03, Z. 23–28; SB05, Z. 74–81; SB09, Z. 62–67; SB11, Z. 57–65).

## 6.2 Weiterbildungen

Aus dem Material konnte eine Spannbreite an Weiterbildungsaktivitäten und Weiterbildungsabschlüssen identifiziert werden. Es werden vordergründig solche Aktivitäten in den Blick genommen, bei denen das Lernen bewusst, zielgerichtet, in (Weiterbildungs-)Institutionen organisiert stattfindet sowie mit der Erlangung eines Zertifikats abschließt (vgl. Bohlinger 2013, S. 22). Andere Formen der Weiterbildung, wie durch informelles Lernen, bleiben somit weitestgehend unberücksichtigt. Ferner liegt das Erkenntnisinteresse nicht darin, die Anzahl von Weiterbildungen quantitativ zu messen. Vielmehr soll untersucht werden, ob thematische Schwerpunkte feststellbar sind und wie diese begründet werden können.

Von den Interviewten hat die Mehrzahl mindestens eine Weiterbildung abgeschlossen oder ist zum Befragungszeitpunkt gerade dabei, eine zu absolvieren. Ein geringerer Teil der Stichprobe war zum Interviewzeitpunkt dabei, die Aufnahme einer Weiterbildung vorzubereiten. Die Weiterbildungen wurden im Datenmaterial codiert, zusammengefasst und in der Analyse zu sechs Bereichen verdichtet (vgl. Tabelle 18):

**Tabelle 18:** Weiterbildungen (Quelle: Autor)

| Bereiche | Weiterbildungen der Befragten |
|---|---|
| 1. Therapie | Systemische Therapie<br>Suchttherapie<br>Psychosoziale Gesprächstherapie<br>Entspannungstherapie |
| 2. Beratung | Systemische Beratung<br>Psychologische Beratung<br>Schuldnerberatung<br>Sexualberatung |
| 3. Coaching | Systemisches Coaching<br>Coaching |
| 4. Konfliktbearbeitung | Mediation<br>Mediation und Konfliktberatung<br>Konfliktmanagement |
| 5. Gesundheitsmanagement | Disability Management<br>Betriebliches Gesundheitsmanagement |

*(Fortsetzung Tabelle 18)*

| Bereiche | Weiterbildungen der Befragten |
|---|---|
| 6. Sonstige | Motivierende Gesprächsführung<br>Englisch für Sozialberatung und Coaching<br>Pflegeberatung<br>Fachkrankenpflege für Psychiatrie<br>Psychodrama<br>Raucherentwöhnung |

Dem Bereich *(1) Therapie* wurden therapeutische Zusatzqualifikationen unterschiedlicher Ausrichtungen zugeordnet wie etwa systemische Therapie, Suchttherapie, psychosoziale Gesprächstherapie und Entspannungstherapie. SB01 und SB13 haben beide jeweils eine Weiterbildung in der *systemischen Therapie* absolviert. SB01 hat die Fortbildung mit einem Zeitumfang von mehreren Jahren im Rahmen der Arbeit in der betrieblichen Sozialberatung absolviert. Abgrenzend zu einer starken Einzelfallfokussierung wird die Relevanz einer systemischen Betrachtungsweise betont, da man sich bei der Beratung von Beschäftigten stets in familiären und betrieblichen Systemen bewege (vgl. SB01, Z. 119–121). Inwiefern die systemische Perspektive bei der Arbeit zum Einsatz kommt, wird am folgenden Beispiel festgemacht:

> „Die Inhalte haben natürlich einmal auch die Betrachtung, dass man sich einfach lösen muss, die Wahrnehmung von Wirklichkeiten erstmal auch zu erfassen, ja? Der verschiedenen Ordnungen, dass man halt sich sehr bewusst machen muss, dass man in einem System nicht nach Wahrheiten suchen kann, sondern Durchschauen verschiedener Wirklichkeiten und die gilt es, zu erfassen und im System zu betrachten, um daraus dann jeweils auch dem anderen widerzuspiegeln: ‚Ja, Mensch, das geht gerade bei einem anderen ab. Das sind die Wahrnehmungen. Wie sind die Wahrnehmungen bei Ihnen? Wie kriegen wir die auch übereinander?', ne? So. Das ist so, ich sage mal jetzt sehr vereinfacht, das, was sich vor allem abspielt im Bereich der systemischen Therapie" (SB01, Z. 153–162).

SB13 erklärt hingegen, dass die Fortbildung in der systemischen Therapie für die Entwicklung einer „besonderen Beratungskompetenz" hilfreich ist. Damit ist eine Haltung verbunden, welche die Deutungshoheit der Klient:innen achtet und zugleich im Beratungsprozess lösungsorientiert ist:

> „Das ist also zum einen die Haltung, mit der man als Beraterin in eine Beratung geht oder in einen Prozess geht, dass man wirklich sehr auf das Anliegen der Klienten guckt, also wirklich sehr anliegenorientiert berät und (...), ich sage auch, sich nicht nur im Problem bewegt, sondern auch eher in der Lösung bewegt. Und das ist, glaube ich, so eine besondere Beratungskompetenz, die einfach auch hilfreich ist, ne? [I: Okay.] So würde ich das jetzt erstmal so vereinfachen (lachen). Da kann man natürlich ganz viel zu erzählen, ne? Aber so, das ist so das, was ich glaube, was für mich in der Praxis so das Wesentliche ist, ne? Also, auch aus dem Problem rauszugehen, in die Lösung zu gehen, lösungsorientiert zu arbeiten und anliegenorientiert zu arbeiten und dem Klienten wirklich auch die Hoheit zu lassen, dass er das Anliegen hat, also für sein Problem und nicht ich meine, wo irgendwas verändert werden müsste, und ich weiß, wie es sein müsste, so, ne?" (SB13, Z. 91–103).

Über eine Weiterbildung in der *Suchttherapie* verfügen SB11 und SB02. Beide haben die Fortbildungen bereits vor Eintritt in die betriebliche Sozialberatung absolviert, da sie zuvor mit suchterkrankten Menschen gearbeitet haben. Die Zusatzqualifikation von SB11 beinhaltete verhaltenstherapeutische, systemische sowie integrativ-therapeutische Inhalte. Ähnlich wie bei SB01 und bei SB13 wird sie als wichtig zur Entwicklung der eigenen Haltung und Arbeitsweise eingeschätzt. Hilfesuchende werden zum einen durch Erklärungsansätze beim Problemverständnis und zum anderen durch verhaltenstherapeutische Vorgehensweisen bei Veränderungswünschen unterstützt:

> „Und daraus mündet sich auch so meine Haltung und meine Arbeitsweise heute, weil ich mit Kollegen, die tatsächlich jetzt sehr klassisch was verändern wollen, sehr verhaltenstherapeutisch dann vorgehe nach der Veränderungsmechanismus und da oft auch...das hilft mir oft auch, den Kollegen, ich sage mal, Modelle anzubieten: Was ist gerade los? Weil das verstehe ich oder das habe ich gelernt, dass viele erstmal mit so einem Frage-...mit so einer Frage kommen: Ich will überhaupt verstehen, was mit mir los ist oder was, warum bin ich in die Thematik gekommen? Und da habe ich wirklich gelernt, dass ich durch entweder verhaltenstherapeutische Modelle oder systemische Modelle oder Kommunikationsmodelle dann wirklich eigentlich fast immer irgendwas parat habe, dass ich sagen kann: ‚Sehen Sie mal, so kann man es irgendwie sehen'. Und dann merke ich eine Erleichterung, weil erstmal was verstanden werden kann" (SB11, Z. 138–150).

SB02 hat die therapeutische Zusatzqualifikation für die Durchführung von Suchttherapien in der vorherigen Arbeitsstelle benötigt. Obgleich sie als hilfreich für die Beratung eingeschätzt wird, um Zusammenhänge zu analysieren, wird das Vorhandensein dieser Qualifikation nicht als unverzichtbar für die betriebliche Sozialberatung beurteilt (vgl. SB02, Z. 55–63).

Im Bereich *(2) Beratung* werden Fortbildungen in der Beratung mit diversen Ausrichtungen bzw. Schwerpunkten erfasst wie z. B. systemische, psychologische, Schuldner- und Sexualberatung. Eine Zusatzqualifikation in der *systemischen Beratung* hat u. a. SB09 vor Eintritt in die betriebliche Sozialberatung absolviert. Mit ihr geht die Entwicklung einer lösungs- sowie ressourcenorientierten Haltung einher. Darüber hinaus stattet sie mit Techniken aus, um Arbeitsbeziehungen zu schaffen und die Passung der Beratungsangebote mit Blick auf einzelne Fälle zu eruieren:

> „Ja, weil das Techniken sind...da ist ja eine Haltung mit verbunden, also man ist sehr lösungsorientiert, man ist sehr ressourcenorientiert unterwegs. Weil das ist ja auch so ein Stück weit nochmal eine Abgrenzung Therapie, Sozialberatung, auch psychosoziale Beratung im Unternehmen oder außerhalb. Dass man einfach mit diesen Tools relativ schnell mit den Klienten einen guten, tragfähigen Kontakt aufbauen kann und da auch, selbst wo man sagt, da ist schon viel und was funktioniert und davon mehr, ja? Und dann aber auch gleichzeitig relativ schnell herausfindet auf dem Weg: Ist überhaupt das Thema psychosoziale Beratung das Richtige oder ist es vielleicht auch ein Thema für Therapie?" (SB09, Z. 96–104).

Zusatzqualifikationen in der Schuldnerberatung und in der Sexualberatung haben im Vergleich dazu eine stärkere Spezialisierung. Eine Weiterbildung in der *Schuldnerberatung* hat bspw. SB08 im Berufsleben unabhängig von Arbeitgebenden absolviert (vgl.

SB08, Z. 56–59). Die Schuldnerberatung stellte zum Befragungszeitpunkt einen inhaltlichen Schwerpunkt für die Fachkraft dar. Eine Weiterbildung in der *Sexualberatung* hat SB14 hingegen im Rahmen der Tätigkeit in der betrieblichen Sozialberatung als Reaktion auf selbst bemerkte Unsicherheiten bei der Arbeit absolviert (vgl. SB14, Z. 33–39).

Der Bereich *(3) Coaching* beinhaltet Weiterbildungen im systemischen Coaching. Über solch eine Qualifikation verfügt SB06. Sie hat eine Ausbildung zum Coach im Zeitraum von etwa einem Dreivierteljahr und einem Zeitumfang von ca. 100 Stunden absolviert. Aus pragmatischer Sicht wird eine formale Weiterbildung im Coaching als gewinnbringend bewertet, um für Adressat:innen die Hemmschwelle des Aufsuchens der Beratungsstelle zu senken:

> „Und gleichzeitig ist es auch für manche Leute ein Türöffner, weil soziale Beratung ja immer noch so defizitärer Begriff ist, in vielen Köpfen. Wenn man dann sagt: ‚Ja, ich mache auch Coaching', dann ist es für manche leichter, in die Beratungsstelle zu finden" (SB06, Z. 60–63).

Eine Weiterbildung im Coaching wird von SB10 erwogen. Einerseits ist in der Organisation ein Bedarf dafür vorhanden. Andererseits soll die Zertifizierung der erfolgreich abgeschlossenen Fortbildung strategisch dazu dienen, die eigenen Arbeitsleistungen aktiver im Betrieb zu „vermarkten" (vgl. Voß und Pongratz 1998, S. 142):

> „Dass es halt einfach auch ein Zertifikat gibt, mit dem ich dann einfach auch nochmal anders auftreten kann. So ist es jetzt praktisch eine Selbstverständlichkeit, die ich mitbringe, aber ich kann es nicht nachweisen, weil ich kein Zertifikat habe, ne? Und da geht es mir halt einfach auch dann um die Professionalisierung, um einfach auch zu sagen: Hey, eure Sozialberatung, die ihr hier habt, die ist qualitativ gut aufgestellt und hat auch Zertifikate. Was sich dann natürlich auch langfristig hoffentlich im Entgelt dann auch spiegelt" (SB10, Z. 65–72).

Dem Bereich *(4) Konfliktbearbeitung* sind Weiterbildungen zugeordnet, deren Hauptgegenstand sich auf die Klärung und Bewältigung intrapersoneller Konflikte bezieht (vgl. Kapitel 8.1.8). SB01 hat in Eigeninitiative eine Weiterbildung im *Konfliktmanagement* absolviert. Einer solchen Qualifikation wird eine zunehmende Bedeutung in der betrieblichen Sozialberatung beigemessen, um Veränderungsprozesse zu begleiten und bei Konflikten zu vermitteln. Die Weiterbildung baute auf systemischen Beratungstheorien auf und vermittelte Fertigkeiten in der Konfliktanalyse und -bewältigung durch gezielte Veränderungen in der Kommunikation:

> „Auch dort geht es viel letztendlich gerade im Konfliktfall darauf zu schauen, was bewegt die Mitarbeiter, so zu agieren? Die Leute einzuladen, aus ihren Du-Botschaften herauszutreten und eher in Ich-Botschaften zu gehen, sich also ihrer Emotionalität mitzuteilen und dem anderen somit eine Möglichkeit zu bieten, dass er sich auch mitteilt, ohne dass man ein permanentes Angriffsszenario hat, ja? Sondern quasi die Bedürfnisse des anderen dadurch erfahrbar zu machen und das sind dann immer gute Ansatzpunkte an den Punkten, um Veränderungen zu erzielen" (SB01, Z. 174–181).

SB13 ist zertifizierte *Mediatorin* und bietet Unterstützung bei Konfliktlösungen unterschiedlicher Konstellationen an. Die Weiterbildung wird als eine „sehr wertvolle Qualifikation“ für die betriebliche Sozialarbeit erachtet, um Konflikte in der Organisation niedrigschwellig und frühzeitig zu bearbeiten:

> „Habe also dieses besondere Instrument der Konfliktlösung, was hier sehr hilfreich ist, weil ich sowohl einzelne Mitarbeiter beraten kann, die zu mir kommen, weil sie zum Beispiel einen Konflikt mit einem Kollegen oder mit ihrem Vorgesetzten haben, aber ich kann eben auch zum Beispiel zwei Mitarbeiter in der Mediation haben, die miteinander, ich sage mal, einen Konflikt haben oder Mitarbeiter und Führungskraft bis zu, dass ich auch Mediationen zusammen mit einer Kollegin für Teams anbiete, ne? So. Und das ist, glaube ich, was ein sehr wertvolles...ja, sehr, sehr wertvolle Qualifikation für den Bereich, weil die Menschen sehr früh kommen. Also, wenn man da so eine interne Anlaufstelle hat, da kommen die Menschen doch früher, als wenn jetzt vielleicht jemand von extern erst eingeschaltet wird, ne?“ (SB13, Z. 60–70).

Eine Weiterbildung in der Mediation wird zum Erhebungszeitpunkt mitunter von SB02, SB06 und SB12 absolviert, die zwei Gemeinsamkeiten teilen: Erstens ist die Mediationsausbildung für sie nicht die erste Fortbildung und zweitens sind sie in Organisationen des Öffentlichen Dienstes tätig. Eine Mediationsausbildung repräsentierte in der Stellenausschreibung von SB02 eine wünschenswerte Qualifikationsvoraussetzung. Sie verfügte zum Zeitpunkt des Eintritts in die Organisation noch nicht über eine entsprechende Qualifikation und ging davon aus, dass ihre bisherige Beratungserfahrung ausreichte, um Konfliktfälle zu bearbeiten. Allerdings überstieg die Zahl der Konfliktfälle ihre Erwartungen und in der Folge entschied sie sich für die Aufnahme einer Mediationsausbildung. Diese hat einen Zeitumfang von rund einem Jahr. Ziel ist, das Mediationsverfahren kennenzulernen und anzuwenden,

> „was da eben wichtig ist, wie man das auch professionell macht. Also, eigentlich in jeder Einheit wird auch geübt. Also, im Rollenspiel. Das ist ein sehr starker Fokus darauf. Also, was ich auch sinnvoll finde, weil ich glaube, nur so kann man sich da auch erproben erstmal, ne?“ (SB02, Z. 85–88).

Die Absolvierung der Ausbildung hilft der Befragten, ihre eigene Haltung in mehrparteiischen Konfliktsituationen kritisch zu reflektieren:

> „Also, ich merke, dass ich aufmerksamer bin einfach und nochmal andere Dinge betrachte, ne? Ich habe immer gedacht, zum Beispiel ich bin ja jemand, der total unparteiisch ist (unv.). Und dass das schon Arbeit ist, eine unparteiische Haltung zu wahren, wenn man zwei Streitparteien hat zum Beispiel, ne? Also, so, dass ich denke, da habe ich nochmal mehr Sachen, wo ich darüber nachdenken kann und mich selbst einfach nochmal überprüfen kann in meiner Haltung auch“ (SB02, Z. 91–96).

SB06 hat sich für eine Mediationsausbildung entschieden, um einer steigenden Nachfrage an Konfliktmoderationen zu begegnen. Die Ausbildung umfasst eine Mischung aus Theorie, Supervision und Selbsterfahrung. In der Ausbildung werden verschiedene Einsatzbereiche der Mediation thematisiert, wobei für sie jene im betrieblichen

Setting im Vordergrund steht (vgl. SB06, Z. 88–95). Auch SB12 absolviert zum Zeitpunkt des Interviews eine Weiterbildung in der Mediation und Konfliktberatung. In der Organisation werden Konflikte in einem Großteil der Fälle als Auslöser für Hilfebedarfe angesehen. Folglich wird mit Interventionen angestrebt, „alles, was wirklich gesundheitsbeeinträchtigend ist, was innerhalb des Arbeitsplatzes abläuft ist das Ziel ja, dass wir das vor Ort auch regeln, ne?“ (SB12, Z. 80–82). Mediation und Konfliktberatung werden hierfür als adäquate Verfahren betrachtet.

Im Bereich *(5) Gesundheitsmanagement* können zwei Weiterbildungen verortet werden. SB09 hat eine im *betrieblichen Gesundheitsmanagement* absolviert. Diese hat für ihre berufliche Tätigkeit „jetzt nicht wirklich genutzt, aber es hat auch nicht geschadet“ (SB09, Z. 90). Hingegen hat SB04 eine Fortbildung im *Disability Management* absolviert, die für multiple Zielgruppen ausgelegt ist (z. B. Schwerbehindertenvertretung, ärztliches Personal). Sie umfasst Fragen wie,

> „wenn ich BEM-Beauftragter in einem Unternehmen bin und dieses betriebliche Eingliederungsmanagement organisiere und durchführe und dafür diese Basiskenntnisse, also wie gehe ich mit schwerbehinderten Mitarbeitern um? Auch arbeitsrechtliche Aspekte rund um dieses Thema. Wie kann ich einen kranken oder schwerbehinderten Menschen eben nach einer längeren Erkrankung wieder eingliedern? Welche Hilfsmittel gibt es? Wo hilft die Rentenversicherung? Welche Leistungsträger gibt es rundherum?“ (SB04, Z. 108–114).

Diese Qualifikation erlaubt es SB04 im Arbeitsalltag, dass sie „wirklich auch sehr kompetent den Personalabteilungen und Betriebsräten und Schwerbehindertenvertretern gegenüber auftreten“ (SB04, Z. 125–126) kann. Die divergierenden Ansichten zur Relevanz der Fortbildungen lassen sich durch eine Kontextualisierung der Daten erklären, indem sie mit den Arbeitsaufgaben in Beziehung gesetzt werden. So arbeitet SB09 nur punktuell zu ausgewählten Themen mit Kolleginnen und Kollegen aus dem betrieblichen Gesundheitsmanagement zusammen, während SB04 und ihr Team für die Koordination kompletter BEM-Prozesse verantwortlich sind.

Zusammenfassend lässt sich die Heterogenität formaler Weiterbildungen aus dem Forschungsstand bestätigen (vgl. Nguyen und Bohlinger 2020, S. 299; Stoll 2013, S. 204–205), die zu unterschiedlichen Zeitpunkten im Berufsleben, (Weiterbildungs-) Einrichtungen, Zeitumfängen und Inhalten absolviert werden. Die Ergebnisse zeigen auch, dass Sozialberatende zum Eintrittszeitpunkt in das Tätigkeitsfeld der betrieblichen Sozialen Arbeit nicht bereits über eine Zusatzqualifikation verfügen müssen, sondern sie können bei Bedarf erst erlangt werden. Ferner ist auf Basis der Forschungsergebnisse nicht *die* Zusatzqualifikation identifizierbar, die fallübergreifend den Status eines Alleinstellungsmerkmals innehat. Nichtsdestotrotz verdeutlichen die Ergebnisse, dass die meisten Fortbildungen einen Bezug zu beratenden Tätigkeiten aufweisen. Wiederkehrend werden Argumente hervorgebracht, die subsumierend als *Weiterentwicklung von Beratungskompetenz* zum Ausdruck gebracht werden können. Beratungskompetenz schließt in dem Verständnis die Entwicklung und Reflexion einer professionellen Haltung, Kenntnisse über Verfahren sowie den Einsatz adäquater Theorien, Modelle und Techniken in der Beratung ein (vgl. Kapitel 8.1.8). Hierneben erfüllen Weiterbildungen in zweifacher Hinsicht eine assimilierende Funktion im Sinne einer Anpassung beruflicher Qualifikationen an wandelnde Arbeitsanforderungen (vgl. Weinberg 2000, S. 11): Weiterbildungen werden aufgenommen, um einerseits fachliche Defizite auszugleichen und andererseits veränderten Bedarfen in der Organisation zu begegnen. Dies wird exemplarisch an zwei Fällen deutlich: SB14 hat sich für die Absolvierung einer Ausbildung in der Sexualberatung entschieden, weil sie in der Beratung Unsicherheiten festgestellt hat (vgl. SB14, Z. 33–39). SB06 hat sich infolge eines Anstiegs an Konfliktmoderationen in der Organisation für die Aufnahme einer Mediationsausbildung entschieden (vgl. SB06, Z. 76–79). Ferner hat sich gezeigt, dass Weiterbildungsabschlüsse auch eher pragmatische Funktionen haben können: Ein Zertifikat im Coaching kann dazu beitragen, Hemmschwellen zu senken und potenziellen Hilfesuchenden den Zugang zur Beratungsstelle zu erleichtern, da der Coachingbegriff im Vergleich zum Sozialberatungsbegriff weniger defizitär konnotiert sei (vgl. SB06, Z. 60–63). Ein Zertifikat kann auch als Zeichen qualitativ hochwertiger Dienstleistung fungieren, die gegenüber Zielgruppen und Arbeitgebenden darstellbar gemacht werden soll (vgl. SB10, Z. 66–70).

Die Beantwortung der Frage, wer weshalb über welche Zusatzqualifikationen in der betrieblichen Sozialberatung verfügt, hängt mit zwei Aspekten zusammen: Zum einen ist das Vorhandensein oder Nichtvorhandensein bestimmter Weiterbildungen vor dem Hintergrund bisheriger beruflicher Werdegänge zu betrachten. Wer bspw. vorher in einer Suchtberatungsstelle tätig gewesen ist und dort Suchttherapien durchgeführt hat, verfügt womöglich über eine Zusatzqualifikation in der Suchttherapie. Zum anderen zeigt sich die Relevanz bestimmter Fortbildungen in der Verzahnung mit dem konkreten Spektrum an Arbeitsaufgaben in der Sozialberatungsstelle. Kenntnisse und Fertigkeiten, die aus einer Weiterbildung angeeignet wurden, werden eher als „hilfreich“ beurteilt, wenn auch Zuständigkeiten und Aufgaben vorliegen, in denen sie regelmäßig eingesetzt werden können. Demnach ist es nur begrenzt möglich, pauschal festzulegen, dass bestimmte Weiterbildungen für das Feld vorauszusetzen sind, weil organisationsspezifische Bedarfe und konkrete Arbeitsaufgaben innerhalb einer Sozialberatungsstelle tragend dafür sein können, welche Weiterbildung(en) tatsächlich benötigt werden.

## 6.3 Berufliche Werdegänge

Im Kapitel 6.1 wurde herausgestellt, dass die meisten Befragten im Laufe ihrer Studienzeit mit der betrieblichen Sozialberatung in Kontakt gekommen sind. In diesem Kapitel wird es darum gehen, zu untersuchen, wann die Befragten in der Berufspraxis zum ersten Mal in das Feld – und damit ist eine hauptberuflich ausgeübte Erwerbstätigkeit in einer internen Sozialberatungsstelle nach einer ersten abgeschlossenen Bildungsphase gemeint – eingetreten sind und welche beruflichen Stationen[40] sie zu dem Zeitpunkt bereits durchlaufen haben.

40 Angaben zu absolvierten Anerkennungsjahren sind hier inkludiert.

Innerhalb des Samples verfügen alle zum Interviewzeitpunkt über mehrjährige Berufserfahrung. Trotz heterogener Berufsverläufe lässt sich in Anbetracht nahezu aller Fälle als Gemeinsamkeit identifizieren, dass die Befragten vor ihrem ersten Eintritt in eine interne Sozialberatungsstelle über mehrjährige Berufserfahrung – überwiegend in Feldern der Sozialen Arbeit – verfügten. Zur Strukturierung derer wird das Raster von Thole (2012, S. 27–28) genutzt (vgl. Kapitel 3.1.1):

**Tabelle 19:** Berufserfahrung der Befragten (Quelle: In Anlehnung an Thole 2012, S. 28)

| **Intensität der Intervention/ Arbeitsfeldtypen** | **Kinder- und Jugendhilfe** | **Soziale Hilfe** | **Altenhilfe** | **Gesundheitshilfe** |
|---|---|---|---|---|
| Lebenswelt*ergänzend* | • Medienpädagogische Einrichtung<br>• Offene Jugendarbeit<br>• Regionalarbeitsstelle für Kinder und Jugendliche mit Migrationshintergrund | • Externe betriebliche Sozialberatung<br>• Soziale Freizeitstätte<br>• Schuldnerberatung<br>• Streetwork<br>• Sozialpädagogische Begleitung in Fort- und Weiterbildung | • Seniorenberatung | • Beratungsstelle für Abhängigkeitserkrankungen<br>• Heilpädagogische Einrichtungen<br>• Sozialpsychiatrischer Dienst<br>• Therapieeinrichtung für Drogenabhängige |
| Lebensweltergänzende und arbeitsfeldübergreifende Projektansätze | | | | |
| Lebenswelt*unterstützend* | • Familienhilfe | • Psychosoziale Begleitung von Betreuten | | • Tagesstätte für psychisch Kranke<br>• Krankenhaus-Sozialdienst<br>• Sozialer Dienst in einer Rehabilitationsklinik |
| Lebenswelt*ersetzend* | • Jugendstrafanstalt<br>• Mutter-Kind-Einrichtung | • Haftanstalt für straffällig gewordene Frauen | • Klinik für Geriatrie | • Betreutes Wohnen für Abhängigkeitserkrankte<br>• Betreutes Wohnen für psychisch Kranke<br>• Notübernachtung für suchtabhängige Obdachlose |
| Disziplin- und professionsbezogene Arbeitsfelder | • Hochschullehre | | | |

Legt man der Analyse dieses Raster (vgl. Tabelle 19) zugrunde, können drei Kernbefunde festgehalten werden: Erstens visualisiert das Raster die hochgradige Diversität an Berufserfahrung, die die Stichprobe vorweist. Erwähnenswert ist, dass Doppel- oder Mehrfachnennungen bzgl. der Felder dabei nur geringfügig vorlagen. Zweitens verdichten sich die meisten Felder im Bereich der *lebensweltergänzenden* Hilfen, also Einrichtungen und Hilfsangeboten mit einer vergleichsweise geringen Interventionsintensität, wie es bei der betrieblichen Sozialberatung auch der Fall ist (vgl. Thole 2012, S. 27). Drittens wird eine weitere Konzentration deutlich, nämlich in der *Gesundheitshilfe*. Hier bringen die Fachkräfte Erfahrungen aus diversen gesundheitsbezogenen Kontexten mit, wobei bzgl. Interventionsintensität ein ausgewogenes Verhältnis zwischen lebensweltergänzenden, lebensweltunterstützenden und lebensweltersetzenden Hilfen erkennbar ist. Jenseits dieses Rasters liegt Berufserfahrung in Bereichen wie Büromanagement, Personalentwicklung, Hochschulmanagement, Gesundheits- und Krankenpflege sowie in Institutionen des Wirtschaftszweigs „Öffentliche Verwaltung, Verteidigung; Sozialversicherung" vor.

Vor dem Hintergrund der sichtlich zentralen Rolle der Berufserfahrung für den Zugang zur betrieblichen Sozialberatung wurde im Auswertungsprozess vertieft, weshalb das aus Sicht der Befragten so ist. Ergebnisse hierzu werden im kommenden Abschnitt präsentiert.

### Zur Relevanz der Berufserfahrung

Die berufliche Erfahrung hat für die Interviewten in vielerlei Hinsicht den Grundstein für ihre Tätigkeit in der betrieblichen Sozialberatung gelegt. Fallübergreifend konnten zwei Aspekte herausgearbeitet werden, welche miteinander verwoben sind. Hierbei handelt es sich um die Erfahrung in der Arbeit mit unterschiedlicher Klientel und deren Problemen in verschiedenen sozialarbeiterischen Tätigkeitsfeldern. Berufserfahrung stellt aus Perspektive von SB07 eine Notwendigkeit dar, um in der Sozialberatung arbeiten zu können. Ein Direkteinstieg nach dem Studium wird eher kritisch eingeschätzt,

> „weil wir so eine ganz heterogene Gruppe von Menschen haben, die zu uns kommen. Da sind eben auch obere Führungskräfte mal dabei und da sind eben Menschen dabei in stark konflikthaften Situationen, in Lebenskrisen. Ich befürchte oder da ist so ein bisschen meine Denke, also ich hätte das als Studienabgängerin wahrscheinlich so nicht bewältigen können, mit dieser Heterogenität umzugehen und vielleicht auch mit der Vielschichtigkeit, die da von mir verlangt wird, ja?" (SB07, Z. 141–147).

Flankiert wird diese Einschätzung von einer anderen Person, die das hohe Anforderungsniveau und die Komplexität des Feldes mit dem Begriff „Königsklasse" metaphorisch zum Ausdruck bringt:

> „(...) weil wenn ich wirklich an mein Grundstudium denke und ich würde jetzt aus einem Diplom- oder Bachelorstudium direkt in das Arbeitsfeld kommen, man ist erstmal maßlos überfordert. Also, weil einfach zu viele Anforderungen wirklich gleichzeitig kommen. Ich will nicht sagen, es ist nicht machbar, aber es ist gleich...man steigt da gleich in so eine Königsklasse letztlich ein (lachen), ohne dass ich das bewerten möchte, ne? Also, von dem Anforderungsprofil einfach" (SB11, Z. 118–124).

Die Erfahrung im Umgang mit heterogenen und unvorhersehbaren Fallkonstellationen geht mit der Entwicklung einer gewissen „Standhaftigkeit" einher: SB11 berichtet von Erfahrung aus der Straßensozialarbeit, einem Feld, in welchem sie es mit einer großen Themenvielfalt zu tun hatte. In der Auseinandersetzung mit extremen Problemlagen wurde sie nicht nur in ihrer Krisenhaftigkeit geschult, sondern hat ferner einen adäquaten Umgang mit Klientel in außerordentlichen Krisensituationen erlernt:

> „Also, in der...da ich in der betrieblichen Sozialberatung nie weiß, mit welchem Thema ich konfrontiert werde, und die Spannbreite einfach enorm riesig ist, bin ich sehr, sehr, sehr, sehr froh, dass ich tatsächlich [Zeitraum zwischen 5 und 10 Jahren] Streetwork gemacht habe und dort in meiner Krisenhaftigkeit sehr geschult worden bin, also das heißt, ich habe dort ja mit sehr extremen Themen und sehr extremen Lebenssituationen zu tun gehabt, mit denen ich letztlich ja auch gewachsen bin, auf Situationen ruhig zu reagieren, angemessen zu reagieren, nicht zu überreagieren, dem Gegenüber in seinem Leid tatsächlich dann auch zu verstehen zu lernen, abzuholen, zu begleiten" (SB11, Z. 79–87).

Besondere Situationen werden auch von SB02 thematisiert. Sie erklärt vor dem Hintergrund ihrer beruflichen Erfahrungen aus der Suchtberatung, dass sie im Laufe der Jahre mit vielen Problemlagen konfrontiert worden ist. Selbst außergewöhnliche Fälle riefen heute keinen Schockzustand (mehr) in ihr hervor, da sie gelernt hat, mit ihnen umzugehen:

> „Schon meine Erfahrungen aus der Suchtberatung eigentlich. Also, ich finde, da war irgendwie alles dabei über die Jahre, ne? Also, viele Sachen, die mich jetzt auch nicht mehr überraschen, wenn die passieren so, ne? Ich glaube, gerade wenn man noch viel jünger ist, dann wären solche Sachen wie, jemand erzählt, er hat Suizidgedanken oder jemand arbeitet an Maschinen und ist täglich betrunken, ich glaube, so etwas könnte schockierend sein, wenn man am Anfang seiner Berufskarriere steht, aber ich glaube...das sind schon immer schockierende Momente so, ne? Ich will das gar nicht herunterspielen, aber ja, was man dann mit der Erfahrung auch besser händeln kann, sage ich mal so, ne?" (SB02, Z. 40–48).

Ähnlich wie SB02 kommt auch SB03 aus dem Suchtbereich, in dem die Fachkraft kritischen Problemlagen ausgesetzt gewesen ist. Die regelmäßige Konfrontation damit wurde als „gute Schule" erlebt, um zu lernen, Menschen in akuten Krisensituationen zu begleiten:

> „Also, dadurch, dass ich im Suchtbereich immer mit Menschen zu tun hatte, die ausschließlich in besonderen Lebenslagen waren, kommt halt auf die Station an, bei dem einem war es mehr Selbstbetroffenheit, bei anderen vielleicht auch, dass jemand im nahen Umfeld betroffen ist. Auf jeden Fall immer eine besondere Lebenslage würde ich das einfach als tatsächlich...was wirklich...ja, was eine gute Schule war so, um quasi auch mit Menschen umgehen zu können, die in akuten Krisensituationen sind und genau" (SB03, Z. 32–38).

Darüber hinaus lassen sich weitere Erfahrungen und Kompetenzen aus anderen Feldern auf die betriebliche Sozialarbeit transferieren. So schätzt SB11 besonders die Erfahrung aus dem Suchtbereich, die nicht nur, wie oben dargelegt, die eigene Krisenhaftigkeit geprägt hat, sondern sie auch dazu befähigt, in der Beratung Ratsuchenden

Verläufe von Süchten authentisch und praxisnah zu erklären (vgl. SB11, Z. 97–100). SB04 hat in vorherigen beruflichen Stationen das Hilfesystem in der Region kennengelernt und sich ein Netzwerk mit Gesundheits- und Sozialeinrichtungen aufgebaut, welches nun bei Bedarf aktiviert werden kann (vgl. SB04, Z. 41–46). SB16 hat vorher im Feld der Hilfen zur Erziehung gearbeitet und kann von Expertisen in diesem Bereich profitieren, weil Fragen bzgl. Paarbeziehung, Familie und Kinderbetreuung auch Bestandteil der derzeitigen Arbeit in der betrieblichen Sozialberatung sind (vgl. SB16, Z. 54–61). Zu guter Letzt konnte herausgestellt werden, dass Berufserfahrung sich potenziell auch förderlich auf die Entwicklung von Empathie auswirken kann, wenn Fachkräfte in ihren beruflichen Werdegängen in vergleichbaren Positionen gewesen sind. Wer bspw. selbst in einer Führungsposition gewesen ist, kann sich möglicherweise besser in die Lage von hilfesuchenden Führungskräften hineinversetzen (vgl. SB10, Z. 43–52). Wer selbst eine ähnliche Stelle wie die der Klient:innen innehatte, kennt die Perspektive derjenigen aus eigener Erfahrung sowie besondere Herausforderungen, die mit der Stelle verbunden sind, was nicht zuletzt förderlich für die Vertrauensbildung in der Beratung sein kann (vgl. SB15, Z. 62–71).

Die Ergebnisse reichern den bislang übersehbaren Forschungsstand zur Berufserfahrung des Personals in der betrieblichen Sozialen Arbeit an (vgl. Kapitel 3.2.2). Es lässt sich bestätigen, dass Fachkräfte in dem Feld üblicherweise über mehrjährige Berufserfahrung verfügen, die überwiegend in Feldern der Sozialen Arbeit erbracht werden (vgl. Nguyen und Bohlinger 2019, S. 446). Die Ergebnisse bieten einige Begründungen an, weshalb Berufserfahrung per se ein wichtiges Zugangskriterium darstellt. So konnte aufgezeigt werden, dass ausgeprägte Praxiserfahrungen zur Entwicklung einer Standhaftigkeit im beruflichen Arbeitsleben beitragen, um mit heterogenen Zielgruppen und unberechenbaren Problemlagen adäquat umzugehen. Darüber hinaus können Kompetenzen und Ressourcen aus vorherigen beruflichen Stationen in die betriebliche Sozialberatung „übertragen" werden. Angesichts ihrer inhaltlich breiten Aufstellung können auch hier Themen aufkommen, die Gegenstand in vorherigen Arbeitsstellen gewesen sind.

# 7 Betriebliche Sozialberatung in organisationalen Kontexten

Bei der Beforschung der Aufgaben wurde erkennbar, wie organisationale Strukturen bzw. Rahmenbedingungen, in die betriebliche Sozialberatende eingebunden sind, ihre Arbeit mitprägen können. Das ist insofern wenig verwunderlich, da Arbeitsaufgaben nicht in luftleeren Räumen ausgeführt werden, sondern die Fachkräfte als Stelleninhaber:innen in organisationalen Settings eingebunden sind, welche heterogen sein können (vgl. Kapitel 1.1). Deshalb wird im folgenden Kapitel zunächst hinterfragt, inwiefern strukturelle Besonderheiten und Bedingungen die Arbeit der Fachkräfte mitbestimmen (vgl. Kapitel 7.1). Im Anschluss wird rekonstruiert, wie Aufgaben in Organisationen entstehen und verankert sein können (vgl. Kapitel 7.2).

## 7.1 Organisation der betrieblichen Sozialberatung

In diesem Abschnitt werden auf Grundlage des Datenmaterials Einblicke in die Organisation der betrieblichen Sozialberatung gegeben. Es wird untersucht, inwieweit strukturelle Besonderheiten und Bedingungen sich auf die Arbeit der Fachkräfte auswirken können. Konkret werden hierbei Organisationsspezifika, organisationale Anbindungsmöglichkeiten sowie personelle Ausstattungen der Sozialberatungsstellen beleuchtet.

### Organisationsspezifika

Im Material sind mehrfach Ausführungen zu organisationalen Besonderheiten zu finden, die unter der Bezeichnung *Organisationsspezifika* verdichtet sind. In den jeweiligen Stellen in Transkripten beschreiben Interviewte, mit welchen charakteristischen Rahmenbedingungen sie ihrer Ansicht nach bei der Arbeit konfrontiert sind, die sich, so ihre Vermutungen, von anderen Organisationen unterscheiden. Zur näheren Untersuchung dieses Phänomens wurden die jeweiligen Textstellen im Material codiert und induktiv zusammengeführt.

Mit Blick auf den Wirtschaftszweig „Öffentliche Verwaltung, Verteidigung; Sozialversicherung“ kann eine Besonderheit vorliegen, dass manche Arbeitgebende nahezu eine *Monopolstellung auf dem Arbeitsmarkt* hinsichtlich des Erwerbs und der Anwendung spezifischer Qualifikationen haben (vgl. Lutz und Sengenberger 1974, S. 64). Demnach sind ihre Beschäftigten in der Regel für lange Zeit an sie gebunden, weil deren Mobilitätsoptionen auf dem Arbeitsmarkt eingeschränkt sind. Beim Auftreten zwischenmenschlicher Spannungen und Konflikte im Arbeitsalltag wird den Betroffenen ein stärker ausgeprägtes Interesse unterstellt, diese mit Unterstützung der betrieblichen Sozialberatung zu bearbeiten, weil Optionen für Arbeitsplatzwechsel nicht ohne Weiteres gegeben sind (vgl. SB03, Z. 504–523).

Organisationen variieren in ihren *soziodemografischen Strukturen der Belegschaften.* Ist bspw. ein hoher Anteil an Angestellten mit Migrationshintergrund vorhanden, kann dies zur Folge haben, dass der Zugang zur Sozialberatung durch eine erhöhte Hemmschwelle erschwert wird. Sonach müssen verschiedene Wege eruiert werden, um Kontaktanbahnungen zu erleichtern (vgl. Kapitel 8.1.3). Ferner kann es aufgrund sprachlicher Unsicherheiten seitens Hilfesuchender mit Migrationshintergrund zu erhöhten Bedarfen zur Unterstützung bei sozialadministrativen Angelegenheiten kommen (z. B. Stellung von Anträgen, Erledigung von Behördengängen), worauf im Kapitel 8.1.5 eingegangen wird. Liegt in einer Organisation hingegen ein höherer Altersdurchschnitt vor, kann eine Folge sein, dass ähnliche Anliegen sich in der Beratung tendenziell häufen, wie etwa die Auseinandersetzung mit persönlichen Sinnfragen in der Lebensmitte, Erfahrungen von Verlusten naher Angehöriger oder dem Auszug erwachsener Kinder aus dem elterlichen Haushalt (vgl. SB14, Z. 195–202).

Organisationale Besonderheiten können sich auch aus *Arbeitsbedingungen und Anforderungen bestimmter Gruppen von Adressat:innen* ergeben. Am Beispiel einer Organisation im Wirtschaftszweig „Verarbeitendes Gewerbe“ wird erklärt, dass Lehr-Lern-Angebote tendenziell weniger von Beschäftigten aus Produktionsbereichen in Anspruch genommen werden. Grund hierfür ist, dass eine Freistellung derjenigen innerhalb der Arbeitszeit schwer möglich ist, ohne laufende Produktionsprozesse zu beeinträchtigen (vgl. SB04, Z. 458–466). Hingegen können für eine Organisation im Wirtschaftszweig „Erbringung von Finanz- und Versicherungsdienstleistungen“ andere Spezifika vorliegen: Hier repräsentiert das im Kundenservice tätige Personal eine besondere Gruppe von Adressat:innen. Dieses ist in der Wahrnehmung einer Fachkraft multiplen Belastungsfaktoren ausgesetzt und die Tätigkeiten sind mit vielschichtigen Anforderungen verbunden (z. B. viele Telefongespräche am Tag, ein stets hohes Maß an Kundenfreundlichkeit und Geduld in der Kommunikation mit der Kundschaft, Druck durch Ausrichtung an Kennzahlen), die wiederum zum Gegenstand von Beratungsgesprächen gemacht werden können (vgl. SB04, Z. 592–606). In einer Organisation des Wirtschaftszweigs „Erziehung und Unterricht“ wird die These aufgestellt, dass zwischenmenschliche Konflikte in Teams häufig damit in Verbindung stehen, dass bestimmte Lehrpersonen in ihren beruflichen Werdegängen in die Rolle von Führungskräften kommen, jedoch nicht adäquat darauf vorbereitet werden und sich ihrer Führungsverantwortung gegenüber unterstellten Beschäftigten nicht ausreichend bewusst sind. Somit kann es potenziell häufiger zu Konflikten kommen, die dann entsprechend bearbeitet werden müssen (vgl. SB02, Z. 372–381; SB10, Z. 505–512).

Die Befunde zu Besonderheiten in Organisationen sensibilisieren dafür, dass für die Untersuchung von Arbeitsaufgaben in der betrieblichen Sozialberatung ein kontextsensitiver Ansatz wichtig ist, weil dieses berufliche Tätigkeitsfeld, wie einleitend skizziert (vgl. Kapitel 1.1), in mehrfacher Hinsicht durch Heterogenität geprägt ist. Faktoren wie die Stellung Arbeitgebender auf dem Arbeitsmarkt, soziodemografische Zusammensetzung der Belegschaft sowie Arbeitssituation der Adressat:innen können sich auf die Formierung und inhaltliche Ausgestaltung von Aufgaben auswirken. Die in dieser Studie herausgearbeiteten Besonderheiten sind als Schlaglichter zu betrachten, die bspw. in komparativ angelegten betrieblichen Fallstudien tiefgründiger zu untersuchen sind.

### Organisationale Einbettung

In der Literatur werden unterschiedliche organisationale Anbindungsvarianten für die betriebliche Sozialberatung differenziert (vgl. Klein 2021, S. 78). Das Sample beinhaltet nur Fachkräfte, die in *internen* Sozialberatungen arbeiten. Aus dem Material konnte herausgearbeitet werden, inwiefern die Befragten Vorzüge in der Konstellation sehen. Ausschlaggebend ist ihrer Einschätzung zufolge, dass intern angestellte Beratende über spezifisches Wissen verfügen, das als *Betriebswissen* (vgl. Meuser und Nagel 1991, S. 446) bezeichnet werden kann. Sie sind mit Strukturen, Prozessen und Kulturen der Organisationen vertraut und in für ihre Arbeit relevante Beziehungsnetze eingebunden. Dies kann sich positiv auf die Bearbeitung von Fällen auswirken. So vertreten mehrere Interviewte die These, dass interne Sozialberatungen mit niedrigeren Zugangshemmschwellen verbunden sind. Außerdem können im Kontrast zu externen Stellen Probleme zügiger und unter Beachtung individueller Bedürfnisse sowie organisationaler Bedingungen gelöst werden. Daraus ergeben sich, so die Erwartung, gewinnbringende Situationen für alle Beteiligten:

> „Und das dann immer so die, wo von extern ich ganz oft das Gefühl habe, dass Ärzte oder andere Beratungsstellen extern sehr pauschal sehen mit sehr schnellen Urteilen: ‚Raus aus der Situation. Kommen Sie erstmal zur Ruhe. Bleiben Sie sechs Wochen zu Hause', haben wir intern nochmal andere Möglichkeiten, ein bisschen individueller zu gucken und zu gucken, wo genau kommt denn jetzt die Belastung her und wie kann man das vielleicht auch intern nochmal anders ansprechen, anders lösen, dass man nochmal guckt, wie kann man sich denn gleichzeitig entlasten, aber trotzdem auch gut an seinem Arbeitsplatz sein? Weil die meisten Leute möchten ja auch gut an ihrem Arbeitsplatz bleiben und sein können. Und das ist oft so ein Spagat, der von externen Beratungsstellen oder auch Ärzten/Ärztinnen oder Kliniken gar nicht so intensiv berücksichtigt werden kann. Und das schon so eine klassische Win-Win-Situation, ne? Dass wir viel individueller gucken können, dass die Bedarfe auch berücksichtigt werden" (SB06, Z. 699–712).

In Abgrenzung zu externen Fachleuten sieht die befragte Person in diesem Textausschnitt also den Vorzug interner betrieblicher Sozialberatung darin, dass diese bei Problemen individueller ansetzen kann, um nicht nur deren Symptome zu bearbeiten, sondern auch Entstehungszusammenhänge zu untersuchen und Wege zu erarbeiten, um Probleme langfristig zu beheben.

Des Weiteren kann die interne Sozialberatung eine *Brücken- und Übersetzungsfunktion* einnehmen, indem sie aktuelle Entwicklungen zum Anlass nimmt und sie entsprechend den Bedarfen der Organisation und ihrer Mitglieder aufbereitet. In einem Beispiel wird erläutert, wie im Rahmen der zum Befragungszeitpunkt vorherrschenden COVID-19-Pandemie neue Angebote entwickelt werden, um Sorgen und

Fragen darüber aufzugreifen. Dabei sollte besonders die Verbindung zur Organisation herauskristallisiert werden:

> „Klar ist das Corona Thema für alle von uns gerade, aber wir fassen das in: Was heißt das für uns als [Organisationsmitglieder]? Was heißt das für uns im Internen? Und das macht ja uns als interne Beratungsstelle ja dann doch auch wieder aus, dass wir das umsetzen können oder übersetzen können" (SB11, Z. 694–697).

In einem anderen Beispiel sind eine Interviewte und ihre Teammitglieder regelmäßig an bestimmten Schulungen für Führungskräfte involviert, die von externen Anbietenden durchgeführt werden. In diesem Kontext sind sie für die Transfersicherung verantwortlich, um die in den Veranstaltungen vermittelten Inhalte praktisch auf vorliegende Bedingungen der Organisation zu übertragen (vgl. SB13, Z. 167–172).

Die Perspektiven der Befragten in dieser Untersuchung stützen allen voran Argumente, die für eine *interne* Positionierung der Sozialberatung sprechen. Konkludierend bestehen Vorteile dieser Anbindungsform darin, dass die angestellten Fachkräfte über Betriebswissen verfügen und in relevante Beziehungsnetze eingebunden sind, Zugangshemmschwellen niedrig sind, Probleme unter Berücksichtigung organisationaler und individueller Interessen bearbeitet werden und eine sog. Brücken- und Übersetzungsfunktion eingenommen wird. Diese Ergebnisse decken sich im Großen und Ganzen mit Befunden aus der Untersuchung von Stoll (2013, S. 200), in der ähnliche Vorteile der internen Sozialberatung auch aus der Sicht von Führungskräften identifiziert wurden. Auf eine ausführlichere Auseinandersetzung mit den jeweiligen Vorteilen und Nachteilen verschiedener Anbindungsformen wird verzichtet. Diese wurde bereits im Detail an anderen Stellen vorgenommen (vgl. dazu Klein 2021, S. 78–83; Meier 2001, S. 27–58; Schulte-Meßtorff und Wehr 2013, S. 39–41).

Hinsichtlich der strukturellen Verortung in der Aufbauorganisation sind die Sozialberatungen häufig entweder einer Abteilung mit Bezug zur Gesundheit und Arbeitssicherheit (überwiegend betriebsärztliche Dienste) oder einer Personalabteilung zugeordnet. Die respektiven Abteilungsleitenden, also Betriebsärztinnen und Betriebsärzte sowie Leitende der Personalabteilungen, sind somit meist auch die direkten Vorgesetzten der Sozialberatenden. Dies trifft vor allem bei jenen Beratungsstellen zu, die durch einzelne Fachkräfte besetzt sind. In mehrköpfigen Beratungsstellen gibt es hingegen nicht selten noch Teamleitungen, die intermediäre Instanzen bilden. Analog zur Diskussion um Vor- und Nachteile der internen und externen organisationalen Anbindung der betrieblichen Sozialberatung, gibt es auch in Bezug auf unterschiedliche *interne* Ansiedlungsmöglichkeiten Pro- und Contra-Argumente, auf die hier nicht im Detail eingegangen wird (vgl. dazu Meier 2001, S. 30–54). Trotzdem soll kurz skizziert werden, dass auch die interne Anbindung der Sozialberatung mit besonderen Herausforderungen gekennzeichnet sein kann. Eine davon ist die Notwendigkeit, sich gegenüber funktional verwandten bzw. ähnlichen Einheiten in den Organisationen abzugrenzen. Dies ist beispielshalber bei Überschneidungen von Aufgaben oder Konflikten um Zuständigkeiten nötig. Es wäre jedoch simplifiziert und verkürzt, solche Abgrenzungsbemühungen stets mit ausgebrochenen Konflikten in einem negativ konnotierten Sinne zu verbinden. Vielmehr können sie auch vorgenommen werden, um mit einem präventiven Gedanken Aufgaben und Zuständigkeiten von vornherein klarer zu umreißen. Trennscharfe Abgrenzungen zu anderen Einheiten sind jedoch nicht immer möglich. Im folgenden Interview macht eine Fachkraft auf die Durchlässigkeit der betrieblichen Sozialberatung aufmerksam:

> „Weil ich glaube, wir sind in einem Bereich, der umkämpft ist, dass es immer wieder andere Gruppen gibt, die Randbereiche von dem auch beackern, was wir tun. Also, ich nehme jetzt mal den Bereich der Gesundheitsförderung oder Sie haben den Bereich des Personalmanagements genannt. In den Bereichen gibt es immer wieder Ideen, auch etwas mit Beratung zu machen, was aber eine andere Form von Beratung ist, was wir auch tun. Und ich glaube, wir müssen unsere Expertise, die wir einbringen, gut verteidigen. Wenn wir uns gemein machen mit dem, was die anderen tun, dann können es alle anderen auch tun. Sondern wir bringen eine eigenständige Professionalität in einen Kontext, in dem man unsere Professionalität eigentlich nicht kennt, ein und die müssen wir gut verteidigen und begründen können" (SB08, Z. 87–97).

In der Interpretation dieses Textausschnitts stechen zwei Aspekte hervor, die eng miteinander verbunden sind. Erstens wird der Professionalitätsbegriff (vgl. Kapitel 3.3) bewusst verwendet, um deutlich zu machen, dass die Beratung (in der betrieblichen Sozialen Arbeit) nicht mit Beratungsangeboten anderer Organisationseinheiten gleichzusetzen ist. Diese Form der Beratung ist nach Auffassung der befragten Person eben nicht etwas, was „alle anderen auch tun" können. Zweitens wird in dem Zitat die fordernde Position der betrieblichen Sozialberatung als „Gast in einem fremden Haus" (Baumgartner und Sommerfeld 2016, S. 257) ins Licht gerückt, in welcher die Fachkräfte ihre Arbeit in einem für die Soziale Arbeit nicht typischen Kontext rechtfertigen müssen, um sich gegenüber Konkurrenz abzuschotten und die Grenzen des eigenen Arbeitsbereichs zu verfestigen (vgl. Beck et al. 1980, S. 36). Aus Blickwinkel der Professionalisierungstheorie könnte interpretiert werden, dass sich in diesem Auszug ein *claim of jurisdiction* abspielt, infolgedessen Zuständigkeits- und Aufgabenbereiche innerhalb der Arena des Arbeitsplatzes abgesteckt werden sollen (vgl. Abbott 1988, S. 64). Dieser Prozess kann allerdings dann erschwert werden, wenn einzelne Hilfesuchende mehrere Beratungsangebote in der Organisation parallel in Anspruch nehmen, ohne die sie beratenden Personen darüber zu informieren. Aufgrund der Bindung an die Pflicht zur Verschwiegenheit sind fallbezogene Absprachen zwischen den einzelnen „Anlaufstellen" ohne Einverständnis der Klient:innen nicht möglich (vgl. SB12, Z. 231–245).

### Aufbau der Sozialberatungen

Bereits bei der Recherche nach Interviewpartner:innen in der Phase der Datenerhebung (vgl. Kapitel 5.2.2) hat sich der Eindruck verfestigt, dass es bemerkenswerte Unterschiede gibt, wie Sozialberatungsstellen in quantitativer Hinsicht personell besetzt sind. Diese Differenzen bzgl. der personellen Ausstattung zeichnen sich auch in der Stichprobe ab. Größtenteils arbeiten die Befragten in mehrköpfigen Teams. Zu einem geringeren Teil arbeiten sie allein. Dieser Unterschied kann essenziell sein, denn anhand des Materials konnte herausgearbeitet werden, dass *Diversität im Team* förderlich für die Arbeit, allen voran für die Durchführung der Beratung (vgl. Kapitel 8.1), sein kann: Erstens kann Hilfesuchenden bei der Beratung eine Wahlfreiheit eröffnet werden, durch wen sie betreut werden möchten. Sind in einem Team Personen unterschiedlichen *Alters* und *Geschlechts* vertreten, gibt es mehr Optionen, um Beratungsfälle nach Präferenzen der Klient:innen im Team aufzuteilen (vgl. SB07, Z. 560–565; SB14, Z. 239–245). Zweitens kann Diversität, was *Qualifikationen* und *Berufserfahrung* innerhalb eines Teams anbelangt, fruchtbar sein, um ggf. Hilfesuchende an andere Teammitglieder zu vermitteln, die über adäquate Qualifikationen und Erfahrungen verfügen, wenn eigene fachliche Grenzen erreicht sind. Alternativ dazu kann gemeinsam an Fällen gearbeitet werden, in denen multiple Probleme arbeitsteilige Beratungskonstellationen erfordern (vgl. SB11, Z. 111–115; SB14, Z. 451–456). Drittens kann die Eingebundenheit in ein Team mit pluralen Qualifikationen und Erfahrungsfundus förderlich sein, um kollegiale Austauschprozesse zu fachlichen Fragen zu initiieren. Diese können nicht nur informelle Anlässe zum Lernen darstellen, sondern in Situationen kritischer Entscheidungsfindungen (z. B., ob ein Beratungsfall abgebrochen werden soll oder nicht) unterstützend sein (vgl. SB11, Z. 396–400; SB14, Z. 427–432; SB15, Z. 116–121). Dewe et al. (2011, S. 38) zufolge sind solche professionellen Strukturen der Fallanalyse- und -bearbeitung wichtige Bestandteile für die Professionalität in der Sozialen Arbeit, um mit kritischen Nachfragen und alternativen Deutungsmöglichkeiten im Verständnis von Fällen konfrontiert zu werden.

Neben der Beratungsarbeit kann Diversität im Team auch förderlich für andere Arbeitsaufgaben sein. So können bei der Planung und Durchführung von Lehr-Lern-Veranstaltungen (vgl. Kapitel 8.4) Teammitglieder kooperieren, welche über Affinität und Erfahrung zu spezifischen Themenbereichen verfügen (vgl. SB03, Z. 297–305). Daraus können sich wiederum sowohl unterschiedliche Formen der Arbeitsteilung als auch breitere Spektren an Angeboten ergeben.

Die Befunde veranschaulichen also, dass das Vorhandensein eines (diversen) Teams für die Arbeitsorganisation und Arbeitsprozesse vorteilhaft sein kann. Innerhalb solcher Teams können Arbeitsaufgaben entlang der Bedarfe der Hilfesuchenden, fachlichen Spezialisierungen und/oder Interessen aufgeteilt werden, Teammitglieder können sich gegenseitig bei der Umsetzung von Arbeitsaufgaben unterstützen und in Form kollegialer Austauschprozesse Reflexions- und Lernanlässe offerieren. Ist hingegen kein Team vorhanden, weil die Funktion der betrieblichen Sozialberatung in einer Organisation nur durch eine einzelne Fachkraft abgedeckt wird, so ist im Umkehrschluss anzunehmen, dass diese Formen der Arbeitsteilung und -koordinierung nicht gegeben sind und Ressourcen, wie die oben identifizierten, anderweitig erschlossen werden müssen, z. B. durch die aktive Gestaltung von Kooperationsbeziehungen (vgl. Kapitel 8.6).

## 7.2 Konstituierung von Arbeitsaufgaben

Bevor im Kapitel 8 ausführlich auf die Arbeitsaufgaben in der betrieblichen Sozialberatung eingegangen wird, widmet sich das vorliegende Kapitel vorerst der Frage, wie die Sozialberatenden grundsätzlich zu ihren Arbeitsaufgaben kommen (oder umgekehrt). Im Kern geht es darum, zu rekonstruieren, wer oder was in welcher Form bestimmt, welche Aufgaben in den Sozialberatungsstellen auszuführen sind.

### Formen der Verankerung von Arbeitsaufgaben

Infolge der Datenanalyse können drei Möglichkeiten skizziert werden, wie Arbeitsaufgaben für Sozialberatende in ihren organisationalen Kontexten schriftlich (verbindlich) verankert sind, nämlich in (1) Stellenbeschreibungen, (2) Konzeptionen und/oder (3) Betriebs- bzw. Dienstvereinbarungen. Während die Frage nach den fachlichen Konzeptionen von vornherein Bestandteil des Interviewleitfadens gewesen ist (vgl. Kapitel 5.2.1), haben sich Befunde zu Stellenbeschreibungen sowie Betriebs- bzw. Dienstvereinbarungen erst sukzessive im Auswertungsprozedere herauskristallisiert, weshalb Fragen hierzu in den späteren Interviews bewusst hinzugefügt worden sind.

*(1) Stellenbeschreibungen*

Bei Stellenbeschreibungen (auch als Arbeitsplatz-, Tätigkeits-, Aufgaben- oder Positionsbeschreibungen bezeichnet) handelt es sich um verbindliche Dokumente in Organisationen, die Verantwortungs- und Aufgabenbereiche, Umfänge von Führungskompetenzen, über- und nachgeordnete Stellen, Rechte und Pflichten sowie gewünschte Anforderungen in Verbindung mit einer bestimmten Stelle festlegen (vgl. Vahs 2015, S. 116). Innerhalb des Samples nehmen solche Beschreibungen keine prominente Rolle ein. Mehrere der Befragten wissen entweder nicht, ob sie eine Stellenbeschreibung haben, oder vermuten, dass es eine gibt, haben diese allerdings noch nie gesehen oder aber sie wissen, dass es eine gibt, schätzen diese jedoch als zu abstrakt ein, um tatsächlich handlungsleitend zu sein. Auffällig ist, dass keine oder vage formulierte Stellenbeschreibungen sich vor allem bei neu etablierten und/oder personell neu besetzten Sozialberatungsstellen als problematisch erweisen können, wenn in der Konsequenz Zuständigkeitskonflikte auftreten (vgl. SB05, Z. 136–141) oder nebulöse Erwartungen an (neue) Stelleninhaber:innen die Einarbeitung erschweren (vgl. SB02, Z. 101–107).

*(2) Konzeptionen*

Unter Konzeption wird in der Sozialen Arbeit eine Skizze zum Wirken einer Einrichtung oder einer Organisationseinheit verstanden, in der festgelegt ist,

> „welchen Zielgruppen welche Leistungen mit welchen Zielen und Leitlinien (Arbeitsprinzipien) sowie Arbeits- und Angebotsformen angeboten werden, und wie und mit welchen Aufgaben welche Mitarbeiterinnen zusammenarbeiten“ (Spiegel 2011, S. 203).

Eine Konzeption fungiert u. a. als Grundlage für das methodische Handeln, die Klärung des Sinns der Arbeit, die Bündelung von Wissensbeständen und die Schaffung von Transparenz (vgl. Spiegel 2011, S. 203–204). Innerhalb der Stichprobe gibt es Variierungen, inwieweit eine Konzeption in diesem Sinne vorhanden ist.

Fallübergreifend gibt es im Datenmaterial allgemeine Bestandteile, die in Konzeptionen für die Sozialberatung berücksichtigt werden. Darunter zählen: Angaben zu den Rahmenbedingungen der Beratungsstelle, Freiwilligkeit der Inanspruchnahme der kostenfreien Angebote, Gebundenheit der Beratenden an die Schweigepflicht, Angaben zu den Qualifikationen des Personals sowie Anliegen im Zuständigkeitsbereich der Sozialberatung. Anhand einzelner Beispiele kann ein tieferer Einblick gewährt werden, wie Konzeptionen oder ähnliche Dokumente in der Sozialberatungspraxis inhaltlich ausgestaltet sind: In einer Sozialberatungsstelle werden in der Konzeption verschiedene Handlungsfelder benannt, in denen Sozialberatende agieren (z. B. Mitwirkung bei Veränderungsprozessen in der Organisation). Es werden Interventionen aufgeschlüsselt, welche sie zur Verfügung haben, um in den Handlungsfeldern zu arbeiten (z. B. Durchführung von Schulungen). Außerdem beinhaltet die Konzeption Grundsätze im Sinne einer Orientierung an der Organisation sowie einer vornehmlichen Fokussierung auf Probleme mit Bezug zur Arbeit bzw. Arbeitsstelle (vgl. SB01, Z. 252–293). In einer anderen Sozialberatungsstelle gibt es eine Konzeption, die eher ein Grundverständnis abbildet, auf das sich das Team geeinigt hat. Es beinhaltet Ziele von Interventionen, Grenzen der Unterstützung sowie die Grundhaltung und Rolle der Beratenden (z. B. als Helfende bei der Lösungsfindung, Achtung der Würde der Hilfesuchenden, Neutralität im Spannungsfeld zwischen Interessen Arbeitgebender und Arbeitnehmender) (vgl. SB11, Z. 154–180). In einem weiteren Beispiel wird das Doppelmandat zwischen Arbeitgebenden und -nehmenden ebenfalls in der Konzeption thematisiert und mit der Verpflichtung gegenüber dem Beruf zu einem Tripelmandat erweitert (vgl. Kapitel 3.1.1). Darüber hinaus werden Maßnahmen zur Qualitätssicherung determiniert, indem die Anzahl an Individual- und Teamsupervisionen sowie kollegialen Fallbesprechungen in definierten Zeitabschnitten aufgeschlüsselt sind (vgl. SB14, Z. 134–149).

Hingegen gibt es im Sample auch Fälle, in denen es nach Angaben der Befragten keine offizielle Konzeption gibt, aber dafür sog. *Leitfäden*. So gibt es in der Sozialberatungsstelle von SB04 keine Konzeption. Stattdessen gibt es jedoch Handlungsleitfäden zu ausgewählten Themen. Zwar wird der potenzielle Nutzen von Konzeptionen nicht abgelehnt, in der Heterogenität der Hilfesuchenden und deren Anliegen werden allerdings anspruchsvolle Herausforderungen für die Erarbeitung einer einheitlichen Konzeption gesehen (vgl. SB04, Z. 157–165). Auch im Fall von SB07 gibt es keine Konzeption, da das Team nach eigener Einschätzung tendenziell offen und anlassbezogen arbeitet. Konzeptionen gibt es lediglich zu ausgewählten Themenbereichen und es gibt Bemühungen, einzelne Prozesse in der Ablauforganisation zu standardisieren (z. B. Leitfäden für Beratungen zu spezifischen Schwerpunkten) (vgl. SB07, Z. 299–306).

Indessen wird in der Sozialberatungsstelle von SB06 nicht beabsichtigt, eine Konzeption zu entwickeln. Angesichts eines umfangreichen Angebots und der Teamstruktur wird die Einschätzung vorgenommen, dass eine Konzeption zur Einschränkung der Spontaneität führe (vgl. SB06, Z. 118–129). In drei „neueren“ Sozialberatungsstellen gibt es ebenso (noch) keine ausformulierten konzeptionellen Grundlagen. Im Vergleich zu SB06 bringen diese Fachkräfte jedoch alle einen Bedarf hierfür zum Ausdruck. Mit einer Konzeption werden dabei unterschiedliche Hoffnungen geknüpft, wie bspw. eine eindeutige Festlegung von Zuständigkeiten und Abläufen (vgl. SB05, Z. 144–148), Konkretisierung von Erwartungen der Organisation an die Beratungsstelle (vgl. SB02, Z. 115–124), Darstellung der eigenen Kompetenz und Offenlegung von Kriterien zur Leistungsmessung (vgl. SB10, Z. 84–92).

*(3) Betriebs- bzw. Dienstvereinbarungen*

Im Laufe der Datenauswertung hat sich allmählich gezeigt, dass Betriebs- bzw. Dienstvereinbarungen (kurz: Vereinbarungen) mehrfach im Material auftauchen. Infolgedessen wurde eine Subkategorie gebildet, um weiter zu untersuchen, was Regelungsgegenstände respektiver Vereinbarungen sind und welche Bedeutung sie für die Arbeit der Sozialberatenden haben.

Im Material betreffen die meisten Vereinbarungen das Thema Sucht. Darüber hinaus werden einige Vereinbarungen zur betrieblichen Wiedereingliederung von Beschäftigten sowie zur Konfliktbearbeitung erwähnt. In den Vereinbarungen werden Abläufe im Falle des Eintritts bestimmter Situationen festgehalten (z. B., wenn süchtig gewordene Beschäftigte auf der Arbeitsstelle auffällig werden) und Zuständigkeiten in den Abläufen geregelt, ebenso wie Pflichten der Beschäftigten (z. B. Mitwirkungspflicht zur Bewältigung der Sucht, Auflage zum Aufsuchen der Sozialberatung), Pflichten der Führungskräfte (z. B. Fürsorgepflicht für Mitarbeitende), die Schweigepflicht der Beratenden und die Möglichkeit für Beschäftigte, Beratung innerhalb der Arbeitszeit in Anspruch zu nehmen.

Betriebs- bzw. Dienstvereinbarungen können insoweit für die Konstituierung des Arbeitsaufgabenprofils betrieblicher Sozialberatender relevant sein, dass sie bestimmte Zuständigkeitsbereiche und Arbeitsaufgaben verbindlich regeln. *Direkt* geschieht dies, wenn in einer Vereinbarung zur Konfliktbearbeitung bspw. festgelegt wird, dass die Sozialberatung für Konfliktberatungen und Konfliktmoderationen zuständig ist. *Indirekt* geschieht dies hingegen, wenn bspw. in einer Vereinbarung zum Thema Sucht die Mitwirkungspflicht der Betroffenen in Form einer Auflage verankert ist, die Beratung aufzusuchen. Dadurch kann allerdings ein Zwangskontext entstehen, der konträr zum Freiwilligkeitsprinzip der Inanspruchnahme steht (vgl. Kapitel 8.1.7.1). Somit kann die Einbindung in Vereinbarungen zwar grundsätzlich dazu beisteuern, die Position und Funktion von Sozialberatungen in Organisationen zu stärken, aber sie ist nicht mit einer Garantie gleichzusetzen, dass vorgeschriebene Zuständigkeiten und Abläufe auch stets tatsächlich eingehalten werden.

Mit Stellenbeschreibungen, Konzeptionen sowie Betriebs- bzw. Dienstvereinbarungen wurden in dieser Studie drei Formen herausgearbeitet, wie Aufgaben für Sozialberatende mehr oder minder verbindlich geregelt sein können. Beachtenswert ist jedoch, dass es hierzu Differenzen im Sample gibt, weshalb nicht davon ausgegangen werden kann, dass eine von ihnen fallübergreifend dominiert. Vielmehr hat sich der Eindruck verfestigt, dass die Herausbildung und Verankerung von Arbeitsaufgaben sich in Prozessen vollziehen, welche per se komplex sowie dynamisch sind und nur bedingt durch standardisierte Dokumente abbildbar sind. Nichtsdestotrotz kann es für weitere Studien fruchtbar sein, Stellenbeschreibungen, Konzeptionen und Betriebs- bzw. Dienstvereinbarungen im Rahmen von Dokumentenanalysen ergänzend zu anderen Erhebungsmethoden in Forschungsdesigns zu integrieren, um die Datengrundlage zu erweitern. Dies ist in der vorliegenden Untersuchung nicht erfolgt, sodass die Ergebnisse lediglich den Blickwinkel der befragten Fachkräfte wiedergeben können.

### Einblicke in die Entstehung von Arbeitsaufgaben

Die ersten Materialdurchgänge haben dafür sensibilisiert, dass aus Sicht der Befragten Arbeitsaufgaben nicht immer eindeutig von vornherein vorgegeben sind. Es wurde versucht, dies anhand der Stellenbeschreibungen, Konzeptionen und Betriebs- bzw. Dienstvereinbarungen zu zeigen. In diesem Abschnitt wird skizziert, dass Arbeitsaufgaben sich auch in dynamischen Prozessen des Suchens und des Aushandelns inmitten eines Spannungsfeldes zwischen Vorgaben, Erwartungen oder Wünschen anderer sowie der Eigeninitiative der Stelleninhaber:innen selbst herausbilden können.

Arbeitsaufgaben können vor allem durch übergeordnete Leitungspersonen bestimmt werden. Es lohnt sich deshalb, einen Blick darauf zu richten, welche Rolle die unmittelbaren Vorgesetzten dabei spielen, um Kontraste zwischen Fällen hervorzuheben. Wie oben skizziert, sind es in der Stichprobe oft nicht Personen mit sozialarbeiterischem Hintergrund, sondern Betriebsärztinnen und -ärzte sowie Leitende von Personalabteilungen, welche Vorgesetzte der Sozialberatenden sind (vgl. Kapitel 7.1). Dies kann zur Folge haben, dass sie nur begrenzt konkrete fachliche Anweisungen für ihre Arbeit erwarten können:

> „Wenn ich so etwas nicht nachfragen würde...also, ich weiß jetzt nicht, wie ich das sagen soll...ich bin allein fachlich für mich zuständig auch und ich kann eigentlich auch gucken, welche Bereiche ich da aufbaue. Also, im Fachbereich bin ich weisungsfrei. Ich habe da eigentlich keinen Vorgesetzten so gesehen, was es eben aber auch schwierig macht, weil ich ja aber trotzdem in finanziellen und arbeitsrechtlichen Bereichen habe ich natürlich schon eine Vorgesetzte. Mit der bespreche ich auch solche Sachen und auch mit den Vorgesetzten da drüber. Also, besprechen wir auch solche Sachen. Mit denen aber eher seltener. Das muss ich auch einfordern, wenn ich das will. Also, es kommt auch keiner zu mir und sagt: ‚Frau [Kruse], machen Sie doch mal das und das‘ und: ‚Das unterlassen Sie mal lieber, weil das wollen wir nicht mehr‘. Also, von außen kommt da eher wenig“ (SB02, Z. 386–396).

> „Das ist jetzt bisher nicht der Fall gewesen, weil ich bin jetzt hier so ein bisschen ein freischaffender Künstler (lachen), sage ich jetzt mal. Weil habe zwar eine Vorgesetzte, die kann mir aber fachlich nichts sagen, sodass ich hier im Freiflug bin sozusagen. Ich habe hier sehr viel Freiheit, was das angelangt, sodass ich das, wenn dann eher allein entscheide, ob ich eine Aufgabe dazu nehme oder eine Aufgabe nicht mehr machen werde. Klar muss ich das mit ihr abstimmen, aber dass sie jetzt mir was vorgibt, ist bisher nicht der Fall gewesen“ (SB10, Z. 421–428).

In beiden Auszügen machen die Befragten im Grunde deutlich, dass sie in fachlicher Hinsicht auf sich selbst gestellt sind. Zwar haben sie Vorgesetzte, mit denen sie sich absprechen können, weder erhalten sie von diesen jedoch genaue Vorgaben noch werden sie in ihrer Arbeit eingeschränkt. Deshalb visualisiert die Fachkraft im zweiten Interviewausschnitt ihre Situation mit der Metapher des „freischaffenden Künstlers". In Anlehnung an das, was Voß und Pongratz (1998, S. 139) in ihren Überlegungen zum Typus des Arbeitskraftunternehmers als „Arbeitskraftverausgabung" verstehen, deuten die Beispiele darauf hin, dass die Sozialberatenden vor der Herausforderung stehen, ihre eigene Arbeit aktiv und selbstständig steuern und überwachen zu müssen, unterdessen Vorgaben durch Organisationen (wenn überhaupt) nur in Ansätzen vorhanden sind.

In anderen Fällen bilden sich (neue) Arbeitsaufgaben in der Aushandlung zwischen Vorgesetzten und Fachkräften heraus, doch auch hier sind Initiativen aufseiten der Sozialberatenden gefordert. Dies zeigt sich im folgenden Datenauszug, in dem das Einbringen eigener Impulse sowohl Chance zur aktiven Mitgestaltung als auch Erwartung seitens der Vorgesetzten darstellt:

> „Aber es ist auch die Möglichkeit...also, ich habe auch während meiner Arbeit hier auch eigene Ideen gehabt. Das ist ja das Schöne daran und habe dann praktisch meine Chefs dafür gewinnen können (lachen), so, ne? Also, man kann auch eigene Ideen aus der Praxis quasi einbringen und hat Möglichkeiten, da als Mitarbeiter was zu gestalten. So. (...) Also, das sehe ich auch als meine Aufgabe an, auch selber aus der Praxis raus quasi auch mit eigenen Ideen zu kommen. Das ist schon auch eine Erwartung, ne?" (SB13, Z. 444–450).

Wie der Interviewausschnitt zeigt, kann die Eigeninitiative der Fachkräfte eine essenzielle Rolle in der Formierung von Aufgabenprofilen einnehmen. Die Möglichkeit und Erwünschtheit zur aktiven Mitgestaltung werden von mehreren Befragten begrüßt. Beispielshalber kann die Gründung einer Gesprächsgruppe initiiert werden, wenn sich abzeichnet, dass in Einzelberatungen mehrere Hilfesuchende zeitgleich zu ähnlichen Anliegen betreut werden (vgl. SB14, Z. 470–475). Eine weitere Variante zur Erschließung neuer Arbeitsaufgaben ist dadurch geprägt, dass die Mitarbeit mit bzw. in anderen Organisationsbereichen von den Fachkräften aktiv eingefordert wird (vgl. SB09, Z. 603–608). Die Herausbildung neuer Aufgaben ist allerdings nicht immer auf das Engagement von Einzelpersonen eingegrenzt, sondern kann auch Resultat kooperativer Prozesse sein. Hat eine Organisation mehrere Sozialberatungsstellen an verschiedenen Standorten, können neue Angebote durch übergreifende Arbeitsgruppen entwickelt werden. Die Entstehung von Aufgaben kann jedoch auch in Teams an einzelnen Standorten unter Berücksichtigung verfügbarer Kapazitäten und Interessen ausgehandelt werden (vgl. SB03, Z. 361–369).

Ferner können Impulse für neue Arbeitsaufgaben von außen an die Sozialberatung herangetragen werden: Erstens können neue Aufgaben sich aus der Arbeit in Projekten oder der Mitwirkung in Gremien herausbilden (vgl. Kapitel 8.8). Zweitens können Adressat:innen konkrete Bedarfe oder Wünsche melden. Drittens können neue Arbeitsaufgaben aus aktuellen Entwicklungen emergieren, bspw. aus Bedarfserhebungen, Jahresberichten (vgl. Kapitel 9.2) oder außerordentlichen Krisensituationen (vgl. Kapitel 8.8).

Arbeitsaufgabenprofile dehnen sich jedoch nicht ins Unermessliche aus, sondern sie wandeln sich. In dynamischen, fortwährenden Prozessen können einzelne Aufgaben neu entstehen, inhaltlich modifiziert oder entfernt werden. Grenzen werden u. a. gesetzt, wenn Vorgesetzte darüber entscheiden, was angeboten werden soll und was nicht (mehr) (vgl. SB07, Z. 920–924). Vorhandene personelle Kapazitäten und Ressourcen im Sinne von Zeit, Qualifikationen, Interessen etc. können ausschlaggebend dafür sein, wie breit und divers das Angebotsspektrum einer Sozialberatungsstelle ist (vgl. SB07, Z. 847–859). Nicht zuletzt hängt die Genese von Arbeitsaufgaben auch von der (antizipierten) Nachfrage der Angebote durch Adressat:innen ab (vgl. SB08, Z. 971–979).

Wurden die Sozialberatenden in den Interviews nach der Entstehung ihrer Arbeitsaufgaben gefragt, antworteten sie erst einmal häufig mit kurzen und bündigen Phrasen wie: „Die kommen einfach so“ oder: „Die landen irgendwie bei uns“. Die Befunde illustrieren jedoch, dass die Herausbildung von Arbeitsaufgaben in der betrieblichen Sozialberatung komplex ist und sich aus diversen Varianten mit jeweils unterschiedlichen Konstellationen speist. Ein standardisierter Prozess lässt sich hierbei nicht feststellen. Im Anschluss an die oberen Ausführungen zur Herausbildung und Verankerung von Aufgaben werden im kommenden Kapitel die Arbeitsaufgaben des befragten Personals in der betrieblichen Sozialberatung entlang des Datenmaterials eingehend rekonstruiert.

# 8 Arbeitsaufgaben und Kompetenzanforderungen in der betrieblichen Sozialberatung

Der Forschungsüberblick hat deutlich gemacht, dass das Personal in der betrieblichen Sozialberatung ein breites Spektrum an Aufgaben verrichtet (vgl. Kapitel 3.2.2). Die Vielfältigkeit und Vielschichtigkeit der Aufgaben kommen auch in den Ergebnissen der vorliegenden Untersuchung zum Ausdruck. Es kann bestätigt werden, dass die Beratung von Einzelpersonen nach wie vor das „Herzstück" der betrieblichen Sozialen Arbeit bildet. Darüber hinaus haben jedoch auch andere Arbeitsaufgaben eine bedeutsame Rolle im Arbeitsalltag der Fachkräfte. Mittels eines qualitativ-explorativen Zugangs konnten in dieser Studie insgesamt acht Arbeitsaufgabenkomplexe[41] identifiziert werden, die in Abbildung 6 dargestellt sind. Selbsterklärend ist die Abbildung idealtypisch und dient vor allem analytischen Zwecken, denn nicht alle Komplexe werden von allen Fachkräften in gleichen Umfängen wahrgenommen. Organisationale Kontexte können mitbestimmen, wie einzelne Arbeitsaufgaben gewichtet sind und bearbeitet werden (vgl. Kapitel 7). Ferner bleibt zu bedenken, dass die Arbeitsaufgaben nicht voneinander losgelöst zu betrachten sind, sondern sie können einander bedingen, miteinander in Wechselwirkung stehen: Beispielsweise kann es in der Beratung vorkommen, dass Hilfesuchende an andere Stellen weitervermittelt werden müssen, um die Unterstützungsleistungen zu erhalten, die sie zu dem Zeitpunkt benötigen. Dafür ist die fortwährende Gestaltung von Kooperationen hilfreich, um Vermittlungen zielgerichtet und effektiv vornehmen zu können. Ebenso können die Durchführung von Beratungen und die Gestaltung von Lehr-Lern-Veranstaltungen in einem Wechselwirkungsverhältnis stehen. So können Themen, die häufig in Beratungen vorkommen, als Anlass genommen werden, um Seminare zu konzipieren. Andersherum können Teilnehmende an Seminaren dazu ermutigt werden, Beratungen in Anspruch zu nehmen, um bilateral und in einem persönlicheren Setting ihre Anliegen zu besprechen.

41 Im Prozess der Datenauswertung wurden in einem ersten Schritt sämtliche einzelne Tätigkeiten im Datenmaterial identifiziert und codiert. Die codierten Textstellen wurden in Orientierung an der Mayring'schen Technik der *Zusammenfassung* reduziert, um „durch Abstraktion einen überschaubaren Corpus zu schaffen, der immer noch Abbild des Grundmaterials ist" (Mayring 2015, S. 67). Die Tätigkeiten wurden daraufhin zu Arbeitsaufgaben verdichtet. Inhaltlich verwandte Arbeitsaufgaben wurden abschließend zu Arbeitsaufgabenkomplexen gebündelt (vgl. Kapitel 2.3).

**Abbildung 6:** Überblick Arbeitsaufgabenkomplexe (Quelle: Autor)

Im Folgenden werden die Ergebnisse zu den Arbeitsaufgabenkomplexen präsentiert. Deskriptiv und materialgeleitet wird beschrieben, was betriebliche Sozialberatende in ihrem beruflichen Arbeitsalltag machen, wie sie vorgehen und weshalb sie so vorgehen. Ziel ist es, einen Einblick in die Arbeit der Fachkräfte zu geben und Ergebnisse mit Befunden aus dem Forschungsstand zu spiegeln. Anhand zweier Arbeitsaufgaben, nämlich der Durchführung der Beratungen (vgl. Kapitel 8.1) und Lehr-Lern-Veranstaltungen (vgl. Kapitel 8.4), werden außerdem exemplarisch Ergebnisse zu der Frage präsentiert, welche Kompetenzanforderungen aus Sicht der Fachkräfte mit ihnen verbunden sind.

## 8.1 Durchführung von Beratungen

Übereinstimmend mit dem Forschungsstand (vgl. Kapitel 3.2.2), nimmt die Beratungsarbeit auch in dieser Untersuchung eine prominente Rolle ein. Sie wird von allen Befragten durchgeführt und mehrfach als Kernaufgabe mit dem größten Zeitvolumen und der obersten Priorität eingeschätzt (vgl. SB04, Z. 293–295; SB05, Z. 192–194; SB07, Z. 860–866; SB11, Z. 185–188). Für sie werden seitens der Praktiker:innen verschiedene Bezeichnungen genutzt wie z. B. *klassische Beratung, Einzelfallberatung, Individualberatung, Eins-zu-eins-Beratung* oder *psychosoziale Beratung.*

Als Ausgangspunkt der Ergebnispräsentation dient folgende Definition, die *professionelle Beratung* von informeller und halbformalisierter Beratung abgrenzt, gleichwohl weitgehend offen formuliert und nicht auf spezifische Beratungskonzepte eingeengt ist. Ihr zufolge ist professionelle Beratung

> „Kommunikation über Fragen, Anliegen und Schwierigkeiten einer Person, einer Gruppe oder Organisation mit jemand inhaltlich Ausgewiesenem (einer Berater_in oder einem Beratungsteam, Online-Beratungs-Tool etc.), der dabei behilflich ist, die Ausgangssituation zu reflektieren, Perspektiven zu erweitern, angemessene Informationen und Lösungsmöglichkeiten zu finden, Entscheidungen vorzubereiten, Belastungen und Krisen besser bewältigen zu können und weitere Handlungsoptionen zu entwickeln. Beratung bietet Klient_innen die Möglichkeit zu ‚reden' und Zuhörer_innen zu finden sowie Information und reflexive Hilfe bei der kognitiven und emotionalen *Orientierung* in schwer durchschaubaren, komplexen Situationen und Lebenslagen. Sie unterstützt Ratsuchende dabei, selbstbestimmt *Entscheidungen* treffen zu können oder sich Optionen bewusst offenzuhalten. Dabei leistet Beratung Beistand für konstruktive Zukunftsüberlegungen und das *Planen* erster Schritte, die aus neu gewonnenen Orientierungen resultieren, und sie begleitet erstes *Handeln* mit Reflexionsangeboten. Kurz gefasst: Beratung ist Orientierungs-, Entscheidungs-, Planungs- und Handlungshilfe" (Sickendiek und Nestmann 2018, S. 218; Hervorhebung im Original).

Beratung ist in nahezu allen Feldern Sozialer Arbeit sowohl ein zentraler Handlungsansatz als auch eine Querschnittsmethode, die sich durch andere Arbeitsweisen zieht (vgl. Sickendiek et al. 2008, S. 13; Sickendiek und Nestmann 2018, S. 217). Was bedeutet es jedoch genau, Beratung in der betrieblichen Sozialen Arbeit durchzuführen?

In den Daten befindet sich unter dem Mantelbegriff *Beratung* ein Bündel an Tätigkeiten entlang eines komplexen Arbeitsprozesses, welcher neben der Führung persönlicher Beratungsgespräche per se eine Reihe weiterer Aspekte umfasst. Ziel ist es, Beratungsprozesse so zu rekonstruieren, wie sie von den Interviewten geschildert werden. Dadurch soll ein Zugang erschlossen werden, wie die Fachkräfte ihre Beratungsarbeit umsetzen, welche Probleme dabei auftauchen können und wie sie damit umgehen. Obwohl es in der Literatur eine Vielzahl an Vorschlägen zur Strukturierung und Gestaltung der Fallarbeit in der Sozialen Arbeit gibt (vgl. Michel-Schwartze 2009, S. 135; Preis 2011, S. 71), wurde in der Datenauswertung ein exploratives Vorgehen bevorzugt, um größtmögliche Offenheit gegenüber den Daten zu bewahren. In den kommenden Abschnitten wird der Prozess der Beratung sukzessive und materialgeleitet erschlossen.

### 8.1.1 Zielgruppen

Die Beratung richtet sich an mehrere Personengruppen. Diese können dahingehend unterschieden werden, ob sie sich inner- oder außerhalb jener Organisationen befinden, in denen die betrieblichen Sozialberatungen verortet sind: Personengruppen *in* Organisationen können als primäre Zielgruppen bezeichnet werden. Dazu gehören Mitarbeitende, Führungskräfte, Funktionstragende (z. B. Mitglieder des Betriebsrats), Auszubildende und Studierende. Personengruppen, die sich *außerhalb* der Organisationen befinden und trotzdem Beratungen in Anspruch nehmen dürfen, können hingegen als sekundäre Zielgruppen bezeichnet werden. Bei ihnen handelt es sich um Angehörige von Organisationsmitgliedern (z. B. Partner:innen, Kinder, Eltern) oder ehemalige Beschäftigte.

### 8.1.2 Beratungsanliegen

Diverse Anliegen können eine Kontaktaufnahme zur Sozialberatung auslösen und im Verlauf eines etablierten Kontakts können wiederum weitere Anliegen hervortreten. Das Datenmaterial hierzu wurde mit dem Ziel einer besseren Überschaubarkeit reduziert und anschließend sortiert. Infolgedessen können sieben Themenbereiche mit Beispielen differenziert werden (vgl. Tabelle 20):

**Tabelle 20:** Anliegen für Beratung (Quelle: Autor)

| Themenbereiche | Anliegen |
|---|---|
| 1. Gesundheit und Krankheit | Belastungen/Überlastungen<br>Überforderung<br>Unterforderung<br>Schlafstörungen<br>Stress<br>Erschöpfung<br>Burnout<br>Depressionen<br>Ängste (z. B. Prüfungsangst)<br>Trauma (z. B. Erleben eines Verkehrsunfalls)<br>Zwänge<br>Psychosen<br>Sucht<br>Schizophrenie<br>Lernstörungen<br>Hilfebedarf bei der Suche nach Therapiemöglichkeiten<br>Hilfebedarf bei Sozialadministrativem (z. B. Beantragung einer Rehabilitationsmaßnahme, einer Erwerbsminderungsrente)<br>Längere Erkrankungsphasen und Wiedereingliederung in den Betrieb<br>Abnehmende Leistungsfähigkeit auf der Arbeit<br>Eigene Pflegebedürftigkeit |
| 2. Zwischenmenschliche Konflikte am Arbeitsplatz | Missverständnisse<br>Spannungen und Konflikte mit Teammitgliedern<br>Spannungen und Konflikte mit Führungskräften (z. B. Erfahrung von Abwertung, Wahrnehmung fehlender Wertschätzung, Gefühl, ungerecht behandelt zu werden)<br>Mobbing |
| 3. Partnerschaft, Ehe und Familie | Eltern werden und Eltern sein (z. B. Probleme in Verbindung mit einer Schwangerschaft, Elternzeit, Elterngeld, Kinderbetreuungsmöglichkeiten)<br>Probleme und Konflikte in der Familie<br>Probleme in Partnerschaft/Ehe (z. B. Erfahrung von häuslicher Gewalt)<br>Trennung/Scheidung |

*(Fortsetzung Tabelle 20)*

| Themenbereiche | Anliegen |
|---|---|
| 3. Partnerschaft, Ehe und Familie | Veränderungen der Haushaltssituation<br>Unterhaltszahlungen<br>Fragen zur Erziehung von Kindern<br>Probleme mit Kindern (z. B. Umgang mit drogenabhängigen Kindern)<br>Weggang der Kinder aus dem elterlichen Haushalt<br>Erkrankung von Angehörigen<br>Pflege von Angehörigen<br>Tod von Angehörigen |
| 4. Existenzsicherung | Finanzielle Probleme (z. B. Schulden, Insolvenz)<br>Beantragung oder Sicherung einer Unterkunft |
| 5. Übergänge | Eltern werden (z. B. Probleme in Verbindung mit einer Schwangerschaft, Elternzeit, Elterngeld, Kinderbetreuuungsmöglichkeiten)<br>Weggang der Kinder aus dem elterlichen Haushalt<br>Wiedereingliederung in den Betrieb nach Krankheitsphasen<br>Vorbereitung auf Arbeitsunfähigkeit<br>Vorbereitung auf Ruhestand |
| 6. Veränderungen in der Arbeitssituation | Veränderungen durch neue Vorgesetzte<br>Versetzung an andere Standorte<br>Einsätze im Ausland |
| 7. Sonstige | Fernbleiben vom Arbeitsplatz<br>Vereinbarkeit von Beruf und Privatleben<br>Wunsch nach beruflicher Umorientierung oder Weiterentwicklung<br>Lebenssinnfragen<br>Einsamkeit |

Mit der Tabelle kann kein Anspruch auf Vollständigkeit und Generalisierbarkeit erhoben werden. Dennoch macht sie die Bandbreite der Themen sichtbar, die Gegenstand von Beratungsgesprächen sein können. Häufig besteht ein Bezug zu kritischen Lebenssituationen und wichtigen Aspekten der Lebensführung (vgl. Sickendiek und Nestmann 2018, S. 218). In der Analyse wird deutlich, dass die ersten drei Themenbereiche eine herausragende Rolle einnehmen und entsprechende Anliegen in fast allen Interviews genannt wurden: Der *erste* Themenbereich umfasst psychische Probleme und Störungen sowie konkrete Unterstützungsbedarfe (z. B. Suche nach Therapieplätzen, sozialadministrative Angelegenheiten, Wiedereingliederungen nach längeren Phasen der Erkrankung)[42]. Der *zweite* Themenbereich beinhaltet interpersonelle Konflikte am Arbeitsplatz, die Personen mit Vorgesetzten oder Teammitgliedern haben und für sie Beanspruchungen darstellen. Der *dritte* Themenbereich richtet hingegen den Fokus ausschließlich auf das Privatleben der zu Beratenden und umschließt Fragen, Sorgen und Probleme, die mit ihren Rollen als (Ehe-)Partner:innen, Elternteile und/oder Kinder verbunden sind. Beleuchtet werden hier sowohl *normative* Ereignisse

42 Die Suchtberatung wurde diesem Themenbereich zugeordnet. Auffällig ist, dass suchtbezogene Themen eine eher untergeordnete Rolle spielen. Das ist insofern verwunderlich, da die Suchthilfe in der jüngeren Geschichte der Sozialen Arbeit in Betrieben einst eine prominente Rolle eingenommen hat (vgl. Engler 1996, S. 122–123). Im Material lassen sich Hinweise finden, dass Suchtberatungen abgenommen haben bzw. weniger vorkommen (vgl. SB02, Z. 29–32; SB05, Z. 271–277; SB07, Z. 917–927; SB09, Z. 275–278; SB10, Z. 139–140). Nichtsdestotrotz wird diese Entwicklung nicht mit einem Rückgang von Suchtproblemen gleichgesetzt. Stattdessen wird eine höhere Dunkelziffer vermutet. Ursachen dieser Entwicklung werden im Anstieg entsprechender Betriebs- bzw. Dienstvereinbarungen oder in der veränderten Prioritätensetzung seitens leitender Personen gesehen.

und Übergänge im Leben, bspw. die Geburt eines Kindes und der Übergang zur Elternschaft, der Auszug erwachsener Kinder aus dem elterlichem Haushalt oder die Pflege der älter gewordenen Eltern oder der Partner:innen (vgl. Pinquart und Silbereisen 2007, S. 491–504), als auch *nicht-normative* Ereignisse wie das Zerbrechen einer Partnerschaft/Ehe oder der Verlust naher Angehöriger und alle damit verbundenen Konsequenzen (vgl. Faltermaier et al. 2002, S. 75). Alles in allem spiegeln die oben gelisteten Anliegen eine Entwicklung wider, die Sickendiek und Nestmann (2018, S. 223) beobachtet haben, nämlich dass Beratung in der Sozialen Arbeit sich längst nicht mehr nur auf prekäre Lebenslagen fokussiert, sondern sich auf die gesamte Lebensspanne der Ratsuchenden ausgeweitet hat:

> „Neben Fragen von Aufwachsen, Erziehung, Bildung, Ausbildung, Familie etc. treten vermehrt u. a. berufliche Problemlagen im Kontext des sogenannten ‚lebensbegleitenden Lernens', Fragen von sozial integrierter Lebensführung im Rentenalter sowie von Pflegebedürftigkeit und in Familien geleisteter Pflege alter Angehöriger" (Sickendiek und Nestmann 2018, S. 223).

Nicht alle Themen werden in allen Sozialberatungsstellen im gleichen Maße abgedeckt. Vielmehr kann es verschiedene Akzentuierungen geben. Während in manchen ein weites Spektrum an Themen bedient wird (vgl. z. B. SB02; SB14; SB15; SB16), verdichten sich hingegen die Themen in anderen auf einige wenige Bereiche (vgl. z. B. SB05, SB02). Ausschlaggebend können kontextuelle Rahmenbedingungen sein (vgl. Kapitel 7.1): Ist z. B. der Altersdurchschnitt in der Belegschaft höher, können Themen wie das Erleben abnehmender Leistungsfähigkeit auf der Arbeit, die Pflege und der Verlust von Angehörigen oder die Vorbereitung des Übergangs in die Nacherwerbsphase tendenziell mehr in Beratungen vorkommen. Ist der Altersdurchschnitt hingegen niedriger, könnten Themen wie Familiengründung, Kindererziehung und Kinderbetreuung eher eine größere Rolle spielen. Erneut lässt sich hiermit zeigen, dass organisationale Bedingungen (z. B. die soziodemografische Struktur der Belegschaft) die Arbeit der Fachkräfte tangieren können.

### 8.1.3 Formen der Kontaktaufnahme

Die Kontaktaufnahme ist jener Moment, in dem ein erster „Berührungspunkt" zwischen Beratenden und zu Beratenden entsteht. In der Datenanalyse hat sich gezeigt, dass die Kontaktaufnahme aufseiten der Fachkräfte sowohl eine passive als auch eine aktive Komponente hat: Die *passive* Komponente beinhaltet das Warten auf Anfragen. Die *aktive* Komponente umfasst indes ein bewusstes und planmäßiges Gestalten von Zugangsmöglichkeiten. Unter diesen Umständen kann die Gestaltung der Kontaktaufnahme als eine eigene Arbeitsaufgabe betrachtet werden (vgl. Tabelle 21):

**Tabelle 21:** Ermöglichung und Gestaltung der Kontaktaufnahme (Quelle: Autor)

| Arbeitsaufgaben und Tätigkeiten |
|---|
| **Kontaktaufnahme zur Beratung ermöglichen und gestalten**<br>• Telefonsprechzeiten für Terminanfragen durchführen<br>• Anfragen aufnehmen und konkretisieren<br>– Anliegen klären<br>– Überprüfen, ob anfragende Personen schon einmal in der Beratung gewesen sind<br>– Präferenzen hinsichtlich des Geschlechts der Beratenden klären<br>– Präferenzen hinsichtlich der Beratungsformate klären<br>• Aufgenommene Fälle im Team besprechen und ggf. aufteilen<br>• Termine für Erstgespräche vereinbaren<br>• Mögliche weitere Hilfebedarfe ermitteln (z. B. für Führungskräfte)<br>• Vor-Ort-Aktionen durchführen (z. B. Rundgänge, Sprechtage an anderen Standorten)<br>• Dritte über Modalitäten der Kontaktaufnahme aufklären |

Es können drei Formen der Kontaktaufnahme, die durch verschiedene Personen initiiert sind, differenziert werden: (1) zu Beratende kontaktieren mit einem Anliegen eigenständig die Sozialberatungen; (2) zu Beratende werden von anderen Personen an die Sozialberatungen vermittelt bzw. empfohlen (u. a. Führungskräfte, Mitarbeitende aus Personalabteilungen oder der Betriebsmedizin); (3) zu Beratende müssen aufgrund bestimmter Vorfälle im Rahmen von Mitwirkungspflichten die Sozialberatungen aufsuchen.

Üblicherweise erfolgen (erste) Kontaktaufnahmen per Telefon oder E-Mail. In manchen Organisationen besteht auch die Option, dass Terminvorschläge über dienstliche Onlinekalender an Beratende verschickt werden können. Die Bedienung multipler Kontaktmöglichkeiten ist insofern wichtig, weil nicht in allen Sozialberatungen spontane „Komm-Strukturen" vorhanden sind. Dies kann räumliche Gründe haben, wenn kein Vorzimmer vorhanden ist, in dem Wartende sich diskret aufhalten können, ohne von anderen Personen gesehen zu werden. Dies kann aber auch arbeitsorganisatorische Gründe haben, wenn die Terminkalender der Beratenden stark ausgelastet sind und regelmäßig fixe Zeitfenster eingeplant sind, die gesondert dem Zweck dienen, Terminanfragen entgegenzunehmen. Für Zielgruppen, bei denen eine hohe Hemmschwelle vermutet wird (z. B. wegen sprachlicher Barrieren), werden Ansätze von „Geh-Strukturen" umgesetzt, wie folgende Passage demonstriert:

> „Ich gehe einfach durch die Halle oder manchmal ruft auch ein [Abteilungsleiter] an, ruft der Vorgesetzte dann an und: ‚Hier, ich hätte jemanden. Kannst du mal vorbeikommen?'. Gut. Dann gehe ich hin und rede erstmal in der Halle irgendwo zwischen den Regalen oder so mit dem, was ist überhaupt los? In welcher Sprache auch immer. Dann ist es manchmal auch so, wenn ich da mit jemandem stehe und wir da irgend so einen Brief zum Beispiel gerade lesen. Das sieht jemand anderes, der stellt sich an. Manchmal stehen die in der Halle unten Schlange. Dann stehen da drei, vier hintereinander. Das sind dann welche, die würden nie bei mir anrufen. Das heißt, ich muss draußen sein und einfach greifbar sein. Ich mache jeden Tag [mehrere] Rundgänge, wo ich dann einfach ansprechbar bin" (SB05, Z. 227–236).

In einer ethnografischen Studie zum professionellen Handeln des Personals in der Kinder- und Jugendarbeit haben Cloos und Köngeter (2021, S. 178–179) drei Platzierungspraktiken herausgearbeitet, um zu beschreiben, wie sich Jugendarbeitende (räumlich) im Verhältnis zu ihren Klient:innen bewegen und positionieren: (1) „Umherschweifen", (2) „Sich (präsent) zeigen" und (3) „Sich separieren und Gravitation erzeugen". Am Beispiel des oberen Datenauszugs trifft die zweite Platzierungspraktik zu: Die Fachkraft ist mehrmals am Tag im Betrieb unterwegs, um sichtbar zu sein. Diverse Orte im Gebäude, wie eine Halle, können durch ihre Anwesenheit zum Kontaktpunkt werden, an dem Interventionen entweder sofort durchgeführt oder zumindest initiiert werden. In anderen Fällen bleibt zu vermuten, dass die dritte Praktik dominiert, d. h. die Büros der Sozialberatenden sind zentrale Räumlichkeiten, in welchen sich das Beratungsgeschehen abspielt (vgl. Cloos und Köngeter 2021, S. 179).

Die Aufnahme von Kontaktanfragen kann weitere Tätigkeiten beinhalten, wie z. B. erste grobe Eruierungen der Anliegen, Überprüfung, ob Anfragende schon einmal Beratungen in Anspruch genommen haben und ob Fortsetzungen der Beratungen bei vormalig beratenden Personen erfolgen sollen, Klärung der Präferenzen hinsichtlich Geschlechter der beratenden Personen und Beratungsformate (persönlich, telefonisch, videotelefonisch). In mehrköpfigen Teams[43] – und vor allem bei Beratungsanliegen, für deren Bearbeitung spezielle Qualifikationen von Vorteil sind – kann es vorkommen, dass neue Anfragen erst im Team besprochen und aufgeteilt werden müssen, bevor konkrete Terminplanungen erfolgen können.

Im Gefüge der Arbeitsaufgaben der betrieblichen Sozialen Arbeit steht die Gestaltung der Kontaktaufnahme in enger Verzahnung zur Gestaltung der Öffentlichkeitsarbeit (vgl. Kapitel 8.7). Dahinter befindet sich folgende These: Je nachdem, wie Mittel und Maßnahmen der Öffentlichkeitsarbeit eingesetzt und ausgeschöpft sind, kann dies einen Einfluss auf die Sichtbarkeit und damit auf die Möglichkeiten der Beratungsstellen haben, um Zielgruppen (frühzeitig) zu erreichen.

### 8.1.4 Auftakt der Beratung

Infolge gelungener Kontaktanbahnungen werden Klient:innen zu Terminen eingeladen, bei denen sog. *Erstgespräche* geführt werden. In Erstgesprächen werden die Weichen für die weitere Zusammenarbeit gelegt. Die basale Bedeutung der Erstgespräche erklärt Preis (2011, S. 72) damit, dass Betroffene sich zu den jeweiligen Zeitpunkten häufig in Ausnahmesituationen befänden, die unangenehme innere Spannungszustände hervorrufen können, weil für sie noch ungewiss ist, was auf sie zukommen wird. Deshalb geht es in Auftaktphasen im Kern darum, Rahmenbedingungen für die Beratungsarbeit festzulegen, erste Situations- und Problemanalysen vorzunehmen und Aufträge zu formulieren.

43 Im Kapitel 7.1 wurde herausgearbeitet, dass Diversität in Sozialberatungsteams förderlich für die Durchführung verschiedener Arbeitsaufgaben sein kann. An diesem Beispiel wird deutlich, dass es nur in mehrköpfigen Teams mit Beratenden unterschiedlicher Geschlechter und Qualifikationen möglich sein kann, Hilfesuchenden eine Wahlfreiheit zwischen Beratenden verschiedenen Geschlechts zu geben und neue Beratungsfälle im Einklang mit speziellen Abschlüssen im Team aufzuteilen. Diese Optionen sind hingegen nicht gegeben, wenn eine Beratungsstelle nur aus einer Person besteht.

### 8.1.4.1 Klärung der Rahmenbedingungen

Klärungen von Rahmenbedingungen umfassen im Wesentlichen das gegenseitige Kennenlernen sowie die Abstimmung organisatorischer und inhaltlicher Eckpunkte für das weitere Vorgehen (vgl. Tabelle 22):

**Tabelle 22:** Klärung von Rahmenbedingungen für die Beratung (Quelle: Autor)

| Arbeitsaufgaben und Tätigkeiten |
| --- |
| **Rahmenbedingungen für die Beratung klären**<br>• Sich selbst, Aufgaben und berufliche Rolle vorstellen<br>• Gesetzliche Grundlagen zu Verschwiegenheit und Vertraulichkeit erklären (Schweigepflicht, Datenschutz)<br>• Prinzip der Freiwilligkeit darlegen<br>• Erlaubnis einholen, um Kontaktmöglichkeiten festzuhalten und Dokumentationen durchzuführen<br>• Möglichkeiten für Beraterwechsel klären, falls Bedarfe vorhanden sind<br>• Folgetermine planen |

Die Ausführung dieser Aufgabe erfüllt grundlegende Funktionen für weitere Beratungsverläufe. Allen voran geht es um die Schaffung einer Atmosphäre, die sich förderlich auf Vertrauens- und Beziehungsaufbau auswirkt (vgl. SB01, Z. 544–547; SB04, Z. 321–322; SB14, Z. 396–397). Dieser Aspekt ist von umso größerer Bedeutung, wenn Erstgespräche nicht auf einer gänzlich freiwilligen Basis beruhen, sondern von Klient:innen als Zwangskontexte wahrgenommen werden (vgl. SB15, Z. 321–325); darauf wird im Kapitel 8.1.7.1 ausführlicher eingegangen.

In Erstgesprächen können die Beratenden sich selbst, ihre beruflichen Rollen und Aufgaben vorstellen. Die Darlegung der Rollen dient dazu, die fachliche Unabhängigkeit zu betonen und potenzielle Einflussnahmen durch Dritte auszuschließen (vgl. SB11, Z. 260–264; SB15, Z. 357–362). Im Zusammenhang hiermit ist die Akzentuierung des Prinzips der Vertraulichkeit und Verschwiegenheit von Relevanz, um mögliche Hemmschwellen und Misstrauen abzubauen. Das Prinzip der Freiwilligkeit und die Souveränität der Klient:innen im Beratungskontext werden dadurch eingelöst, dass den zu Beratenden überlassen bleibt, welche Informationen sie zu teilen bereit sind und welche nicht (von privaten Kontaktmöglichkeiten bis hin zu diagnostischen Befunden), inwiefern die Schweigepflicht der Beratenden eingehalten oder aufgeweicht werden soll, ob Gesprächsnotizen angefertigt werden dürfen oder nicht.

### 8.1.4.2 Situations- und Problemanalysen

Die Auseinandersetzung mit den Situationen Hilfe suchender Personen und deren Anliegen, die sie zur Beratung geführt haben (vgl. Kapitel 8.1.2), kann ebenfalls Bestandteil von Erstgesprächen sein. Für Beratende besteht in dem Arbeitsschritt das Ziel darin, Problemwahrnehmungen ihres Gegenübers zu erfassen und für sich verstehbar zu machen.

In der Regel wird den Hilfesuchenden die Möglichkeit gegeben, nach eigenem Ermessen ihre Anliegen zu schildern, wie sie sie persönlich wahrnehmen (vgl. SB11, Z. 264–268; SB12, Z. 164–167). Erzählgenerierende Fragen können gestellt werden, um sie zum Sprechen zu ermutigen (vgl. SB13, Z. 185–188). Die Fachkräfte nehmen in der Phase zunächst die Rolle Zuhörender ein und stellen gezielt Fragen, um eigene Problemverständnisse zu schärfen und mit jenen des Gegenübers in Relation zu setzen. Fragen können sich auf Entstehungszusammenhänge von Problemen, den bisherigen Umgang mit ihnen und damit erlebte Erfahrungen beziehen (vgl. SB01, Z. 570–579). In einigen Fällen sind Bemühungen zu verzeichnen, Teilstandardisierungen vorzunehmen, indem Erhebungsinstrumente in Form von Leitfäden oder Fragebögen eingesetzt werden, welche bei Informationssammlungen und Problemeingrenzungen unterstützen sollen (vgl. SB06, Z. 175–178; SB07, Z. 330–336). Es zeigt sich nichtsdestotrotz, dass die Problemanalyse ein kooperativer Prozess des Aushandelns von Problemdefinitionen ist (vgl. Dewe et al. 2011, S. 40; Michel-Schwartze 2009, S. 137), welcher sich in der Kommunikation zwischen den Gesprächsbeteiligten entfaltet und einzelne Tätigkeiten wie das Erzählen, das aufmerksame Zuhören, das gezielte Stellen von Fragen und das Abgleichen von Perspektiven einschließt. In diesem kommunikativen Geschehen soll lebensweltliches Wissen der Klient:innen zu ihren Anliegen und Problemen der Lebensführung generiert werden, welches dagegen aufseiten der Beratenden „fallrelevantes Wissen" darstellt (vgl. Rüegger 2021, S. 253–254).

Im Zuge der Problemanalyse zeichnet sich die außerordentliche Komplexität sozialarbeiterischer Fallarbeit ab (vgl. Michel-Schwartze 2009, S. 122), denn Probleme bzw. Problemdefinitionen sind meist durch Offenheit und Dynamik gekennzeichnet. Die Vorstellung, stets *das* Problem identifizieren und lösen zu können, erscheint illusorisch. Es kann vorkommen, dass ein bestimmtes Problem lediglich als „Türöffner" zur Sozialberatung fungiert, aber im Laufe der Beratung schälen sich andere, weitere Probleme heraus:

> „Also, das erleben wir relativ häufig. Also, Beispiel: Da ruft ein Mann an, der sagt er, möchte gerne irgendwie zum Thema Pflege beraten werden. Und am Ende sitze ich eigentlich in der Paarberatung dort oder er hat eine Trauer nicht verarbeitet oder wie auch immer. Manchmal nennen die Menschen sehr verklausuliert, worum es eigentlich gehen soll, und dann geht es erstmal darum rauszufinden, was ist denn das eigentliche Thema dahinter, ne?" (SB07, Z. 342–347).

Häufig handelt es sich auch nicht um ein einzelnes Problem, das isolierbar ist. Stattdessen können multiple Problemlagen vorliegen, die in der Gesamtheit zu Problemkomplexen verstrickt sind:

> „Dass zum Beispiel ein Klient in die Beratung kommt und sagt: ‚Meine Frau hat sich von mir getrennt. Ich habe jetzt wahnsinnige Geldsorgen, habe aufgrund dessen angefangen, zu trinken, bin nicht mehr so leistungsfähig bei der Arbeit, habe hier schon die erste Abmahnung kassiert und konnte meine Miete seit zwei Monaten nicht mehr zahlen und stehe kurz vor der Obdachlosigkeit'. Also, das hat deutlich zugenommen. So erlebe ich das und im Austausch mit Kollegen erleben das Kollegen interessanterweise auch so, dass es eher eine Verquickung ist und man eher schauen muss, okay, bei dem Blumenstrauß an Themen, wo fangen wir an, ne? So, was ist jetzt gerade das Dringlichste, um beispielsweise, um bei dem Beispiel zu bleiben, eine Wohnung zu sichern, Wohnraum zu sichern, ne? Und dann sich quasi vorzuarbeiten" (SB09, Z. 288–298).

In dem Interviewausschnitt können mehrere Probleme zugleich identifiziert werden: Durchleben einer Trennung von der Ehefrau, finanzielle Engpässe, steigender Alkoholkonsum, sinkende Leistungsfähigkeit am Arbeitsplatz und darauf erfolgte Sanktionen (Abmahnung) sowie die unmittelbare Bedrohung, obdachlos zu werden. Dieser „Blumenstrauß“ an Themen fordert dazu auf, Probleme hinsichtlich ihres wahrgenommenen Grads der Dringlichkeit zu gewichten (vgl. Michel-Schwartze 2009, S. 139) und adäquate Ziele und Interventionen in Auftragsklärungen zu determinieren.

#### 8.1.4.3 Klärung des Auftrags

An die Problemdefinition schließt die Auftragsklärung an. Ziel ist, gemeinsam einen Auftrag (schriftlich) zu formulieren und eine tragfähige Arbeitsbeziehung zu konstituieren. Ein Auftrag stellt mehr oder minder eine verbindliche Basis für die weitere Zusammenarbeit dar. Die folgenden Aspekte können dabei Gegenstände eines Auftrags sein:

- Sondierung der Probleme nach ihrer Dringlichkeit, die es zu bearbeiten gilt;
- Bestimmung der derzeitigen Situation der betroffenen Person;
- Bestimmung von Zielen, Veränderungswünschen und Lösungsszenarien, die von der betroffenen Person anvisiert werden;
- Bestimmung vorhandener Ressourcen, die für die Problembearbeitung und Zielerreichung förderlich sein können;
- Eruierung von Möglichkeiten und Grenzen der Unterstützung;
- Überlegungen hinsichtlich des Einbezugs weiterer Akteur:innen;
- Planung des weiteren Vorgehens.

Auftragsklärungen verlangen ein hohes Maß an Reflexionsvermögen ab, denn die Beratenden müssen entscheiden, welche Anteile sie an zu betreuenden sozialen Prozessen übernehmen werden (vgl. Michel-Schwartze 2009, S. 138). Entsprechende Überlegungen der Fachkräfte, welche Beiträge sie in welchen Fällen tatsächlich leisten können, wollen oder dürfen, lassen sich mehrfach im Datenmaterial finden (vgl. SB02, Z. 194–199; SB07, Z. 609–613; SB11, Z. 266–270; SB13, Z. 192–194). Dazu gehören das Erkennen und das Akzeptieren des eigenen Kompetenzbereichs (vgl. Kapitel 8.1.7.3), aber auch das Urteilsvermögen und das Wissen darüber, welche anderen internen und externen Fachleute einzubinden sind, um jene Leistungen zu erbringen, die nicht selbst erbracht werden können (vgl. Kapitel 8.1.8).

### 8.1.5 Einblick in das Beratungsgeschehen

Das Beraten ist häufig mit weiteren Tätigkeiten verwoben, sodass eine strikte Trennung zwischen ihnen nur bedingt möglich ist. Diese Verwobenheit zeigen Sickendiek und Nestmann (2018, S. 220) am Beispiel der Tätigkeiten des *Beratens* und *Informierens*: Während die Vermittlung von Informationen allein keine Beratung ist, kann die Beratung wiederum in verschiedenen Feldern der Sozialen Arbeit das Informieren von Ratsuchenden über bestimmte Daten, Fakten und Sachverhalte einschließen. Neben dem Beraten konnten im Datenmaterial innerhalb dieser Kategorie eine Reihe weiterer Verben identifiziert werden, anhand derer die Befragten zum Ausdruck bringen, was sie machen: *begleiten, helfen, vermitteln, vertreten, coachen* und *motivieren*. Diese Tätigkeitswörter weisen auf die Vielschichtigkeit der Handlungen hin, die unter dem Mantelbegriff der Beratung subsumiert sind.

Beratung im Kontext der betrieblichen Sozialen Arbeit ist in der Regel jene für Einzelpersonen (Einzelberatung). Das ist die kleinstmögliche Konstellation, in der Beratung zu einer dyadischen Kommunikation zwischen zwei Personen wird (vgl. Sickendiek et al. 2008, S. 95). Die Studie orientiert sich hierbei am folgenden Begriffsverständnis der Einzelberatung:

> „Im Mittelpunkt stehen die individuellen und subjektiven Problemerfahrungen, die individuell erlebten sozialen (und materiellen, rechtlichen, kulturellen etc.) Rahmenbedingungen der jeweiligen Problemlage sowie der Prozess der Orientierung, Entscheidung, Planung und Handlung. Als Fokus der Beratung kann man hier die Subjektivität des oder der Ratsuchenden beschreiben: seine oder ihre ‚Sicht der Welt', seine oder ihre Problemperspektive, seine oder ihre Biographie etc. Beratung ist hier der Versuch, individuell Erlebtes, Erinnertes und im Gespräch Dargebotenes zu verstehen, ist ein Versuch den Problemgeschichten, so wie sie dargestellt werden, auf die Spur zu kommen" (Sickendiek et al. 2008, S. 95).

Ein Anliegen, mit dem Hilfesuchende in die Beratung kommen, kann die Sicherung der eigenen Existenzgrundlage sein (vgl. Kapitel 8.1.2). Zur Erreichung dieses Ziels kann es notwendig sein, dass Sozialberatende ihren Klient:innen bei der Erledigung sozialadministrativer Angelegenheiten helfen (vgl. Tabelle 23):

**Tabelle 23:** Unterstützung bei sozialadministrativen Angelegenheiten (Quelle: Autor)

| Arbeitsaufgaben und Tätigkeiten |
| --- |
| **Unterstützung bei sozialadministrativen Angelegenheiten**<br>• Über Inhalte von Briefen (z. B. von Ämtern) aufklären<br>• Bei Antragstellungen unterstützen (z. B. Sozialwohnungsanträge, Erwerbsunfähigkeitsrente)<br>– Voraussetzungen zur Beantragung bestimmter Leistungen vorab prüfen<br>– Antragformulare ausfüllen<br>– Geforderte Unterlagen für Antragstellungen zusammenstellen (lassen)<br>• Gemeinsam mit Betroffenen Telefonate durchführen (z. B. mit Ämtern)<br>• Betroffene bei der Wahrnehmung externer Termine begleiten (z. B. bei Behördengängen)<br>• Interne Hilfsmöglichkeiten bei finanziellen Problemen erschließen (z. B. durch Darlehen für Beschäftigte, Stiftungen, Beihilfen, Abfindungen) |

Die Unterstützung bei sozialadministrativen Angelegenheiten umfasst Tätigkeiten wie die Aufklärung über Inhalte von Briefen, über Ansprüche und Optionen sowie die Hilfe bei Antragstellungen. In diesem Kontext müssen Sozialberatende ggf. auch Voraussetzungen zur Beantragung bestimmter Leistungen vorab prüfen, gemeinsam mit Hilfesuchenden Formulare ausfüllen und mit ihnen Nachweise für die Anträge zusammenstellen. Bei Bedarf, wenn seitens der Klient:innen Unsicherheiten oder sprachliche Barrieren vorliegen, führen sie gemeinsam mit ihnen Telefonate durch oder begleiten sie zu Terminen. Die Unterstützung bei sozialadministrativen Angelegenheiten vollzieht sich allerdings nicht nur in direkter Interaktion mit den zu Beratenden, sondern geschieht auch im Hintergrund, wenn die Fachkräfte bspw. interne Hilfsmöglichkeiten ausloten, um Betroffene bei akuten finanziellen Problemen zu helfen. Solche Tätigkeiten werden auch als „klassisch sozialarbeiterisch“ bezeichnet (vgl. SB11, Z. 274–275). Sie sind durch einen starken Bezug zur unmittelbaren Lebenswelt der Betroffenen gekennzeichnet. Dominierende Themen sind hier allgemein unter den Stichworten *Wohnung* und *Geld* subsumierbar, weshalb das Ziel der Intervention im Kern die Sicherung der Existenz im Sinne der Erhaltung und Organisation einer finanziellen Basis und einer Wohnunterkunft ist.

Während die Unterstützung bei sozialadministrativen Angelegenheiten aus Tätigkeiten besteht, die in ihren Verrichtungen und Ergebnissen leichter beschreib- und beobachtbar sind (i. S. v. Inhalte von Briefen sind verständlich erklärt, Anträge werden gestellt, Sachverhalte werden in Telefonaten oder bei externen Terminen geklärt, Wohnungen sind organisiert), stellt indessen die Durchführung von Beratungsgesprächen mit Einzelpersonen zu anderen Themen (vgl. Kapitel 8.1.2) einen komplexeren Vorgang dar, welcher sich nur bedingt in standardisierter Form rekonstruieren lässt. Fragt man danach, was die Fachkräfte im Beratungsgeschehen machen, d. h., welche Handlungen sie mit welchem Ziel planen und ausführen, besteht schnell die Gefahr, dass eine „pure methodisch-technische Sicht von Beratung“ (Sickendiek et al. 2008, S. 133) eingenommen wird, welche nur eingeschränkt erlaubt, die vielschichtigen Dimensionen des Beratungshandelns abzubilden, wie etwa unterschiedliche Beratungsprozesse, -konstellationen, -beziehungen, -umstände, -settings und -ziele (vgl. Sickendiek et al. 2008, S. 134). Dies trifft noch mehr auf die spezifische Form der *Einzelberatung* zu, in der die Bearbeitung von Problemen durch individuelle Aufarbeitung von Biografischem und Problematischem sowie durch die Suche nach und Erprobung von individuellen Wegen der Problembewältigung charakterisiert ist (vgl. Sickendiek et al. 2008, S. 97). Von daher ist es anhand der Daten dieser Untersuchung nur möglich und sinnvoll, Schlaglichter auf das Vorgehen in Beratungen zu werfen.

Zentrale kommunikative Mittel für Einzelberatungen sind im Wesentlichen das Zuhören und Fragen. Das (aktive) *Zuhören* dient dazu, Situationen und Wahrnehmungen des Gegenübers zu erfassen, um Arbeitshypothesen zu entwickeln. Das aufmerksame Zuhören kann dabei mit Wiedergaben des Verstandenen (Paraphrasieren) verbunden sein, um Abgleiche zwischen den Perspektiven herzustellen:

> „Und dann übergebe ich praktisch das Wort an die betroffene Person, dass sie mir einfach alles schildert, was sie mir sagen möchte. Und ich höre dann halt immer erstmal zu und stelle vielleicht dazwischen mal eine Frage, aber höre im Großen und Ganzen zu. Und in der Zeit überlege ich dann: Was könnte helfen? Ist es vielleicht einfach auch eine Fragetechnik, die man anders anwenden kann? Ist es einfach vielleicht auch der Rahmen, wie Gespräche stattfinden? Kann das die Betroffene vielleicht ändern, ne? Und wenn dann die Schilderungen vorbei sind, dann versuche ich es nochmal in meinen Worten darzulegen, was ich erfasst habe. Und dann gehe ich in die einzelnen Punkte rein, die mir so aufgefallen sind, und frage dann nochmal gezielter nach […]“ (SB10, Z. 212–222).

Das Stellen von *Fragen* kann dazu dienen, Unklarheiten anzusprechen und eigene Verständnisse der Problemwahrnehmungen der zu beratenden Personen zu schärfen. Fragen können auch dabei helfen, Fallverständnisse in Beratungsprozessen wiederholt zu aktualisieren. Durch „interessierte Fragen" kann iterativ versucht werden, Standpunkte des Gegenübers zu erfassen, um mögliche weitere Vorgehensweisen zu planen:

> „Für mich ist das... ich habe gemerkt, je mehr ich in der Praxis bin, desto weniger interessant werden diese ganzen Tools. Also, das ist gut, die zu kennen und dass man die auch immer mal anwendet, aber mit dem Tool alleine werde ich es nicht richten, ne? Sondern eher mit den interessierten Fragen und immer wieder herausfinden, wo steht derjenige gerade und was wäre jetzt der nächste Schritt, der angeschaut werden soll? Und je mehr ich quasi mit Vorannahmen arbeite, desto schwieriger wird es am Ende" (SB07, Z. 603–609).

Mit dem Stellen von Fragen kann außerdem auch die Absicht verfolgt werden, Perspektivwechsel beim Gegenüber anzuregen, Zielstellungen ans Tageslicht zu befördern oder potenzielle Problembewältigungsstrategien zu entwickeln. In Gesprächssituationen können Fragen also mit verschiedenen Intentionen gewählt und artikuliert werden. Eine Übersicht der Fragearten, die aus dem Material herausgearbeitet werden konnten, befindet sich im Kapitel 8.1.8.

In der Beratung kommunizieren Beratende und zu Beratende auf Basis divergierender Wissens- und Reflexionsgrundlagen, d. h., themen-, prozess- und beratungsbezogenes Expert:innenwissen trifft auf Alltags- und Erfahrungswissen (vgl. Sickendiek und Nestmann 2018, S. 218). Inwiefern und welche Formen von Wissen seitens der Fachkräfte benötigt werden, zeigt sich im folgenden Zitat:

> „Weil das verstehe ich oder das habe ich gelernt, dass viele erstmal mit so einem Frage-... mit so einer Frage kommen: Ich will überhaupt verstehen, was mit mir los ist oder was, warum bin ich in die Thematik gekommen? Und da habe ich wirklich gelernt, dass ich durch entweder verhaltenstherapeutische Modelle oder systemische Modelle oder Kommunikationsmodelle dann wirklich eigentlich fast immer irgendwas parat habe, dass ich sagen kann: ‚Sehen Sie mal, so kann man es irgendwie sehen'. Und dann merke ich eine Erleichterung, weil erstmal was verstanden werden kann" (SB11, Z. 143–150).

In dem Interviewauszug spiegelt sich wider, welche Rolle das (theoretische) Wissen der Fachkräfte bei Problemdeutungen einnimmt. In dem Zitat erklärt eine Fachkraft, dass sie in der Beratung theoretische Modelle braucht, die von ihr situativ abgerufen werden, um ihren Klient:innen Erklärungsansätze für ihre Probleme anzubieten. Die Verwendung des Verbs *anbieten* impliziert, dass ein gewisser Grad an Offenheit und Unsicherheit existiert. Es kann kein Anspruch erhoben werden, dass ein gewähltes Modell auch tatsächlich passend ist, um ein bestimmtes Phänomen zu erklären. Inwiefern ein Modell sich in der Situation bewährt, zeichnet sich nicht zuletzt daran ab, ob es aus Sicht der Klient:innen plausibel ist und zu einem Zustand der Erleichterung beiträgt, „weil erstmal was verstanden werden kann". Ferner fällt auf, dass die Fachkraft erklärt, sie habe „eigentlich fast immer" ein theoretisches Modell parat, auf welches sie zurückgreifen kann. Im Detail bedeutet dies aber auch, dass es manchmal

Situationen gibt, in denen kein passendes Modell vorhanden ist und, so die Annahme, Handlungsfähigkeit auch angesichts Situationen der *Ungewissheit* aufrechterhalten werden muss (vgl. Dewe et al. 2011, S. 40; Dewe und Stüwe 2016, S. 31). In der Diskussion um Professionalität im Handeln in der Sozialen Arbeit wird die Frage nach dem Wissen (und Können) intensiv erörtert (vgl. Kapitel 3.3). In diesem Zusammenhang vertritt Dewe (2013, S. 107) die These, dass im beruflichen Handeln in der Sozialen Arbeit zwischen Wissenschafts- und Handlungswissen unterschieden werden muss. Professionalität im Handeln zeichnet sich nicht durch wissenschaftliches Wissen per se aus, sondern vielmehr durch die Fertigkeit, lebensweltliche Herausforderungen in Einzelfällen diskursiv auszulegen und zu deuten, um Perspektiven zu eröffnen. Demnach kommt Theorie nicht in der Praxis zur Anwendung, sondern wird durch den „reflexiven Professionellen" *relationiert*: „Dieser reflektiert situativ seine Berufserfahrungen und die zu bearbeitenden Problemlagen und Unsicherheiten in der Kommunikation mit seinem Adressaten unter Nutzung einer multiplen Wissensbasis" (Dewe 2013, S. 107). In der Unterscheidung der Funktionen von Wissenschafts- und Praxiswissen sowie der Notwendigkeit der Relationierung wird eine Abgrenzung von „reflexiver Professionalität" zu technizistischen und expertokratischen Professionsvorstellungen gesehen (vgl. Dewe 2013, S. 108). Auch Oevermann (2013, S. 121–122) geht davon aus, dass wissenschaftliches Wissen nur bedingt auf eine technische Art und Weise auf akute Krisen menschlicher Lebenspraxis angewendet werden kann, sondern es muss erst im Rahmen der stellvertretenden Krisenbewältigung fallspezifisch „übersetzt" werden.

Flankiert wird die mündliche Kommunikation durch praktische Elemente wie Aufstellungen, Lebenslinien, Gegenstände als Hilfsmittel für Entscheidungen oder Visualisierungen (vgl. Kapitel 8.1.8). Metapher wie *sozialpädagogischer Handwerkskoffer*, *Rucksack* oder *Potpourriladen*, die alle drei im Grunde ein Ansammeln und Aufbewahren bestimmter Gegenstände ausdrücken, werden von Befragten genutzt, um ihr Repertoire an Methoden und Techniken zu beschreiben. Die Metaphern verdeutlichen zugleich, dass es nicht so etwas wie *die* Methode gibt, sondern dass es sich um eine Mischung aus Verschiedenem handelt, die nicht immer auf Anhieb im Detail benannt werden kann, aber situativ abrufbar ist:

> „[...] kann ich gar nicht sagen, das ist nur diese eine Methode, die ich verwende, sondern das ist so ein Mix aus tatsächlich unterschiedlichem. Also, das systemische...die systemischen Methoden, Fragemethoden (...) oder Zusammenhänge zu erklären, Gruppendynamiken zu erklären, Kommunikationsmodelle, also Schulz von Thun oder auch der Transaktionsanalyse, das aus der integrativen Therapie mit dem 7-Säulen-Modell oder 5-Säulen-Modell, also da...letztlich kann ich gar nicht immer so sagen, was ist alles in meinem Rucksack drin, denn manchmal kommt das tatsächlich eher...also, erinnere ich mich an etwas, wenn ich in der Situation dann bin" (SB11, Z. 313–321).

Die Ergebnisse stützen die These, der zufolge Beratung (in der betrieblichen Sozialen Arbeit) ein vielfältiges methodisches Handeln darstellt, in welchem je nach Beratungsfällen und -situationen eklektisch unterschiedliche Methoden zum Einsatz kommen können (vgl. Sickendiek et al. 2008, S. 135). Für eine Übersicht angewendeter Methoden wird auf Kapitel 8.1.8 verwiesen.

#### 8.1.5.1 Weitervermittlung

Ein Fall wird nicht immer von einer Fachkraft von der Kontaktaufnahme bis zum Abschluss allein betreut. Es kann sich entweder bereits bei der Eruierung des Auftrags oder sich im Laufe des Beratungsprozesses herauskristallisieren, dass die Einbindung anderer Fachpersonen oder Einrichtungen notwendig ist. Das können Teammitglieder oder im gleichen Betrieb arbeitende Personen, aber auch Einrichtungen und Fachkräfte außerhalb der Organisation sein. Die Abbildung 7 gibt hierzu einen exemplarischen Überblick:

**Abbildung 7:** Möglichkeiten zur Vermittlung von Hilfesuchenden (Quelle: Autor)

Wird die Vermittlung von Hilfesuchenden als eigenständige Arbeitsaufgabe in Beratungsprozessen gesehen, lassen sich mehrere Tätigkeiten identifizieren, die mit ihr einhergehen (vgl. Tabelle 24):

**Tabelle 24:** Weitervermittlung von Klient:innen (Quelle: Autor)

| Arbeitsaufgaben und Tätigkeiten |
|---|
| **Klient:innen an andere Personen und/oder Einrichtungen vermitteln**<br>• Beratungsaufträge überprüfen und entscheiden, inwiefern Vermittlungen notwendig sind<br>• Klient:innen über fachliche Grenzen der Sozialberatung und andere Hilfsangebote aufklären<br>• Schweigepflichtentbindungen der Klient:innen einholen<br>• Klient:innen an andere Stellen oder Einrichtungen vermitteln<br>  – Informationsmaterialien an Klient:innen geben (z. B. Listen, Flyer)<br>  – Klient:innen bei der Suche nach Betreuung in anderen Einrichtungen unterstützen |

*(Fortsetzung Tabelle 24)*

| **Arbeitsaufgaben und Tätigkeiten** |
|---|
| – Kontakte zwischen Klient:innen und anderen Einrichtungen herstellen<br>– Gemeinsam mit Klient:innen Einrichtungen zum ersten Mal besuchen<br>• Klient:innen weiterhin unterstützend begleiten (z. B. durch Besuche während der Aufenthalte in anderen Einrichtungen)<br>• Dokumentieren, welche Einrichtungen kontaktiert wurden<br>• Bewertungen hinsichtlich des Vermittlungsprozesses und der Betreuung durch Kooperationspartnerschaften von Klient:innen einholen |

Werden in Beratungsverläufen Bedarfe für Weitervermittlungen erkannt, werden ursprüngliche Beratungsaufträge überprüft, Entscheidungen getroffen und aufklärende Gespräche mit den zu Beratenden geführt. Sollen Dritte eingebunden werden, werden Entbindungen von der Schweigepflicht durch die Hilfesuchenden benötigt. Die Durchführung von Vermittlungen kann verschiedene Formen annehmen, wie etwa, indem Klient:innen Informationsmaterialien erhalten (z. B. Listen mit Kontaktdaten, Flyer externer Stellen), sie bei der Suche nach passenden Betreuungsangeboten unterstützt, Kontakte hergestellt oder Einrichtungen gemeinsam besucht werden. Die Beratung kann hier als Informationsschnittstelle bzw. Brücke in weitere Hilfesysteme fungieren (vgl. Sickendiek und Nestmann 2018, S. 221).

Sind Vermittlungen erfolgt, muss dies nicht heißen, dass es zu Abbrüchen in den Kontakten kommt. Stattdessen kann es sein, dass Klient:innen weiterhin anteilig begleitet werden (z. B. durch Besuche während ihrer Aufenthalte in anderen Einrichtungen) und/oder dass mit der Einbindung von Dritten ein Teil der Unterstützungsleistung nach außen verlagert wird, während Anliegen mit konkreten Bezügen zum Arbeitsplatz im Betrieb bei der Sozialberatung bleiben (vgl. SB13, Z. 237–242; SB14, Z. 448–469).

Eine Bedingung, um zielgerichtet vermitteln zu können, ist das Vorhandensein (außerbetrieblicher) Netzwerke, welche aufgebaut, gepflegt und ausgebaut werden müssen (vgl. Kapitel 8.6). Die Komplexität hinter der scheinbar einfachen Tätigkeit des *Vermittelns* wird im folgenden Ausschnitt illustriert:

> „Wir sollten aber schauen, was brauchen sie jetzt? Für die finanziellen Geschichten habe ich Gott sei Dank, ich nicht, aber [ein Teil meiner Kolleginnen und Kollegen], dass sozusagen das Thema Finanzen abgekoppelt wird und Beratungsgespräche mit den Schuldnerberatern, also die in Finanzen fit sind, stattfinden. Dann ist es so mit den Sorgerechtsgeschichten, da gucken wir dann auch gemeinsam, worum geht es? Das sind dann wirklich diese psychosozialen Gespräche. Das dauert da ein bisschen länger, wo ich und wir alle, glaube ich, die Haltung haben, Wohl des Kindes steht im Mittelpunkt. Wo werden Kinder instrumentalisiert, wo wir dann auch gucken, ist vielleicht so etwas wie eine Familienberatung angezeigt oder vielleicht eine Familientherapie, wenn die Partner jeweils gesprächsbereit sind. Also, das ist dann wirklich ein längerer Prozess und es sind viele Aufträge, die wir dann bekommen, und da dürfte es auch...ich sitze dann da und wir visualisieren, was hat Priorität? Wir priorisieren und gehen die Themen Stück für Stück an. Und manchmal ist es auch so, dass bestimmte Themen ausgelagert werden, zum Beispiel das Rechtliche, dass ich sage, so mit Steuerklassen, Finanzamt kenne ich mich nicht aus. Dann wäre es vielleicht doch gut, sich eine Rechtsberatung von außen zu holen. Das Psychosoziale kön-

> nen wir machen und, wie gesagt, Schuldnerberatung (Geräusch, das auf eine andere Stelle hindeuten soll, die nicht explizit benannt wird)" (SB14, Z. 451–469).

In diesem Ausschnitt wird am Beispiel eines Einzelfalls ersichtlich, welche Vermittlungen für welche Aspekte des Falls in den Blick genommen werden. Neben der psychosozialen Beratung, die durch die Fachkraft selbst abgedeckt werden kann, werden eine Schuldnerberatung, Familienberatung oder Familientherapie sowie Beratung zu (steuer-)rechtlichen Fragen benötigt. Die Komplexität und Vielseitigkeit der Problemlagen erfordert die Entwicklung interdisziplinärer Arbeitsarrangements, innerhalb derer Vertretende verschiedener Berufsgruppen partikulare Aspekte eines Falls arbeitsteilig und flexibel bearbeiten (vgl. Schütze 1992, S. 166). Schütze zufolge ist die Soziale Arbeit mit der Notwendigkeit eines interdisziplinären, fallbezogenen Arbeitens vertraut, „gerade weil sie nie unter dem Orientierungshorizont eines eindeutig abgegrenzten, voll integrierten höhersymbolischen Sinnbezirks arbeiten konnte" (Schütze 1992, S. 166). Infolgedessen sind Vermittlungen in erster Linie vonnöten, wenn Kompetenzen von Sozialberatenden überschritten sind. Aus dem Material lassen sich zwei Anlässe für Vermittlungen herausarbeiten, nämlich, wenn (1) Bedarfe für therapeutische Behandlungen vermutet werden und (2) hoch spezialisierte Wissensbestände benötigt sind (z. B. Schuldner-, Pflege- oder Rechtsberatung). Darüber hinaus haben Vermittlungen aber auch eher pragmatisch-funktionale Funktionen, wenn sie dazu dienen sollen, eigene Ressourcen im Sinne von Arbeitskraft und Arbeitszeit zu schonen und Konkurrenzkonstellationen zu vermeiden (vgl. SB01, Z. 227–237; SB15, Z. 388–291).

An welchen Zeitpunkten externe Vermittlungen vonnöten sind, lässt sich nicht pauschal festlegen, da Sozialberatungsstellen mit verschiedenen Ressourcen ausgestattet sind. Sie variieren mitunter bzgl. personeller Kapazitäten und Qualifikationen (vgl. Kapitel 7). Verfügt eine Beratungsstelle bspw. über Fachkräfte mit einer Qualifikation in der Schuldner- oder in der Suchtberatung, könnten bei entsprechenden Bedarfen interne Vermittlungen innerhalb des Kollegiums vorgenommen werden. Sind dagegen solche Qualifikationen nicht vorhanden, müssen externe Einrichtungen miteinbezogen werden.

In Anbetracht dieser Befunde kann die Weitervermittlung der Betroffenen in manchen Fällen auch als *Case Management* („Unterstützungsmanagement") betrachtet werden. Case Management zielt auf die Schaffung zeitlich begrenzter Arrangements, in welchen formelle und informelle Dienste, Hilfsangebote und Ressourcen harmonisiert werden, um einzelne Personen bei der Bewältigung von komplexen Problemlagen zu unterstützen. Im Kern sollen dabei – auch unter Berücksichtigung der Kriterien der Effektivität und Effizienz – einzelfallbezogene Unterstützungsnetzwerke eingerichtet werden (vgl. Raithel und Dollinger 2006, S. 79).

#### 8.1.5.2 Dauer der Beratung

Mit der Beratungsdauer können verschiedene zeitliche Aspekte der Beratung assoziiert werden: Dauer einzelner Beratungssitzungen, zeitliche Abstände zwischen mehreren Sitzungen oder minimale und maximale Anzahl an Sitzungen pro Person. Im Folgenden wird der Fokus vor allem auf Letzteres gerichtet.

Anhand des Interviewmaterials ist es unschwer möglich, die *minimale* Anzahl der Beratungssitzungen zu erfassen. In mehreren Interviews erklären die Fachkräfte, dass es manchmal nur bei Erstgesprächen bleibt und danach keine Fortsetzungen erfolgen. Es kann vorkommen, dass Klient:innen sich nach wenigen Sitzungen nicht mehr melden und Begründungen für Abbrüche ausbleiben. Auf der anderen Seite des Kontinuums ist es hingegen schwerer, eine *maximale* Anzahl an Sitzungen zu markieren. An dieser Stelle tritt ein Kontrast im Sample hervor, der unabhängig von Wirtschaftszweigen und personeller Ausstattung der Sozialberatungsstellen ist: In einem Teil der Fälle legen die Beratenden keinerlei Grenzen nach oben fest (vgl. SB01, Z. 598–603; SB02, Z. 193–195; SB05, Z. 302–305; SB06, Z. 214–216; SB08, Z. 480–484; SB10, Z. 275–276; SB15, Z. 374–376). In einem anderen Teil sind Bestrebungen seitens der Fachkräfte festzustellen, Obergrenzen zu setzen, indem die Anzahl auf etwa fünf Sitzungen beschränkt wird (vgl. z. B. SB03, Z. 153–154; SB04, Z. 345–349; SB09, Z. 200–201; SB11, Z. 270–273; SB12, Z. 149–150; SB14, Z. 412–414). Gleichwohl wird deutlich, dass die Obergrenze nicht immer stringent eingehalten werden kann, da bei einzelnen Klient:innen und Anliegen höhere Unterstützungsbedarfe vorliegen, welche langfristige Begleitungen erforderlich machen (z. B. bei Problemen mit Schulden, Sucht, langjährigen oder dauerhaften Erkrankungen). In solchen Fällen richtet sich die Gesamtdauer der Beratungen nach individuellen Bedarfen der Betroffenen. Somit können Beratungen insgesamt mitunter mehrere Jahre umfassen. Eine mehrjährige Beratungsdauer ist allerdings nicht von allein mit einem engmaschigen und gleichbleibend intensiven Kontakt gleichzusetzen, denn auch hier kann es Unterschiede geben, wie zwei Datenauszüge belegen. Eine Befragte erzählt von einem Beispiel, bei dem sie über mehrere Jahre mehrmals die Woche mit einer Klientin im Gespräch ist:

> „Wir haben Betreuungen letztendlich, die ähneln sogar den Betreuungen im psychosozialen Bereich draußen. Es gibt Klienten, mit denen telefoniere ich mehrfach wöchentlich über Jahre (schmunzeln), und dann gibt es welche, die sehen wir vielleicht einmal, also..." (SB16, Z. 377–380).

Hingegen erzählt eine andere Person von Beispielen, in denen Hilfesuchende (auch) anderweitig unterstützt werden und dennoch in unregelmäßigen Abständen das Gespräch zu ihr suchen:

> „Gerade jetzt in der Pandemiezeit habe ich [mehrere] Menschen, die ich seit [mehreren] Jahren begleite, die auch schon mit Unterbrechung [mehrmals] in der Tagesklinik länger waren oder auch ambulante Gesprächspsychotherapie wahrgenommen haben, auch, ja, beim Psychiater in Behandlung waren und ihre Medikamente bekommen. Das heißt, man wird aber irgendwie zu so einem Leuchtturm, sage ich immer, zu einem Begleiter, wo die Menschen irgendwie nach Monaten immer wieder mal auftauchen" (SB14, Z. 420–426).

Anhand der letzten Textpassage kristallisiert sich auch ein Teil des beruflichen Selbstverständnisses der Fachkraft heraus. Mit der Metapher des Leuchtturms wird gezeigt, dass sie sich nicht nur als eine Beratende zu einem singulären Zeitpunkt im Leben der

Klient:innen sieht, sondern auch als Begleitende über eine undefinierte Zeitspanne, zu der Hilfesuchende immer wieder zurückfinden können.

Alles in allem lassen die Befunde darauf schließen, dass die Fachkräfte bei der Determinierung der Falldauer über Gestaltungsspielräume verfügen. Damit gehen die Potenziale einher, dass Hilfesuchende ihren Bedarfen entsprechend begleitet und Kontinuität in Unterstützungsleistungen gewährleistet werden können. Hierin kann ein weiteres Argument liegen, das für *intern* angesiedelte betriebliche Sozialberatungen spricht (vgl. Kapitel 7.1).

#### 8.1.5.3 Dokumentation in der Beratung

Das Dokumentieren von Inhalten aus Beratungsgesprächen kann als eine Tätigkeit im Kontext der Fallbearbeitung betrachtet werden. Ein einheitliches Verständnis, welche Inhalte auf welche Art und Weise und aus welchen Gründen (nicht) dokumentiert werden sollten, ist im Sample nicht ersichtlich. Stattdessen lässt sich ein Kontinuum aufspannen, das drei Punkte beinhaltet: (1) vollständige Dokumentation, (2) teilweise (selektive) Dokumentation, (3) keine Dokumentation.

In den Beratungsgesprächen werden, sofern dokumentiert wird, Stichpunkte bzw. kurze Notizen angefertigt. Manchmal werden auch Visualisierungen (z. B. in Form von Diagrammen und Schaubildern) erstellt (vgl. SB01, Z. 581–591) oder Vorlagen mit vorgefertigten Strukturen verwendet (vgl. SB08, Z. 641–655). Inhalte, die dabei erfasst werden, können sich auf folgende Aspekte beziehen: Art der Kontaktanbahnung, Anlass für die Inanspruchnahme der Beratung, Arbeitsaufträge für die Beteiligten, getroffene Arbeitsabsprachen bzw. Vereinbarungen, Planung des Vorgehens, erteilte Entbindungen von der Schweigepflicht, Kontaktaufnahmen zu anderen Personen oder Einrichtungen sowie Einwilligungserklärungen für Datenspeicherungen.

Zur Aufbewahrung erfasster Daten kann grundsätzlich eine Unterscheidung nach analogen und digitalen Varianten vorgenommen werden. Bei *analogen* Aufbewahrungsmöglichkeiten handelt es sich um physische fallbezogene Akten, die in abschließbaren Möbelstücken verstaut sind und zu denen nur die Beratenden Zugang haben (vgl. SB02, Z. 207–209). Bei *digitalen* Aufbewahrungsmöglichkeiten liegt eine größere Vielfalt vor, wie etwa spezialisierte Softwares und Datenbanken, die einen exklusiven Zugang durch die Beratenden sicherstellen (vgl. SB02, Z. 202–207; SB03, Z. 205–209; SB05, Z. 451–458; SB08, Z. 649–651). Hinsichtlich der Möglichkeiten zur Speicherung von Daten wird vor allem die Notwendigkeit hervorgehoben, dass sie vor der Einsicht durch Dritte gesichert sein müssen, um die Einhaltung der Vertraulichkeit zu gewährleisten.

Wird danach gefragt, weshalb manche Fachkräfte dokumentieren, lassen sich jenseits organisationsspezifischer Vorschriften verschiedene Begründungen herausarbeiten. Das Dokumentieren erfüllt aus Sicht der Befragten bestimmte Funktionen: Erstens können die Fachkräfte anhand der Erfassung von Arbeitsabsprachen nach den Sitzungen Arbeitsaufträge für sich ableiten, die zu erledigen sind. Zweitens unterstützen Dokumentationen die Beratenden dabei, insbesondere in länger andauernden Fallverläufen wieder Anschluss an vergangene Gespräche zu finden. Drittens dient die

Dokumentation der eigenen Absicherung, sofern im Nachhinein Beschwerden aufkommen und bestimmte Belege erforderlich sein sollten (z. B. eine erteilte Entbindung von der Schweigepflicht). Viertens tragen Dokumentationen zur Legitimierung der Arbeit und somit auch zur Sicherung der eigenen Arbeitsstelle in der Organisation bei. Werden Dokumentationen hinwieder nur teilweise oder nicht durchgeführt, wird dies von den entsprechenden Personen oft auf datenschutzrechtliche Bedenken zurückgeführt (vgl. SB10, Z. 189–194; SB12, Z. 167–170).

Im kontrastierenden Vergleich werden interindividuelle Unterschiede sichtbar: Während das Dokumentieren für manche Sozialberatende integraler Bestandteil der Arbeit ist, sehen andere das Dokumentieren weniger als Teil ihres Aufgabenprofils an und assoziieren ausführlichere Dokumentationen mit erhöhten Verwaltungsaufwänden. Zudem fällt auf, dass in der Teilstichprobe der Sozialberatungen, welche in Wirtschaftsunternehmen verortet sind, alle Fachkräfte im Kontext der Beratungsarbeit dokumentieren. In der restlichen Teilstichprobe ist die Lage dagegen diversifizierter, d. h., es wird entweder sehr ausführlich, ansatzweise oder nicht dokumentiert. Dieser Unterschied lässt sich in der Studie nicht plausibel erklären und könnte in weiteren Studien aufgegriffen werden, um explizit Verwaltungstätigkeiten in der betrieblichen Sozialen Arbeit zu untersuchen.

### 8.1.6 Abschluss der Beratung

Wird das Abschließen von Beratungsprozessen ebenfalls als eigenständige Arbeitsaufgabe betrachtet, sind ihr mehrere Tätigkeiten unterzuordnen (vgl. Tabelle 25):

**Tabelle 25:** Abschluss von Beratungsprozessen (Quelle: Autor)

| **Arbeitsaufgaben und Tätigkeiten** |
|---|
| **Beratungsprozess abschließen**<br>• Fälle im Team vorstellen und fachliche Rückmeldungen einholen<br>• Entscheidungen zur Beendigung von Beratungsprozessen treffen und mit Klient:innen besprechen<br>• Abschlussgespräche anbieten und mit Klient:innen durchführen<br>• Methoden einsetzen, um Entwicklungsprozesse der Klient:innen zu reflektieren<br>• Selbsteinschätzungen zu Beratungsverläufen vornehmen<br>• Datenerhebungsinstrumente nach Abschluss der Beratungen einsetzen (z. B. Fragebögen) |

Beratungen können aus verschiedenen Gründen ein Ende erreichen, z. B., wenn (1) Arbeitsverträge der Klient:innen nicht mehr wirksam sind und diese aus den Organisationen ausscheiden; (2) Klient:innen sich nicht mehr melden und nicht mehr kommen; (3) Anliegen für Klient:innen geklärt sind; (4) Beratende auf Dauer keine Bemühungen zur Mitwirkung seitens der Klient:innen wahrnehmen und Beendigungen der Beratungen anregen.

In der Regel bieten Beratende ihren Klient:innen Abschlussgespräche an. Inhalte der Gespräche sind die Eruierung, inwiefern Unterstützungsleistungen den Betroffenen geholfen haben, was diese gelernt haben und mitnehmen möchten sowie Resümees der Beratungsverläufe. Ggf. werden Methoden eingesetzt, um Entwicklungsprozesse der Betroffenen zu veranschaulichen (z. B. durch Visualisierungen am Flipchart,

Lebenslinien oder Karten). Das Führen solcher Gespräche hat unterschiedliche Funktionen: Sozialberatende können sich unmittelbare Rückmeldungen zu ihrer Arbeit einholen. Es werden mit den Klient:innen individuelle Entwicklungsprozesse reflektiert und sie sollen dazu ermutigt werden, wieder zu versuchen, ohne regelmäßige Beratungen zurechtzukommen und Gelerntes aus den Beratungen umzusetzen. Dadurch soll nicht zuletzt vermieden werden, Klient:innen dauerhaft in Beratungskonstellationen zu behalten (vgl. SB13, Z. 320–345). Weitere Formen zur Evaluierung der Beratungsarbeit beinhalten Einsätze computer- oder papierbasierter Fragebögen und Selbsteinschätzungen der Beratenden.

In der Praxis enden Beratungsprozesse jedoch nicht immer mit finalen Abschlussgesprächen. Vielmehr kann es, wie oben erwähnt, sein, dass Klient:innen nicht mehr kommen. Im folgenden Datenauszug wird geschildert, dass das Führen von Abschlussgesprächen nicht die Regel ist. Zwar bietet die Fachkraft stets ein Abschlussgespräch an, doch wird das Angebot nicht immer angenommen:

> „Dann gibt es noch ein Abschlussgespräch in der Regel. Wobei das auch unterschiedlich ist, also manche Mitarbeiter melden sich dann auch einfach gar nicht mehr. Die sagen dann einen Termin ab und melden sich dann auch nicht mehr. Und ich habe das immer so stehen lassen, weil das ist immer das Zeichen dafür, dass es den Mitarbeitern dann gut geht. Sie brauchen die Sozialberatung nicht mehr und das ist okay. Und dann manchmal... ich biete das immer an, dass es ein Abschlussgespräch gibt und das findet dann auch statt, allerdings aus meiner Erfahrung heraus nicht so häufig. Und da wird dann nochmal der Prozess beleuchtet, also wo sind wir losgelaufen, was ist zwischendrin passiert und wo sind wir jetzt angekommen, wo ist der Mitarbeiter angekommen und vielleicht noch ein kleiner Ausblick. Und natürlich immer verbunden mit dem Angebot, dass die Tür immer auf ist, wenn es nochmal Themen gibt. Und dann sind die einzelnen Beratungsfälle eigentlich erstmal so abgeschlossen“ (SB09, Z. 208–220).

Ähnliche Erfahrungen mit Kontaktabbrüchen durch Klient:innen werden auch von anderen Befragten geteilt (vgl. SB03, Z. 159–161; SB11, Z. 290–294; SB15, Z. 263–270). Mit dem Ausbleiben von Abschlussgesprächen geht in der Folge einher, dass die Beratenden keine Möglichkeiten haben, sich Rückmeldungen zu ihrer Arbeit einzuholen und Einschätzungen zu Ergebnissen und/oder Wirkungen der Intervention zu erhalten. Ferner liegt eine Besonderheit in der betriebssozialarbeiterischen Fallarbeit darin, dass ein absoluter Endpunkt nicht immer klar definierbar ist. Sind bestimmte Anliegen bearbeitet, können wieder neue Themen auftauchen. Haben Klient:innen Unterstützungen als hilfreich empfunden und Vertrauen gefasst, kann es ihnen in der Zukunft leichter fallen, erneut Beratungen in Anspruch zu nehmen (vgl. SB03, Z. 167–178). Wie oben aufgezeigt, können Beratungskontakte daher mehrere Jahre umfassen.

### 8.1.7 Herausforderungen in der Beratung

Bisher sollte deutlich geworden sein, dass Beratungsprozesse per se durch außerordentliche Komplexität und geringe Standardisierbarkeit geprägt sind. Im Verlauf der Datenauswertung wurden wiederkehrend Herausforderungen ersichtlich, mit denen die Fachkräfte in der Beratung konfrontiert sind. Die entsprechenden Textstellen wurden zunächst mit Memos versehen und anschließend zu einer Subkategorie zusammengeführt. In der Analyse der Textstellen hat sich herauskristallisiert, dass die Ergebnisse insbesondere an professionalisierungstheoretische Überlegungen anknüpfbar sind (vgl. Kapitel 3.3). Zwar stellt die Professionalisierung der (betrieblichen) Sozialen Arbeit in dieser Untersuchung keinen dominierenden theoretischen Zugang dar, doch könnten die folgenden Ausführungen Impulse für weitere Studien liefern, welche den Fokus dezidiert darauf richten möchten.

#### 8.1.7.1 Zwischen Freiwilligkeit und Zwang

Eine Herausforderung besteht in der Hürde, einen Modus konstruktiver Zusammenarbeit zwischen Beratenden und zu Beratenden zu finden. Diese Hürde erweist sich als besonders hoch, wenn die Beratung als Zwangskontext wahrgenommen wird. Ein Zwangskontext liegt dann vor, wenn die Inanspruchnahme der Beratung nicht aus freiem Ermessen erfolgt. Das Aufsuchen der Beratungsstelle ist entweder aufgrund einer Mitwirkungspflicht im Rahmen von Betriebs- bzw. Dienstvereinbarungen oder Anweisungen von Vorgesetzten auferlegt. Die Unfreiwilligkeit der Inanspruchnahme der Beratung kann sich erschwerend darauf auswirken, Vertrauen aufzubauen und ein tragfähiges Arbeitsbündnis zu konstituieren, was nicht immer von Erfolg gekrönt ist und auch scheitern kann (vgl. SB11, Z. 260–264; SB13, Z. 260–278; SB15, Z. 363–373).

Dieser Befund macht auf ein *Paradox* aufmerksam (vgl. Schütze 1992, S. 146), welches als elementar für das professionelle Handeln speziell in der betrieblichen Sozialberatung betrachtet werden kann. Zwar wird Freiwilligkeit in der Inanspruchnahme als tragender Bestandteil in konzeptionellen Grundlagen der Beratungsstellen proklamiert und doch kann das Freiwilligkeitsprinzip zum Teil durch Betriebs- bzw. Dienstvereinbarungen sowie durch Anweisungen von Vorgesetzten unterminiert werden. Im folgenden Interviewausschnitt erklärt eine Befragte, dass bei Klient:innen, die aufgrund von Auflagen in die Beratungsstelle kommen müssen, häufig eine negative Grundstimmung vorherrscht. Sie seien genervt, uneinsichtig und empfänden den Eingriff des Arbeitgebenden in ihr Privatleben als invasiv. Unter Lesart der Oevermann'schen Professionalisierungstheorie handelt es sich hierbei um eine Form sozialer Kontrolle, unter deren Bedingungen die Entwicklung eines genuinen Arbeitsbündnisses erschwert wird (vgl. Oevermann 2013, S. 138). Auch Dewe und Stüwe (2016, S. 153) sehen Zwang als hinderlich für die professionelle Interaktionsbeziehung an. Sie erklären, dass unter Anwendung von Zwang nicht mehr stellvertretend Begründungen für lebenspraktische Probleme angeboten werden. Stattdessen werden Klient:innen Entscheidungen aufgedrängt und folglich werden die Chancen autonomen Handelns verringert. Das Paradox zwischen Freiwilligkeit und Zwang lässt sich im Grunde durch zwei Wege auflösen: Die Klientin oder der Klient erkennt z. B. eine Suchtauffälligkeit als Problem an und es kann ein Arbeitsbündnis etabliert werden, um es zu beheben. In diesem Falle gelingt es, von einem Modus der Kontrolle zu einem Modus der Hilfe „umzuschalten" (vgl. Oevermann 2013, S. 139). Es kann jedoch auch vorkommen, dass keine Problemeinsicht eintritt, keine Beratung erwünscht ist und demnach auch kein Arbeitsbündnis zustande kommt. Dies müsste von der Fachkraft akzeptiert werden und darin liegt wiederum eine Limitation der eigenen Handlungs- und Wirkmöglichkeiten (vgl. Kapitel 8.1.7.3).

> „Da gibt es Leitlinien oder auch Betriebsvereinbarungen dazu und da ist dann die Erwartung, die auch vertraglich fixiert wird an die Mitarbeiter, dass sie, wenn sie ihren Arbeitsplatz behalten möchten, auch was gegen die Suchterkrankung tun müssen. Und das sind natürlich Mitarbeiter, die haben dann auch die Auflage, zu uns in die Beratung zu kommen und die finden das meistens zu Beginn nicht gut (lachen). So. Weil sie dann meistens ziemlich genervt sind und das nicht einsehen und das so empfinden, dass sich der Arbeitgeber da in ihr Privatleben mischt und natürlich nicht erkennen, dass sie da ein Problem haben. Und genau, das verändert sich dann meistens in der Zusammenarbeit, aber das sind natürlich so schon auch...ja, da muss jemand auch erstmal an den Punkt auch kommen, ne? So. Und manchmal gibt es eben auch Mitarbeiter, die dann auch sich dafür entscheiden, dass sie doch gerne lieber weiter trinken wollen, ne? So. Also, auch das muss man dann akzeptieren, ne? Also, da erlebe ich das schon, dass, wie gesagt, dass manchmal eben nicht so...also, dass die Beratung gar nicht gewünscht ist, sage ich mal so, ne?“ (SB13, Z. 263–278).

Aus Sicht der Befragten ist jedoch das Bestreben zur Aufrechterhaltung eines laufenden Beschäftigungsverhältnisses ein ausschlaggebender motivationaler Faktor, der ein „Umschalten“ von Kontrolle zur Hilfe fördert (vgl. Oevermann 2013, S. 139). Oft seien Personen, die aufgrund einer Suchtauffälligkeit die Beratung aufsuchen müssen, langjährig in der Organisation und hätten von sich aus Interesse daran, ihren Arbeitsplatz zu behalten (vgl. SB13, Z. 282–294).

Mit Blick auf Vereinbarungen zeigt das beschriebene Paradox, dass Dienst- bzw. Betriebsvereinbarungen einerseits dazu beitragen können, die Position der betrieblichen Sozialberatung zu stärken und ihre Arbeitsaufgaben ein Stück weit verbindlich zu verankern (vgl. Kapitel 7.2). Andererseits können sie sich als hemmend erweisen, wenn dadurch aus Perspektive der betroffenen Beschäftigten Zwangskontexte konstruiert werden und es infolgedessen nicht gelingt, adäquate Hilfeprozesse einzuleiten und durchzuführen.

#### 8.1.7.2 Fragilität des Arbeitsbündnisses

In Oevermanns Professionalisierungstheorie stellt das Arbeitsbündnis eine zentrale Praxisform dar, um die somato-psycho-soziale Integrität einer partikularen Lebenspraxis zu erzeugen, aufrechtzuerhalten und wiederherzustellen (vgl. Oevermann 2013, S. 124–125). Das Arbeitsbündnis ist eine Kombination von diffusen und spezifischen Beziehungskomponenten. Im Arbeitsbündnis binden sich Hilfe suchende Personen an Expert:innen und verpflichten sich dazu, ihre Eigenkräfte maximal zu mobilisieren und aus der Expert:innenhilfe eine Hilfe zur Selbsthilfe zu machen (vgl. Oevermann 2013, S. 123). Zwar kann ein Arbeitsbündnis vertragsähnliche Züge aufweisen, doch ist es keineswegs mit einem Vertrag im rechtlichen oder ökonomischen Sinne gleichzusetzen. Es muss es stets interaktiv erzeugt und in sozialen Prozessen immer wieder bestätigt und erneuert werden (vgl. Helsper 2021, S. 154). Von daher lässt sich der „kunstgerechte Vollzug eines interventionspraktischen Arbeitsbündnisses“ (Oevermann 2013, S. 124) nicht standardisieren. Folglich kann es in individuellen Beratungsprozessen auch durch unberechenbare Störungen strapaziert werden.

Bereits in der Phase der Auftragsklärung kann es zu Enttäuschungen kommen, wenn Hilfesuchende sich mit Wünschen und Erwartungen in eine Beratung begeben, welche von den Beratenden nicht erfüllt werden können:

> „Also, zum einen ist es immer wichtig natürlich, den Arbeitsauftrag zu klären, ja? So. Und da kann es zu Enttäuschungen komme, ja? Dass der Mitarbeiter sich wünscht, weil er einen Konflikt zum Beispiel mit einer Führungskraft oder mit einem anderen Mitarbeiter hat und sich ungerecht behandelt fühlt, dass ich dorthin komme und das kläre. Am besten mit der Faust auf dem Tisch, ne? Und sage so: ‚Hier, Kollege, wie gehst du mit dem da um?'. Ich meine, ich kann auch ruhig der Meinung sein, dass das gerade nicht so wie er das schildert (unv.). Ich denke, ja, hier müsste man was tun, aber ich mache auch sehr deutlich, dass ich in meiner Funktion ja meine Rolle nicht verlieren darf. Ich kann keine Führungsaufgaben übernehmen, ja?" (SB01, Z. 606–615).

In dem Interviewausschnitt resultiert die Enttäuschung einer Hilfe suchenden Person daraus, dass ihre Vorstellung von einer Problemlösung mit der Rolle und dem Zuständigkeitsbereich der Fachkraft konfligiert. Aufseiten der Fachkraft zeigt sich, dass die Reflexion der eigenen Rolle immer wieder vorgenommen werden muss (vgl. Kapitel 8.1.8), damit das Handeln nicht von persönlichen Urteilen geleitet wird.

Im weiteren Verlauf eines Beratungskontaktes kann es passieren, dass starke emotionale Reaktionen hervorgerufen werden, wenn Ratsuchende mit ihrer Ansicht nach „unbequemen" Perspektiven und Meinungen konfrontiert werden, die inkongruent mit ihren eigenen sind. In folgender Interviewpassage macht eine Fachkraft deutlich, dass die Offenlegung der eigenen Meinung mitunter die Erosion oder gar Auflösung der Vertrauensgrundlage zur Folge haben kann:

> „Und auch da kann es natürlich, muss man immer aufpassen, ich habe ja vorher gesagt, Vertrauen ist das A und O, dass der Mitarbeiter sich mir anvertraut, aber es kann natürlich auch passieren, dass man da irgendwo das Vertrauen irgendwann verliert, indem man Ratschläge gibt, die der Mitarbeiter, der Betroffene nicht hören möchte. Also, es gibt durchaus Fälle, wo ich der Überzeugung bin, es wäre besser eine Erwerbsunfähigkeitsrente zu beantragen und dann muss ich das auch dem Betroffenen sagen, aber der will das nicht hören" (SB04, Z. 400–406).

Anhand des Verbs *müssen*, welches die Fachkraft im Interviewauszug verwendet, wird klar, dass sie es als ihre Pflicht ansieht, ihren Standpunkt zum Ausdruck zu bringen, wohl wissend, dass die Vertrauensgrundlage dadurch gefährdet werden kann (vgl. auch: SB09 Z. 553–556; SB16, Z. 436–442).

Andersherum gibt es auch Beispiele dafür, dass das Vertrauen einer Fachkraft in Klient:innen erschüttert werden kann. Ausschlaggebend für eine Erosion des Vertrauens in eine zu beratende Person kann z. B. die Wahrnehmung sein, von ihr ausgenutzt zu werden, ohne dass aus fachlicher Sicht über eine Zeitspanne hinweg eine Motivation sichtbar wird, etwas an einer Situation ändern zu wollen:

> „Also, letztendlich geht es...also, für mich, ich sehe das immer so, dass letztendlich, dass wir einen Prozess haben, in dem was passieren muss. Und also, wenn ich jetzt zum Beispiel einen Klienten habe mit einer Suchterkrankung, ich sagte ja, manchmal sind die Schritte ja sehr, sehr klein, aber wenn es dann über mehrere Sitzungen dazu kommt, dass gar keine Schritte mehr gegangen werden, ne? Dann würde ich eine Beratung auch beenden. Also, ich finde es ist immer ganz wichtig, dann das auch zu besprechen, so was man wahrnimmt und aber...also, eine Alibi-Beratung, ne, oder so, das würde ich nicht machen, ne?" (SB13, Z. 301–309).

In dem Datenausschnitt spiegelt sich ein Paradox zwischen geduldigem Zuwarten und Konfrontation wider (vgl. Schütze 1992, S. 150). Die Fachkraft hat die Erwartung, dass in der Zeit der Zusammenarbeit Veränderungen stattfinden. Einerseits muss sie geduldig sein und es akzeptieren, wenn die andere Person nur bereit oder dazu in der Lage ist, kleine Schritte zu gehen. Andererseits muss sie erkennen können, wann es sich um eine „Alibi-Beratung" handelt und ihr Beratungsangebot ausgenutzt wird, um lediglich nach außen hin einer Mitwirkungspflicht nachzukommen.

Aus den Befunden kann geschlussfolgert werden, dass das Arbeitsbündnis im gesamten Prozess einer Beratung durch Fragilität und Störanfälligkeit geprägt sein kann (vgl. Helsper 2021, S. 154). Eine tragfähige Vertrauensgrundlage stellt in der Beziehung zwischen Fachkraft und zu beratender Person keine selbstverständliche Konstante, sondern eine Variable dar. Sie muss hergestellt und stabilisiert werden, kann ins Schwanken geraten und manchmal auch verloren gehen. Gelingt es nicht, ein für beide Seiten zufriedenstellendes Arbeitsbündnis für einen Beratungsprozess zu konstituieren oder ist das Vertrauen innerhalb eines bestehenden Prozesses so tiefgreifend erschüttert, dass eine Fortsetzung der Beratung schwer vorstellbar ist, müssen Alternativen eruiert werden (z. B. Vermittlung an eine andere Fachkraft aus dem Team).

#### 8.1.7.3 Limitationen des Handlungs- und Kompetenzbereichs

Eine weitere Herausforderung bezieht sich auf die Akzeptanz von Grenzen der Handlungs- und Wirkungsmöglichkeiten sowie des von der Organisation vorgegebenen Zuständigkeitsbereichs.

Sozialberatende gehen ihrer Arbeit mit bestimmten Wertvorstellungen, Ansprüchen und Ambitionen nach. Im Laufe der Zeit kann allerdings die Erkenntnis eintreten, dass diese nicht reibungslos mit Rahmenbedingungen ihres Tätigkeitsfeldes harmonieren. Stattdessen kann es Kollisionen geben, wodurch wiederum Bewältigungsstrategien entworfen werden müssen:

> „Man gerät relativ schnell auch in so einen Eigendruck, was man jetzt da alles verändern möchte oder weil auch Gerechtigkeit da häufig eine riesige Rolle spielt, wie mit Menschen umgegangen wird. Da gerät man schnell auch rein und deswegen ist es für uns auch so, finde ich, sehr wertvoll, dass wir da auch Intervision und Supervision haben, um mit diesen Auseinandersetzungen auch immer umzugehen, ja?" (SB07, Z. 715–720).

In dem Interviewausschnitt erzählt die Fachkraft von einem Gefühl des selbst auferlegten Drucks. Dieses speist sich zum einen aus ihrer persönlichen Vorstellung von Gerechtigkeit und zum anderen aus ihrer Ambition, bestimmte Veränderungen durch ihr berufliches Handeln herbeizuführen. Intervisionen und Supervisionen werden von ihr als Maßnahmen angeführt, um Reflexionsräume zu eröffnen und zu lernen, mit dem Druckgefühl umzugehen. Weitere Beispiele, in denen es um den Umgang mit nicht erfüllbaren Vorstellungen im Rahmen der beruflichen Tätigkeit geht, finden sich in den Interviews mit SB01 (Z. 507–511) und SB10 (Z. 245–248).

Wie im Kapitel 8.1.5 beschrieben, besteht ein wesentlicher Bestandteil der Beratungsarbeit darin, Klient:innen „an spezialisierte professionelle oder auch nicht professionelle Krisenbewältigungsinstanzen zu vermitteln bzw. zu ‚überweisen'" (Oevermann 2013, S. 146). Der Bedarf einer Weitervermittlung kann manchmal bereits mit dem Erstkontakt festgestellt werden, sodass die Sozialberatung in solchen Fällen lediglich eine kurzfristig unterstützende und überbrückende Funktion einnimmt:

> „Und dann gibt es die Schwierigkeit, dass möglicherweise größere Probleme dahinter verbergen, wie zum Beispiel eine psychiatrische oder psychische Erkrankung, die eigentlich auch eine Beratung gar nicht mehr zulässt, wo es aber trotzdem dann erstmal passiert, dass die Leute hierherkommen, weil die Abteilungen manchmal gar nicht wissen, wohin mit den Menschen. Und das ist so eine große Herausforderung, da sehr klar zu sein und die auch gut zu beraten und gut weiter zu vermitteln" (SB06, Z. 247–253).

Schütze zufolge sind Probleme von Klient:innen oftmals außerordentlich komplex, sodass für deren Analyse und Bearbeitung eine Arbeitsteiligkeit zwischen unterschiedlich spezialisierten Fachleuten vonnöten ist (vgl. Schütze 1992, S. 166, 2017, S. 226). Vor allem die Soziale Arbeit ist mit der Notwendigkeit solcher Arbeitsarrangements vertraut, weil es ihr eines „eindeutig abgegrenzten, voll integrierten höhersymbolischen Sinnbezirks" (Schütze 1992, S. 166) mangelt. Mit der Vermittlung bzw. dem Abgeben von Hilfesuchenden an andere Einrichtungen geht allerdings auch einher, dass die Limitationen der eigenen Interventionsmöglichkeiten unverkennbar zutage treten und akzeptiert werden müssen.

Ferner werden Grenzen des eigenen Zuständigkeitsbereichs immanent, wenn als bedeutsam wahrgenommene Entscheidungen über Veränderungen in Bezug auf die Lebens- oder Arbeitssituation von Hilfesuchenden nicht in den Händen der Sozialberatenden liegen, sondern anderweitig getroffen werden:

> „Also, zum einen, weil wir häufig nicht die Hauptentscheider sind. Wir versuchen, den Klienten dann zu unterstützen, eben nach welchen persönlichen Gründen oder Ähnlichem, aber wir sind halt nicht die Hauptentscheider. Und das führt manchmal zu so einer Art Sandwich-Position zwischen Klient und den wirklichen Entscheidern und das führt dann halt auch zu das, was Sie sagten, zu schwierigen Beratungssituationen, weil die Klienten dann häufig auch nicht verstehen können, dass wir dann nicht die Entscheider sind. Und das kann dann durchaus zu Unzufriedenheit führen" (SB16, Z. 429–436).

In dem Datenauszug macht die Fachkraft am Beispiel eines Antrags auf Versetzung klar, dass sie und ihr Team hier nur eine konsultative Funktion haben. Sie können in einer fachlichen Einschätzung die Versetzung einer Person vor dem Hintergrund ihrer aktuellen Lebensumstände anregen oder befürworten, doch sie sind nicht die Entscheidenden in letzter Instanz. Es besteht für sie das Risiko, in eine „Sandwich-

Position“ zwischen Betroffenen und Entscheidungstragenden zu geraten, in der sie mit der Unzufriedenheit der Hilfesuchenden konfrontiert werden. Folgen, die sich hieraus ergeben können, sind Erschütterungen der Vertrauensbasis und damit nicht zuletzt wieder Störungen im Arbeitsbündnis (vgl. Kapitel 8.1.7.2).

In Anbetracht dieser Ergebnisse kann die Schlussfolgerung gezogen werden, dass die Fachkräfte in der betrieblichen Sozialberatung in mehrfacher Hinsicht mit der Herausforderung konfrontiert sind, sich die Grenzen ihres Handlungsrahmens bewusst zu machen und zu akzeptieren. In manchen Fällen können sie lotsend und/oder konsultativ tätig sein, nicht jedoch Probleme in der Tiefe (wie bspw. in einer Psychotherapie) bearbeiten (vgl. Oevermann 2013, S. 136) oder Entscheidungen treffen, welche die Lebens- und Beschäftigungssituation betroffener Personen beträchtlich verändern könnten.

### 8.1.8 Kompetenzanforderungen für Beratungen

Im Stand der Forschung wurde eine fehlende Verzahnung zwischen konkreten Arbeitsaufgaben und Anforderungen festgestellt (vgl. Kapitel 3.2.2). Deshalb wurde in der Datenauswertung angestrebt, dieses Desiderat im Rahmen der Möglichkeiten der Studie zu bearbeiten. An den Beispielen der Beratung sowie Gestaltung von Lehr-Lern-Veranstaltungen (vgl. Kapitel 8.4.4) wurde herausgearbeitet, welche Kompetenzen aus Sicht der Fachkräfte gebraucht werden, um sie zu verrichten. Die Konzentration auf die beiden genannten Aufgabenkomplexe erfolgte aus dem forschungspragmatischen Grund, dass die Dichte der Daten in den entsprechenden Kategorien am höchsten war.

Wie im Kapitel 2.4 dargelegt, orientiert sich diese Arbeit an einem begrifflichen Verständnis, dem zufolge Kompetenzen Kenntnisse, Fertigkeiten und Fähigkeiten sowie die Bereitschaft umfassen, diese verantwortungsvoll und situationsangemessen einzusetzen. Kompetenzen können sowohl der Lösung fachlicher Probleme in Arbeits- oder Lernkontexten als auch dem Miteinander in sozialen Kontexten sowie der persönlichen Entwicklung dienen. Sie werden mittels formaler und informeller Lernprozesse in unterschiedlichen Lebens- und Arbeitskontexten erworben (vgl. Bohlinger 2013, S. 28). Hiermit ist ein umfassender Begriff zugrunde gelegt, welcher die Mehrdimensionalität und Komplexität von Kompetenzen hervorhebt. Vorwegzunehmen ist jedoch, dass in dieser Arbeit lediglich das Ziel verfolgt werden kann, Ausschnitte von Kompetenzen (Kompetenzelemente) zu erfassen. Zum Beispiel kann anhand des Datenmaterials erfasst werden, dass bestimmte Rechtskenntnisse aus Sicht der Fachkräfte für die Durchführung von Beratungen benötigt werden, aber daraus lassen sich noch keinerlei Aussagen ableiten, inwiefern bei ihnen die Bereitschaft vorliegt, diese auch tatsächlich verantwortungsbewusst und situationsadäquat einzusetzen, und auf welchem Niveau die Rechtskenntnisse anzusiedeln sind. Ferner ist anzumerken, dass die vorliegende Präsentation der Ergebnisse keinen Anspruch auf Vollständigkeit erheben kann. Mithilfe der Daten ist es lediglich möglich, Einblicke zu eröffnen.

Im Auswertungsprozess wurden alle Kompetenzelemente in Verbindung mit den korrespondierenden Aufgabenkomplexen codiert, zusammengefasst und sortiert. Die einzelnen Elemente zur Durchführung von Beratungen konnten zu insgesamt vier

*Kompetenzbündeln* verdichtet werden: (1) Kompetenz zur Gestaltung professioneller Beziehungen, (2) Kompetenz zur Gestaltung von Hilfeprozessen, (3) Selbstreflexivitätskompetenz und (4) übergreifende Kompetenzelemente. Ein Gesamtüberblick bietet Tabelle 26:

**Tabelle 26:** Kompetenzanforderungen für Beratungen (Quelle: Autor)

**(1) Kompetenz zur Gestaltung professioneller Beziehungen**
- Authentizität
- Freude an der Arbeit mit anderen Menschen
- Bedingungslose Wertschätzung
- Respekt vor der Individualität von Fällen
- Respekt vor Klient:innen als Expert:innen des eigenen Lebens
- Empathie
- Nähe-Distanz-Balancierung

**(2) Kompetenz zur Gestaltung von Hilfeprozessen**
- Offenheit
- Flexibilität
- Systemorientierung
- Lösungsorientierung
- Lebensweltorientierung
- Analytisches Denken
- Beurteilungsvermögen
- Kenntnisse über und Anwendung von Methoden
- Fertigkeit zum Theorie-Praxis-Transfer
- Kooperationsfertigkeit
- Kenntnisse über Gruppendynamik
- Kenntnisse über kommunikationstheoretische Ansätze und Modelle
- Kenntnisse über verhaltenstherapeutische Ansätze und Modelle
- Kenntnisse über systemische Ansätze und Modelle
- Kenntnisse über psychische Störungen
- Kenntnisse über Konflikte
- Kenntnisse über Organisationen
- Kenntnisse über andere Hilfsangebote
- Kenntnisse über Strukturen im Öffentlichen Dienst
- Kenntnisse über das deutsche Rechtswesen
- Kenntnisse zum Arbeitsrecht
- Kenntnisse zum Sozialrecht
- Kenntnisse zu rechtlichen Rahmenbedingungen bei Trennung/Scheidung
- Kenntnisse zu Gesetzesgrundlagen im Öffentlichen Dienst
- Kenntnisse zu Supervisionen
- Fremdsprachenkenntnisse

**(3) Selbstreflexivitätskompetenz**
- Reflexion eigener Vorannahmen
- Reflexion der eigenen Rolle in Beratungen
- Reflexion des eigenen Handelns
- Reflexion eigener fachlicher Möglichkeiten und Grenzen

**(4) Übergreifende Kompetenzelemente**
- Lernbereitschaft
- Fertigkeit zur Gewinnung von Informationen
- Argumentationsfertigkeit

Nachfolgend werden die vier Kompetenzbündel präsentiert und mit Befunden aus Theorie und Empirie gespiegelt, um sie bzgl. ihrer Anschlussfähigkeit an vorhandene Erkenntnisse und Ergebnisse zu prüfen.

#### (1) Kompetenz zur Gestaltung professioneller Beziehungen

Beziehungen zwischen Fachkräften und Klient:innen sind berufliche Beziehungen. Sie bedeuten stets kommunikatives Handeln, das sich im Austausch und im Bezug aufeinander ausdrückt (vgl. Thiersch 2020, S. 145). Wie im Kapitel 8.1.7.2 erörtert, ist die Arbeitsbeziehung ein basales Fundament, um Beratungsprozesse durchzuführen. Auch Befunde, wie jene von Klug et al. (2020, S. 379) aus einer qualitativen Studie zur Gestaltung von Beziehungen aus Sicht sozialarbeiterischer Fachkräfte aus unterschiedlichen Tätigkeitsfeldern, belegen, dass eine tragfähige Beziehung unverzichtbar für sozialarbeiterisches Handeln ist.

Ein gelingender Beziehungsaufbau hängt mitunter auch davon ab, mit welcher inneren Haltung Fachkräfte Hilfesuchenden begegnen. Neben *Authentizität* und der grundsätzlichen *Freude an der Arbeit mit anderen Menschen* konnten weitere Anforderungen an die Haltung erarbeitet werden: Eine *bedingungslose Wertschätzung der Klient:innen und ihrer Anliegen* meint, dass die Fachkräfte die Würde der Klient:innen unabhängig von Merkmalen wie Herkunft, Geschlecht oder Stellung im hierarchischen Gefüge der Organisationen achten und Probleme, aufgrund derer sie sich in Beratungsprozessen befinden, vorbehaltlos ernst nehmen. Sie respektieren die *Individualität von Fällen* und machen sich bewusst, dass jeder Fall einzigartig ist, im Mittelpunkt eines jeden Falls ein anderer Mensch steht und jedes Problem eigene Entstehungshintergründe hat. Die Haltung soll dazu beitragen, in Beratungssituationen mit Vorsicht mit Vorannahmen sowie Typisierungen umzugehen (vgl. Dewe et al. 2011, S. 37) und sich stattdessen achtsam auf Schilderungen der Gesprächspartner:innen einzulassen. Ferner ist die Haltung durch *Respekt vor Klient:innen als Expert:innen des eigenen Lebens* geprägt, d. h. die Fachkräfte achten zu Beratende als Subjekte, denen sowohl die Deutungshoheit über Anliegen und Ziele im Rahmen von Unterstützungsleistungen als auch die Verantwortung für ihre Entscheidungen obliegt.

Für gelingende Beziehungsgestaltung konnten *Empathie* und *Nähe-Distanz-Balancierung* identifiziert werden. Empathie bezieht sich auf ein Gespür und Verständnis dafür, wie andere Menschen fühlen und in welchem emotionalen Zustand sie sich befinden. Hier müssen Beratende dazu in der Lage sein, das dynamische Verhältnis von Nähe und Distanz in der Beziehung zu regulieren, denn davon kann das Gelingen pädagogischer Beziehungen abhängig sein (vgl. Thiersch 2019, S. 48, 2020, S. 155–156). Das „Nähe-Distanz-Dilemma", also die Wahrung von Distanz trotz Sympathie für die Klient:innen, wurde auch von Klug et al. (2020, S. 381) in einer qualitativen Interviewstudie als bedeutsame Herausforderung in der Gestaltung professioneller Beziehungen identifiziert.

### (2) Kompetenz zur Gestaltung von Hilfeprozessen

Prozessgestaltungskompetenz bildet das größte Bündel an Elementen und unterstreicht im Einklang mit den Befunden aus Kapitel 8.1 die Komplexität der Anforderungen zur Steuerung und Gestaltung von kaum standardisierbaren Prozessen zur Unterstützung von Klient:innen.

Ähnlich wie beim Kompetenzbündel zur Gestaltung von Beziehungen konnten Anforderungen an die Haltung der Beratenden identifiziert werden. Dazu gehört eine grundsätzliche *Offenheit* gegenüber allen Hilfesuchenden, ihren Lebensgeschichten und Sichtweisen auf ihre Probleme. Daran schließt sich *Flexibilität* im Denken und Handeln an, denn jeder Fall ist einzigartig und entzieht sich jeglicher Vorhersehbarkeit. Sozialberatende müssen dazu in der Lage sein, sich immer wieder auf neue Gegebenheiten einzustellen, sich neu zu orientieren und bedarf- und bedürfnisgerechte Hilfeprozesse zu entwerfen. Dabei befinden sie sich in einem Spannungsfeld zwischen den Eckpfeilern der Systemorientierung, Lösungsorientierung und Lebensweltorientierung: Eine *systemorientierte Haltung* betrachtet Individuen im Kontext unterschiedlicher Systeme, in denen sie eingebettet sind. Eine *lösungsorientierte Haltung* lenkt den Blick von wahrgenommenen Problemen und Defiziten auf die aktive Suche nach geeigneten Lösungsoptionen. Eine *lebensweltorientierte Haltung* berücksichtigt individuelle Lebensumstände der zu Beratenden, gleichwohl aber auch organisationale Kontexte, in denen betriebliche Soziale Arbeit stattfindet. Diese drei Eckpfeiler repräsentieren im Grunde verschiedene Beratungskonzepte (vgl. Sickendiek und Nestmann 2018, S. 224), weshalb mit Vorsicht darauf geschlossen werden kann, dass es kein uniformes Beratungskonzept gibt, welches für die Sozialberatung in allen Betrieben leitend ist. Stattdessen werden Elemente aus unterschiedlichen Konzepten entnommen.

Eine wesentliche Fertigkeit für die Hilfeprozessgestaltung ist das *analytische Denken*. Ein analytisches Denkvermögen wird für kaum standardisierbare Fallrekonstruktionen benötigt (vgl. Oevermann 2013, S. 122). Konkret müssen Problemwahrnehmungen erfasst und ergründet werden: Wie lässt sich die Genese bestimmter Probleme nachzeichnen? Wie haben sich bestimmte Probleme bislang auf wen ausgewirkt? Welche Bewältigungsversuche wurden initiiert und welche Erfahrungen wurden dabei gemacht? Wie im Kapitel 8.1.2 präsentiert, können Anliegen für Beratungen nicht nur hochgradig komplex, sondern auch intransparent und diffus sein. Sie bedürfen daher dezidierter Situations- und Problemanalysen.

Für die gemeinsame Deutung von Problemen mit den zu Beratenden ist der *Theorie-Praxis-Transfer* essenziell. Darunter wird in der Untersuchung eine Fertigkeit verstanden, (wissenschaftliches) Wissen abzurufen und für die Bearbeitung von Praxisproblemen fruchtbar zu machen, um Räume für Deutungen und Erklärungen aufzuschließen (vgl. Oevermann 2013, S. 122). Ferner wird auch *Beurteilungsvermögen* benötigt, welches in verschiedenen, oft durch Ungewissheit geprägten Situationen gefordert ist (vgl. Dewe et al. 2011, S. 40; Dewe und Stüwe 2016, S. 31): Sozialberatende müssen bspw. situativ beurteilen können, in welchem Zustand Klient:innen sich befinden, inwiefern sie jemanden „laufen lassen“ können oder ob fachärztliche Konsultationen unverzüglich notwendig sind oder wann und wie sie empfehlen können, Beratungsprozesse abzuschließen. Außerdem ist die Fertigkeit zur Beurteilung auch vonnöten, wenn es um den Einsatz von Methoden geht. Im Rahmen dieser Studie wird Methode allgemein verstanden als „eine bewusst und geplant eingesetzte, häufig bereits erprobte Handlungsweise, mit der ein bestimmtes Ziel erreicht werden soll" (Sickendiek et al. 2008, S. 133). Sozialberatende verfügen über ein Repertoire an Methoden, die jedoch nicht standardisiert anwendbar sind. Auch hier müssen Beratende situativ dazu in der Lage sein, sowohl Beratungssituationen (z. B. Verlauf einer Sitzung, Stimmung im Gespräch) als auch die Klient:innen in ihren gegenwärtigen Zuständen zu beurteilen (z. B., inwiefern jemand als ausreichend „stabil" eingeschätzt wird, um paradoxe Interventionen durchführen zu können). Daran anschlussfähig erweist sich das Prinzip der „strukturierten Offenheit" aus dem Konzept der lebensweltorientierten Sozialen Arbeit nach Thiersch (2020, S. 160). Dieses drückt aus, „dass Handeln in methodischen Strukturen bestimmt ist, dass aber diese Strukturiertheit immer der Offenheit des Aushandelns in den konkreten individuellen Notwendigkeiten und Möglichkeiten ausgesetzt wird und dass dieses Aushandeln sich immer in einem zirkulären Prozess zwischen Strukturiertheit und Offenheit realisiert" (Thiersch 2020, S. 160). Die Voraussetzung für Erwägungen zur Eignung von Methoden sind wiederum *Methodenkenntnisse*. Methoden, die identifiziert wurden, können unter der Kategorie *systemischer Beratungsmethoden* subsumiert werden (vgl. Tabelle 27). Sie sind wie folgt differenziert (vgl. Schubert et al. 2019, S. 101; Sydow et al. 2007, S. 22–25):

**Tabelle 27:** Systemische Methoden (Quelle: Autor)

| Systemische Methoden | Befunde aus der Untersuchung |
|---|---|
| Strukturelle und strategische Methoden | • Kreatives Reframing<br>• Paradoxe Intervention<br>• Nutzung von Gegenständen bei Entscheidungsfindungen (z. B. Stühle)<br>• Hypnosystemische Methoden |
| Symbolisch-metaphorische Methoden | • Arbeit mit Visualisierungen (Zeichnungen, Bilder, Karten)<br>• Aufstellungen mit Figuren<br>• Systembrett oder Familienbrett<br>• Zeitlinien<br>• Entwicklung von Metaphern |
| Narrative und dialogische Methoden | • Arbeit mit dem inneren Team |
| Systemische Fragen | • Offene Fragen<br>• Externalisierungsfragen<br>• Skalierungsfragen<br>• Zirkuläre Fragen<br>• Konstruktivistische Fragen<br>• Paraphrasieren<br>• Spiegeln |

Die Dominanz der Methoden aus den systemischen Beratungsansätzen lässt sich unter Berücksichtigung der Qualifikationsvoraussetzungen der befragten Fachkräfte erklären. In der Stichprobe überwiegen Weiterbildungsabschlüsse mit *systemischer* Ausrichtung, wie etwa systemische Therapie, Beratung oder Coaching. Deutungen zur Relevanz der Weiterbildungen sind im Kapitel 6.2 ausführlich dargelegt.

Neben Methodenkenntnissen konnten weitere *Fachkenntnisse* herausgefiltert werden. Zur inhaltlichen Strukturierung werden in Orientierung am Modell für Beratungskompetenz in der Sozialen Arbeit von Albrecht (2017, S. 60) beratungstheoretische und tätigkeitsfeldspezifische Kenntnisse differenziert. Diese werden um einen Bereich ergänzt, nämlich den der Rechtskenntnisse:

- *Beratungstheoretische Fachkenntnisse* werden benötigt, um Haltungen und Methoden in der praktischen Arbeit theoretisch einzubetten (vgl. Albrecht 2017, S. 60). In dieser Studie umfassen sie Kenntnisse über Gruppendynamik, kommunikationstheoretische, verhaltenstherapeutische, systemische Ansätze und Modelle, psychische Störungen, Konflikte sowie Supervisionen.
- *Tätigkeitsfeldspezifische Kenntnisse* sind wiederum jene, die spezifisch für ein bestimmtes Einsatzfeld sind. So benötigen die Beratenden Kenntnisse über jene Organisationen, in denen sie arbeiten, um darin handlungsfähig zu sein. Elemente davon sind Kenntnisse zur Aufbauorganisation und zur Ablauforganisation, zur Organisationskultur wie auch zu relevanten Ansprechpersonen für ihre Arbeit. Für Fachkräfte, deren Sozialberatungen im Öffentlichen Dienst angesiedelt sind, sind darüber hinaus spezifische Wissensbestände vonnöten, wie bspw. Kenntnisse über Strukturen und zu Gesetzen im Öffentlichen Dienst. Je nach Belegschaft von Organisationen kann die Relevanz von Fremdsprachkenntnissen variieren. Bei Bedarf werden Kenntnisse in Englisch und/oder Französisch gebraucht, um auch nicht deutschsprachige Mitarbeitende beraten zu können.
- Unter *Rechtskenntnissen* sind Kenntnisse über deutsches Rechtswesen, Arbeits- und Sozialrecht sowie rechtliche Rahmenbedingungen bei Trennung und Scheidung subsumiert.

Gelten Weitervermittlungen von Hilfesuchenden als markante Aufgabe in Beratungsprozessen (vgl. Kapitel 8.1.5), können zum einen *Kenntnisse über Strukturen und Inhalte weiterführender Hilfsangebote* und zum anderen *Kooperationsfertigkeit* als damit verbundene Kompetenzelemente betrachtet werden. Unter Kooperationsfertigkeit wird hier die Fertigkeit und Bereitschaft verstanden, übergreifend mit Fachleuten in arbeitsteiligen Arrangements zu arbeiten. Das Vorhandensein von Netzwerken ist hierfür wiederum eine wichtige Bedingung, um möglichst passgenaue Vermittlungen vornehmen zu können (vgl. Kapitel 8.6).

#### (3) Selbstreflexivitätskompetenz

Die Kompetenz zur Selbstreflexivität beinhaltet die Fertigkeit und Bereitschaft, im Verlauf von Beratungsprozessen kritische Reflexionsmechanismen in Gang zu setzen, was von Dewe et al. (2011, S. 42) als ein notwendiges Moment für Professionalität in der Sozialen Arbeit erachtet wird. Gegenstände von Selbstreflexion können sein: persönliche *Vorannahmen und Vorurteile* (z. B. die Vorstellung, was als erstrebenswertes Ergebnis einer Beratung gilt), das Verständnis der eigenen *Rolle* im Beratungsgeschehen

(z. B. kritische Auseinandersetzung damit, inwiefern es gelingt, Neutralität in Konfliktfällen zu wahren), das eigene *Handeln* sowie die *fachlichen Möglichkeiten und Grenzen* (z. B. Sondierung von Anliegen, die in Übereinstimmung mit der fachlichen Expertise und verfügbaren Ressourcen bearbeitet werden können, sowie ggf. die Bereitschaft zur Einbeziehung anderer Fachleute). Dieses Ergebnis deckt sich mitunter mit dem Befund einer qualitativen Studie zum Verständnis professionellen Handelns aus Perspektive von 16 interviewten Praktiker:innen verschiedener Tätigkeitsfelder, in der Selbstreflexion als basaler Bestandteil der Professionalität in der Sozialen Arbeit identifiziert wird (u. a. Reflexion der eigenen Person, des eigenen Handelns gegenüber Klient:innen, der Verfahrensweise in schwierigen Situationen) (vgl. Ohling 2021, S. 136).

#### (4) Übergreifende Kompetenzelemente

Hier sind Elemente erfasst, die sich nicht klar den anderen Kompetenzbündeln zuordnen lassen und gewissermaßen „quer" vor allem zu den ersten beiden Bündeln positioniert sind. Hierzu zählt die *Fertigkeit zur Gewinnung von Informationen*[44]. An mehreren Stellen erklären die Befragten, dass nicht immer tiefgründiges Wissen zu allen Themen vorhanden sein muss. Sie betonen jedoch, dass sie dazu in der Lage sein müssen, an spezifische Informationen heranzukommen, sobald sie benötigt werden. Das Argument kommt häufig bei Ausführungen zu Rechtskenntnissen vor. Demnach sei es zwar nicht nötig, alle Gesetzesgrundlagen auswendig zu lernen und parat zu haben, doch man müsse wissen, wo diese „nachzuschlagen" sind. Similär damit ist eine prinzipielle *Bereitschaft zum Lernen*. Hiermit ist die Bereitschaft gemeint, sich angesichts komplexer Problemlagen in der betrieblichen Sozialen Arbeit immer wieder in neue Themenbereiche einzuarbeiten, auf verschiedenen Wegen zu lernen und Wissen zu erweitern. Daneben konnte *Argumentationsfertigkeit* als weiteres übergreifendes Element identifiziert werden. Mit ihr kann die Fertigkeit bezeichnet werden, andere Menschen in der Kommunikation durch eine bewusste Auswahl und Artikulation von Argumenten zu überzeugen.

Alles in allem repräsentieren die herausgearbeiteten Kompetenzbündel in erster Linie konkrete Anforderungen, welche unmittelbar mit der Begegnung bzw. Kommunikation und Interaktion mit Klient:innen im Kontext von Beratungen verbunden sind. Anhand von Verweisen auf Perspektiven und Befunde aus Theorie und Empirie wurde versucht, zu demonstrieren, dass die Beratung im Kontext der betrieblichen Sozialen Arbeit mit Anforderungen einhergeht, die es auch in anderen sozialarbeiterischen Feldern gibt (z. B. Balancierung von Nähe und Distanz, Notwendigkeit der Selbstreflexion). Ferner zeichnet sich in den Ergebnissen ab, dass für die Durchführung von Beratungen ein breiter Fundus an Kenntnissen benötigt wird, der jedoch stets kontextualisiert werden muss. So werden bspw. manche Kenntnisse nur in spezifischen Kontexten benötigt (z. B. Kenntnisse über Gesetzesgrundlagen im Öffentlichen Dienst, Fremdsprachenkenntnisse). Auffällig ist außerdem, dass ein großer Teil der Kompetenzelemente Anforderungen widerspiegeln, die einen starken Bezug zur Person der

44 Das Element wurde nach einer Dimension einer Schlüsselqualifikation benannt, die im Konzept der Schlüsselqualifikationen von Mertens (1974, S. 41) als *Informiertheit über Informationen* bezeichnet wird.

Beratenden und deren Einstellungen und Haltungen haben (u. a. Authentizität, Freude an der Arbeit mit Menschen, Wertschätzung und Respekt ohne Vorbehalte).

## 8.2 Management von Konflikten

Sowohl intra- als auch interpersonelle Konflikte können Anlässe für Beratungen sein (vgl. Kapitel 8.1.2). Bei *interpersonellen* Konflikten, also jenen zwischen mindestens zwei Parteien, kommt es allerdings nicht in jedem Fall zu einer Bearbeitung und Auflösung des Konflikts, da es nicht immer gelingt, alle Beteiligten zu erreichen und zu involvieren. Trotzdem zeigt sich im Datenmaterial, dass der Umgang mit interpersonellen Konflikten wesentlicher Bestandteil des beruflichen Arbeitsalltags der Fachkräfte ist. Mögliche Konstellationen sind gewöhnlich Konflikte zwischen Vorgesetzten und Beschäftigten oder zwischen zwei bzw. mehreren Beschäftigten (vgl. SB13, Z. 59–66; SB14, Z. 628–632).

Auf Basis des Datenmaterials sind drei Ansätze zur Bearbeitung von Konflikten zu differenzieren, nämlich die Durchführung von (1) Mediationen, (2) Konfliktmoderationen und (3) Konfliktgesprächen, die sich nur bedingt eindeutig voneinander trennen lassen. Zwar sind Mediationen per se nach dem Mediationsgesetz (MediationsG) geregelt, sodass ihre Anwendung an das Vorhandensein spezifischer Qualifikationen gebunden ist, doch kann es vorkommen, dass Mediationen in abgewandelten Formen auch von Personen ohne entsprechende Qualifikationen durchgeführt werden (vgl. SB03, Z. 113–116; SB05, Z. 88–94). Als noch schwieriger erweist sich eine trennscharfe Abgrenzung zu bzw. zwischen Konfliktmoderationen und Konfliktgesprächen. Zur Vereinfachung werden die oben genannten drei Ansätze zur Bearbeitung von Konflikten mit mehreren Parteien deswegen im Weiteren als *Durchführung von Konfliktinterventionen* bezeichnet, die in dieser Untersuchung den Kern des Konfliktmanagements[45] bildet (vgl. Tabelle 28):

**Tabelle 28:** Management von Konflikten (Quelle: Autor)

| **Arbeitsaufgaben und Tätigkeiten** |
|---|
| **Konfliktinterventionen durchführen**<br>• Entbindung von der Schweigepflicht durch Klient:innen einholen<br>• Beteiligte Konfliktparteien zum Gespräch einladen<br>• Gespräche mit Konfliktbeteiligten führen<br>• Gesprächsverläufe aktiv steuern<br>– Perspektiven der Konfliktparteien erfassen und darlegen<br>– Perspektiven der Betroffenen darlegen, wenn diese es nicht selbst können<br>– Beteiligte einladen, einen konstruktiven Kommunikationsstil einzunehmen<br>– Zwischen konfligierenden Perspektiven vermitteln<br>– Bei der Erarbeitung von Lösungsmöglichkeiten unterstützen |

45 Ergänzend zu Konfliktinterventionen konnten zwei weitere Aufgaben identifiziert werden, die dem Arbeitsaufgabenkomplex des Konfliktmanagements zuzuordnen sind, aber aufgrund unzureichender Datengrundlage nicht näher betrachtet werden können. Bei ihnen handelt es sich um die Entwicklung von Konzepten für das betriebliche Konfliktmanagement und die Rekrutierung externer Mediator:innen.

Im Grunde stellt Konfliktintervention darauf ab, die an einem Konflikt beteiligten Parteien an einem Tisch zusammenzubringen und in Gesprächen die Perspektiven der Involvierten zu erfassen, darzulegen, zwischen ihnen zu vermitteln und bei der Erarbeitung von tragfähigen Lösungen zu unterstützen. Je nachdem, ob es sich konkret um eine Mediation, eine Moderation oder ein Gespräch handelt, können die einzelnen Verfahrensschritte im Detail unterschiedlich aussehen, die sich an dieser Stelle nicht rekonstruieren lassen. Die Fachkraft der betrieblichen Sozialberatung hat in jedem Fall eine steuernde und moderierende Funktion in Gesprächsverläufen. Bei Bedarf unterstützt sie Klient:innen dabei, ihre Perspektiven zu artikulieren, falls diese nicht selbst dazu in der Lage sind. Der folgende Ausschnitt illustriert den Inhalt einer Intervention am Beispiel eines Konflikts zwischen einer Führungskraft und einer Beschäftigten, bei dem Weisungen des Vorgesetzten mit persönlichen Lebensumständen der Mitarbeitenden kollidieren:

> „Aber wenn es so ist, dass man von der Schweigepflicht entbunden wird, versucht man natürlich alle Protagonisten mal so ein bisschen mit ins Boot zu holen und versucht, so dahingehend die Stimme des Betroffenen zu sein, wenn der Betroffene vielleicht schon nicht mehr die Kraft hat, seine Position so wirklich darzulegen. Also, wenn ich jetzt eine alleinerziehende Mutter betrachte, die irgendwie relativ kurzzeitig abrufbar für irgendeinen Einsatz sein soll [Ausführungen zur Wahrung der Anonymität entfernt], und dem Chef denn dann zu erklären, wie soll das funktionieren, wenn die [Mitarbeiterin] seit [wenigen] Jahren erst in [Stadt] wohnt und das KiTa-pflichtige Kind mitgebracht hat, alleinerziehend ist, wie soll das gehen, ja? Da sind keine, ja, Freundschaften oder noch nicht so stabile Freundschaften zumindestens entstanden, dass man für eine ungewisse Zeit das Kind bei einem Bekannten lässt, ja? Und da versuchen wir denn dann natürlich, zu vermitteln oder Lösungsmöglichkeiten zu suchen, zu finden oder halt im Zweifel zu sagen, okay, gut, dann ist [das Einsatzfeld] oder der Dienstposten hier vielleicht nicht mehr der Richtige, ja?“ (SB15, Z. 456–470).

Die Passage weist auf eine wesentliche Bedingung hin, damit es zu einer Konfliktintervention kommen kann. Dabei handelt es sich um die Entbindung von der Schweigepflicht, um andere Beteiligte kontaktieren und zum Gespräch einladen zu dürfen. Ferner macht dieser Auszug auch auf ein Spannungsfeld aufmerksam, in das Sozialberatende bei der Ausführung dieser Aufgabe eingebettet sein können. So sind sie, wie oben beschrieben, für die Steuerung von Gesprächsverläufen verantwortlich und gleichwohl müssen sie im Notfall die „Stimme der Betroffenen“ sein und deren Perspektive stellvertretend darlegen, wenn diese es nicht selbst können. Die Aufrechterhaltung der Neutralität in der Konfliktintervention könnte in diesem Zusammenhang eine Anforderung und Herausforderung zugleich sein. Insbesondere in Verfahren der Mediation ist kritisch zu hinterfragen, inwiefern die Unabhängigkeit und Neutralität der mediierenden Person bewahrt werden kann, wenn sie in facto eine Doppelrolle als Mediator:in und Sozialberater:in innehat.

Mit Blick auf Qualifikationsvoraussetzungen fällt auf, dass in der Mehrheit eine einschlägige Weiterbildung vorliegt bzw. zum Befragungszeitpunkt absolviert wurde. Die meisten Weiterbildungen zielten bzw. zielen auf Zertifizierungen zu Mediator:innen, während peripher auch solche im Konfliktmanagement und in der Konfliktberatung vorhanden sind (vgl. Kapitel 6.2).

Zusammenfassend können die aufgeführten Arbeitsaufgaben und Tätigkeiten in einem Aufgabenkomplex namens *Konfliktmanagement* gebündelt werden. Konfliktmanagement meint in diesem Kontext insbesondere „eine auf einem Lernprozess der Beteiligten beruhende Steuerungsleistung, die zu einer gemeinsamen Sicht des Problems und anschließenden Lösung führt" (Schwarz 2014, S. 333). Die Ergebnisse schließen an Befunde aus dem Forschungsüberblick an, in welchem sich die zunehmende Etablierung des Konfliktmanagements als ein Aufgabenfeld in der betrieblichen Sozialberatung über die Jahre hinweg anhand der Studien von Stoll (2013, S. 162), Baumgartner und Sommerfeld (2016, S. 151) sowie Nguyen und Bohlinger (2020, S. 301) widerspiegelt. Darüber hinaus verdeutlichen sie, dass unter dem Begriff der Intervention bei Konflikten im Grunde unterschiedliche Ansätze stehen (Mediation, Konfliktmoderation und Konfliktgespräche), die sich in ihren konkreten Verfahrensweisen unterscheiden können.

## 8.3 Durchführung von Coachings

Das Coaching lässt sich nur schwer eindeutig von der Einzelberatung trennen (vgl. Kapitel 8.1.5). Der einschlägige Bundesverband versteht unter Coaching eine professionelle Beratung, Begleitung und Unterstützung von Personen, die über Führungs- und Steuerungsfunktionen verfügen, sowie von Expert:innen in Unternehmen und anderen Organisationen (vgl. DBVC o. J.). In Orientierung an diesem Begriffsverständnis kann ein zentrales Kriterium zur Abgrenzung des Coachings von der Einzelberatung herausgearbeitet werden, nämlich die *Zielgruppe*: Während die Einzelberatung grundsätzlich von allen Personen in Organisationen in Anspruch genommen werden kann, ist der Fokus beim Coaching enger zugeschnitten. Zielgruppe sind hier vor allem Führungskräfte, weshalb die folgenden Ausführungen sich insbesondere auf sie beziehen werden. Erwähnenswert ist jedoch, dass im Einklang mit der oberen Definition Coachings durch die betriebliche Sozialberatung auch von Fachleuten und Personen in besonderen Funktionen, wie etwa Gleichstellungsbeauftragte, Schwerbehindertenvertretungen, Mitglieder des Betriebsrats, Mitarbeitende aus der Personalabteilung oder Betriebsmedizin, genutzt werden können.

Das Coaching von Führungskräften kann als eigenständige Arbeitsaufgabe betrachtet werden, die sich in weitere Tätigkeiten aufschlüsseln lässt (vgl. Tabelle 29):

**Tabelle 29:** Coaching von Führungskräften (Quelle: Autor)

| **Arbeitsaufgaben und Tätigkeiten** |
|---|
| **Coaching von Führungskräften**<br>• Anfragen aufnehmen und Termine planen<br>• Aufträge klären<br>• Anvisierte Entwicklungsziele der Coachees ermitteln |

*(Fortsetzung Tabelle 29)*

| **Arbeitsaufgaben und Tätigkeiten** |
| --- |
| • Verschiedene Gesprächssituationen simulieren und mit Coachees üben<br>• Techniken einsetzen, um Problemverständnis für beide Seiten zu schärfen und Lösungen zu entwickeln<br>• An andere vermitteln, sofern Themen nicht durch Sozialberatungsstelle abgedeckt werden können<br>• Abschlussgespräche führen |

Ähnlich wie bei der Beratung, gibt es mehrere Wege der Kontaktanbahnung: (1) Führungskräfte gehen von sich aus auf die Sozialberatung zu und fragen um einen Termin an; (2) der Kontakt entsteht im Zusammenhang mit der Beratung von Mitarbeitenden einer Führungskraft; (3) eine Führungskraft wird von Vorgesetzten geschickt bzw. kommt auf Empfehlung anderer. Anlässe für die Inanspruchnahme des Angebots sind vielfältig, unterscheiden sich im Vergleich zur Einzelberatung (vgl. Kapitel 8.1.2) aber dahingehend, dass die Themen eine stärker ausgeprägte *beruflich-betriebliche* Ausrichtung haben, d. h. weniger im Privatleben der Coachees verortet sind (vgl. SB03, Z. 310–319; SB04, Z. 369–376; SB09, Z. 340–352). Beispiele sind: Unterstützung bei der Bewältigung eines Übergangs in die Rolle als Führungskraft (z. B. infolge einer Beförderung vom Teammitglied zur Leitungsperson), Gestaltung der Rolle als Führungskraft und Umgang mit Herausforderungen (z. B. Umgang mit Druck in einer sog. „Sandwich-Position" zwischen konfligierenden Erwartungen seitens der Vorgesetzten und unterstellten Beschäftigten), Reflexion und Auslotung eigener beruflicher Entwicklungsmöglichkeiten, Bedarf zur Unterstützung im Umgang mit Beschäftigten sowie Spannungen und Konflikten im Team (vgl. auch: Michel und Bickerich 2016, S. 590). Ziel des Coachings besteht im Kern darin, Führungskräfte in ihren entsprechenden Rollen zu stärken und sie dazu zu befähigen, der Fürsorgepflicht für ihre Mitarbeitenden adäquat nachzukommen (vgl. SB01, Z. 239–246; SB04, Z. 369–375). Von einer „guten" Führung, so die sich dahinter befindliche Logik, sollen auch die Beschäftigten profitieren (zu Zusammenhängen zwischen Führung und Gesundheit bzw. Wohlbefinden Mitarbeitender: vgl. Stocker et al. 2014, S. 86; Wegge et al. 2014, S. 11–12; Winkler et al. 2014, S. 109).

Die folgenden Datenauszüge geben einen Einblick, was ein Coaching konkret beinhalten kann bzw. wie Sozialberatende in diesem Kontext vorgehen:

> „Also, das heißt, das sind in der Regel berufliche Themen. Das kann sein: ‚Da stehen jetzt kritische Gespräche an. Wie kann ich so ein Gespräch gut führen? Können wir das mal durchsprechen? Können wir das mal üben?'" (SB09, Z. 341–343).

> „Dass man versucht natürlich, auch gerne mal Unangenehmes in unsere Hände zu legen oder so ein Beispiel ist zum Beispiel, ne: ‚Ich habe hier einen Mitarbeiter, über den beschweren sich alle, weil der schlecht riecht. Können Sie dem das mal klar machen', ne? Und dann, wo wir dann wieder sagen: ‚Moment mal, das ist aber Ihre Führungsverantwortung. Wir können uns gerne darüber unterhalten, wie Sie dieses Gespräch strukturieren (lachen) können, damit Sie das dem Mitarbeiter selber mitteilen können', ne? Das ist ja nicht unser Job. Aber dann haben wir ja auch schon wieder eine Unterstützung geleistet

> auch für die Führungskraft und befähigen auch da wieder Menschen, anders vielleicht umzugehen oder sich auch Dinge zu trauen anzusprechen, die sie sonst gerne vermeiden würden, ne?" (SB07, Z. 1082–1092).

Anstatt Führungskräften vermeintlich „unangenehme" Aufgaben abzunehmen, sollen sie durch eine gezielte Vorbereitung in die Lage versetzt werden, diese eigenständig zu bewältigen. Es wird an Potenzialen der Coachees angesetzt und durch die Anwendung unterschiedlicher Methoden zur Aktivierung von Ressourcen soll dazu beigetragen werden, Lösungen für eigene Problem- und Fragestellungen zu entwickeln (vgl. Kühl und Schäfer 2019, S. 7). Dies geschieht in den oberen Beispielen durch praktische Handlungselemente wie *Strukturieren, Durchsprechen* und *Üben*, um das Führen „guter" Gespräche zu erlernen.

Hinsichtlich der Qualifikationsanforderungen fällt auf, dass nur ein Teil derjenigen, die Coaching anbieten, auch über eine einschlägige Weiterbildung verfügt (vgl. Kapitel 6.2). Dieser Befund lässt darauf schließen, dass eine entsprechende Qualifikation nicht obligatorisch ist. Das ist insofern wenig verwunderlich, da *Coaching* kein geschützter Begriff ist und *Coach* kein klares Berufsbild darstellt (vgl. Michel und Bickerich 2016, S. 575).

Die Ergebnisse knüpfen an Befunde aus dem Forschungsüberblick an, anhand dessen sich die Etablierung des Coachings von Führungskräften in der betrieblichen Sozialarbeit über die Jahre hinweg mithilfe der Studien von Stoll (2013, S. 162), Baumgartner und Sommerfeld (2016, S. 151) sowie Nguyen und Bohlinger (2020, S. 301) nachverfolgen lässt. Der Stand der Forschung wird hiermit dahingehend erweitert, dass mithilfe des qualitativ-explorativen Zugangs dieser Studie aufgezeigt wird, inwiefern Coaching sich von Beratung unterscheidet und wie die Fachkräfte bei der Arbeit vorgehen.

## 8.4 Gestaltung von Lehr-Lern-Veranstaltungen

Im Auswertungsprozess konnte festgestellt werden, dass die Organisation und Durchführung von Veranstaltungen zur Vermittlung bzw. zum Erwerb von Kenntnissen, Fähigkeiten, Fertigkeiten etc. eine gewichtige Rolle im Arbeitsalltag der Sozialberatenden einnimmt. Im vorliegenden Kapitel wird untersucht, um welche Veranstaltungsarten es sich hierbei handelt, welche Themen Gegenstand der Veranstaltungen sind, wie das Vorgehen der Fachkräfte rekonstruiert werden kann und welche Kompetenzanforderungen damit verbunden sind.

### 8.4.1 Veranstaltungsformate

Im Material spiegelt sich eine Bandbreite an Veranstaltungsformaten bzw. Lehr-Lern-Arrangements wider. Anzumerken ist, dass in den Interviews entsprechende Begriffe äußerst flexibel und teilweise inkonsistent gehandhabt wurden. Des Öfteren wurden im Laufe der Interviews diverse Bezeichnungen für dasselbe Angebot verwendet. Folgende Auflistung macht die Vielfalt der Angebote deutlich, ohne Quantifizierungen oder Rangierungen vorzunehmen: *Veranstaltung, Informationsveranstaltung, Veranstaltung für Auszubildende, Qualifizierungsangebot für Führungskräfte, Führungskräftequalifizierung, Fortbildung, Schulung, Kurs, Seminar, Erfahrungs- und Kennenlernseminar, Azubi-Seminar, Informationsseminar, Teamfindungsseminar, Vortrag, Informationsvortrag, Impulsreferat, PowerPoint-Vortrag, Workshop, Training* und *Unterricht*. Auffällig ist mit Blick auf diese Begriffspluralität der variierende Abstraktionsgrad: Während Begriffe wie *Fortbildung* Subformen des Weiterbildungsbegriffs darstellen (vgl. Weinberg 2000, S. 11), bezeichnen Begriffe wie *Vortrag* oder *Seminar* hingegen spezifische Organisationsformen des Lehrens und Lernens (vgl. Siebert 2010, S. 11). Teilweise werden die Lehr-Lern-Arrangements weiter konkretisiert, indem sie Informationen beinhalten, wer *Zielgruppe* ist (z. B. Azubi-Seminar für Auszubildende), welche *Funktion* das Angebot hat (z. B. Teamfindungsseminar zur Förderung von Teamfindungsprozessen) oder welche *Medien* verwendet werden (z. B. Einsatz von Präsentationsfolien bei einem PowerPoint-Vortrag). Die vorliegende Begriffspluralität könnte damit begründet werden, dass die Fachkräfte in der Praxis keine trennscharfe Abgrenzung zwischen verschiedenen Lehr-Lern-Arrangements vornehmen und trotz diverser Begriffe im Grunde gleiche Veranstaltungsarten meinen. Sie könnte aber auch so gedeutet werden, dass die Fachkräfte in der Lage sein müssen, sich vielfältiger Formate zu bedienen. Dies lässt sich hier nicht abschließend beantworten. Im weiteren Verlauf der Arbeit wird zur Vereinfachung der Begriff *Lehr-Lern-Veranstaltungen* (LLV) verwendet.

### 8.4.2 Themen der Veranstaltungen

In der Analyse, welche Themen in den LLVs behandelt werden, ergibt sich analog zu den Veranstaltungsformaten ein nicht minder heterogenes Bild. Eine Übersicht der Themen bietet Tabelle 30. Sie ist das Resultat eines Versuchs, die Menge an Daten in der respektiven Kategorie zu reduzieren und zu ordnen. In diesem Zusammenhang wurden neun Themenbereiche gebildet, die nicht trennscharf abgrenzbar sind und hauptsächlich analytischen Zwecken dienen:

**Tabelle 30:** Themen von LLVs (Quelle: Autor)

| Themenbereiche | Themen |
|---|---|
| 1. Führungsverantwortung | Psychosoziale Führungskompetenz<br>Gesunde Führung<br>Verhaltensauffälligkeiten bei Beschäftigten wahrnehmen<br>Umgang mit abhängigkeitserkrankten Beschäftigten<br>Umgang mit psychisch auffälligen Beschäftigten<br>Gesprächsführung mit auffälligen Beschäftigten<br>Führung schwieriger Gespräche<br>Dienstvereinbarung Sucht<br>Umsetzung von Leitlinien zur psychischen Gesundheit und zur Sucht<br>Innerbetriebliche Unterstützungsmöglichkeiten<br>Ablauf des BEMs in der Organisation<br>Durchführung von Beratungsgesprächen |

*(Fortsetzung Tabelle 30)*

| Themenbereiche | Themen |
|---|---|
| 2. Abhängigkeiten | Psychomedizinische Grundlagen<br>Abhängigkeitserkrankungen<br>Sucht<br>Suchtprävention |
| 3. Belastung und Beanspruchung | Psychohygiene<br>Wahrnehmung eigener Grenzen<br>Selbstfürsorge<br>Entspannung<br>Entlastung<br>Empowerment<br>Resilienz<br>Raucherentwöhnung |
| 4. Veränderungen | Persönliche Veränderungen<br>Organisationale Veränderungen<br>Begleitung von Veränderungsprozessen<br>Übergang in den Ruhestand |
| 5. Kommunikation | Kommunikation<br>Kommunikationsmodelle |
| 6. Konflikte | Konflikte<br>Umgang mit Konflikten |
| 7. Ausbildung | Kennenlernen zwischen Auszubildenden<br>Tutor:innenschulung<br>Prüfungsangst<br>Pädagogischer Tag |
| 8. Beziehung und Familie | Elternschaft<br>Elternzeit<br>Elterngeld<br>Kinderbetreuung<br>Elternunterhalt<br>Unterhalt für Kinder in Ausbildung<br>Veränderungen in der Partnerschaft<br>Pflege<br>Umgang mit Demenzerkrankten<br>Selbstfürsorge für pflegende Angehörige<br>Rechtliche Vorsorge |
| 9. Sonstige | Vielfalt<br>Sexuelle Belästigung<br>Multitasking<br>Deutsch als Fremdsprache |

In der Analyse hat sich herauskristallisiert, dass ein Großteil der Angebote an Führungskräfte und partiell an andere Fachleute und Funktionstragende, wie bspw. Personalvertretende, gerichtet ist (*Themenbereich 1*). In allen Fällen der Stichprobe, in denen LLVs durchgeführt werden, haben die Befragten Führungskräfte als Zielgruppe ihrer Angebote benannt. Angebote in diesem Bereich haben u. a. zum Ziel, die Führungskompetenz von Vorgesetzten mit Personalverantwortung zu fördern. Sie werden dazu befähigt, Auffälligkeiten im Verhalten ihrer Beschäftigten wahrzunehmen, die bspw. mit psychischen Problemen oder Abhängigkeiten verbunden sein können, um konstruktive Gespräche zu führen. Darüber hinaus enthält dieser Bereich auch Angebote zur Wissensvermittlung zu bestehenden Betriebs- oder Dienstvereinbarungen, Leitlinien sowie relevanten Anlaufstellen und Ansprechpersonen im Betrieb. Der Zeitumfang der Angebote variiert, d. h. es kann sich um Seminare mit einer Dauer von wenigen Stunden handeln oder um solche, die mehrere Tage und unterschiedliche Orte umspannen. Die Angebote in dem Bereich zeichnen sich dadurch aus, dass sie einen klaren Bezug zum Arbeitsplatz und zur beruflichen Rolle der Teilnehmenden haben. Sie dienen zur Anpassung beruflicher Kompetenzen an Arbeitsanforderungen und können demzufolge auch als Veranstaltungen zur *beruflichen Fortbildung* für Führungskräfte codiert werden (vgl. Weinberg 2000, S. 11).

Die Tabelle verdeutlicht, dass viele Themen einen Bezug zur psychosozialen Gesundheit aufweisen, obgleich einzelne Angebote mit Blick auf Zielgruppen und -richtungen differieren können. Ein Teil der Angebote widmet sich vor allem Handlungsmöglichkeiten, um die eigene Gesundheit zu erhalten bzw. zu fördern (*Themenbereich 3*). Themen in dem Bereich sind breit aufgestellt, können in kurzen Vorträgen und Seminaren oder aber auch in mehrwöchigen Kursen oder Trainings (z. B. zur Entwöhnung vom Rauchen) behandelt werden. Angebote, die sich über einen längeren Zeitraum erstrecken, gehen meist über die bloße Wissensvermittlung hinaus und haben die Verhaltensänderung der Teilnehmenden zum Ziel. Sie können mehrere Schwerpunkte integrieren, die von entsprechenden Fachleuten wahrgenommen werden. Zum Beispiel kann ein Trainingsprogramm zum Thema *Empowerment* Elemente der körperlichen Bewegung, gesunden Ernährung und gelungenen zwischenmenschlichen Kommunikation beinhalten. Zusammenfassend können die Angebote dieses Bereichs unter dem Vorzeichen der *Selbstfürsorge* verdichtet werden.

Im *Themenbereich 7* sind Veranstaltungen subsumiert, die sich speziell an die Gruppe der Auszubildenden richten. Hierbei kann es sich um Veranstaltungen handeln, die verschiedene Funktionen erfüllen, wie etwa: Einführung in den Betrieb und Kennenlernen der neuen Auszubildenden, Kennenlernen der Sozialberatung, Bestandsaufnahme hinsichtlich des Wohlbefindens und Schwierigkeiten in der Ausbildung. Neben dem Austausch und der Vernetzung können solche Veranstaltungen ebenso einen präventiven Charakter haben, wenn z. B. gesundheitsbezogene Themen (gesunde Ernährung, Bewegung, Sucht etc.) zum Gegenstand der Veranstaltungen gemacht werden. Darüber hinaus lassen sich im Datenmaterial auch Beispiele finden, bei denen Sozialberatende bei Bedarf auch Vorträge für Auszubildende zu gesonderten Themen durchführen (z. B. Umgang mit Prüfungsängsten).

Der *Themenbereich 8* („Beziehung und Familie") deckt Themen ab, die in erster Linie im Privatleben der Teilnehmenden angesiedelt sind und wenig oder keinen direkten Bezug zur beruflichen Arbeitsstelle haben. Das Spektrum der Themen konstituiert sich entlang eines Ausschnitts des Lebensverlaufs und fokussiert Entwicklungsaufgaben und Herausforderungen im jungen und mittleren Erwachsenenalter. Es umfasst Fragen rundum Familiengründung und Kindererziehung über Unterhalt für

Kinder in Ausbildungsphasen und Veränderungen in der Partnerschaft bis hin zur Pflege der Angehörigen (vgl. Erikson 1996, S. 114; Freund und Nikitin 2018, S. 267).

Alles in allem wird anhand der Ergebnisse ersichtlich, dass die Themen, die in Lehr-Lern-Veranstaltungen von Sozialberatenden abgedeckt werden können, breit gefächert sind. Die Angebote lassen sich zunächst einmal dem Segment der *betrieblichen Weiterbildung* zuordnen, da sie in betrieblichen Kontexten stattfinden und von Arbeitgebenden (mit-)finanziert werden (vgl. Widany 2021, S. 15). Jedoch zielen nicht alle Angebote auf die berufliche Qualifizierung der Teilnehmenden. Zwar mag dies bei Angeboten für Führungskräfte der Fall sein. Hingegen gibt es aber eine Vielzahl weiterer Themen, die kaum Bezüge zur Arbeit aufweisen (z. B. Elternschaft, Partnerschaft, Pflege Angehöriger) und demnach eher der nicht-beruflichen Weiterbildung zuzuordnen sind. Es liegt also ein Mix aus betrieblichen, beruflichen und nicht-beruflichen bzw. allgemeinen Weiterbildungsangeboten vor (vgl. Widany 2021, S. 14–15). Trotz der Heterogenität zeichnet sich ab, dass ein Großteil der Themen im Grunde anvisiert, Gesundheit und Wohlbefinden der Teilnehmenden zu erhalten bzw. zu fördern. Dies wird vor allem in den Bereichen der *Führungsverantwortung, Abhängigkeiten, Belastung* und *Beanspruchung* deutlich. Die Ergebnisse verleiten zu der Annahme, dass es im Kern darum geht, Teilnehmende zur Übernahme von Verantwortung für Gesundheit und Wohlbefinden zu sensibilisieren und Handlungsmöglichkeiten aufzuzeigen. Führungskräften kommt hierbei eine besondere Rolle zu, denn sie werden durch entsprechende Veranstaltungen geschult, um ihrer Führungsverantwortung in diesem Kontext adäquat nachzukommen. Mit Blick auf den im Kapitel 1.1 vorgenommenen Problemaufriss deutet sich an, dass die betriebliche Sozialberatung auch durch Bildungsarbeit, konkret: Lehr-Lern-Angebote, zur Gesundheitsförderung auf der Arbeit beitragen kann.

### 8.4.3 Einblick in die Gestaltung von LLVs

Aus dem Datenmaterial konnten für diesen Komplex vier Arbeitsaufgaben und ihnen untergeordnete Tätigkeiten erarbeitet werden (vgl. Tabelle 31):

**Tabelle 31:** Gestaltung von LLVs (Quelle: Autor)

| Arbeitsaufgaben und Tätigkeiten |
| --- |
| **Bedarfe für LLVs im Betrieb eruieren**<br>• Anfragen für LLVs von Führungskräften, Abteilungen oder anderen Personen im Betrieb aufnehmen<br>– Mit Anfragenden Aufträge klären<br>– Wünsche und Bedarfe der Anfragenden mit eigenen Möglichkeiten und Vorstellungen abstimmen<br>– Äußere Rahmenbedingungen (z. B. zur Verfügung gestellte Zeit) mit Anfragenden klären<br>– Auf Angebote anderer Bereiche im Betrieb verweisen, falls Anfragen nicht umgesetzt werden können<br>• Austausch mit externen Stellen, um Anregungen für neue Angebote und Themen zu gewinnen<br>• Im Team austauschen, um neue Themen zu eruieren<br>• Bedarfe einzelner Beschäftigtengruppen zu bestimmten Themen aus Beratungsgesprächen erfassen<br>• Bedarfe bei potenziellen Zielgruppen erfragen<br>• Ideen für neue Angebote unter Berücksichtigung der Kapazitäten der Sozialberatungsstelle sondieren<br>• Passung neuer Angebotsideen zur Konzeption der Sozialberatungsstelle überprüfen |

*(Fortsetzung Tabelle 31)*

| **Arbeitsaufgaben und Tätigkeiten** |
|---|
| • Mit direkten Vorgesetzten absprechen, ob bestimmte LLVs angeboten werden dürfen<br>• Themen und Aufgaben im Team entlang von Expertisen und Interessen aushandeln und aufteilen<br>• Eigene Fortbildungsbedarfe erfassen, um bestimmte Angebote durchführen zu können |
| **Konzepte für LLVs entwickeln und abstimmen**<br>• (Fach-)Literatur lesen<br>• Materialien aus dem Internet besorgen<br>• Konzepte für LLVs entwickeln<br>• Bedarfe der Anfragenden in konzeptionellen Planungen berücksichtigen<br>• Standortspezifische Besonderheiten und aktuelle Entwicklungen im Betrieb berücksichtigen<br>• Ressourcen überprüfen, die bereits vorhanden sind, und nach Möglichkeit nutzen<br>• Konzepte mit Anfragenden abstimmen<br>• Inhaltliche Konzepte vorhandener LLVs hinsichtlich der Aktualität überprüfen und ggf. anpassen<br>• Exkursionen planen<br>• Externe referierende Personen einladen<br>• Präsenzveranstaltungen auf virtuelle Formate umstellen<br>• Medien für virtuelle Formate bestellen<br>• Interessierte über Anmeldungs- und Abmeldungsmodalitäten informieren<br>• Angebote der Sozialberatung in innerbetrieblichen Bildungsprogrammen verankern<br>• LLVs über zuständige Abteilungen bewerben lassen |
| **LLVs allein oder in Kooperation durchführen**<br>• Vorträge halten<br>• Medien einsetzen (z. B. PowerPoint-Präsentation)<br>• Kennenlernen der Teilnehmenden initiieren<br>• Theoretisches Wissen zu einzelnen Themen vermitteln<br>• Handlungsleitfäden des Betriebs in LLVs präsentieren<br>• Unterstützungsmöglichkeiten durch Sozialberatung und andere Akteur:innen aufzeigen<br>• Teilnehmende direkt mit Fragen adressieren, um Gespräche zum Inhalt zu initiieren<br>• Praktische Übungen initiieren<br>• Gruppenarbeiten initiieren<br>• Kreativitätstechniken einsetzen<br>• Rollenspiele initiieren<br>• Mit Teilnehmenden Handlungsmöglichkeiten zur Lösung von Problemen erarbeiten<br>• Widerstand und Abwehr der Teilnehmenden wahrnehmen und bearbeiten<br>• Feedbackprozesse in der Gruppe initiieren<br>• Teilnehmende im Verlauf mehrwöchiger LLVs beraten<br>• Prüfungssituationen simulieren<br>• Exkursionen in andere Einrichtungen durchführen<br>• Teamfähigkeit der Teilnehmenden beurteilen<br>• Bei LLVs von externen Personen mitwirken und den Transfer der Inhalte in den Betrieb sicherstellen |
| **LLVs evaluieren und dokumentieren**<br>• Feedbacks von Teilnehmenden einholen (z. B. durch Evaluations-, Feedback- oder Fragebögen)<br>• Interne Evaluationen von LLVs durchführen<br>• Veranstaltungen in Statistiken aufnehmen |

Die Erhebung von Bedarfen für LLVs hat eine gewichtige Rolle. Dieser Aspekt wurde in bisherigen Forschungsarbeiten wenig berücksichtigt. Hierbei gibt es für die Fachkräfte unterschiedliche Zugänge, um Bedarfe zu ermitteln, bspw. durch den Austausch im Kollegium oder mit externen Personen sowie durch die Erfassung von wiederholt auftretenden Themen in Beratungsgesprächen. Werden auf diesen Wegen Bedarfe vermutet, können die Sozialberatenden proaktiv Zielgruppen ansprechen und

Angebote unterbreiten. Geläufiger scheint es jedoch zu sein, dass LLVs zustande kommen, weil bestimmte Personen der Organisation (meist Führungskräfte) gezielt Bedarfsmeldungen an die Sozialberatung adressieren, die entgegengenommen und hinsichtlich ihrer Umsetzbarkeit und ihrer Passung zur Konzeption der Sozialberatung überprüft werden müssen. Dafür kann es notwendig sein, die Wünsche und Bedarfe der Anfragenden mit den eigenen Ressourcen und Vorstellungen in Aushandlungsprozessen abzustimmen, da die Perspektiven der Beteiligten diskrepant sein können:

> „Und dann ist es in der Regel so, dass Führungskräfte oder auch Lehrende zum Beispiel auf uns zukommen. Das ist jetzt zum Beispiel...also, wir werden jetzt im [Monat] und [Monat] Schulungen halten für Nachwuchskräfte und Studierende. Da geht es dann zum Beispiel um Themen wie Sucht oder Umgang mit Auffälligkeiten oder auch Selbstfürsorge, so. Genau. Und es ist meistens so, dass wir mit den Bereichen absprechen, was denn tatsächlich gewünscht ist. Das ist immer so ein...ja, Aushandeln dann von ‚Das hätte ich gerne' und ‚Das kann ich bieten. Und wenn ich das und das bieten soll, dann müssen mir die und die Rahmenbedingungen zur Verfügung gestellt werden'. Also, da geht es meistens um die Ressource Zeit (lachen), weil häufig ist dann die Anfrage nach ganz viel, aber das muss in einer Stunde oder anderthalb Stunden abgehandelt werden. Da sind die...da muss man dann so ein bisschen das Realistische vom doch nicht so Realistischen nochmal...ja (lachen). Genau. Da muss man halt so ein bisschen verhandeln und dann ist es in der Regel so, dass wir da relativ frei dann das gestalten, ja?" (SB03, Z. 266–280).

Das Zitat weist auch darauf hin, dass einzelne Veranstaltungen, die von den Fachkräften angeboten werden, einen besonderen Mehrwert haben können, weil sie sich möglichst an die spezifischen Bedürfnisse und Bedarfe der Anfragenden richten und nicht einem Universalansatz folgen. Ferner kann es für die Sozialberatenden vonnöten sein, mit ihren direkten Vorgesetzten Absprache zu halten, inwiefern ein Angebot in der Form realisierbar ist und Arbeitsteilungen im Team vorzunehmen sind. Wer welche Veranstaltungen durchführt oder wer in größeren Veranstaltungen welche Teile übernimmt, hängt in der Regel mit vorhandenen Qualifikationen, Erfahrungen und Interessen zusammen.

In einem nächsten Schritt folgen die Entwicklung und Abstimmung konkreter Veranstaltungskonzepte. Werden Veranstaltungen regelmäßig angeboten und sind sie fixer Bestandteil betrieblicher Weiterbildungsprogramme, werden die Konzepte hinsichtlich ihrer Aktualität überprüft und unter Umständen angepasst. Bei neuen Veranstaltungskonzepten sind sowohl die Bedarfe und Wünsche der Anfragenden als auch die Besonderheiten eines Betriebs in der Planung zu berücksichtigen.

LLVs werden üblicherweise allein oder gemeinsam mit weiteren Personen – das können Teammitglieder, Personen aus anderen Abteilungen oder Externe sein – durchgeführt. Abhängig von dem jeweiligen Arrangement und dessen Zielsetzung können Durchführungsphasen voneinander abweichen. So wird ein einstündiger Impulsvortrag formal und inhaltlich einen anderen Aufbau aufweisen als ein mehrwöchiges Trainingsprogramm. Unabhängig davon konnte im Datenmaterial trotzdem eine Reihe von Tätigkeiten in den konkreten Lehr-Lern-Arrangements identifiziert werden, die zeigen, dass Sozialberatende sich eines breiten Spektrums an Sozialformen (z. B. Gruppenarbeit) und Methoden (z. B. Kreativitätstechniken, Rollenspiele) bedienen, um ihre Seminare, Workshops o. Ä. zu gestalten. In Angeboten größeren Zeitumfangs sind teilweise auch Exkursionen in Kliniken und andere Einrichtungen vorgesehen, um den Teilnehmenden komplexe Themen an realen Fallbeispielen näherzubringen.

Im Anschluss an die Veranstaltungen werden standardisierte Instrumente (z. B. Evaluations-, Feedback- oder Fragebögen) eingesetzt, um Rückmeldungen der Teilnehmenden einzuholen. Zu beurteilende Aspekte beziehen sich z. B. auf Referent:innen, Methodeneinsätze, wahrgenommene Atmosphäre in der Veranstaltung sowie den eingeschätzten Lernerfolg. Für die interne Berichterstattung werden in manchen Stellen Statistiken zu Veranstaltungen und Themen geführt (vgl. Kapitel 9.2).

Die Ergebnisse schließen an Befunde aus dem Forschungsstand an (vgl. Baumgartner und Sommerfeld 2016, S. 151; Lau-Villinger 1994, S. 137–138; Nguyen und Bohlinger 2020, S. 301; Stoll 2013, S. 162). Sie expandieren ihn insofern, dass sie Einblicke in die Heterogenität der Veranstaltungsformate und Themen als auch in das Handeln der Fachkräfte bei der Planung, Durchführung und Evaluierung von Angeboten geben. Es konnte gezeigt werden, dass Themen, die in den Veranstaltungen abgedeckt sind, solch eine hochgradige Diversität aufweisen, dass sie den Organisationsmitgliedern die Möglichkeit geben, mit unterschiedlichen Problemen und in unterschiedlichen Rollen bzw. als Menschen in unterschiedlichen Lebensphasen teilzunehmen – sei es nun als Auszubildende, Mitarbeitende, Führungskräfte, werdende Eltern, Eltern mit erwachsenen Kindern oder Angehörige pflegebedürftiger Personen. Ferner konnte aufgezeigt werden, was sich im Kern hinter „Schulung von Führungskräften und Mitarbeitenden" oder ähnlichen Bezeichnungen verbirgt, nämlich ein komplexes Bündel an Arbeitsaufgaben und Tätigkeiten, das vorbereitende, durchführende und nachbereitende Aspekte des Lehrens und Lernens umfasst. An dieser Stelle zeigt sich anhand der Ergebnisse auch, dass die betriebliche Sozialberatung sich mit dem Feld der Erwachsenen- und Weiterbildung schneidet (vgl. Erath und Balkow 2016, S. 42). Die oben aufgeführten Arbeitsaufgaben (Ermittlung von Bedarfen, Entwicklung von Konzepten, Durchführung von LLVs, Evaluation und Dokumentation) decken sich mit Aufgaben und Tätigkeiten des Personals in der Erwachsenen- und Weiterbildung, vor allem mit Blick auf jene, die im Zusammenhang mit der Planung und Durchführung von Veranstaltungen stehen (vgl. Faulstich und Zeuner 2010, S. 24–25; Fuchs 2011, S. 195–197; Kraft 2018, S. 1117; Martin 2016, S. 99).

### 8.4.4 Kompetenzanforderungen für LLVs

Ähnlich wie für die Beratung (vgl. Kapitel 8.1.8), wurde auch für die Gestaltung von LLVs aus dem Material herausgearbeitet, welche Kompetenzelemente aus Sicht der Sozialberatenden nötig sind, um die Arbeit verrichten zu können. Korrespondierend mit den oben entfalteten Arbeitsaufgaben zeigt sich, dass Anforderungen in diesem Bereich überwiegend auf das unmittelbare Lehr-Lern-Geschehen auf Ebene der Mikrodidaktik konzentriert sind (vgl. Faulstich und Zeuner 2010, S. 38). Die Elemente lassen sich zur (1) Kompetenz zum Design und zur Förderung von Lernprozessen sowie (2) Kompetenz zum Gruppenmanagement bündeln (vgl. Tabelle 32):

**Tabelle 32:** Kompetenzanforderungen für LLVs (Quelle: Autor)

**(1) Kompetenz zum Design und zur Förderung von Lernprozessen**
- Pragmatismus
- Affinität zu Themen angebotener Veranstaltungen
- Lernbereitschaft
- Selbstbewusstsein
- Erkennen von Bedarfen und Bedürfnissen von Teilnehmenden und Zielgruppen
- Umgang mit Software und Hardware
- Freies Sprechen vor Gruppen
- Gezielter Einsatz von Präsentations- und Moderationsmethoden
- Integration von Praxisbeispielen
- Konstruktiver Umgang mit eigenen Defiziten
- Fachwissen zu Themen der angebotenen Veranstaltungen
- Kenntnisse in Präsentations- und Moderationsmethoden

**(2) Kompetenz zum Gruppenmanagement**
- Bereitschaft, sich auf Zielgruppen einzustellen
- Empathie
- Arbeit mit unterschiedlichen Gruppen von Personen
- Einordnung von Gruppendynamiken in Veranstaltungen
- Konstruktiver Umgang mit Störungen
- Kommunikation auf Augenhöhe mit Teilnehmenden
- Kenntnisse in der Gruppendynamik

Nachfolgend werden die beiden Kompetenzen präsentiert. Außerdem wird damit verbunden untersucht, inwiefern die Ergebnisse an Forschungsbefunde zu Kompetenzanforderungen an Lehrpersonen in der Erwachsenen- und Weiterbildung anschlussfähig sind.

### (1) Kompetenz zum Design und zur Förderung von Lernprozessen

Die Anforderungen in dem Bündel sind mit zwei Arbeitsverrichtungen verwoben, nämlich der Vorbereitung und Umsetzung von LLVs (vgl. Kapitel 8.4). Als Grundvoraussetzung gilt, dass die Fachkräfte über *Fachwissen* zu Themen verfügen, zu denen sie Veranstaltungen anbieten und referieren. Idealerweise haben sie *Affinität* zu den Themen, die durch berufsbiografische Erfahrungen oder persönliche Interessen begründet sein können. Ihre Haltungen sind durch *Lernbereitschaft* geprägt. Sie pflegen einen *konstruktiven Umgang mit eigenen Defiziten* und sind aufgeschlossen, sich in neue Themen einzuarbeiten und Kompetenzen durch unterschiedliche Formen des Lernens aktiv zu erweitern. Dies schließt nicht nur den Ausbau des Fachwissens ein, sondern auch das Erlernen und Einüben methodischer und technischer Fertigkeiten. Die Bereitschaft zur kontinuierlichen Entwicklung (beruflicher) Kompetenzbestände wurde ebenfalls in Forschungsarbeiten zu Kompetenzanforderungen an Lehrpersonen in der Erwachsenen- bzw. Weiterbildung identifiziert, sei es unter Bezeichnungen wie *being a fully autonomous lifelong learner* (vgl. Buiskool et al. 2010, S. 40), *professional development* (vgl. Bernhardsson und Lattke 2012, S. 120) oder *berufliche Weiterentwicklung* (Lencer und Strauch 2016, S. 7).

Zur Planung und Durchführung von Veranstaltungen werden vielfältige Anforderungen an die Sozialberatenden gestellt. Sie müssen dazu fähig sein, *Bedarfe und Bedürfnisse der Teilnehmenden zu erfassen* und diese Erkenntnisse zum Ausgangspunkt ihres Handelns zu machen. Die Befunde im Kapitel 8.4 haben die Heterogenität der Veranstaltungsthemen und Zielgruppen verdeutlicht. Je nachdem, in welcher Rolle Teilnehmende eine Veranstaltung besuchen, sei es als Führungskräfte mit „schwierigen" Teams, neue Auszubildende im Betrieb, werdende Eltern oder pflegende Angehörige, müssen die Sozialberatenden sich auf die jeweiligen Gruppen einstellen und deren Interessen und Erwartungen berücksichtigen können. Dieser Befund drückt sich im Kern im didaktischen Prinzip der *Teilnehmerorientierung* aus (vgl. Faulstich und Zeuner 2010, S. 69; Siebert 2006, S. 99), welches auch Teil verschiedener Kompetenzanforderungsprofile in der Erwachsenen- und Weiterbildung ist (vgl. Buiskool et al. 2010, S. 64; Lencer und Strauch 2016, S. 7). Daneben konnten auch Ansätze des didaktischen Prinzips der *Zielgruppenorientierung* (vgl. Siebert 2006, S. 93) identifiziert werden, also der Orientierung an Bedarfen und Bedürfnissen spezifischer Gruppen im Betrieb, die durch Angebote erst erreicht werden sollen. Beispielsweise werden Interessen von Auszubildenden im Betrieb exploriert, um Angebote für sie zu konzipieren. Hierfür sind wiederum Offenheit und Lernbereitschaft nötig, um deren Lebenswelten kennenzulernen. Ggf. übernehmen Sozialberatende in diesem Kontext die Rolle von „Übersetzenden", indem Themen, die für die Gruppe der Auszubildenden relevant sind, so aufbereitet werden, dass sie gleichermaßen den Bedarfen der Organisation entsprechen.

In der Veranstaltungsplanung und -durchführung sind Entscheidungen zu treffen, etwa in Hinsicht auf Inhalte, Sozialformen, Methoden, Medien und Materialien. Dafür werden *Pragmatismus, Selbstvertrauen,* die Fertigkeit des *freien Sprechens vor (größeren) Gruppen,* Fertigkeiten im *Umgang mit Hardware und Software* sowie Kenntnisse zu *Präsentations- und Moderationsmethoden* benötigt. Es reicht allerdings nicht aus, Methoden nur zu kennen, sondern diese müssen mit den Inhalten, Bedürfnissen und Bedarfen der Teilnehmenden korrespondieren (vgl. Fuchs 2015, S. 27). Mit dem bewussten und geplanten Einsatz von Methoden sollen im Lehr-Lern-Geschehen bestimmte Ziele erreicht werden, wie bspw. einen ersten Kontakt zu Teilnehmenden aufbauen, eine offene Struktur für die Veranstaltung schaffen, einen interaktiven Austausch zwischen allen ermöglichen oder eine Balance der Beiträge in der Gruppe herstellen, damit alle zu Wort kommen. Eine weitere Anforderung an Sozialberatende in der Rolle von Lehrpersonen ist, praktische Bezüge herzustellen und somit *Theorie-Praxis-Transfers* zu ermöglichen. Dies können sie tun, indem sie auf ihren Wissens- und Erfahrungsfundus zurückgreifen und Beispiele aus der beruflichen Praxis einbringen (z. B. in Form anonymisierter Fälle).

#### (2) Kompetenz zum Gruppenmanagement

In den meisten Fällen besuchen Teilnehmende freiwillig Veranstaltungen der Sozialberatung. In manchen Organisationen kann es aber vorkommen, dass einige periodisch wiederkehrende Veranstaltungen für bestimmte Zielgruppen wie Führungskräfte oder Auszubildende (in-)offiziell verpflichtend sind. Anders als bei der Beratung, stehen hier nicht Einzelpersonen im Zentrum. In Veranstaltungen mit Lehr-Lern-Charakter kommen häufig mehrere Personen mit heterogenen Berufs- und Lernbiografien zusammen (vgl. Fuchs 2015, S. 28). Demnach müssen Sozialberatende dazu fähig und willens sein, mit heterogenen und diversen Gruppen umzugehen (vgl. Buiskool et al. 2010, S. 60). Dafür benötigen sie eine *empathische Grundhaltung* sowie die *Bereitschaft und die Fertigkeit, sich auf unterschiedliche Gruppen von Teilnehmenden einzustellen und gemeinsam mit ihnen Lehr-Lern-Prozesse zu gestalten*. Hierbei können *Kenntnisse in der Gruppendynamik* unterstützen, um Gruppenphänomene in Veranstaltungen zu beobachten, zu verstehen und zum Ansatzpunkt des (methodischen) Handelns zu machen. Des Weiteren kann es vorkommen, dass in Veranstaltungen Störungen (Widerstände, Konflikte) auftreten, mit denen konstruktiv umgegangen werden muss. Damit ist gemeint, diejenigen „abzuholen", sie nicht vor der Gruppe bloßzustellen, eine wertschätzende Kommunikation aufrechtzuerhalten und sich der eigenen Vorbildfunktion in der Situation bewusst zu machen. In Anlehnung an die Befunde einer Studie zu Kernkompetenzen für Lehrende in der Weiterbildung in Europa wurde dieses Kompetenzbündel als *Gruppenmanagement* bezeichnet (vgl. Bernhardsson und Lattke 2012, S. 117).

Werden die Kompetenzanforderungen an Sozialberatende zur Planung und Durchführung von LLVs betrachtet, kann konstatiert werden, dass sie an Befunde aus der Erwachsenen- und Weiterbildung anknüpfungsfähig sind. Dies wurde mit Bezug zu den Arbeiten von Bernhardsson und Lattke (2012), Buiskool et al. (2010), Fuchs (2015) sowie Lencer und Strauch (2016) zu demonstrieren versucht. In diesem Zusammenhang wird die Durchlässigkeit der betrieblichen Sozialberatung zum Feld der Erwachsenen- und Weiterbildung erneut erkennbar (vgl. Erath und Balkow 2016, S. 42), weshalb die Frage aufgeworfen werden kann, inwiefern betriebliche Sozialberatungen als *implizite Bildungseinrichtungen* in Betracht zu ziehen sind. Hierbei handelt es sich um Einrichtungen, „die aus der Beobachterperspektive faktisch Bildungsarbeit betreiben, ansonsten aber eine andere gesellschaftliche Funktion erfüllen" (Kade et al. 2007, S. 143). Diese Beschreibung trifft hier insofern zu, da die betriebliche Soziale Arbeit zuvorderst darauf ausgerichtet ist, erwerbstätige Menschen in unterschiedlichen kritischen Lebenssituationen zu unterstützen (vgl. Kapitel 3.1.2). Dabei kann die Gestaltung von Lehr-Lern-Angeboten *ein* Bestandteil ihres Arsenals an Arbeitsaufgaben sein. Inwiefern betriebliche Sozialberatende vor dem Hintergrund nun als *Weiterbildner:innen* codiert werden können/sollten, ist hier nicht abschließend beantwortbar und hängt nicht zuletzt davon ab, welcher Weiterbildungsbegriff zugrunde gelegt wird (vgl. Kraft 2018, S. 1111). Nichtsdestotrotz können die Ergebnisse zur Bildungsarbeit im Kontext der betrieblichen Sozialen Arbeit als Impuls für weitere Studien verstanden werden, um das Verhältnis zwischen betrieblicher Sozialer Arbeit zur Erwachsenen- und Weiterbildung tiefgründiger auszuleuchten. Entsprechende Arbeiten könnten sich bspw. auf mikro- und makrodidaktische Kernaktivitäten, erwachsenenbildnerische Kompetenzen und pädagogische Professionalitätsanforderungen fokussieren (vgl. Kade et al. 2007, S. 144).

## 8.5 Gestaltung des betrieblichen Eingliederungsmanagements

In einigen Fällen aus dem Sample sind Sozialberatende in verschiedenen Ausmaßen und Funktionen bei Wiedereingliederungen von Beschäftigten im Sinne von § 167 Absatz 2 Neuntes Sozialgesetzbuch (SGB IX)[46] involviert. Während manche Beratende das betriebliche Eingliederungsmanagement (BEM) für Betroffene vollständig organisieren und steuern, wirken andere hingegen punktuell mit, sofern Bedarf besteht (vgl. Nguyen und Bohlinger 2020, S. 301). Im Grunde können drei Arbeitsaufgaben mit entsprechenden Tätigkeiten differenziert werden (vgl. Tabelle 33):

**Tabelle 33:** Gestaltung des BEMs (Quelle: Autor)

| Arbeitsaufgaben und Tätigkeiten |
|---|
| **Bedarf für BEM-Prozesse ermitteln**<br>• Statistiken überprüfen, welchen Beschäftigten ein BEM-Prozess anzubieten ist<br>• Betroffene Beschäftigte mit Beratungsangeboten kontaktieren<br>• Termine für Erstgespräche vereinbaren, sofern Beschäftigte Angebote annehmen<br>• Beschäftigte aufklären, was BEM ist, wer welche Rolle hat, wer welche Entscheidungen trifft und in welcher Form die Sozialberatung unterstützen kann<br>• Weitere Vorgehensweise mit Betroffenen planen |
| **Individuelle BEM-Prozesse begleiten und gestalten**<br>• Beschäftigte beim Wiedereinstieg bzw. bei der stufenweisen Wiedereingliederung begleiten und beraten<br>• Andere Akteur:innen in den BEM-Prozess einbinden, wenn Bedarf nach Unterstützung besteht (z. B. Schwerbehindertenvertretung)<br>• Beschäftigte zu Gesprächen mit Vorgesetzten begleiten<br>• An multilateralen Gesprächsrunden teilnehmen, um Vorgehen und Optionen für Betroffene zu eruieren<br>• Maßnahmen vorschlagen, um länger erkrankte Beschäftigte wiedereinzugliedern (z. B. Teilnahme an Weiterbildungsangeboten)<br>• Arbeitsplatzbegehungen durchführen, um Anpassungsbedarfe für Betroffene zu erfassen<br>• Innerbetriebliche Umsetzungen initiieren, wenn Personen nicht mehr an aktuellen Arbeitsplätzen arbeiten können<br>• Vertrauensärztliche Untersuchungen anregen<br>• Schreiben anfertigen |
| **BEM in der Organisation koordinieren und gestalten**<br>• Projekte zum BEM leiten<br>• Führungskräfte und Funktionstragende zu BEM-Themen weiterbilden |

Vor dem BEM-Prozess setzt die Ermittlung konkreter Bedarfe an. Es wird überprüft, welchen Beschäftigten prinzipiell ein Angebot zu unterbreiten ist. In manchen Fällen haben Betroffene die Wahl zwischen mehreren Ansprechpersonen aus der Organisation (z. B. Sozialberatung oder Personalmanagement). Sofern Interesse besteht, wird

46 Laut § 167 Absatz 2 Neuntes Sozialgesetzbuch (SGB IX) sind Arbeitgebende dazu verpflichtet, zu klären, wie die Arbeitsunfähigkeit von Beschäftigten, die innerhalb eines Jahres länger als sechs Wochen ununterbrochen oder wiederholt arbeitsunfähig geworden sind, überwunden und mit welchen Leistungen oder Hilfen erneuter Arbeitsunfähigkeit vorgebeugt und der Arbeitsplatz erhalten werden kann (betriebliches Eingliederungsmanagement).

ein Termin für ein Erstgespräch vereinbart, bei welchem über das BEM-Verfahren sowie über potenzielle Beteiligte und Unterstützungsmöglichkeiten durch die betriebliche Sozialberatung aufgeklärt wird. Entscheiden sich Betroffene für eine Teilnahme am BEM-Prozess, werden sie von den Sozialberatenden begleitet und beraten. Mit jedem individuellen BEM-Prozess können verschiedene Tätigkeiten einhergehen wie z. B.: Einbindung weiterer Akteur:innen (z. B. die Schwerbehindertenvertretung im Falle einer vorliegenden Behinderung), Begleitung der Mitarbeitenden zu Gesprächen mit Vorgesetzten, Teilnahme an multilateralen Gesprächsrunden oder Begehung von Arbeitsplätzen, um Anpassungsbedarfe zu erfassen. Darüber hinaus kann es vorkommen, dass die Sozialberatung nicht nur BEM-Prozesse auf Ebene von Einzelfällen begleitet, sondern Strukturen und Prozesse des BEMs auf organisationaler Ebene mitgestalten kann. Damit können weitere Tätigkeiten verbunden sein, wie z. B. die Leitung entsprechender Projekte oder die Durchführung von Weiterbildungsveranstaltungen für Führungskräfte und Funktionstragende im Betrieb (vgl. Kapitel 8.4).

Sind Sozialberatende federführend für die Steuerung von BEM-Prozessen auf Einzelfallebene verantwortlich, kann sich für sie daraus eine Doppelrolle als Sozialberater:in und Eingliederungsmanager:in ergeben. Fragt man danach, in welchem Verhältnis die Rollen stehen, weist folgender Interviewausschnitt darauf hin, dass sie nicht konfligieren müssen, da sie Überschneidungen aufweisen und ein Wechsel zwischen ihnen flexibel handhabbar ist:

> „Ich muss aber heute sagen, ich finde es gar nicht mal so schlecht, weil dann kann ich immer nach Bedarf entweder in die Rolle der Sozialberatung oder des betrieblichen Eingliederungsmanagements switchen. Weil es sind sehr viele Schnittstellen da. Und das ist dann das Gute. Dann kann ich das einfach zum Wohl der Kollegin oder des Kollegen das dann einfach auch dann so machen“ (SB10, Z. 305–310).

Die Übernahme beider Rollen durch eine Person kann fruchtbar sein, um das Wohl der Betroffenen in den Fokus zu rücken, und doch sind sie keineswegs deckungsgleich. Aufgrund der Tatsache, dass das BEM gesetzlich geregelt ist, stehen den Fachkräften in seinem Kontext mehr Handlungsmöglichkeiten mit höherem Verbindlichkeitsgrad zur Verfügung:

> „Im Rahmen des betrieblichen Eingliederungsmanagements habe ich mehr Gestaltungsmöglichkeiten, weil ich im gesetzlich offiziellen Rahmen des Arbeitgebers auftrete. Das heißt, ich kann auch vertrauensärztliche Untersuchungen anregen als Maßnahme eines betrieblichen Eingliederungsmanagements, ich kann offiziell andere Stellen einbinden, wenn ich den Bedarf habe, dass sie uns unterstützen. Es hat einfach mehr Gewicht, wenn ich als betriebliches Eingliederungsmanagement eine Maßnahme empfehle. In der Sozialberatung ist es halt eher die Beratung und ich habe halt nicht so viel Gestaltungsmöglichkeiten, weil ich einfach da nicht diesen offiziellen Titel habe“ (SB10, Z. 341–350).

Im Zitat verdeutlicht die Fachkraft, dass sie im BEM-Rahmen einen „offiziellen Titel“ hat. Demnach haben Maßnahmen, die sie in der Funktion empfiehlt, in Relation zu Empfehlungen, die sie in der Rolle als Sozialberatende ausspricht, „mehr Gewicht“. Daraus kann konkludiert werden, dass die Mitwirkung im gesetzlich verankerten BEM beisteuern kann, die Berechtigungsgrundlage für die wiederum nicht gesetzlich geforderte betriebliche Sozialberatung zu konsolidieren. Wird davon ausgegangen, dass Soziale Arbeit vor allem mit der gesellschaftlichen Integration von Individuen und in der Hinsicht problematisch gewordenen Formen der Lebensführung befasst ist, sind Baumgartner und Sommerfeld (2018, S. 10) der Auffassung, dass die betriebliche Soziale Arbeit prädestiniert ist, das betriebliche Eingliederungsmanagement zu übernehmen, das bislang noch verschiedenen Berufsgruppen offensteht. Mit betrieblicher Sozialer Arbeit soll nicht „Arbeitsintegration um jeden Preis" umgesetzt werden, sondern es besteht Potenzial, problematische Bedingungen zu identifizieren und zu bearbeiten, die einer (potenziellen) Desintegration zugrunde liegen können. Ferner trägt sie mit der Sicherung der Integration gesundheitlich beeinträchtigter Menschen in Organisationen dazu bei, die Qualität der Beziehungen der Organisationen zu ihren Mitarbeitenden (als primäre Stakeholder) zu verbessern, und kann somit auch als Teil von CSR betrachtet werden (vgl. Baumgartner und Sommerfeld 2018, S. 12). Sie kann so

> „als wertvolle Dienstleistung für die Gestaltung von Übergängen in und aus dem Unternehmen positioniert werden, dessen konstitutiver Teil das Betriebliche Eingliederungsmanagement ist, das auf den Erhalt bzw. die Wiederherstellung der aufgrund von Unfall, Krankheit oder Behinderung beeinträchtigten Leistungs- und Erwerbsfähigkeit abzielt" (Baumgartner und Sommerfeld 2018, S. 12).

Das BEM als Aufgabe der betrieblichen Sozialen Arbeit ist ein vergleichsweise junges Phänomen im Fachdiskurs (vgl. Baumgartner und Sommerfeld 2016, S. 156–157; Nguyen und Bohlinger 2020, S. 302). Die oben vorgestellten Ergebnisse reichern den Stand der Forschung an, indem erstens Arbeitsaufgaben und Tätigkeiten dezidiert aufgeschlüsselt werden und zweitens aufgezeigt wird, dass das BEM ein fruchtbares Aufgabenfeld zur Legitimierung der betrieblichen Sozialberatung sein kann.

## 8.6 Gestaltung von Kooperationen

Wie oben dargelegt, kann die Vermittlung von Hilfesuchenden ein elementarer Bestandteil der Beratungsarbeit sein (vgl. Kapitel 8.1.5.1). Zur Vermittlung wird wiederum ein Netzwerk mit Kooperationsbeteiligten innerhalb und außerhalb der Organisation benötigt. Aus dem Datenmaterial konnte eine Vielzahl an Kooperationsbeteiligten herausgearbeitet werden (vgl. Abbildung 8). *Interne Kooperationen* bestehen mit Abteilungen, Arbeitnehmendenvertretungen, Führungskräften sowie ehrenamtlich Engagierten. *Externe Kooperationen* existieren hingegen vor allem mit Einrichtungen des Gesundheits- und Sozialwesens (z. B. Kliniken, Beratungsstellen mit Schwerpunkt auf Partnerschaft/Ehe und Familie, Sucht, Essstörung oder Schulden).

**Abbildung 8:** Interne und externe Kooperationen (Quelle: Autor)

Im Kern besteht die Aufgabe darin, ein Geflecht aus Kooperationen[47] zu anderen Organisationseinheiten, Personen, Einrichtungen usw. aufzubauen, zu pflegen und zu erweitern (vgl. Tabelle 34):

**Tabelle 34:** Gestaltung von Kooperationen (Quelle: Autor)

| Arbeitsaufgaben und Tätigkeiten |
|---|
| **Kooperationen aufbauen, pflegen und ausbauen**<br>• Mit (potenziellen) Kooperationsbeteiligten telefonieren<br>• (Potenzielle) Kooperationsbeteiligte vor Ort besuchen<br>• An Arbeitskreisen und regionalen Treffen teilnehmen und sich vernetzen<br>• Kooperationsvereinbarungen abschließen |

Einzelne Tätigkeiten können sein: Telefonieren mit (potenziellen) Kooperationsbeteiligten, Durchführung von Besuchen vor Ort bei (potenziellen) Kooperationsbeteiligten oder Teilnehmen an Arbeitskreisen und regionalen Treffen, um sich zu vernetzen bzw. Kontakte zu pflegen. Manchmal werden bilaterale Kooperationsvereinbarungen formal abgeschlossen, um verbindlich zu regeln, welche Angebote in welchem Umfang Klient:innen aus der eigenen Organisation in Anspruch nehmen dürfen.

47 Der Kooperationsbegriff ist an dieser Stelle mit größtmöglicher Offenheit zu verstehen. Zwar kann in der Untersuchung die Heterogenität möglicher Kooperationen sichtbar gemacht werden, jedoch ist es nur begrenzt möglich, Aussagen zu ihren Formalisierungsgraden zu treffen. Ausnahmen bilden lediglich jene Kooperationen, bei denen die Befragten angeben, dass Kooperationsverträge vorliegen.

Tätigkeiten zum Aufbau von Kooperationspartnerschaften sind vonnöten, um im Rahmen der Beratung Hilfesuchende weiterempfehlen oder -vermitteln zu können, sofern der Bedarf und das Interesse dafür vorliegen (vgl. Kapitel 8.1.5.1). Darüber hinaus können weitere Funktionen in der Gestaltung inter- und intraorganisationaler Kooperationen vorliegen: In Einzelfällen ist eine interdisziplinäre Zusammenarbeit mehrerer Akteur:innen erforderlich, um verschiedene Anliegen in einem Fall zu bearbeiten (vgl. SB02, Z. 212–219; SB14, Z. 448–469). Anhand von Kooperationen kann angestrebt werden, Klient:innen einen möglichst schnellen Zugang zu anderen Hilfsangeboten zu verschaffen (vgl. SB05, Z. 499–504). Durch Kooperationen können vorhandene Ressourcen (in der Region) erschlossen und nutzbar gemacht werden, um wiederum die eigene Ressource „Arbeitskraft" zu schonen und Konkurrenzen zu vermeiden (vgl. SB01, Z. 227–237). Zu guter Letzt regen Kooperationen fachliche Austauschmöglichkeiten an, infolgedessen gemeinsam relevante Themen erarbeitet und vorangebracht werden können (vgl. SB06, Z. 497–508; SB15, Z. 538–550).

Die Forschungsbefunde geben Einblick, was sich hinter der häufig verwendeten Bezeichnung „Vernetzen" verbirgt, nämlich eine Arbeitsaufgabe von herausragender Bedeutung für die Beratung und darüber hinaus. Es zeigt sich, dass betriebliche Sozialberatungsstellen in vielschichtiger Art und Weise in Kooperationskontexte mit einem breiten Spektrum an Personen und/oder Organisationen eingebettet und gelingende Kooperationen unabdingbar sind, um einen infrastrukturellen Rahmen zu schaffen und einzelfallbezogene Anforderungen zu bewältigen (vgl. Merchel 2015, S. 248).

## 8.7 Gestaltung der Öffentlichkeitsarbeit

In nahezu allen Interviews bringen die Befragten zum Ausdruck, dass sie Aktivitäten vornehmen (müssen), um auf ihre Beratungsstelle und Angebote aufmerksam zu machen. Meistens werden hierfür abstrakte Phrasen wie „Marketing betreiben" oder „Öffentlichkeitsarbeit machen" verwendet. Diese erlauben jedoch kaum einen tieferen Einblick, welche Vorgänge sich dahinter verbergen, welche Medien dabei bedient und welche Ziele verfolgt werden. Diese Forschungslücke kann teilweise durch Ergebnisse aus der Untersuchung geschlossen werden.

In der vorliegenden Studie wird unter Öffentlichkeitsarbeit in erster Linie die aktive Planung und Steuerung von Prozessen der Kommunikation zwischen Organisationen/Organisationseinheiten und ihren Bezugsgruppen verstanden, um zu informieren, sich selbst darzustellen, zu werben und Möglichkeiten für Dialoge zu eröffnen (vgl. Brauer 2005, S. 39; Christa 2010, S. 248; Hamburger 2012b, S. 1014). Vor dem Hintergrund dieses Verständnisses können aus der Datenauswertung drei Arbeitsaufgaben mit entsprechenden Tätigkeiten differenziert werden (vgl. Tabelle 35):

**Tabelle 35:** Gestaltung der Öffentlichkeitsarbeit (Quelle: Autor)

| Arbeitsaufgaben und Tätigkeiten |
| --- |
| **Intranet- und Internetseite erstellen und pflegen**<br>• Homepage für die Sozialberatung erstellen<br>• Intranetseite regelmäßig inhaltlich und technisch pflegen<br>• Angebote und Ansprechpersonen der Sozialberatung im Intranet präsentieren |
| **Sozialberatung im Betrieb präsentieren**<br>• Sozialberatung in Gremien vorstellen<br>• Sozialberatung bei der Personalvertretung vorstellen<br>• Sozialberatung auf Abteilungstagungen vorstellen<br>• Sozialberatung in Teamsitzungen vorstellen<br>• An Veranstaltungen und Sonderaktionen im Betrieb teilnehmen (z. B. Begrüßungswochen für neue Beschäftigte, Gesundheitstage, Tag der offenen Tür)<br>• Informationssprechstunden organisieren und durchführen<br>• Vorträge und Workshops durchführen |
| **Content erstellen und disseminieren**<br>• Jahresberichte der Sozialberatung an Abteilungen schicken<br>• Beiträge für Newsletter verfassen<br>• Beiträge für betriebsinterne Zeitschrift verfassen<br>• Beiträge zu unterschiedlichen Themen für das Intranet verfassen<br>• Podcasts erstellen und über soziale Medien verbreiten |

Die Erstellung und Instandhaltung von *Intranetseiten* werden von fast allen Befragten genannt. Diese scheinen demnach ein gängiges Medium zu sein, um Angebote und Ansprechpersonen der Sozialberatung zu platzieren. Hingegen ist auf den ersten Blick verwunderlich, dass das Führen von *Internetseiten* weniger erwähnt wird. Die Diskrepanz könnte jedoch damit begründet werden, dass Sozialberatungen vor allem, wenn nicht sogar ausschließlich, an Mitglieder innerhalb der Organisationen ausgerichtet sind und die Ansprache von Personen außerhalb der Organisationen deswegen eine untergeordnete Rolle einnimmt.

Aus dem Datenmaterial zeigt sich, dass viele Möglichkeiten wahrgenommen werden, um sich in diversen Settings persönlich vorzustellen (z. B. in Gremien, auf Abteilungstagungen, Teamsitzungen, Veranstaltungen, Sonderaktionen). Der persönliche Kontakt zu Organisationsmitgliedern wird als bedeutsam erachtet, um ihnen den Zugang zur Sozialberatungsstelle zu erleichtern (vgl. Christa 2010, S. 249). Im folgenden Ausschnitt erklärt eine Befragte, dass sie jede Möglichkeit nutzt, um sich persönlich vorzustellen, gesehen und gehört zu werden:

> „Also, ich nutze wirklich jegliche Möglichkeit. Bei der Personalvertretung bin ich mit drin und stelle mich da immer wieder vor. Und nutze einfach alles, was geht. Auch Teamsitzungen mit, wenn irgendein Team will, dann gehe ich auch dahin und stelle mich vor. Ich glaube, das ist so das Wichtigste, dass die Menschen einen auch mal gesehen und persönlich erlebt haben. Ich glaube, das ist so der Wellenbrecher, um dann auch Zugang zu haben“ (SB10, Z. 120–125).

Darüber hinaus erstellen die Befragten auf vielfältige Art und Weise Inhalte („content“) und distribuieren sie durch verschiedene Kanäle. Hierunter zählen sowohl die

Bedienung klassischer Publikationsmöglichkeiten (z. B. Verfassen von Beiträgen für Newsletter und betriebsinterne Zeitschriften oder Veröffentlichung von Jahresberichten) als auch die Nutzung sozialer Medien (z. B. Erstellung von Podcasts für Social-Media-Kanäle). Deutlich wird, dass die Befragten vorzugsweise auf Mittel und Medien zurückgreifen, die der *internen Öffentlichkeitsarbeit* zugeordnet werden (vgl. Schürmann 2004, S. 35–52), was sich womöglich erneut damit erklären lässt, dass hiermit vor allem die Beschäftigten innerhalb der Organisationen erreicht werden sollen.

Die Öffentlichkeitsarbeit hat im Forschungsstand bis auf wenige Ausnahmen bislang wenig Beachtung gefunden (vgl. Nguyen und Bohlinger 2020, S. 302). Die vorliegenden Befunde signalisieren jedoch, dass es sich bei ihr keineswegs um einen residualen Ausschnitt in der Arbeit der betrieblichen Sozialberatung handelt. Vielmehr ist Gegenteiliges zu vermuten, da sie grundlegende Funktionen für das Bestehen und die Fortentwicklung der Beratungsstellen erfüllt und damit teils einen *instrumentellen* Charakter hat (vgl. Puhl 2004, S. 139): Eine Funktion ist, die Sichtbarkeit und den Bekanntheitsgrad der Sozialberatung in der Organisation zu steigern. Mit anderen Worten geht es darum, im Sinne einer „individuellen Marktökonomie" das eigene Arbeitsvermögen durch Selbstmarketing gezielt zu vermarkten und Nachfragende für die eigenen Leistungen zu finden (vgl. Voß und Pongratz 1998, S. 142). Dies trifft sowohl bei etablierten als auch bei neuen bzw. neu besetzten Sozialberatungsstellen zu. Im folgenden Auszug erklärt eine Befragte, dass sie und ihr Team stets um die Erlangung von Sichtbarkeit bemüht sein müssen. Mithilfe selbst gewählter Beispiele wird verdeutlicht, dass Klient:innen oft erst durch Dritte den Zugang zu ihnen fänden:

> „Und das ist auch ein Thema, mit dem wir immer wieder zu tun haben, diese Sichtbarkeit ins Unternehmen zu tragen, dass es uns gibt, ne? Dass Menschen auch wissen, da gibt es diese Einheit. Ich habe immer wieder Mitarbeiter, die sagen: ‚Wenn mein Chef mich nicht aufmerksam gemacht hätte oder mein Betriebsrat, ich wüsste gar nicht, dass es Sie gibt', ne? Und dass wir da auch quasi immer wieder darum bemühen müssen, dass die Leute, für die wir da sind, auch von uns wissen. Hat auch was mit Prävention vielleicht zu tun" (SB07, Z. 1001–1008).

Eine Erhöhung der Sichtbarkeit und Bekanntheit der Sozialberatung geht letztlich mit dem Ziel einer Steigerung der Anzahl der Klient:innen einher. Wie der obere Interviewauszug impliziert, hat dies neben einem instrumentellen auch einen *präventiven* Charakter. Je mehr Menschen frühestmöglich erreicht werden können, desto eher können sie entsprechend unterstützt werden. Ein Wachstum in der Anzahl der zu Beratenden kann aber auch damit begründet werden, dass vorhandene Kapazitäten noch nicht voll ausgeschöpft sind und die Befragten Potenzial sehen, mehr in ihrer Arbeitszeit leisten zu können. Es liegt also ein Ungleichgewicht zwischen Angebot und Nachfrage vor:

> „Also, ich hoffe, dass ich noch mehr Klienten bekomme, noch mehr Beratung mache, dass ich noch mehr bekannter bin hier" (SB02, Z. 415–417).

> „Ich hoffe, dass die Annahme größer wird, ne? Dass einfach dieses Angebot für die Beschäftigten, dass das einfach aktiver in Anspruch genommen wird. Und dass ich dann vielleicht wirklich auch Schwerpunkte letztendlich setzen kann, ne? Dass man vielleicht wirklich in den Bereich Coaching gehen kann. Oder dass vielleicht auch von meiner Seite aus dann vielleicht auch Seminare angeboten werden können, ne? Auch wenn es nur Informationsseminare sind meinetwegen, über bestimmte Themen zu referieren und so weiter. Also, da solche Dinge hätte ich große Lust darauf. Oder auch Gesprächskreise zu machen zu einzelnen Themen, dass ich die anbiete für pflegende Angehörige zum Beispiel oder für Angehörige von an Demenz erkrankten Menschen, ne? So solche Themen, dass man da vielleicht dann eher auch was anbietet, um auch spürbarer zu sein für die Beschäftigten" (SB10, Z. 431–441).

In beiden Interviewausschnitten spiegelt sich eine ähnliche Logik wider: Eine erhöhte Inanspruchnahme führt dazu, dass mehr Beratungsgespräche geführt und neue Aufgaben erschlossen werden können, was sich wiederum positiv auf Sichtbarkeit und Bekanntheit auswirkt. Folglich kann die These formuliert werden, dass die Sicherung der Sozialberatungsstelle und die Möglichkeiten zur inhaltlichen Ausgestaltung der Stelle davon abhängen, inwiefern sie von den Beschäftigten in Anspruch genommen wird. Dies hängt hinwieder auch davon ab, inwiefern es gelingt, die Zielgruppen durch öffentlichkeitswirksame Maßnahmen zu erreichen (vgl. Kapitel 8.1.3).

Eine weitere Funktion der Öffentlichkeitsarbeit ist schließlich die Legitimierung der Sozialberatung und ihrer Leistungen. Eine Fachkraft schildert in diesem Zusammenhang, dass eine Präsentation der Angebote im Intranet nicht nur erwünscht, sondern erwartet wird, um u. a. hervorzuheben, wie die Sozialberatung „etwas Gutes" tun kann (vgl. SB01, Z. 844–847). Daneben können persönliche Begegnungsmöglichkeiten, wie bspw. die Gremienarbeit, als Setting für Öffentlichkeitsarbeit genutzt werden:

> „Und ansonsten ist es...ja, hängt das, glaube ich, auch ein bisschen von dem Auftreten ab, wie wir uns in den Gremien darstellen und wie wir aktiv auch immer unsere Bausteine suchen, um in größeren Gremien auch ja unseren Anteil zu bieten. Also, daran werden wir, glaube ich, auch gemessen, wie offen...wenn wir offen wirksam sein können, dann ist es natürlich auch viel leichter für uns, zum Beispiel bei so einem Arbeitskreis auch seine Meinung zu sagen, als wenn wir jetzt in der Einzelberatung sind, über die wir nicht berichten dürfen, ne? Also, von daher ist es schon ganz hilfreich, sich auch zu präsentieren, wo es irgendwie möglich ist, um auch die Themen zu platzieren, um auch ein bisschen sichtbarer zu sein. Und daran werden wir, glaube ich, auch gemessen" (SB06, Z. 619–629).

In dem Zitat wird eine inhärente Grenze der Öffentlichkeitsarbeit im Rahmen der betrieblichen Sozialberatung enthüllt. Diese ist dadurch geprägt, dass aufgrund der Verpflichtung zur Verschwiegenheit keine Inhalte aus der Beratung für die Öffentlichkeitsarbeit genutzt werden können, obgleich diese ihr Kerngeschäft ist (vgl. Kapitel 8.1). Demzufolge beschränken sich hier ihre Optionen zur Darstellung von Kommunikation über eigene Arbeitsinhalte.

In dem vorliegenden Kapitel wurde unter besonderer Berücksichtigung der Öffentlichkeitsarbeit ein Einblick in das „Sozio-Marketing" (Christa 2010, S. 24) der betrieblichen Sozialberatung gewährt. Es konnte herausgearbeitet werden, dass die Öffentlichkeitsarbeit eine bedeutsame Rolle einnimmt, um Sichtbarkeit und Bekanntheit in der

Organisation zu erlangen, Zielgruppen frühzeitig zu erreichen sowie die eigenen Angebote und Leistungen, sofern es möglich ist, transparent offenzulegen und zu legitimieren. Dabei bedienen die Fachkräfte vielfältige Kommunikationswege und -medien (z. B. Intranetseite, Internetseite, interne Veranstaltungen, Informationssprechstunden, Social-Media-Kanäle).

## 8.8 Weitere Arbeitsaufgaben

Neben den bisherigen Befunden ist es möglich, weitere Arbeitsaufgaben in dem Material zu identifizieren. Jedoch liegen zu diesen keine umfangreichen Daten vor, sodass sie sich einer detaillierten Analyse entziehen. Die folgende Überschau stellt dennoch einige Ergebnisse in Kürze vor, die Impulse für weitere Forschungsarbeiten geben können.

### Intervention bei Krisen im Betrieb

Der Krisenbegriff meint in dieser Untersuchung außergewöhnliche und akute Situationen, die plötzlich und unerwartet auftreten. Dazu zählen Todesfälle (einschließlich Suizidfälle), Arbeitsunfälle größeren Ausmaßes oder das Erleben von Gewalttaten im Betrieb bzw. im betrieblichen Umfeld. Je nach Ereignis kann das Vorgehen unterschiedlich aussehen. Bei Todesfällen werden bspw. Trauerrunden mit dem betroffenen Kreis an Teammitgliedern durchgeführt, um sie in ihrer Trauer „abzuholen“ und zu begleiten, damit sie wieder in der Lage sind, ihrer Arbeit nachzugehen (vgl. SB04, Z. 580–586; SB05, Z. 169–172; SB11, Z. 217–222). Bei gravierenden Arbeitsunfällen können unmittelbare Einsätze vor Ort, die Durchführung von Debriefings sowie die Organisation der Betreuung der Angehörigen vonnöten sein. Somit ist die Durchführung von Kriseninterventionen eine Arbeitsaufgabe, die sich interorganisational ähneln und zugleich unterscheiden kann. Während Todesfälle am Arbeitsplatz in jeder Organisation auftreten können, sind Auftretenswahrscheinlichkeit, Form und Ausmaß von Arbeitsunfällen je nach Organisation und deren Kerngeschäft verschiedenartig ausgeprägt, vergleicht man exemplarisch Arbeitsunfallrisiken in einer Bildungseinrichtung oder in einem Unternehmen, welches Dienstleistungen im Personenverkehr anbietet.

### Mitarbeit in betrieblichen Gremien

Betriebliche Sozialberatende können in betrieblichen Gremien aktiv sein (z. B. Arbeitskreise zu Themen wie Gesundheitsmanagement, Gleichstellung und Diversität). Die Gremienarbeit kann ein Bestandteil der Öffentlichkeitsarbeit sein (vgl. Kapitel 8.7), doch sie ist nicht mit ihr gleichzusetzen. Gremienarbeit zielt unabhängig von Einzelfällen darauf, in übergreifender Zusammenarbeit mit unterschiedlichen Beteiligten strukturelle Veränderungen zu spezifischen Themen herbeizuführen (vgl. SB08, Z. 385–392).

### Durchführung von Organisationsberatungen

Neben der individuellen Beratung von Beschäftigten und Führungskräften zu persönlichen und/oder beruflichen Anliegen, beraten manche Fachkräfte zu Themen auf organisationaler Ebene, die mehr als Einzelpersonen tangieren. Dabei kann es sich um den Umgang mit Mitarbeitenden in Personalabbau- oder Umstrukturierungsvorhaben, Beratung von Organisationseinheiten im Gesundheitsmanagement hinsichtlich erhöhter Arbeitsunfähigkeitstage oder bei Fragen zur Implementierung eines Bedrohungsmanagements im Betrieb handeln (vgl. SB01, Z. 906–914; SB10, Z. 610–611; SB11, Z. 516–533).

### Durchführung von Gruppenarbeitsangeboten

Häufen sich bestimmte Anliegen in der Einzelberatung (vgl. Kapitel 8.1.2), kann dies als Bedarf aufgefasst werden, um Gruppenangebote zu konzipieren und anzubieten. Die Ausrichtungen entsprechender Gruppen sind vielfältig: Es gibt bspw. *geschlechterorientierte* Angebote (z. B. Gesprächsgruppe für Frauen oder Männer) oder *themenorientierte* Angebote (z. B. Trauergruppe, Trennungs- und/oder Scheidungsgruppe). Gruppenangebote können darauf abstellen, Wissen zu spezifischen Themen zu vermitteln, Lernen in der Gruppe anzuregen sowie Perspektiven, Ressourcen oder aber auch Leid miteinander zu teilen, um Entlastung im beruflichen und/oder privaten Leben zu schaffen (vgl. SB14, Z. 113–130).

### Durchführung von Teamentwicklungsmaßnahmen

Im Vergleich zu Gruppenangeboten, die von allen in Anspruch genommen werden können, richten sich Maßnahmen zur Teamentwicklung an bestimmte Arbeitsteams und werden auf Nachfrage von Führungskräften konzipiert und umgesetzt. Vorab werden bei Bedarf Vorgespräche mit der Führungskraft sowie Einzelgespräche mit den jeweiligen Teammitgliedern geführt, um darauf aufbauend zielgruppenspezifische Konzepte zu entwickeln und Maßnahmen umzusetzen (vgl. SB14, Z. 554–559).

# 9 Wertschöpfung im Rahmen der betrieblichen Sozialberatung

Das folgende Kapitel stellt zunächst Ergebnisse zur Frage vor, die allgemein wie folgt formuliert werden kann: Was haben eine Organisation und ihre Stakeholder davon, dass es eine interne betriebliche Sozialberatung gibt? Durch die Linse der Stakeholder-Theorie (vgl. Kapitel 4.2.1) könnte die Frage präzisiert werden: Inwiefern trägt die betriebliche Sozialberatung – indem sie die aufgeführten Arbeitsaufgaben ausführt (vgl. Kapitel 8) – zur Wertschöpfung für welche Stakeholder bei? Indessen könnte aus Sicht des CSV-Konzepts (vgl. Kapitel 4.2.2) die Frage so formuliert werden: Inwieweit trägt die betriebliche Sozialberatung zur *shared value creation* bei und wie wirkt sie sich auf die Wertschöpfungsproduktivität und/oder Clusterbedingungen aus? Im Kontrast zu referierten Studien aus dem Forschungsstand wird hier nicht beabsichtigt, Kosten und Nutzen der betrieblichen Sozialberatung in Relation zu setzen, um Schlussfolgerungen zu ihrem ökonomischen Wert abzuleiten (vgl. Kapitel 4.1). Das ist mit dem gewählten Forschungsdesign der Studie weder angestrebt noch möglich. Stattdessen wird qualitativ exploriert, welche ökonomischen und nichtökonomischen Werte die betriebliche Sozialberatung aus Sicht der befragten Fachkräfte potenziell für wen oder was erzeugen kann (vgl. Kapitel 9.1). Eine Grenze, die an der Stelle vorweggenommen werden kann, ist, dass die Perspektiven von Beschäftigten, Arbeitgebenden sowie anderen Stakeholdern nicht einbezogen sind. Es lassen sich also keine Aussagen darüber ableiten, welchen (subjektiven) Nutzen die betriebliche Sozialberatung aus deren respektiven Sichtweisen hat. Abschließend wird erörtert, in welcher Form in der betrieblichen Sozialberatung versucht wird, Leistungen darzulegen bzw. nachzuweisen. Im Zusammenhang damit wird die besondere Funktion des Berichtswesens untersucht (vgl. Kapitel 9.2).

## 9.1 Wertschöpfung für Stakeholder

Im Folgenden werden wesentliche Forschungsergebnisse zur Wertschöpfung durch die betriebliche Sozialberatung in Form von acht Thesen vorgestellt:

1. Betriebliche Sozialberatung trägt zur Erhaltung der Arbeitskraft bei;
2. Betriebliche Sozialberatung trägt zur Konservierung und Förderung der subjektiven Handlungsfähigkeit bei;
3. Betriebliche Sozialberatung entlastet andere Organisationseinheiten;
4. Betriebliche Sozialberatung unterstützt bei der Entwicklung von Führungskompetenzen;
5. Betriebliche Sozialberatung hilft bei der Abfederung außerordentlicher Krisen;

6. Betriebliche Sozialberatung kann ein Element zur Erhöhung der Arbeitgeberattraktivität sein;
7. Betriebliche Sozialberatung trägt zur Stärkung der Arbeitgeberbindung bei;
8. Betriebliche Sozialberatung zeigt besondere Handlungsbedarfe auf.

Die acht Thesen werden im Weiteren mit Rückbindung an Theorie und Forschungsbefunde diskutiert.

**(1) Betriebliche Sozialberatung trägt zur Erhaltung der Arbeitskraft bei**
Übereinstimmend mit Ergebnissen aus dem Forschungsstand sehen die Befragten einen Zusammenhang zwischen ihrer Arbeit und der Leistungsfähigkeit der Beschäftigten, welcher jedoch nur bedingt messbar ist (vgl. Kapitel 4.1). Im Auswertungsprozess wurde versucht, diesen postulierten Zusammenhang zu rekonstruieren. Ziel war nicht, kausale Zusammenhänge herzustellen, sondern es sollte materialgeleitet erkundet werden, was aus Sicht der Fachkräfte die Leistungsfähigkeit der Beschäftigten beeinträchtigt, welche Folgen sich daraus ergeben, welchen Beitrag die betriebliche Sozialberatung leistet und welche Ziele durch Interventionen verfolgt werden.

Es gibt unterschiedliche Faktoren, die sich negativ auf die Performanz von Mitarbeitenden im beruflichen Arbeitsalltag auswirken können. Diese können idealtypisch nach inner- und außerbetrieblichen Problemen unterschieden werden. *Innerbetriebliche* Probleme können in Verbindung mit Strukturen, Prozessen und Entscheidungen in Organisationen stehen. Beispiel hierfür sind erhöhte Arbeitsbelastungen pro Stelle infolge von organisationalen Umstrukturierungen. *Außerbetriebliche* Probleme sind hingegen persönlicher Natur. Sie sind häufig im Privatleben der Betroffenen verwurzelt und entfalten sich in erster Linie dort. Beispiel hierfür sind belastende Konflikte in Familien- und Freundschaftsbeziehungen. Inner- und außerbetriebliche Probleme können jedoch nur schwer voneinander losgelöst betrachtet werden. Stattdessen ist davon auszugehen, dass sie in einem Wechselwirkungsverhältnis zueinander stehen:

> „Zum einen, weil einfach je größer ein Unternehmen ist, sich einfach nochmal die Gesellschaft darin und ihre Probleme abbildet. Und Menschen mit Problemen werden diese Probleme, selbst wenn sie von außen erstmal kommen, nicht wie ein Mäntelchen ausziehen können. Sie werden in den Arbeitsprozessen einwirken und das heißt also, sie werden ihre Arbeit insofern dann bedingt, irgendwann nicht mehr so ausführen können. Also, es hat einfach einen Werteverlust für die Firma“ (SB01, Z. 760–766).

> „Aber das ist eben dieses Feld, in dem wir uns immer wieder bewegen, zu gucken: Es gibt ja diesen betrieblichen Zusammenhang und unsere These ist eben, dass sich betriebliche und private Belastungen eben gegebenenfalls bedingen oder auch verstärken können und dass diese Unterscheidung relativ nicht sinnhaft ist, zu sagen, es hat nur im betrieblichen Kontext und nur da sind wir drin in den Themen und die anderen, da machen wir die Tür zu“ (SB07, Z. 943–948).

Wie in den theoretischen Überlegungen aus Kapitel 3.1.2 dargelegt, setzen sich Lebensführungssysteme von Menschen aus jeweils verschiedensten sozialen Handlungssystemen zusammen. Probleme, die in einem Teilsystem auftreten, können sich auch auf Prozesse in anderen Teilsystemen auswirken, „denn es ist immer dieselbe Person, die ihr Leben führt, und ihr gesamtes Integrationsarrangement ist untrennbar mit ihr verwoben" (Baumgartner und Sommerfeld 2016, S. 231). Diese dynamische Wechselwirkung wird im Begriff der *Eskalation* zum Ausdruck gebracht. Bei einer *negativen* Eskalation können sich problematische Entwicklungen in unterschiedlichen Handlungssystemen gegenseitig verstärken und schlimmstenfalls eine Entgleisung des gesamten Lebensführungssystems zur Folge haben. Bei einer *positiven* Eskalation hingegen können positive Entwicklungen in einem System wiederum positive Entwicklungen in anderen problembehafteten Systemen anregen (vgl. Baumgartner und Sommerfeld 2016, S. 213–214; Sommerfeld et al. 2011, S. 319).

Das Erleben von Problemen, die nicht eigenständig konstruktiv bewältigt werden können, kann unterschiedliche Auswirkungen (auf die Arbeit) haben: Abnahme der Leistungsfähigkeit und der Arbeitsleistungsqualität, psychische und psychosomatische Störungen, Präsentismus und Absentismus (vgl. Kapitel 1.1). Bei interpersonellen Konflikten im Kollegium kann es nicht nur zu Störungen des Teamzusammenhalts und der Arbeitsproduktivität kommen, sondern bei Erreichung kritischer Eskalationsstufen sogar zur Auflösung von Teams. Verfügen Betriebe über eine Sozialberatung, besteht die Möglichkeit, dass effizient interveniert wird. Interventionen können verschiedene Formen annehmen: Bei persönlichen psychosozialen Problemen kann eine Beratung in Anspruch genommen werden (vgl. Kapitel 8.1). Bei Konflikten mit mehreren Beteiligten kann eine Konfliktmoderation oder Mediation erforderlich sein (vgl. Kapitel 8.1.8). Nach Ansicht der Interviewten bringt vor allem die *interne* Sozialberatung Vorteile mit sich, da sie zügig, niedrigschwellig und mit dem nötigen Betriebswissen operiert (vgl. Kapitel 7). Ein Ziel der Interventionen ist im Grunde die Wiederherstellung, Erhaltung und/oder Verbesserung der Leistungsfähigkeit der Betroffenen. Ferner können weitere Ziele anvisiert werden, die sich nicht eindeutig von der Leistungsfähigkeit separieren lassen: Wiederherstellung, Erhaltung und/oder Verbesserung der körperlichen und geistigen Gesundheit und des Wohlbefindens, Prävention und/oder Reduktion von Arbeitsunfähigkeitszeiten, zügiger und bedarfsgerechter Wiedereinstieg nach längeren Zeiten der Erkrankung oder Vorbeugung eines verfrühten Eintritts in die Nacherwerbsphase.

Werden die Zielstellungen verdichtet, geht es aus ökonomischer Perspektive darum, die Arbeitskraft der Beschäftigten, die Humanressourcen, zu erhalten, damit sie nachhaltig für möglichst lange Zeit zur Verwertbarkeit zur Verfügung steht (vgl. Porter und Kramer 2011, S. 71). Aus subjektiver Perspektive könnte argumentiert werden, dass betroffene Beschäftigte ebenfalls einen Nutzen daraus ziehen, weil sie dabei unterstützt werden, ihre Arbeitsverhältnisse und somit Existenzgrundlagen aufrechtzuerhalten. Die Sicherung der Integration in eine Organisation ist, so Baumgartner und Sommerfeld (2016, S. 231), sowohl ökonomisch als auch individuell und gesellschaftlich wertvoll, da Erwerbsarbeit zu einem ausgewogenen und zufriedenstellenden Lebensführungssystem gehört.

### (2) Betriebliche Sozialberatung trägt zur Konservierung und Förderung der subjektiven Handlungsfähigkeit bei

Wie oben dargelegt, zielen Interventionen der betrieblichen Sozialberatung darauf, Beschäftigte gesund und leistungsfähig zu erhalten. Arbeitnehmende werden dabei unterstützt, ihre Arbeitsverhältnisse und somit ihre Integration in einen bestimmten Betrieb bzw. in das Wirtschaftssystem aufrechtzuerhalten (vgl. Baumgartner und Sommerfeld 2016, S. 231). Betriebe mit einer Sozialberatungsstelle stellen ihren Beschäftigten somit eine (erste) Anlaufstelle zur Seite, an die sie sich mit ihren Belangen wenden können:

> „Also, von daher denke ich schon, dass das Unternehmen da auf jeden Fall von profitiert und die Mitarbeiter auch, weil die einfach frühzeitig kommen, weil man oft auch gar nicht weiß, an wen man sich wenden kann, ne?" (SB13, Z. 544–547).

> „Das ist, glaube ich, schon ein wirklich großer Mehrwert, den die [Organisation] an der Stelle hat, der natürlich manchmal ein bisschen unterschätzt wird, aber wir haben viele Beschäftigte, wo wir das Gefühl haben, dass die ansonsten gar nicht hin wüssten, also gar nicht wüssten, wo sie hin sollten mit ihren ganzen Emotionen, was immer so am Arbeitsplatz passiert und mit ihren ganzen Ärgernissen und wir da auch oft wirklich nochmal für alle Beteiligten hilfreich sind so ein bisschen" (SB06, Z. 582–588).

Die Zitate verdeutlichen, dass mit der Sozialberatung eine Option gegeben ist, sich frühzeitig und niedrigschwellig mit den „ganzen Emotionen" und „ganzen Ärgernissen" Unterstützung zu suchen. In den beiden Interviewausschnitten bringen die Befragten zum Ausdruck, dass Betroffene oft nicht wüssten, an wen sie sich sonst wenden sollten. Gäbe es keine Sozialberatung im Betrieb, so der Umkehrschluss, müssten Beschäftigte entweder ihre Probleme allein bewältigen oder sich an andere Personen wenden, wie etwa Vorgesetzte, Mitarbeitende aus Personalabteilungen oder externe Beratungseinrichtungen. Die „Anlaufstelle" wurde auch von Baumgartner und Sommerfeld in ihrer qualitativen Studie als ein Aufgabenfeld der betrieblichen Sozialen Arbeit benannt, mit der sie einen prompten und niedrigschwelligen Zugang zur Sozialberatung meinen, um Fragen zu klären und/oder Informationen einzuholen (vgl. Baumgartner und Sommerfeld 2016, S. 77).

Ziele, die Sozialberatende in der Arbeit mit ihren Klient:innen anvisieren, sind vielfältig. Diese Vielfältigkeit spiegelt sich in folgenden Zielzuständen wider, die aus dem Material herausgearbeitet werden konnten: *besser klarkommen, gesettelter sein, gestärkter sein, (psychisch) stabiler sein, hinsichtlich eigener Rechtsansprüche aufgeklärter sein, kompetenter sein, emanzipierter sein, verantwortlicher sein.* Unter Bezugnahme auf das sozialpädagogische Konzept der Lebensbewältigung kann subsumiert werden, dass das Ziel betriebssozialberaterischer Interventionen im Kern in der Konservierung und Förderung der einfachen und erweiterten subjektiven Handlungsfähigkeit der Klient:innen liegt (vgl. Böhnisch und Schröer 2018, S. 319). Die Sicherung einer *einfachen Handlungsfähigkeit* wird durch die Sicherung der eigenen Existenz gewährleistet (vgl. Böhnisch und Schröer 2018, S. 319), bspw. durch die Erhaltung eines Arbeitsplatzes oder einer Unterkunft zum Wohnen (vgl. Kapitel 8.1.2). Die Sicherung einer *erweiterten Hand-*

*lungsfähigkeit* beinhaltet hingegen die Befähigung zur Übernahme von Verantwortung für sich und für andere (vgl. Böhnisch und Schröer 2018, S. 319).

### (3) Betriebliche Sozialberatung entlastet andere Organisationseinheiten

Betriebliche Sozialberatungen können andere Abteilungen bzw. Personen innerhalb der Organisation entlasten. Führungskräfte, Mitarbeitende der Personalabteilungen, Betriebsratsmitglieder und betriebsmedizinisches Personal haben mit der Sozialberatung eine Ansprechpartnerin, an die sie sich wenden oder sie Beschäftigte bei Krisen und Konflikten vermitteln können:

> „Und wenn man das positiv formulieren würde, kann man ja auch daraus ableiten, dass eben auch Führungskräfte oder auch Personaler nicht alles können und dass das eben auch wirklich einen Mehrwert ist, zu wissen, wenn da jemand jetzt in der krisenhaften Situation sitzt, ob das privat oder betrieblich ist, dann muss ich nicht alleine dafür Sorge tragen, dass der sich unterstützt fühlt, ne? Weil dieses, ich sage das auch immer, ne? Ich kann als Arzt toll sein im Operieren, aber bin dann vielleicht nicht der der super Zuhörer, weil das einfach nicht mir entspricht und auch nicht dem entspricht, was ich mal gelernt habe. Und dann ist es auch hilfreich, da den Experten dazu zu ziehen" (SB07, Z. 1072–1080).

> „Und wie gesagt, ich glaube auch, dass die Betriebsräte das immer als notwendig erachtet haben auch, weil die auch manchmal mit bestimmten Themen, mit denen sie konfrontiert werden, überfordert sind, also, gerade so mit Konflikten und so auch, ne, oder wenn jemand jetzt krank ist oder so etwas" (SB02, Z. 516–520).

Durch Arbeitsteilung können personelle und zeitliche Ressourcen anderer Personen und Abteilungen geschont werden, die sie wiederum für andere Aufgaben nutzen können. Gleichzeitig erhalten Betroffene Unterstützung durch Fachkräfte, die auf psychosoziale Probleme spezialisiert sind und über andere Qualifikationen, Kompetenzen und Verfahrensweisen verfügen als ihr Kollegium aus anderen Organisationseinheiten. Im Umkehrschluss bedeutet das, dass diese Form der Arbeitsteilung nicht möglich ist, wenn es in einem Betrieb keine Sozialberatung gibt. Entsprechende Anliegen würden dann an anderen Stellen in der Organisation anfallen. Dieser Befund deckt sich mit jenen aus einer Kosten-Nutzen-Studie, in der belegt wird, dass vor allem Vorgesetzte entlastet werden, weil die Betroffenen seltener um Gespräche bei ihnen anfragen, sondern stattdessen Beratung aufsuchen (vgl. Baumgartner 2003, S. 9).

### (4) Betriebliche Sozialberatung unterstützt bei der Entwicklung von Führungskompetenzen

Führungskräfte können in multipler Weise von den Leistungen einer betrieblichen Sozialberatung profitieren. Zum einen können sie, wie oben beschrieben, durch Sozialberatende entlastet werden. Zum anderen können Sozialberatende Vorgesetzte mit Personalverantwortung dabei unterstützen, ihre Führungskompetenz zu erweitern. Dies kann mittels spezieller Lehr-Lern-Veranstaltungen erfolgen (vgl. Kapitel 8.4), intensiver jedoch im individuellen Coaching (vgl. Kapitel 8.3). Der Ausbau von Führungskompetenz meint, dass Vorgesetzte dabei begleitet werden, sich ihrer Rolle als

Führungskraft und der damit verbundenen Verantwortung bewusst zu werden und diese wahrzunehmen (vgl. SB03, Z. 468–472; SB13, Z. 547–554; SB14, Z. 744–754). Ein konkretes Beispiel hierfür bezieht sich auf das Führen von „schwierigen" Gesprächen mit Teammitgliedern:

> „Auch bei Sucht haben wir...also, wir haben sicherlich eine hohe Dunkelziffer an Menschen mit Suchtproblematik, weil das gedeckt wird, ne? Weil man das lieber nicht anspricht, weil das ein Tabu ist. Und wenn wir da einen Beitrag leisten können, dass auch eine Führungskraft sich zutraut, ein schwieriges Gespräch zu führen, dann ist es etwas, glaube ich, wo ich auch eine hohe Zufriedenheit dann auch erlebe, wenn man jemanden dazu dann unterstützen konnte, ohne dass wir direkt tätig wurden am Klienten oder an diesem Mitarbeiter" (SB07, Z. 1092–1098).

Anstatt Führungskräften vermeintlich unangenehme Aufgaben abzunehmen, versetzen Sozialberatende sie stattdessen in die Lage, selbst Situationen, die von ihnen als schwierig wahrgenommen werden, erfolgreich zu bewältigen. Dadurch erfahren Führungskräfte auf persönlich-fachlicher Ebene eine Kompetenzerweiterung. Von „gutem" Führungshandeln können idealerweise wiederum auch Mitarbeitende profitieren, wenn z. B. Spannungen im Team konstruktiv bearbeitet und eine wertschätzende Arbeitsatmosphäre etabliert werden (vgl. SB13, Z. 547–554).

**(5) Betriebliche Sozialberatung hilft bei der Abfederung außerordentlicher Krisen**
Betriebliche Sozialberatende kommen nicht nur bei individuellen Krisen zum Einsatz, sondern auch bei gravierenden Krisensituationen, die außerhalb des üblichen Erwartungshorizonts liegen und mehrere Personen betreffen. Hierbei kann es sich um Todesfälle in Teams oder Gewalttaten im Betrieb bzw. betrieblichen Umfeld handeln, aber auch Arbeitsunfälle, Pandemieausbrüche, Schließungen von Standorten oder Personalabbau höheren Ausmaßes (vgl. Kapitel 8.8). Die Sozialberatung kann Organisationen unterstützen, Krisen „abzufedern", indem sie bedarfsorientiert Angebote entwickelt, um bei der Krisenbewältigung zu begleiten. Das folgende Beispiel handelt von einem Personalabbau, infolgedessen mit anderen Arbeitsbereichen Veranstaltungen zu Themen wie „Umgang mit Veränderungen" und „Resilienz" entwickelt wurden, um den Personalabbauprozess zu flankieren:

> „Das Unternehmen hat sich sehr schnell nach meinem Einstieg in einer großen Veränderung befunden, inklusive eines großen Personalabbaus, dem man sich gegenüber sah. Und daraus hat sich ergeben, dass der betriebsmedizinische Dienst und das betriebliche Gesundheitsmanagement und ich Angebote entwickelt haben zum Thema Umgang mit Veränderung und auch das Thema Resilienz aufgegriffen haben und die Mitarbeiter da zu begleiten" (SB09, Z. 461–467).

In einem anderen Beispiel handelt es sich um eine Unfallsituation im Betrieb:

> „Zum Beispiel gab es eine [Notsituation im Betrieb] vor [ein paar] Jahren [im Frühjahr] in [Stadt]. Da bin ich ganz konkret installiert worden, indem ich dann in der, ich sage mal, im Debriefing der Kollegen, die in der...die in dem Thema beteiligt waren, dann vor Ort abge-

> holt habe, sie begleitet habe. Und da ist das Thema eben dann sehr gut...also, dieses...ja, diese Traumaprävention, die in dem Moment dann stattfindet in der Krisenbewältigung" (SB11, Z. 555–561).

Aus dem Datenauszug wird deutlich, dass der Vorteil einer (internen) Sozialberatungsstelle darin besteht, dass sie bei solchen Krisensituationen zeitnahe anwesend sein kann, um für Betroffene da zu sein und sie „abzuholen". Bei Bedarf können sie nach den unmittelbaren Krisensituationen weiterbegleitet und/oder an andere Einrichtungen vermittelt werden, wodurch wiederum Hilfsprozesse zielgerichtet gestaltet und längere Ausfallzeiten der Beschäftigten verhütet werden können.

### (6) Betriebliche Sozialberatung kann ein Element zur Erhöhung der Arbeitgeberattraktivität sein

Betriebliche Sozialberatung kann aus Perspektive der Befragten Bestandteil im Zusammenhang mit der Konstituierung der Arbeitgebermarke sein:

> „Mittlerweile glaube ich auch, gerade im Rahmen von Fachkräftemangel, ist es aber auch ein Markenzeichen, zu sagen: ‚Hey, wir haben da eine Institution, die Ihnen bei solchen Fragestellungen auch dann hilfreich zur Seite steht. Das ist nicht so, dass wir Sie alleine lassen. Sie sind uns an dem Punkt wichtig und da haben Sie Ansprechpartner'. Also, das ist sicherlich mittlerweile auch etwas, womit Unternehmen ein Stück weit im Rahmen von ja sozialen Diensten auch ein bisschen werben können" (SB01, Z. 773–780).

> „Und der zweite Aspekt ist natürlich, dass auch eine Attraktivität als Arbeitgeber sich davon ableiten lässt, also: ‚Wir sind ein guter Arbeitgeber. Guck mal, wir haben sogar eine Sozialberatung'. Und damit natürlich auch interessant ist, zukünftige Menschen, also Experten, die ins Unternehmen gezogen werden sollen, ja?" (SB08, Z. 1050–1054).

Wird das Vorhandensein betrieblicher Sozialberatungen beworben, kann seitens der Organisationen damit beabsichtigt sein, sich als „gute", soziale Arbeitgebende zu präsentieren, welche sich um Belange ihrer Beschäftigten kümmern. Dadurch werden Potenziale eröffnet, die Arbeitgeberattraktivität anzuheben und in der Konkurrenz um Fachkräfte auf dem Arbeitsmarkt Vorteile bei der Personalrekrutierung zu erschließen (vgl. Freeman et al. 2018, S. 7). Im Kern steht dahinter die im Zusammenhang mit dem Business Case für CSR viel diskutierte Idee, mittels CSR-Maßnahmen das öffentliche Image zu verbessern und auf Dauer Wettbewerbsvorteile zu erlangen (vgl. Davis 1973, S. 313; Kurucz et al. 2013, S. 89).

### (7) Betriebliche Sozialberatung trägt zur Stärkung der Arbeitgeberbindung bei

Betriebliche Sozialberatung kann, wie oben argumentiert, dazu beisteuern, die Arbeitgeberattraktivität im Kontext des Employer Brandings zu erhöhen. Darüber hinaus kann sie aber auch eine wichtige Rolle bei der Bindung bereits beschäftigter Personen einnehmen. Erfahren Mitarbeitende im Laufe ihrer Beschäftigungsverhältnisse Unterstützung bei der Bewältigung ihrer Probleme durch die betriebliche Sozialberatung, kann dies dazu beitragen, dass Vertrauen aufgebaut und eine stärkere Identifikation mit Arbeitgebenden begünstigt wird:

> „Also, viele von den einfachen Arbeitern haben einfach wirklich brennende Themen und dafür haben sie jetzt ein Ventil. Die haben Vertrauen und das schafft ein größeres Vertrauen und eine...also Loyalität gegenüber der Firma, eine größere Bereitschaft, auch mal Überstunden zu akzeptieren oder auch mal einen Samstag zu akzeptieren oder so. Die sind einfach dankbar, dass das hier im Unternehmen geboten wird und sind froh, wenn sie hier dann bleiben können“ (SB05, Z. 622–628).

Der Datenauszug reflektiert im Grunde das Prinzip der Reziprozität, das nach Freeman et al. (2018, S. 6) ein Kernkonzept des Stakeholder-Managements darstellt. Es veranschaulicht, dass Mitarbeitende ein Gefühl von Sicherheit und Vertrauen entwickeln, sofern sie Unterstützung bei der Bearbeitung ihrer „brennenden Themen“ erfahren. Vertrauen kann wiederum basal für die Bereitschaft sein, langfristig in Organisationen zu bleiben und die eigene Arbeitskraft zur Verfügung zu stellen. Dadurch bleibt Organisationen Personal erhalten und Fluktuation wird vermieden.

### (8) Betriebliche Sozialberatung zeigt besondere Handlungsbedarfe auf

In der Datenanalyse konnte festgestellt werden, dass mehrere Befragte die betriebliche Sozialberatung in der Position und in der Verantwortung sehen, Entwicklungen in den Unterstützungsbedarfen der Beschäftigten aufmerksam zu beobachten und auf vorliegende Blindstellen und Missstände hinzuweisen (vgl. SB03, Z. 577–583; SB14, Z. 919–923). Diese können entsprechend organisationalen Kontexten unterschiedlich aussehen. Sie umfassen z. B. Häufungen von Diskriminierungserfahrungen, Bedarfe nach Wohnungen für Mitarbeitende, Möglichkeiten zur Kinderbetreuung, alternativen Arrangements zur Gestaltung von Arbeit für Beschäftigte mit pflegebedürftigen Angehörigen oder Weiterbildungsangeboten für Führungskräfte zu spezifischen Themen. Im sozialpädagogischen Konzept der Lebensbewältigung ordnen Böhnisch und Schröer (2018, S. 325) der Sozialen Arbeit einen sozialpolitischen Auftrag zu, dem nach die Soziale Arbeit ihre politische *voice*-Funktion nutzen soll, um auf prekäre Abhängigkeitsverhältnisse sowie verwehrte Anerkennungs- und Ausdruckmöglichkeiten hinzuweisen. Aus den Befunden kann abgeleitet werden, dass die betriebliche Sozialberatung dieser Forderung nachkommen kann, und zwar auf Ebene einzelner Organisationen heruntergebrochen, in denen sie jeweils eingebettet ist. Sie registriert soziale Probleme, verweist darauf und fordert zum Handeln auf[48]. Inwiefern von Entscheidungstragenden in Organisationen daraufhin tatsächlich Maßnahmen ergriffen werden, mag außerhalb des Wirkungsbereichs der Sozialberatenden liegen. In der Debatte um das Für und Wider hinsichtlich der Wahrnehmung sozialer Verantwortung wird jedoch argumentiert, dass eine frühzeitige Bearbeitung sozialer Probleme als ökonomisch betrachtet werden kann, um zu verhindern, dass diese sich weiter aufschaukeln, dadurch mehr Ressourcen binden und die Umsetzung des Kerngeschäfts beeinträchtigen werden (vgl. Davis 1973, S. 317). Hand in Hand damit geht die Idee von Porter und Kramer (2011, S. 69), sich sozialen Problemen zu widmen, die sich negativ auf die Wertschöpfungsproduktivität auswirken können.

48 Wichtiges Instrument dafür ist die Berichterstattung, wie sich unten zeigen wird (vgl. Kapitel 9.2).

Auf Grundlage der acht Thesen lässt sich ablesen, dass es insbesondere Mitarbeitende, Führungskräfte und Eigentümer:innen (primäre Stakeholder) sind, die von den Leistungen der betrieblichen Sozialberatung profitieren können. Darüber hinaus konnten im Auswertungsprozess weitere Personen und Einrichtungen identifiziert werden, für die Wert geschaffen werden kann. Bei ihnen handelt es sich um Angehörige von Beschäftigten, Einrichtungen des Gesundheits- und Sozialwesens sowie Bildungseinrichtungen des Hochschulwesens:

- Wie im Kapitel 8.1.1 dargelegt, besteht in manchen Organisationen die Möglichkeit, dass auch *Angehörige von Beschäftigten* kostenfrei Angebote der betrieblichen Sozialberatung nutzen. Die Gruppe der Angehörigen kann ebenfalls infolge gravierender Betriebsunfallsituationen speziell in den Blick genommen werden, wenn sich daraus Bedarfe für langfristige Versorgung und Betreuung ergeben sollten (vgl. SB11, Z. 535–551).
- *Einrichtungen des Gesundheits- und Sozialwesens* können in mehrfacher Hinsicht von der betrieblichen Sozialberatung profitieren. Erstens können sie entlastet werden, wenn bestimmte Anliegen bereits durch die Sozialberatenden abgefedert werden und nicht erst den Weg zu ihnen finden (vgl. SB07, Z. 1119–1130). Zweitens bekommen Einrichtungen in der Region zielgerichtet Klient:innen an sie überwiesen, sofern Vermittlungen in Hilfeprozessen vonnöten sind (vgl. Kapitel 8.1.5.1). Idealerweise kennen die Sozialberatenden ihr Netzwerk (vgl. Kapitel 8.6) und können als „Lotsenstelle“ fungieren, welche die Passung zu externen Einrichtungen anhand von Kriterien wie Wohnort, Zuständigkeit und Spezialisierung bereits vorab prüft (vgl. SB13, Z. 559–569). Drittens können aus der Zusammenarbeit zwischen betrieblicher Sozialberatung und lokalen Einrichtungen Synergien entstehen, um fachliche Austauschprozesse und gemeinsame Projekte zu initiieren (vgl. SB13, Z. 569–581).
- *Bildungseinrichtungen des Hochschulwesens* können von betrieblichen Sozialberatungen profitieren, sofern sie Praktikumsplätze an Studierende (der Sozialen Arbeit) vergeben (vgl. SB15, Z. 924–938). In der Form engagieren sich die Fachkräfte über ihre üblichen Aufgaben hinaus als Praxisanleitende und beteiligen sich somit an der Ausbildung des Fachkräftenachwuchses ihrer Berufsgruppe.

An diesen Beispielen, die an der Stelle nicht vertieft werden können, zeigt sich, dass betriebliche Sozialberatung im kleinen Rahmen dazu beitragen kann, das soziale Umfeld von Organisationen aktiv mitzugestalten. Inwiefern hierdurch schon von Optimierungen von Clusterbedingungen gesprochen werden kann (vgl. Porter und Kramer 2011, S. 72–73), sei dahingestellt. Es wird jedoch deutlich, dass noch Forschungsbedarfe vorhanden sind, um Möglichkeiten und Grenzen der betrieblichen Sozialen Arbeit speziell im Gemeinwesen zu erörtern (vgl. Baumgartner und Sommerfeld 2016, S. 247–250).

## 9.2 Versuche zum Nachweis erbrachter Leistungen

Die Datenanalyse zeigt, dass es für Sozialberatungsstellen häufig keine ausgeprägten Zielsysteme gibt, die vorgegeben werden. Sofern konkrete Zielvorgaben vorliegen, sind diese meistens qualitativ ausgerichtet. *Qualitative* Ziele können sein: Aufbau von Wissen in einem Themengebiet, Erweiterung eines Netzwerks oder Entwicklung eines Angebots im Zuge organisationaler Veränderungsprozesse. *Quantitative* Zielvorgaben, wie etwa eine fixe Anzahl durchzuführender Beratungsgespräche oder eine Anzahl anzubietender Workshops innerhalb eines definierten Zeitraums, liegen hingegen kaum vor.

Das Nichtvorhandensein eindeutig messbarer Ziel- und Kennzahlensysteme ist metaphorisch ausgedrückt eine Medaille mit zwei Seiten. Negativ konnotiert kann das Fehlen entsprechender Systeme so ausgelegt werden, dass die betriebliche Sozialberatung lediglich ein „Aushängeschild" für die Organisation ist, um die Attraktivität als Arbeitgebende zu erhöhen, während ihre tatsächlich erbrachten Leistungen und ihre Potenziale weniger von Interesse sind. Positiv konnotiert kann darin ein Vertrauensvorschuss Arbeitgebender gesehen werden, eben solche Dienstleistungen zu erbringen, die sich schwer in Zahlen abbilden lassen. Ferner kann damit die Chance einhergehen, über mehr Freiräume für die inhaltliche Ausgestaltung des Angebotsportfolios und der Arbeitsaufgaben zu verfügen (vgl. SB10, Z. 571–583).

Allerdings wird die Möglichkeit zur Einführung quantitativer Ziel- und Kennzahlensysteme in der Zukunft durch die Geschäftsführung, insbesondere von Sozialberatungsstellen in Wirtschaftsunternehmen, nicht ausgeschlossen. Deshalb werden teilweise eigenständig Maßnahmen ergriffen, die dazu dienen sollen, den Wert der eigenen Arbeit darzulegen. Das zentrale Instrument, mit dem versucht wird, die Arbeit in den Sozialberatungsstellen transparent zu machen, ist das *Berichtswesen*. Darunter wird in der vorliegenden Studie ein Bündel an Maßnahmen zur Sammlung, Aufbereitung und Analyse von Informationen zu (angefragten bzw. wahrgenommenen) Angeboten der betrieblichen Sozialberatung verstanden. Innerhalb der Stichprobe werden in nahezu allen Stellen entsprechende Maßnahmen durchgeführt. Hierbei dominieren *Berichte*, die in unterschiedlichem Turnus angefertigt werden, häufig jedoch im halbjährlichen oder jährlichen Rhythmus. Inhalte solcher Berichte sind im Grunde die erbrachten Leistungen in den Sozialberatungen innerhalb eines Zeitraums. Ein Beispiel bezieht sich auf die Beratung von Beschäftigten (vgl. Kapitel 8.1). Daten, die hierzu anonymisiert erfasst werden, sind: Anzahl der Klient:innen (bzw. Fälle), Anzahl der Beratungssitzungen, Dauer der Sitzungen, Aufschlüsselung nach Themen, Aufschlüsselung nach Organisationsbereichen und nach Organisationen, sofern mehrere betreut werden, und soziodemografische Daten (Geschlecht, Alter, Personal mit oder ohne Führungsverantwortung). Ein anderes Beispiel betrifft die Durchführung von Lehr-Lern-Veranstaltungen (vgl. Kapitel 8.4). Hier interessieren Daten wie Art der Veranstaltungen (Schulungen, Vorträge, Workshops, Seminare, Trainings etc.), Anzahl der Veranstaltungen, Dauer der Veranstaltungen und Anzahl der Teilnehmenden. Außerdem werden in Berichten auch Informationen zu anderen Angeboten dokumentiert, wie die Anzahl durchgeführter Coachings für Führungskräfte und Funktionstragende, Mediationen oder Teamentwicklungsmaßnahmen. Anhand dieser Beispiele wird deutlich, dass in den Berichten vor allem *Outputs* in Form von erbrachten Leistungen erfasst werden. Nachprüfbare Erkenntnisse zu intendierten und nicht-intendierten *Wirkungen* können hingegen nicht aus den Daten abgeleitet werden (vgl. Stockmann und Meyer 2014, S. 77). Der Befund lässt sich damit erklären, dass Outcomes sozialer personenbezogener Dienstleistungen nur schwer überprüfbar sind. Gründe hierfür sind abstrakte Zielsetzungen, die nur begrenzt operationalisierbar sind, unzureichend gültiges Wissen über Kausalzusammenhänge sowie die Abhängigkeit von Klient:innen als Ko-Produzent:innen in Leistungserstellungsprozessen (vgl. Hasenfeld 2010, S. 11–26; Klatetzki 2010, S. 17).

Es konnte herausgearbeitet werden, dass die Berichterstattung für Sozialberatende unterschiedliche Funktionen erfüllt. Berichte dienen der Schaffung von Transparenz gegenüber Geschäftsführung, Vorgesetzten und Adressat:innen. Vereinfacht gesagt, soll mit ihnen aufgezeigt werden, was die betriebliche Sozialberatung macht, dass sie in Anspruch genommen wird und von Relevanz ist. Damit ist das Interesse verbunden, den eigenen Arbeitsplatz und somit auch die Beratungsstelle in der Organisation zu legitimieren und zu sichern. Aufgrund der Tatsache, dass für die Sozialberatenden meistens keine klar definierten Zielvorgaben existieren, können die Berichte auch eine Grundlage sein, um mit Vorgesetzten in Gespräche zu kommen und Feedbackprozesse auszulösen (vgl. SB02, Z. 581–585; SB06, Z. 632–635). Des Weiteren können in den Berichten aktuelle Schwerpunkte und Trends abgelesen werden, wie etwa Auswirkungen von Standortschließungen auf den Unterstützungsbedarf der betroffenen Beschäftigten, Folgen der COVID-19-Pandemie auf das Wohlergehen der Belegschaft oder Entwicklungen in der Zahl suizidgefährdeter Personen. Daraus gewonnene Erkenntnisse können wiederum Ausgangspunkt für die Entwicklung neuer Angebote sein (vgl. SB13, Z. 593–602; SB15, Z. 972–987). Zu guter Letzt können Berichte auch als Instrument zur Evaluation der eigenen Arbeit betrachtet werden: Wie fallen Soll-Ist-Abgleiche zwischen Vorgaben hinsichtlich der maximalen Anzahl an Beratungssitzungen und der tatsächlichen Umsetzung aus? Wie viel Zeit wird für welches Angebot im Angebotsportfolio benötigt? Werden entsprechende Daten detailliert erfasst, können übergreifende Vergleiche hinsichtlich der Auslastung einzelner Sozialberatender und/oder Standorte vorgenommen werden, um ggf. Anpassungen vorzunehmen (vgl. SB01, Z. 833–836; SB03, Z. 540–555). Kurzum sind die Berichte also Legitimations-, Bedarfserhebungs- und Evaluationsinstrument zugleich.

# 10 Zusammenfassung und Ausblick

Die betriebliche Sozialberatung blickt in Deutschland auf eine langjährige und abwechslungsreiche Entwicklung zurück. Umso bemerkenswerter ist es, wie überschaubar Forschungsaktivitäten und -befunde zu ihr sind, wie wenig deswegen im Fachdiskurs und darüber hinaus über sie bekannt ist. Dabei könnte die ermutigende These aufgestellt werden, dass es in kaum einer anderen Phase ihrer Geschichte solch fruchtbare Gelegenheiten für sie gegeben hat, um an Belange und Entwicklungen in der beruflichen Arbeitswelt anzuknüpfen und diese aktiv mitzugestalten, wie heute.

Längst ist anerkannt, dass psychische Probleme eine ernst zu nehmende Herausforderung darstellen, die mit erheblichen Kosten für Betroffene, Wirtschaft und Gesellschaft einhergeht (vgl. Kapitel 1.1). Infolgedessen sind Arbeitsorte zu einem zentralen Ankerpunkt für Initiativen geworden, um Maßnahmen der Prävention und Intervention anzusetzen. Betriebliche Gesundheitsförderung kann sich jedoch nicht nur auf bestehende Regelungen des Arbeitsschutzes stützen, sondern braucht auch das freiwillige Engagement Arbeitgebender, mehr als das gesetzlich Geforderte zu leisten, um das (psychische und physische) Wohlbefinden ihrer Beschäftigten zu wahren (vgl. Joint Action Mental Health and Wellbeing 2016, S. 7–8). Damit wird der betrieblichen Sozialen Arbeit Raum gegeben, um sich als eine Expertin für das psychosoziale Wohlergehen von Beschäftigten und deren Familien zu positionieren und einen Baustein in betrieblichen Gesundheitsmanagementkonzepten für sich zu reklamieren.

Die Frage nach der sozialen Verantwortung von Unternehmen in der Gesellschaft unter dem Stichwort CSR ist und bleibt gesellschaftlich relevant (vgl. Carroll 2016, S. 1). Im Jahr 2014 haben das Europäische Parlament und der Rat die Richtlinie über die Angabe nichtfinanzieller Informationen („Non-Financial Reporting Directive") erlassen. Große Unternehmen, die bestimmte Kriterien erfüllen, wurden dazu verpflichtet, nichtfinanzielle Erklärungen in Lageberichte zu integrieren, um die Auswirkungen ihrer unternehmerischen Tätigkeiten auf Aspekte wie Umwelt-, Sozial- und Arbeitnehmendenbelange, Menschenrechte sowie Bekämpfung von Korruption und Bestechung darzulegen (vgl. Europäisches Parlament und Rat 2014, S. 4). Mit Blick auf soziale und Arbeitnehmendenbelange werden in der Richtlinie exemplarisch Maßnahmen zur Gleichstellung der Geschlechter, des sozialen Dialogs sowie zum Schutz von Gesundheit und Sicherheit am Arbeitsplatz benannt (vgl. Europäisches Parlament und Rat 2014, S. 2). Erst kürzlich wurde die NFRD überarbeitet. Die EU-Kommission schlägt im Entwurf für die Richtlinie über die Nachhaltigkeitsberichterstattung von Unternehmen („Corporate Sustainability Reporting") u. a. vor, den Anwendungsbereich der Berichtspflichten in den kommenden Jahren erheblich auszuweiten (vgl. Europäische Kommission 2021, S. 6).

Mit der Verfassung dieser Dissertationsschrift wurde das übergeordnete Ziel verfolgt, einerseits Grundlagenwissen zur betrieblichen Sozialberatung durch Literaturrecherche und -analyse zusammenzutragen und andererseits durch eine eigene empirische Untersuchung anzureichern. Selbsterklärend kann nicht der Anspruch erhoben werden, dass das Feld in seiner vollen Gänze bearbeitet wird. Deshalb wurden vorab drei Forschungsfragen formuliert, die für die Arbeit leitend sein sollten (vgl. Kapitel 1.1):

1. Welche Qualifikationen werden für den Zugang zur betrieblichen Sozialberatung bzw. für die Arbeit in ihr benötigt?
2. Welche Arbeitsaufgaben werden von dem Personal in der betrieblichen Sozialberatung ausgeführt und welche Kompetenzanforderungen werden dabei an es gestellt?
3. Inwiefern kann das Konzept der Corporate Social Responsibility (CSR) zur Konstruktion einer Legitimationsgrundlage für die Konstituierung der betrieblichen Sozialberatung beitragen?

Mit Rückbezug auf die drei Forschungsfragen werden im Folgenden zentrale Erkenntnisse und Ergebnisse der gesamten Arbeit gebündelt. In diesem Zusammenhang werden auch inhaltliche Limitationen der Arbeit aufgezeigt und Impulse für weitere Forschungsvorhaben formuliert.

## 10.1 Qualifikationen für die betriebliche Sozialberatung

Für die betriebliche Sozialberatung an sich ist weder deutlich noch einheitlich geregelt, welche qualifikatorischen Voraussetzungen erfüllt sein müssen, um Zugang zu dem Feld zu erhalten und in ihm arbeiten zu können. Respektive Empfehlungen oder Forderungen fallen eher vage aus. Konstatiert wird z. B. der Bedarf eines abgeschlossenen Hochschulabschlusses der Sozialarbeit, Sozialpädagogik oder einer vergleichbaren Fachrichtung (vgl. Appelt 2013, S. 176; Bremmer 2017b, S. 110–111), ohne zu spezifizieren, was die Restkategorie an „vergleichbaren Fachrichtungen“ genau zu bedeuten hat. Diese Offenheit zeichnet sich auch im bisherigen Forschungsstand ab (vgl. Kapitel 3.2.2). Werden Berufsausbildungs- und Studienabschlüsse in den Blick genommen, lässt sich in groben Zügen folgende Entwicklung im Laufe der Jahre feststellen: Während in älteren Arbeiten eine größere Heterogenität an Abschlüssen aufgezeigt wurde (vgl. Girmes 1970; Lau-Villinger 1994), weisen Befunde aus jüngerer Vergangenheit darauf hin, dass sukzessive eine Konzentration auf akademische Studienabschlüsse der Sozialen Arbeit eingesetzt hat. Mit Vorsicht kann angenommen werden, dass das Feld heute überwiegend, aber trotzdem nicht exklusiv, durch akademisch ausgebildete Sozialarbeitende besetzt ist (vgl. Baumgartner und Sommerfeld 2016; Nguyen und Bohlinger 2019; Stoll 2013). Jenseits von Berufs- und Hochschulausbildungen lässt sich in puncto Weiterbildungen ein Konglomerat herausarbeiten, welches Abschlüsse in Beratung, Coaching, Therapie und diversen weiteren Themen und Ausrichtungen umfasst. Die Ergebnisse der empirischen Untersuchung dieser Arbeit erweisen sich als anschlussfähig an den Forschungsstand. Bei der Analyse der Qualifikationen ist im Rahmen der Stichprobe auffällig, dass die überwiegende Mehrheit der

Befragten ein Studium der Sozialen Arbeit abgeschlossen hat (vgl. Kapitel 6.1). Somit kann an die oberen Ausführungen anknüpfend die These aufgestellt werden, dass über die Jahre hinweg ein Akademisierungsprozess mit Fokussierung auf Studiengänge der Sozialen Arbeit eingesetzt hat. Diese These ist in größer angelegten (quantitativen) Studien, unter Berücksichtigung der besonderen statistischen Herausforderungen zur Erfassung des Personals in der (betrieblichen) Sozialen Arbeit (vgl. Kapitel 3.2.1), vertiefend zu prüfen. Ferner bereichert die Untersuchung den Forschungsstand, indem sie aufzeigt, welche Studieninhalte aus welchem Grund von den Befragten als relevant für ihre derzeitige berufliche Tätigkeit erachtet werden. Außerdem wird akzentuiert, dass das Studium in mehreren Fällen basal ist, um für Nachwuchsfachkräfte erste Berührungspunkte zur betrieblichen Sozialberatung herzustellen. Mit der Ausweitung des empirischen Zuschnitts auf weitere Bildungsaktivitäten in den Lebensläufen der Befragten kann eine Vielfalt an Weiterbildungsabschlüssen bestätigt werden, allen voran in den Bereichen Therapie, Beratung, Coaching, Konfliktbearbeitung und Gesundheitsmanagement (vgl. Kapitel 6.2). Eine fallübergreifende, uniforme Weiterbildung lässt sich hierbei nicht feststellen. Indes zeigt sich, dass das Vorhanden- oder Nichtvorhandensein bestimmter Weiterbildungsabschlüsse eng an organisationale Erfordernisse sowie an individuelle berufliche Werdegänge gekoppelt ist. Bezüglich beruflicher Werdegänge wird ersichtlich, dass fast alle Befragten zuvor in anderen Bereichen, überwiegend in Feldern der Sozialen Arbeit, gearbeitet haben, bevor sie in die betriebliche Sozialberatung eingemündet sind (vgl. Kapitel 6.3). Obwohl keine typischen, standardisierten *career patterns* (vgl. Abbott 1988, S. 129) zu finden sind, implizieren die Ergebnisse trotzdem, dass das Vorhandensein von Berufserfahrung ein essenzielles Zugangskriterium zum Feld darstellt (vgl. Nguyen und Bohlinger 2019, S. 446). Die Relevanz der Praxiserfahrung reflektiert sich darin, dass sie nach Ansicht der Befragten dazu kontribuiert, mit heterogenen Zielgruppen sowie deren Problemlagen umgehen zu lernen, und mit Kompetenzen und Ressourcen ausstattet, die in den Kontext der betrieblichen Sozialberatung transferierbar sind.

Die vorgestellten Ergebnisse reichern den bisherigen Stand der Forschung an und schärfen das Berufsbild betrieblicher Sozialberatender vor allem zu den Qualifikationsanforderungen. Trotzdem bleiben für weitere Studien noch viele Fragen zu Qualifizierungen und Qualifikationen betrieblicher Sozialberatender offen. Mitunter wurde in dieser Untersuchung die Relevanz von Abschlüssen in Studiengängen der Sozialen Arbeit herausgearbeitet. Unklar bleibt aber immer noch, welche Rolle die betriebliche Sozialberatung in Studiencurricula an Hochschuleinrichtungen faktisch einnimmt. Im Kerncurriculum Soziale Arbeit wird die Auseinandersetzung mit der *Betriebssozialarbeit* zwar empfohlen (vgl. DGSA 2016, S. 8), ob und wie diese Empfehlung praktisch in Studiengängen umgesetzt wird, ist offen und könnte anhand von Dokumentenanalysen sowie Befragungen von Studiengangsverantwortlichen beforscht werden[49]. Ergebnisse aus solchen Studien könnten aufschlussreich sein, um Studien-

49 Ein ähnlicher Ansatz wurde in einer Studie aus dem Jahr 1968 verfolgt. Die Sozialforschungsstelle der Universität Münster in Dortmund hat 46 Höhere Fachschulen für Sozialarbeit in der BRD angeschrieben und mitunter um Stellungnahmen gebeten, inwiefern sich in der Ausbildung befindende Sozialarbeitende auf die *Werksfürsorge* vorbereitet wurden (vgl. Girmes 1970, S. 68–69).

gangsverantwortlichen, Fachkräften, Arbeitgebenden und anderen Interessierten Einblicke in die aktuelle Ausbildung (zukünftiger) betrieblicher Sozialberatender zu gewähren. Außerdem konnte in der Untersuchung nur in äußerst komprimierter Form auf berufliche Werdegänge der Befragten eingegangen werden. Hierzu herrscht im Forschungsstand noch Nachholbedarf, sodass Studien im Rahmen der Lebensverlaufsforschung einen Schwerpunkt auf Lebensverläufe der Fachkräfte legen könnten, um individuelle Pfade in die betriebliche Sozialberatung mit einem höheren Detaillierungsgrad zu rekonstruieren.

## 10.2 Arbeitsaufgaben und Kompetenzanforderungen in der betrieblichen Sozialberatung

Betriebliche Sozialberatung ist zuvörderst durch die Besonderheit markiert, dass sie über eine ausgeprägte Binnendifferenzierung verfügt. So findet sie in Wirtschaftsunternehmen, Behörden, Krankenhäusern, Bildungseinrichtungen und vielen weiteren Organisationen, in denen Menschen erwerbstätig sind, potenzielle Einsatzfelder für ihr Personal (vgl. Kapitel 1.1). Abhängig davon, in welchen Arbeitskontexten sie genau verortet ist, ist sie mit unterschiedlichen Rahmenbedingungen und Logiken konfrontiert, die ihre Arbeit, oder konkreter: ihre Arbeitsaufgaben und Anforderungen, mitbestimmen können. Im Kapitel 7.1 wurden potenzielle Einflüsse durch organisationale Besonderheiten (Stellung Arbeitgebender auf dem Arbeitsmarkt, soziodemografische Strukturen und Arbeitssituationen der Beschäftigten), Anbindungsformen sowie personelle Ausstattungsvariationen herausgearbeitet. Daraufhin wurde im Kapitel 7.2 hinterfragt, wie Sozialberatende zu ihren Arbeitsaufgaben kommen oder umgekehrt. Zwar können Aufgaben in Stellenbeschreibungen, Konzeptionen oder Betriebs- bzw. Dienstvereinbarungen verankert sein, doch häufig bilden diese nur Ausschnitte dessen ab, was Sozialberatende in ihrem Arbeitsalltag tatsächlich machen. Anhand der Stichprobe konnten verschiedene Szenarien rekonstruiert werden, die im Grunde zeigen, dass Arbeitsaufgaben sich im Spannungsfeld zwischen Vorgaben und Erwartungen der Vorgesetzten und Adressat:innen sowie der Eigeninitiative der Fachkräfte herausbilden. Vor dem Hintergrund lässt sich immer noch die These bestätigen, dass die betriebliche Sozialberatung durch ihre Einbettung in divergierende Organisationen durch diverse unterschiedliche Ausformungen und Nuancierungen gekennzeichnet ist (vgl. Engler 1996, S. 121).

Der bisherige Forschungsstand verweist auf ein Konglomerat an Aufgaben. Zwar geben die Befunde einen Überblick, darüber hinaus erlauben sie kaum einen tiefergehenden Einblick in innere Bestandteile von Arbeitsaufgaben (vgl. Kapitel 3.2.3). Entlang von Forschungsbefunden lässt sich grob skizzieren, wie sich das Spektrum an Aufgaben in den letzten Jahrzehnten entwickelt hat. Wurden in älteren Untersuchungen noch ein schwach ausgeprägter Bezug zu innerbetrieblichen Problemen sowie eine geringe Reichweite in der Wirkung moniert (vgl. Baur 1979; Lau-Villinger 1994), deuten Befunde aus jüngerer Vergangenheit auf eine stärkere Ausdifferenzierung von

Arbeitsaufgaben, anhand derer die Fachkräfte praktisch an unterschiedlichen Zielgruppen und Organisationsebenen ansetzen können (vgl. Baumgartner und Sommerfeld 2016; Nguyen und Bohlinger 2020). Diese Entwicklung könnte mit verstärkten Professionalisierungsbemühungen seit den 1980/90er-Jahren verbunden sein, welche darauf zielten, von einer unausgewogenen Orientierung an Einzelfällen abzurücken und erweiterte Optionen zur strukturellen Bearbeitung sozialer Probleme in Betrieben zu erschließen (vgl. Schaarschuch 1994, S. 15). Zur Bereicherung, Vertiefung und Aktualisierung des Forschungsstands wurde im empirischen Teil dieser Arbeit die Frage nach den Arbeitsaufgaben in beruflichen Arbeitsalltagen der sie ausführenden Fachkräfte priorisiert. In Abgrenzung (und in Ergänzung) zu Befunden aus quantitativen Studien geben die Ergebnisse dieser Arbeit Einblick in die innere Beschaffenheit von Arbeitsaufgaben, indem Aspekte wie Arbeitsprozesse, Objekte, Sach- und Arbeitsmittel sowie Raum und Zeit berücksichtigt sind (vgl. Kosiol 1976, S. 43). Im Kern konnte folgendes Profil konstruiert werden (vgl. Tabelle 36):

**Tabelle 36:** Arbeitsaufgabenprofil für die betriebliche Sozialberatung (Quelle: Autor)

| Arbeitsaufgabenkomplexe | Arbeitsaufgaben |
|---|---|
| **Durchführung von Beratungen** | • Kontaktaufnahme zur Beratung ermöglichen und gestalten<br>• Rahmenbedingungen für die Beratung klären<br>• Bei sozialadministrativen Angelegenheiten unterstützen<br>• Klient:innen an andere Personen und/oder Einrichtungen vermitteln<br>• Beratungsprozess abschließen |
| **Management von Konflikten** | • Konfliktinterventionen durchführen |
| **Durchführung von Coachings** | • Führungskräfte coachen |
| **Gestaltung von Lehr-Lern-Veranstaltungen (LLVs)** | • Bedarfe für LLVs im Betrieb eruieren<br>• Konzept für LLVs entwickeln und abstimmen<br>• LLVs allein oder in Kooperation durchführen<br>• LLVs evaluieren und dokumentieren |
| **Gestaltung des betrieblichen Eingliederungsmanagements (BEM)** | • Bedarf für BEM-Prozesse ermitteln<br>• Individuelle BEM-Prozesse begleiten und gestalten<br>• BEM in der Organisation koordinieren und gestalten |
| **Gestaltung von Kooperationen** | • Kooperationen aufbauen, pflegen und ausbauen |
| **Gestaltung der Öffentlichkeitsarbeit** | • Intranet- und Internetseite erstellen und pflegen<br>• Sozialberatung im Betrieb präsentieren<br>• Content erstellen und disseminieren |
| **Weitere Arbeitsaufgaben** | • Bei Krisen im Betrieb intervenieren<br>• In betrieblichen Gremien mitarbeiten<br>• Organisationsberatungen durchführen<br>• Gruppenarbeitsangebote durchführen<br>• Teamentwicklungsmaßnahmen durchführen |

Kongruent mit dem bisherigen Stand der Forschung konnte bestätigt werden, dass *Durchführung von Beratungen* (vgl. Kapitel 8.1) den charakteristischsten Arbeitsaufgabenkomplex bildet. Im Vergleich zu anderen Komplexen werden Beratungen ausnahmslos von allen Fachkräften aus dem Sample ausgeführt. In der Datenanalyse hat sich herausgestellt, dass Beratung an sich eher als ein Mantelbegriff zu verstehen ist, unterhalb dessen sich ein Bündel an Tätigkeiten entlang komplexer Arbeitsprozesse verbirgt, welches neben der Führung persönlicher Gespräche zwischen Beratenden und zu Beratenden eine Reihe weiterer Aspekte einschließt. Beratung richtet sich in erster Linie an alle Beschäftigten in Organisationen, zum Teil kann sie aber auch von Angehörigen sowie ehemaligen Angestellten in Anspruch genommen werden (vgl. Kapitel 8.1.1). Die Bandbreite der Anliegen, die das Aufsuchen einer Beratung veranlassen, ist außerordentlich vielfältig und bezieht sich zumeist auf kritische Lebenssituationen und Aspekte der Lebensführung (vgl. Kapitel 8.1.2). Versteht man die Beratung als Prozess, so startet dieser in der Regel mit der Kontaktaufnahme, die nicht nur eine passive Komponente hat, nämlich das Abwarten auf Anfragen, sondern auch eine aktive Seite im Sinne eines intendierten Gestaltens von Zugängen zur Beratung. Grundsätzlich können hierbei drei Formen der Kontaktaufnahme differenziert werden (vgl. Kapitel 8.1.3). Versucht man dem Beratungsprozess einen Rahmen zu verleihen, kann dieser aus analytischen Zwecken grob in eine Auftakt-, Haupt- und Abschlussphase geteilt werden. Die Auftaktphase beinhaltet die Darlegung der Rahmenbedingungen (vgl. Kapitel 8.1.4.1), die Analyse der Situation und vorliegender Probleme (vgl. Kapitel 8.1.4.2) sowie die Klärung des Auftrags (vgl. Kapitel 8.1.4.3). Die Hauptphase ist per se durch Komplexität und Dynamik charakterisiert, sodass hier kein Anspruch auf die Rekonstruktion standardisierter Prozesse erhoben werden konnte. Stattdessen wurde in der Ergebnisdarstellung das Ziel verfolgt, eng am Material Einblicke in das Handeln der Fachkräfte zu geben. Unter anderem konnte die Hilfe bei sozialadministrativen Angelegenheiten als wesentliche Aufgabe identifiziert werden, welche zuvörderst die Existenzsicherung im Sinne der Erhaltung und Organisation einer finanziellen Basis und einer Wohnunterkunft zum Ziel hat (vgl. Kapitel 8.1.5). Angesichts vielschichtiger Konstellationen von Problemen, mit denen Beratende konfrontiert sein können, nimmt die Weitervermittlung von Klient:innen eine wichtige Aufgabe ein, um Hilfesuchende gezielt an Fachleute bzw. Einrichtungen zu überweisen oder aber um arbeitsteilige Arrangements zur gemeinsamen Fallarbeit zu schaffen (vgl. Kapitel 8.1.5.1). Beratungsprozesse schließen, sofern es möglich und erwünscht ist, mit dem Führen von Abschlussgesprächen ab, um Räume für Reflexionen und Feedbacks zu eröffnen (vgl. Kapitel 8.1.6). Zur zeitlichen Dauer von Beratungsprozessen sind Diskrepanzen im Material zu verzeichnen. Während in manchen Fällen Obergrenzen für die Zahl der Beratungssitzungen determiniert sind, die trotzdem nicht immer stringent eingehalten werden, werden indes in anderen Fällen keinerlei Grenzen markiert (vgl. Kapitel 8.1.5.2). Diskrepanzen konnten auch zur Frage nach der Notwendigkeit und der Funktion des Dokumentierens von Gesprächsinhalten in der Beratung festgestellt werden (vgl. Kapitel 8.1.5.3). Wird danach gefragt, welche Kompetenzanforderungen mit der Beratung einhergehen, sind auf Grundlage der Ergebnisse vier Kompetenzbündel zu unterscheiden, nämlich jene zur Gestaltung professioneller Beziehungen, Gestaltung von Hilfeprozessen, Selbstreflexivität sowie übergreifende Kompetenzelemente (vgl. Kapitel 8.1.8). Alles in allem heben die Ergebnisse hervor, dass die Beratung ein komplexer Aufgabenschwerpunkt ist. Daher wurde zusätzlich die Frage untersucht, welche Herausforderungen mit ihr verbunden sind (vgl. Kapitel 8.1.7). Ergebnisse hierzu sind an professionalisierungstheoretische Überlegungen anschlussfähig und beziehen sich vor allem auf das Spannungsfeld zwischen Freiwilligkeit und Zwang, das Arbeitsbündnis zwischen Beratenden und zu Beratenden sowie Limitationen des Handlungs- und Kompetenzbereichs.

Als *Konfliktmanagement* (vgl. Kapitel 8.2) wurde ein Arbeitsaufgabenkomplex bezeichnet, der sich im Kern auf die Bearbeitung und Lösung interpersoneller Konflikte zwischen mehreren Beteiligten, meist zwischen Vorgesetzten und/oder Beschäftigten, konzentriert. Er beinhaltet vor allem das unmittelbare Intervenieren bei bereits ausgebrochenen Konflikten mit den jeweiligen Beteiligten. Praktische Vorgehensweisen können sich allerdings hochgradig unterscheiden und sind mitunter auch davon abhängig, welche Ansätze zur Konfliktbearbeitung angewendet werden. In der Untersuchung konnten drei Ansätze identifiziert werden, nämlich Mediation, Konfliktmoderation und Konfliktgespräch.

*Coachings* (vgl. Kapitel 8.3) unterscheiden sich im Rahmen der Untersuchung durch einen engeren Zuschnitt der Zielgruppe (Führungskräfte und zum Teil Fachleute und Personen in besonderen Funktionen) und der Themen (stärkerer beruflich-betrieblicher Fokus) von der Beratung, welche wiederum prinzipiell von allen Beschäftigten in Anspruch genommen werden kann. Während die Daten wenig detaillierte Einblicke in Coachingprozesse zulassen, zeigen sie dennoch, dass in Coachings sowohl bilaterale Beratungsgespräche als auch praktische Handlungselemente kombiniert werden, um Coachees bei der Erreichung ihrer Entwicklungsziele und oft damit verbunden bei der Entfaltung ihrer Führungskompetenzen zu helfen (vgl. Kapitel 9.1).

Die *Gestaltung von Lehr-Lern-Veranstaltungen* (vgl. Kapitel 8.4) beinhaltet das Planen, Durchführen und Evaluieren diverser Veranstaltungsarten (vgl. Kapitel 8.4.1), die der Vermittlung bzw. dem Erlernen von Kenntnissen, Fähigkeiten, Fertigkeiten etc. dienen. Ähnlich wie bei Anliegen, die zur Inanspruchnahme der Beratung führen, sind auch hier Themen, die in Veranstaltungen behandelt werden, breit gefächert (vgl. Kapitel 8.4.2). Zum Beispiel umfasst ein Themenbereich Angebote, die sich an die Gruppe der Führungskräfte richten und dazu beitragen sollen, deren Führungskompetenzen zu stärken, etwa im Umgang mit abhängig gewordenen Mitarbeitenden oder bei dem Führen herausfordernder Gespräche. Ein anderer Bereich deckt hingegen Themen ab, die vordergründig im Privatleben der Menschen verortet sind. Es werden Fragen und Herausforderungen adressiert, welche üblicherweise im frühen und mittleren Erwachsenenalter besonders präsent sind (z. B. Übergang in Elternschaft, Betreuung und Erziehung von Kindern, Pflege Angehöriger). Die Heterogenität der Themen erlaubt, mit verschiedenen Interessen, in verschiedenen Rollen und Lebensphasen teilzunehmen, sei es als Auszubildende, Mitarbeitende, Führungskräfte, werdende Eltern, Eltern mit erwachsenen Kindern, Angehörige von pflegebedürftigen Angehörigen. Zur Frage, welche Kompetenzanforderungen mit der Gestaltung von LLVs zusammenhängen, konnten zwei Kompetenzbündel herausgearbeitet werden, die sich vor allem auf der Ebene des mikrodidaktischen Handelns verorten lassen, nämlich jene zum Design und zur Förderung von Lernprozessen sowie zum Gruppenmanagement (vgl. Kapitel 8.4.4).

*Gestaltung des betrieblichen Eingliederungsmanagements* (vgl. Kapitel 8.5) bezieht sich auf einen gesetzlich vorgeschriebenen Auftrag, der sich aus § 167 Absatz 2 Neuntes Sozialgesetzbuch (SGB IX) ergibt und darauf zielt, länger oder wiederholt erkrankte Beschäftigte bei der Wiedereingliederung in die Arbeitsstelle zu unterstützen. Auf individueller Ebene stehen die Ermittlung von Bedarfen sowie die persönliche Begleitung und Gestaltung von BEM-Prozessen im Vordergrund. Auf organisationaler Ebene werden teilweise Projekte zum BEM geleitet und/oder Führungskräfte und Funktionstragende zu BEM-relevanten Themen weitergebildet.

*Gestaltung von Kooperationen* (vgl. Kapitel 8.6) umfasst das stete Aufbauen, Pflegen und Ausbauen von internen und externen Kooperationsbeziehungen variierender Formalisierungsgrade. Die Gestaltung von Kooperationen erfüllt eine wesentliche unterstützende Funktion, damit im Rahmen der Beratung Klient:innen ggf. zielgerichtet und effizient an geeignete Ansprechpersonen vermittelt werden, um spezielle Problemkonstellationen zu bearbeiten. Darüber hinaus können Kooperationsbeziehungen basal für die Organisation interdisziplinärer Arbeitsarrangements, Bündelung (regionaler) Ressourcen und Schaffung fachlicher Austauschgelegenheiten sein.

*Gestaltung der Öffentlichkeitsarbeit* (vgl. Kapitel 8.7) beinhaltet die Erstellung und Pflege von Intranet- und Internetseiten, die Präsentation der betrieblichen Sozialberatung vornehmlich innerhalb der Organisation (z. B. in Gremien, Abteilungen, auf Tagungen etc.) sowie die Erstellung und Dissemination von Inhalten mithilfe sowohl klassischer sowie digitaler Publikationsmöglichkeiten. Die Öffentlichkeitsarbeit erfüllt verschiedene Funktionen: Im Sinne der Selbstvermarktung dient sie dazu, die Sichtbarkeit und den Bekanntheitsgrad der Sozialberatung zu erhöhen und eigene Leistungen zu präsentieren und zu legitimieren. Ferner soll ein erhöhter Bekanntheitsgrad dazu beitragen, aus einem präventiven Gedanken heraus Zielgruppen möglichst frühzeitig zu erreichen, um unterstützen zu können, bevor Problemlagen sich verschärfen.

Das Ziel in diesem Teil der Arbeit war bescheiden. Anstatt den Versuch zu unternehmen, ein übergeordnetes Aufgabenprofil für die betriebliche Soziale Arbeit per se zu konstruieren, wurde ein vorsichtigerer Weg bestritten. Daher ist das hier vorgestellte Arbeitsaufgabenprofil als eine Bestandsaufnahme zu verstehen. Es werden mit ihr weder Ansprüche auf Vollständigkeit noch auf Allgemeingültigkeit erhoben. Diese Ansprüche wären mit dem gewählten Forschungsdesign nicht erfüllbar, da mit dem qualitativen Zugang zuvorderst angestrebt wurde, Arbeitsaufgaben mit größtmöglicher Offenheit zu explorieren, anstatt mit vorgeformten Aufgabenschablonen und hochgradig standardisierten Methoden das Feld der Untersuchung zu betreten. Zudem ist ohnehin kritisch zu hinterfragen, inwieweit es angesichts mehrerer Faktoren, wie etwa der unklaren Anzahl der in dem Feld Tätigen (vgl. Kapitel 3.2.1) oder der Heterogenität der Einsatzfelder (vgl. Kapitel 1.1), überhaupt sinnvoll und umsetzbar ist, ein universales Aufgabenprofil für die betriebliche Soziale Arbeit zu entwickeln. Aufschlussreicher könnte indes sein, das Untersuchungsfeld gezielt einzugrenzen, um Aufgaben (und Anforderungen) in spezifischen Einsatzfeldern (beim Militär, in Krankenhäusern, Bildungseinrichtungen etc.), genauer zu beforschen und in vergleichenden Studien auf Gemeinsamkeiten und Unterschiede hin zu überprüfen. Darüber hinaus lassen sich die hier vorgestellten Befunde in vielerlei Hinsicht in weiteren Forschungsvorhaben erweitern und vertiefen.

Zur *Erweiterung* der Befunde besteht die Option, das Anforderungsprofil mit weiteren Ergebnissen anzureichern und zu komplettieren. So wurden in dieser Arbeit Kompetenzanforderungen mit Arbeitsaufgaben verzahnt analysiert. Während im bisherigen Stand der Forschung nur unstrukturiert solche Anforderungen für die betriebliche Sozialberatung benannt sind, wurde in der Arbeit ein Schritt weitergegangen, indem Kompetenzelemente für zwei Aufgabenkomplexe exemplarisch herausgearbeitet wurden. Konkret wurde danach gefragt, welche Kompetenzen benötigt werden, um Beratungen durchzuführen (vgl. Kapitel 8.1) und Lehr-Lern-Veranstaltungen zu gestalten (vgl. Kapitel 8.4). Auf Basis des Datenmaterials war es jedoch nicht möglich, dieselben Analysen für weitere Arbeitsaufgaben durchzuführen. Ein anderer Punkt zur Anknüpfung liegt in der Möglichkeit, Ergebnisse dieser Arbeit für eine empirisch fundierte Entwicklung von Curricula fruchtbar zu machen. So spiegeln die Forschungsergebnisse aus vorliegender Studie lediglich die Perspektiven einzelner befragter Fachkräfte wider, die ihrerseits selbst in der betrieblichen Sozialberatung praktisch tätig sind. Darauf aufbauend könnten in Anlehnung an das Konzept der Expert:innen-Facharbeiter:innen-Workshops ähnliche Formate umgesetzt werden, um die Befunde zu bewerten, gewichten und ordnen sowie um „paradigmatische Arbeitsaufgaben" zu identifizieren (vgl. Becker und Spöttl 2006, S. 13–14, 2015, S. 122–124). Hieraus gewonnene Ergebnisse könnten für die Konzeptionierung von bspw. Lehrangeboten in Studiengängen der Sozialen Arbeit oder von Weiterbildungsangeboten für (potenzielle) betriebliche Sozialberatende wertvoll sein.

Zur *Vertiefung* der Bestandsaufnahme könnten einzelne Aufgabenkomplexe fokussiert und ggf. in Anbindung an verschiedene Disziplinen, theoretische und methodische Zugänge beleuchtet werden. Im Folgenden werden einige Impulse beispielhaft benannt: Erstens könnte die Beratungsarbeit, die hier als Kernaufgabe eingestuft wurde (vgl. Kapitel 8.1), in anderen Vorhaben durch einen ethnografischen Forschungszugang untersucht werden, um das professionelle Handeln der Beratenden in direkten Interaktionssituationen mit Klient:innen zu erfassen (vgl. z. B. für die Kinder- und Jugendarbeit: Cloos und Köngeter 2021). Möglicherweise können so spezifische Aspekte, wie etwa der Einsatz von Methoden in der Beratung, besser beschrieben und verstehbar gemacht werden, was in dieser Studie nur rein deskriptiv erfolgen konnte. Zweitens könnten mit Blick auf die Rolle der Sozialberatenden als Gestaltende von Lehr-Lern-Veranstaltungen in Betrieben (vgl. Kapitel 8.4) unmittelbare Programmanalysen im Kontext der Programmforschung durchgeführt werden (vgl. Nolda 2018, S. 439), um Angebotsstrukturen der betrieblichen Sozialen Arbeit im Spiegel der Zeit – und in Relation zu anderen Bildungsangeboten in Betrieben – zu explorieren. Ein solches Vorhaben ist allerdings nur umsetzbar, sofern jeweilige Dokumente verfügbar gemacht werden können. Drittens könnte aufgrund der gewichtigen Bedeutung des Konfliktmanagements, die sogar mehrere Befragte dazu veranlasst hat, entsprechende Fortbildungen zu absolvieren (vgl. Kapitel 8.2), in der Tiefe untersucht werden, welche Arten von Konflikten in welchen Ausmaßen auftreten und wie Interventionsprozesse nuancierter rekonstruierbar sind. Schließlich könnte aufgabenübergreifend erforscht werden, inwiefern die betriebliche Sozialberatung an der Gestaltung von Übergängen beteiligt ist. In der Datenauswertung haben sich bei der Aufgabenanalyse mehrere Übergangsarten angedeutet, welche wie folgt grob differenziert werden können: Übergänge *in* Betriebe (z. B. in Ausbildungsverhältnisse, nach längeren Phasen der Erkrankung zurück an Arbeitsplätze), *innerbetriebliche* Übergänge (z. B. in Führungspositionen), Übergänge *aus* Betrieben (z. B. in die Nacherwerbsphase, in neue Beschäftigungsverhältnisse) sowie andere Übergänge (z. B. in Elternschaft). Daran ist ablesbar, dass Übergänge und deren Bewältigung auch relevante Themen für die betriebliche Soziale Arbeit darstellen, obwohl hierzu noch nicht viele Arbeiten vorliegen (vgl. Hermes 2014, S. 331; Kreher und Lempp 2020, S. 596–597). Daher könnte es sich als lohnend erweisen, die betriebliche Soziale Arbeit in den Rahmen der Übergangsforschung einzubetten und Fragen zur Übergangsgestaltung in diesem partikularen Tätigkeitsfeld weiter zu forcieren.

## 10.3 Betriebliche Sozialberatung im Kontext von Corporate Social Responsibility

Die Debatte um die Verantwortung von Unternehmen ist im vollen Gange und weit davon entfernt, abgeschlossen zu sein. Das zeigt sich nicht zuletzt daran, dass es für CSR als Begriff und Konzept weder eine einheitliche Definition noch eine eindeutige Abgrenzung gibt. Vielmehr handelt es sich hierbei immer noch um ein Phänomen, das per se komplex ist (vgl. Altenburger 2016, S. 20; Crane et al. 2013, S. 7). Obwohl CSR deshalb keineswegs frei von Kritik ist (vgl. Neuhäuser 2011, S. 18–19, 2016, S. 6–7), wird dem Konzept dennoch eine hohe innovative Kraft zugesprochen, um Fragen und Bedenken in Verbindung mit einem verantwortungsbewussten Wirtschaften und Arbeiten aufzuwerfen und dem öffentlichen Diskurs zugänglich zu machen. In dieser Arbeit wurde CSR als theoretisch-konzeptionelle Hintergrundfolie herangezogen, um danach zu fragen, inwiefern hiermit ein weiterer Zugang zur Legitimierung der betrieblichen Sozialberatung jenseits ökonomischer Kosten-Nutzen-Kalkulationen eröffnet werden kann. Dies erfolgte angesichts der Annahme, dass die betriebliche Sozialberatung ein intermediäres Konzept benötigt, an dem sie anschließen kann, um sich dem Wohlergehen der Beschäftigten in Organisationen anzunehmen, gleichzeitig aber auch wirtschaftlichen Anforderungen Arbeitgebender nachkommen zu können (vgl. Baumgartner und Sommerfeld 2016, S. 257). Im Rahmen des CSR-Konzepts werden Arbeitnehmende bzw. Arbeitsbedingungen akzentuiert und dadurch für die betriebliche Sozialberatung zugänglich gemacht, die sich ja im Kern auf die Arbeit mit erwerbstätigen Personen spezialisiert.

In Forschungsarbeiten wurde bisher anhand von Kosten-Nutzen-Studien zu belegen versucht, wie die Inanspruchnahme der betrieblichen Sozialberatung sich auf Kennzahlen wie Fehlzeiten, Fluktuationen und Kündigungen auswirkt und in diesem Sinn positiv für den Unternehmenserfolg ist (vgl. Kapitel 4.1). Solche Arbeiten sind zweifelsohne wichtig, um Arbeitgebenden plausibel zu demonstrieren, dass die Sozialberatung ihren Bedarfen nachkommen und als ertragreiche Investition bewertet werden kann (vgl. Müggler und Baumgartner 2019, S. 244). Kritisch ist, inwiefern in jenen Analysen sowohl die Komplexität personennaher sozialer Dienstleistungen (vgl. Albus et al. 2011, S. 249; Hasenfeld 2010, S. 11–28) als auch nichtökonomische Aspekte adäquat abbildbar sind. In anderen quantitativen und qualitativen Forschungsarbeiten, in denen betriebliche Sozialberatung im Kontext von CSR eingebettet ist, wird skizziert, dass die Installation solcher Stellen aus ökonomischen Kalkülen wie auch aus ethischen Überlegungen heraus erfolgen kann, was bildlich in der Figur der *doppelten Legitimationsgrundlage* verdichtet wird (vgl. Baumgartner 2010, S. 225–226; Baumgartner und Sommerfeld 2016, S. 112). Die Arbeit setzte an diesen Erkenntnissen an und sollte die Anschlussfähigkeit zwischen betrieblicher Sozialberatung und CSR weiter ausleuchten. Zunächst wurde die theoretische Folie für die Arbeit konstruiert, die folgende Anforderungen zu erfüllen hatte: Erstens sollte sie die Dichotomie zwischen ökonomischen und nichtökonomischen Argumenten überwinden und einen größeren Spielraum für Interpretationen aufschließen, weshalb Unternehmen und andere Organisationen betriebliche Sozialberatungen einführen (sollten). Zweitens sollte sie die Forschungsfragen der Arbeit verklammern können, was ihr entlang folgender Argumentationslinie gelingt: Im ersten Schritt ermöglichte die *Stakeholder-Theorie* nach Freeman et al. die Klärung der Frage, *für wen* soziale Verantwortung übernommen werden soll (vgl. Kapitel 4.2.1). Daran anschließend kann im zweiten Schritt mit dem *Creating-Shared-Value-Konzept* nach Porter und Kramer erörtert werden, *wie* Organisationen soziale Verantwortung übernehmen können (vgl. Kapitel 4.2.2). Daraufhin lässt sich im dritten Schritt die Frage nach dem *Wie* tiefgründiger beleuchten, indem danach gefragt wird, welche Aufgaben durch das dafür zuständige Personal praktisch ausgeführt werden, um letzten Endes das Ziel (gemeinsamer) Wertschaffung umzusetzen (vgl. Kapitel 8).

Im Kapitel 9 wurden Forschungsergebnisse zu der Frage präsentiert, welche ökonomischen und nichtökonomischen Werte die betriebliche Sozialberatung aus Sicht der Fachkräfte für wen schaffen kann. Den Ergebnissen zufolge ziehen Organisationen einen Nutzen von der Arbeit der Sozialberatung, sofern diese dazu beitragen kann, die Arbeitskraft der Beschäftigten zu erhalten, andere Arbeitsbereiche zu entlasten, Personen mit Führungsverantwortung bei der Entwicklung von Führungskompetenzen zu unterstützen, Krisen abzufedern sowie Arbeitgeberattraktivität und -bindung zu stärken. Die Ergebnisse bestätigen Befunde aus Kosten-Nutzen-Analysen und kontribuieren Argumente, um die Grundlage zur Legitimation der betrieblichen Sozialberatung zu verstetigen. Die vorgebrachten Argumente sind in erster Linie aufseiten Arbeitgebender anzusiedeln und könnten den Eindruck erwecken, dass es lediglich darum geht, den Business Case für die betriebliche Sozialberatung im Kontext von

CSR zu konsolidieren. Diese Sichtweise greift jedoch zu kurz, denn viele der Argumente können auch so ausgelegt werden, dass der potenzielle Nutzen für Beschäftigte klar wird. Wenn der Sozialberatung ein Beitrag gelingt, um das Arbeitsvermögen der Beschäftigten zu erhalten, profitieren diese ebenso, sofern sie in persönlichen Hilfeprozessen die notwendige Unterstützung erfahren, um ihre subjektive Handlungsfähigkeit und Integration in Beschäftigung und Arbeit zu bewahren. Auf Grundlage der Ergebnisse und in Rückbindung an die Theorie kann die These aufgeworfen werden, dass die betriebliche Sozialberatung als ein paradigmatisches Beispiel für *shared value creation* betrachtet werden kann. Soziale Probleme im weitesten Sinne, wie bspw. das Erleben persönlicher Krisen oder interpersonaler Konflikte am Arbeitsplatz, die eigene Kapazitäten zur konstruktiven Problemlösung überschreiten, können Kosten in der Wertschöpfungsproduktivität verursachen (vgl. Kapitel 4.2.2.2). Die betriebliche Sozialberatung könnte in diesem Zusammenhang ein geeignetes Instrument sein, um die Bearbeitung sozialer Probleme (auf Mikroebene) und Bestrebungen zur Konservierung von Arbeitsproduktivität miteinander zu verschränken.

Für weitere Forschungsvorhaben bleibt die Anschlussfähigkeit zwischen betrieblicher Sozialberatung und CSR sowohl theoretisch als auch empirisch weiter und breiter auszuleuchten. In dieser Arbeit wurden vor allem die Stakeholder-Theorie nach Freeman et al. und das CSV-Konzept nach Porter und Kramer herangezogen, um eine theoretische Basis zu erarbeiten. Jedoch gibt es in Relation zur CSR eine Vielzahl weiterer Theorieansätze, mittels derer zu begründen versucht wird, für wen, weshalb und wie Unternehmen soziale Verantwortung übernehmen (sollen) (vgl. Garriga und Melé 2004; Klonoski 1991; Sohn 1982; Windsor 2006). Diese könnten ebenfalls mit der Intention überprüft werden, inwiefern sie Anschlussmöglichkeiten für die betriebliche Sozialberatung bieten. Als ein konkretes Beispiel könnte das politikwissenschaftlich inspirierte *Corporate-Citizenship-Konzept* in Betracht gezogen zu werden, um einerseits zu diskutieren, inwiefern das freiwillige Anbieten betrieblicher Sozialberatungen als ein Ausdruck der Gewährleistung sozialer Rechte gedeutet werden kann, womit Organisationen eine Aufgabe wahrnehmen, die ursprünglich in der Zuständigkeit des Staates liegt (vgl. Matten et al. 2003, S. 116). Andererseits könnte auch hinterfragt werden, inwieweit Organisationen *durch* die betriebliche Sozialberatung andere öffentliche Aufgaben wahrnehmen, wodurch sich wiederum eine Verbindung zur betrieblichen Sozialen Arbeit im Gemeinwesen herstellen lässt (vgl. Kapitel 3.1.2). Für empirische Vorhaben wird nahegelegt, in Abgrenzung zu dieser Arbeit, in der ausschließlich die Sicht der Fachleute der Sozialberatung erfasst ist, andere Perspektiven zu berücksichtigen. Einerseits ist zu beforschen, inwiefern Unternehmer:innen bzw. Entscheidungstragende in Organisationen die Unterstützung ihres Personals in psychosozialen Angelegenheiten als Teil unternehmerischer Verantwortung ansehen, ob und wie sie dieser Verantwortung nachkommen und welche Best Practices identifizierbar sind. Interessant wäre hier auch eine Untersuchung, ob und wie betriebliche Sozialberatungen in Strategien der jeweiligen Organisationen eingebunden sind, bedenkt man, dass die Relevanz der strategischen Verankerung von CSR-Initiativen sowohl in der Stakeholder-Theorie als auch im CSV-Konzept postuliert wird. Für solche Vorhaben könnte die Analyse nichtfinanzieller Berichte, die häufig auch als CSR- oder Nachhaltigkeitsberichte betitelt sind, ein fruchtbarer Ausgangspunkt sein. Andererseits könnte danach gefragt werden, in welchem Ausmaß die Verbraucherschaft die Bereitstellung einer betrieblichen Sozialberatung für Beschäftigte als Bestandteil eines verantwortungsvollen unternehmerischen Handelns erachtet und welche Erwartungen sie demnach an respektive Organisationen stellt, deren Produkte oder Dienstleistungen sie in Anspruch nimmt. Diese Perspektive ist aus dem Grund interessant, da Beispiele aus der Praxis gezeigt haben, dass insbesondere die Akteursgruppe der Verbrauchenden einen erheblichen Einfluss auf die Verantwortungsübernahme von Unternehmen haben kann (vgl. Neuhäuser 2016, S. 19).

## 10.4 Schlusswort

Der zentrale Dreh- und Angelpunkt dieser Arbeit war von Anfang an die scheinbar simple Frage danach, was Fachkräfte in der betrieblichen Sozialen Arbeit tun, was ihre Arbeitsaufgaben sind. In der intensiveren Beschäftigung mit ihr sind im Verlaufe der Zeit noch weitere Fragen hinzugekommen, die sie mehr oder weniger tangieren: Wer arbeitet in dem Feld und welche Qualifikationen und Kompetenzen werden dafür benötigt? Was bedeutet Professionalität (in der Sozialen Arbeit) und inwiefern ist es sinnvoll und möglich, Arbeitsaufgaben davon losgelöst zu analysieren? Weshalb verfügen manche Unternehmen über Sozialberatungsstellen, wenn diese doch nicht gesetzlich verpflichtend sind? Der Weg, um zu den Arbeitsaufgaben zu gelangen, war also ein langer und dies sollte im beschrittenen Gang der vorliegenden Arbeit ablesbar sein. Bei der empirischen Erforschung der Arbeitsaufgaben wurde die Komplexität der betrieblichen Sozialberatung deutlich und deutlich wurde auch, dass es im Rahmen der Arbeit nur möglich sein kann, eine Moment- und Bestandsaufnahme anzufertigen und dadurch scheinwerferartige Einblicke in das vielfältige Aufgabenspektrum betrieblicher Sozialberatender zu geben, wenn man weder quantifizierend noch stark abstrahierend vorgehen möchte. Wie sich jenes Aufgabenspektrum mit Blick in die Zukunft verändern wird, bleibt ungewiss. Hierzu haben die Befragten in den Interviews verschiedene Prognosen formuliert. Zwar wird die Beratung aller Voraussicht nach weiterhin die zentrale Kernaufgabe bleiben, doch Erfahrungen in der COVID-19-Pandemie haben gezeigt, dass Bestandteile der Beratung sich verändern können (und manchmal müssen): Die sonst übliche persönliche Begegnung zur gleichen Zeit am gleichen Ort kann teilweise oder ganz in virtuelle Räume verschoben werden. Andere Arbeitsmittel (Hard- und Softwares) werden gebraucht, um neue Beratungsformate umsetzen zu können, und der Umgang mit ihnen muss erlernt und erprobt werden. Neue Methoden sind vonnöten, die in virtuellen Settings einsetzbar sind, und auch diese müssen erlernt und/oder erprobt werden. Während manche Befragte darüber hinaus eine Ausdehnung ihres Aufgabenprofils in Richtung des BGMs sehen und sich mehr zu Themen wie psychische Gesundheit am Arbeitsplatz oder betriebliche Eingliederung engagieren und positionieren möchten, beobachten andere eine Bewegung in die Richtung der Erwachsenen- und Weiterbildung im weitesten Sinne, was eine stärkere Konzentration auf die Durchführung von Coachings oder Lehr-Lern-Veranstaltungen bedeutet. Es bleibt daher spannend, die Arbeitsaufgaben in dem Feld weiter im Blick zu behalten und immer wieder neugierig wie auch kritisch danach zu fragen, was wir darüber wissen und was noch nicht. Dass es im Zusammenhang damit keineswegs an offenen Forschungsfragen mangelt, die darauf warten, erkundet zu werden, wurde in dieser Arbeit wiederholt aufzuzeigen versucht.

# Literaturverzeichnis


Abbott, Andrew (1988): The System of Professions. An Essay on the Division of Expert Labor. Chicago: The University of Chicago Press.

Albrecht, Ralf (2017): Beratungskompetenz in der Sozialen Arbeit. Auf die Haltung kommt es an! In: *Kontext: Zeitschrift für Systemische Therapie und Familientherapie* 48 (1), S. 45–64.

Albus, Stefanie; Micheel, Heinz-Günter; Polutta, Andreas (2011): Der Wirkungsdiskurs in der Sozialen Arbeit und seine Implikationen für die empirische Sozialforschung. In: Gertrud Oelerich und Hans-Uwe Otto (Hg.): Empirische Forschung und Soziale Arbeit. Ein Studienbuch. Wiesbaden: VS Verlag für Sozialwissenschaften, S. 243–251.

Altenburger, Reinhard (2016): Gesellschaftliche Verantwortung und Stakeholdermanagement. Strategische Herausforderungen und Chancen. In: Reinhard Altenburger und Roman H. Mesicek (Hg.): CSR und Stakeholdermanagement. Strategische Herausforderungen und Chancen der Stakeholdereinbindung. Berlin und Heidelberg: Springer-Verlag, S. 13–27.

Aner, Kirsten; Hammerschmidt, Peter (2018): Arbeitsfelder und Organisationen der Sozialen Arbeit. Eine Einführung. Wiesbaden: Springer VS.

Appelt, Hans-Jürgen (2013): Betriebliche Sozialarbeit. In: Dieter Kreft und Ingrid Mielenz (Hg.): Wörterbuch Soziale Arbeit. Aufgaben, Praxisfelder, Begriffe und Methoden der Sozialarbeit und Sozialpädagogik. 7., vollständig überarbeitete und aktualisierte Auflage. Weinheim und Basel: Beltz Juventa, S. 176–177.

Argadoña, Antonio (2011): Stakeholder Theory and Value Creation. Barcelona: IESE Business School – University of Navarra (Working Paper, WP-922).

Arnold, Rolf; Schüssler, Ingeborg (2008): Entwicklung des Kompetenzbegriffs und seine Bedeutung für die Berufsbildung und für die Berufsbildungsforschung. In: Guido Franke (Hg.): Komplexität und Kompetenz. Ausgewählte Fragen der Kompetenzforschung. 1., unveränderter Nachdruck. Bonn: Bundesinstitut für Berufsbildung, S. 52–74.

Autorengruppe Fachkräftebarometer (2019): Fachkräftebarometer Frühe Bildung 2019. Weiterbildungsinitiative Frühpädagogische Fachkräfte (WiFF). München. Online verfügbar unter https://www.fachkraeftebarometer.de/fileadmin/Redaktion/Publikation_FKB2019/Fachkraeftebarometer_Fruehe_Bildung_2019_web.pdf, zuletzt geprüft am 22.11.2020.

Baumgartner, Edgar (2003): Kosten-Nutzen-Analyse betrieblicher Sozialarbeit. Eine Untersuchung in zwei Unternehmen. Zusammenfassung. Fachhochschule Solothurn Nordwestschweiz. Olten.

Baumgartner, Edgar (2010): Betriebliche Sozialarbeit – wer engagiert sich und aus welchen Gründen? In: Brigitte Liebig (Hg.): Corporate Social Responsibility in der Schweiz. Massnahmen und Wirkungen. Bern, Stuttgart und Wien: Haupt Verlag, S. 215–226.

Baumgartner, Edgar (2017): Betriebliche soziale Arbeit in Deutschland – Stand und Perspektiven. In: Susanne Klein und Hans-Jürgen Appelt (Hg.): Praxishandbuch betriebliche Sozialarbeit. Prävention und Intervention in modernen Unternehmen. 6. Auflage. Kröning: Asanger Verlag, S. 19–29.

Baumgartner, Edgar; Sommerfeld, Peter (2012): Evaluation und evidenzbasierte Praxis. In: Werner Thole (Hg.): Grundriss Soziale Arbeit. Ein einführendes Handbuch. 4. Auflage. Wiesbaden: VS Verlag für Sozialwissenschaften, S. 1163–1175.

Baumgartner, Edgar; Sommerfeld, Peter (2016): Betriebliche Soziale Arbeit. Empirische Analyse und theoretische Verortung. Wiesbaden: Springer VS.

Baumgartner, Edgar; Sommerfeld, Peter (2018): Betriebliche Soziale Arbeit und Eingliederungsmanagement. In: Thomas Geisen und Peter Mösch (Hg.): Praxishandbuch Eingliederungsmanagement. Wiesbaden: Springer VS, S. 1–14.

Baur, Roland (1979): Arbeitnehmerprobleme und Werksfürsorge. In: *Neue Praxis: Kritische Zeitschrift für Sozialarbeit und Sozialpädagogik* 9 (3), S. 252–262.

bbs (o. J.): Wir über uns. Bundesfachverband Betriebliche Sozialarbeit e. V. Online verfügbar unter https://www.bbs-ev.de/wir-ueber-uns.html, zuletzt geprüft am 21.02.2022.

Bea, Franz Xaver; Göbel, Elisabeth (2010): Organisation. Theorie und Gestaltung. 4., neu bearbeitete und erweiterte Auflage. Stuttgart: Lucius & Lucius Verlagsgesellschaft.

Beck, Klaus (1980): Zum Problem der Beschreibung des Verhältnisses von Mensch und Arbeit. Ein Vorschlag zur systematischen und terminologischen Präzisierung des Qualifikationsbegriffs am Beispiel der Berufswahl. In: *Zeitschrift für Berufs- und Wirtschaftspädagogik* 76 (5), S. 355–364.

Beck, Ulrich; Brater, Michael; Daheim, Hansjürgen (1980): Soziologie der Arbeit und der Berufe. Grundlagen, Problemfelder, Forschungsergebnisse. Hamburg: Rowohlt Taschenbuchverlag.

Becker, Matthias; Spöttl, Georg (2006): Berufswissenschaftliche Forschung und deren empirische Relevanz für die Curriculumentwicklung. In: *bwp@* (11), S. 1–21. Online verfügbar unter https://www.bwpat.de/ausgabe11/becker_spoettl_bwpat11.pdf, zuletzt geprüft am 06.03.2020.

Becker, Matthias; Spöttl, Georg (2014): Berufswissenschaftliche Fallstudien und deren Beitrag zur Evaluation des Ausbildungsberufs Kfz-Servicemechaniker/-in. In: Eckart Severing und Reinhold Weiß (Hg.): Weiterentwicklung von Berufen – Herausforderungen für die Berufsbildungsforschung. Bielefeld: W. Bertelsmann Verlag, S. 99–116.

Becker, Matthias; Spöttl, Georg (2015): Berufswissenschaftliche Forschung. Ein Arbeitsbuch für Studium und Praxis. 2., unveränderte Auflage. Frankfurt am Main: Peter Lang.

Becker-Lenz, Roland; Busse, Stefan; Ehlert, Gudrun; Müller-Hermann, Silke (2013): Einleitung: „Was bedeutet Professionalität in der Sozialen Arbeit?“. In: Roland Becker-Lenz, Stefan Busse, Gudrun Ehlert und Silke Müller-Hermann (Hg.): Professionalität in der Sozialen Arbeit. Standpunkte, Kontroversen, Perspektiven. 3., durchgesehene Auflage. Wiesbaden: Springer VS, S. 11–19.

Beher, Karin; Gragert, Nicola (2004): Aufgabenprofile und Qualifikationsanforderungen in den Arbeitsfeldern der Kinder- und Jugendhilfe. Tageseinrichtungen für Kinder, Hilfen zur Erziehung, Kinder- und Jugendarbeit, Jugendamt. Abschlussbericht – Band 1. Hg. v. Forschungsverbund Deutsches Jugendinstitut und Universität Dortmund. Dortmund und München.

Bernhardsson, Nils; Lattke, Susanne (2012): Kernkompetenzen von Lehrenden in der Weiterbildung. Impulse eines europäischen Forschungsprojektes für Politik und Praxis. In: Irena Sgier und Susanne Lattke (Hg.): Professionalisierungsstrategien der Erwachsenenbildung in Europa. Entwicklungen und Ergebnisse aus Forschungsprojekten. Bielefeld: W. Bertelsmann Verlag, S. 109–125.

Beschorner, Thomas; Hajduk, Thomas (2015): Creating Shared Value: Eine Grundsatzkritik. In: *Zeitschrift für Wirtschafts- und Unternehmensethik* 16 (2), S. 219–230.

Bluhm, Katharina (2008): Corporate Social Responsibility – Zur Moralisierung von Unternehmen aus soziologischer Perspektive. In: Andrea Maurer und Uwe Schimank (Hg.): Die Gesellschaft der Unternehmen – Die Unternehmen der Gesellschaft. Gesellschaftstheoretische Zugänge zum Wirtschaftsgeschehen. Wiesbaden: VS Verlag für Sozialwissenschaften, S. 144–162.

Bogner, Alexander; Littig, Beate; Menz, Wolfgang (2014): Interviews mit Experten. Eine praxisorientierte Einführung. Wiesbaden: Springer Fachmedien.

Bohlinger, Sandra (2008): Kompetenzentwicklung für Europa. Wirksamkeit europäischer Politikstrategien zur Förderung von Kompetenzen in der beruflichen Bildung. Opladen und Farmington Hills: Budrich UniPress Ltd.

Bohlinger, Sandra (2013): Wertigkeit von (beruflicher) Bildung und Qualifikationen. Bielefeld: W. Bertelsmann Verlag.

Böhnisch, Lothar; Lösch, Hans (1973): Das Handlungsverständnis des Sozialarbeiters und seine institutionelle Determination. In: Hans-Uwe Otto und Siegfried Schneider (Hg.): Gesellschaftliche Perspektiven der Sozialarbeit. Zweiter Halbband. Neuwied und Berlin: Hermann Luchterhand Verlag, S. 21–40.

Böhnisch, Lothar; Schröer, Wolfgang (2018): Lebensbewältigung. In: Gunther Graßhoff, Anna Renker und Wolfgang Schröer (Hg.): Soziale Arbeit. Eine elementare Einführung. Wiesbaden: Springer VS, S. 317–326.

Bowen, Howard R. (2013): Social Responsibilities of the Businessman. Iowa City: University of Iowa Press.

Bowman, Cliff; Ambrosini, Véronique (2010): How value is created, captured and destroyed. In: *European Business Review* 22 (5), S. 479–495.

Brauer, Gernot (2005): Presse- und Öffentlichkeitsarbeit. Ein Handbuch. Konstanz: UVK Verlagsgesellschaft.

Bremmer, Michael (2017a): 100 Jahre betriebliche Sozialarbeit – Entwicklung, Geschichte und Wandel der Betriebssozialarbeit. In: Susanne Klein und Hans-Jürgen Appelt (Hg.): Praxishandbuch betriebliche Sozialarbeit. Prävention und Intervention in modernen Unternehmen. 6. Auflage. Kröning: Asanger Verlag, S. 9–18.

Bremmer, Michael (2017b): Betriebliche Sozialarbeit. In: Deutscher Verein für öffentliche und private Fürsorge e. V. (Hg.): Fachlexikon der Sozialen Arbeit. 8., völlig überarbeitete und aktualisierte Auflage. Baden-Baden: Nomos Verlagsgesellschaft, S. 110–111.

Bruton, James (2011): Unternehmensstrategie und Verantwortung. Wie ethisches Handeln Wettbewerbsvorteile schafft. Berlin: Erich Schmidt Verlag.

Buchholtz, Ann K.; Carroll, Archie B. (2012): Business and Society. Ethics and Stakeholder Management. 8th Edition. Mason, Ohio: South-Western Cengage Learning.

Buiskool, Bert-Jan; Broek, Simon; Lakerveld, Jaap van; Zarifis, George K.; Osborne, Michael (2010): Key competences for adult learning professionals. Contribution to the development of a reference framework of key competences for adult learning professionals. Final report. Hg. v. Research voor Beleid. Zoetermeer. Online verfügbar unter http://pascalobservatory.org/sites/default/files/keycomp_0.pdf, zuletzt geprüft am 07.09.2021.

Bundesagentur für Arbeit (2011): Klassifikation der Berufe 2010 – Band 1. Systematischer und alphabetischer Teil mit Erläuterungen. Nürnberg: Bundesagentur für Arbeit.

Bundesagentur für Arbeit (2021): Beschäftigte nach Berufen (KldB 2010) (Quartalszahlen). Stichtag: 31. März 2021. Hg. v. Bundesagentur für Arbeit. Nürnberg (Tabellen).

Carroll, Archie B. (1991): The Pyramid of Corporate Social Responsibility: Toward the Moral Management of Organizational Stakeholders. In: *Business Horizons* 34 (4), S. 39–48.

Carroll, Archie B. (1999): Corporate Social Responsibility. Evolution of a Definitional Construct. In: *Business & Society* 38 (3), S. 268–295.

Carroll, Archie B. (2016): Carroll's pyramid of CSR: taking another look. In: *International Journal of Corporate Social Responsibility* 1 (3), S. 1–8.

Christa, Harald (2010): Grundwissen Sozio-Marketing. Konzeptionelle und strategische Grundlagen für soziale Organisationen. Wiesbaden: VS Verlag für Sozialwissenschaften.

Cloos, Peter; Köngeter, Stefan (2021): Was tun die Pädagog*innen? Muster pädagogischen Handelns im Alltag der Offenen Kinder- und Jugendarbeit. In: Ulrich Deinet, Benedikt Sturzenhecker, Larissa von Schwanenflügel und Moritz Schwerthelm (Hg.): Handbuch Offene Kinder- und Jugendarbeit. 5., vollständig neugestaltete Auflage. Wiesbaden: Springer VS, S. 175–186.

Crane, Andrew; Matten, Dirk (2007): Business Ethics. Managing Corporate Citizenship and Sustainability in the Age of Globalization. Second Edition. Oxford: Oxford University Press.

Crane, Andrew; McWilliams, Abagail; Matten, Dirk; Moon, Jeremy; Siegel, Donald (2013): The Corporate Social Responsibility Agenda. In: Andrew Crane, Abagail McWilliams, Dirk Matten, Jeremy Moon und Donald S. Siegel (Hg.): The Oxford Handbook of Corporate Social Responsibility. Reprinted 2013. Oxford: Oxford University Press, S. 3–15.

Crane, Andrew; Palazzo, Guido; Spence, Laura J.; Matten, Dirk (2014): Contesting the Value of "Creating Shared Value". In: *California Management Review* 56 (2), S. 130–153.

Csiernik, Rick (2011): The Glass Is Filling: An Examination of Employee Assistance Program Evaluations in the First Decade of the New Millennium. In: *Journal of Workplace Behavioral Health* 26 (4), S. 334–355.

Csiernik, Rick; Cavell, Mikaeli; Csiernik, Ben (2021): EAP evaluation 2010–2019: What do we now know? In: *Journal of Workplace Behavioral Health* 36 (2), S. 105–124.

Dahlsrud, Alexander (2008): How Corporate Social Responsibility is Defined: an Analysis of 37 Definitions. In: *Corporate Social Responsibility and Environmental Management* 15, S. 1–13.

Dahrendorf, Ralf (1956): Industrielle Fertigkeiten und soziale Schichtung. In: *Kölner Zeitschrift für Soziologie und Sozialpsychologie* 8 (4), S. 540–568.

Davis, Keith (1960): Can Business Afford To Ignore Social Responsibilities? In: *California Management Review* 2 (3), S. 70–76.

Davis, Keith (1973): The Case for and Against Business Assumption of Social Responsibilities. In: *Academy of Management Journal* 16 (2), S. 312–322.

DBSH (2009): Grundlagen für die Arbeit des DBSH e. V. Berufsbild. Online verfügbar unter https://www.dbsh.de/media/dbsh-www/downloads/Berufsbild.Vorstellung-klein.pdf, zuletzt geprüft am 11.03.2022.

DBVC (o. J.): Definition Coaching. Hg. v. Deutscher Bundesverband Coaching e. V. (DBVC). Online verfügbar unter https://www.dbvc.de/der-verband/ueber-uns/definition-coaching, zuletzt geprüft am 05.08.2021.

De Dreu, Carsten K. W.; Weingart, Laurie R. (2003): Task Versus Relationship Conflict, Team Performance, and Team Member Satisfaction: A Meta-Analysis. In: *Journal of Applied Psychology* 88 (4), S. 741–749.

Dewe, Bernd (2013): Reflexive Sozialarbeit im Spannungsfeld von evidenzbasierter Praxis und demokratischer Rationalität – Plädoyer für die handlungslogische Entfaltung reflexiver Professionalität. In: Roland Becker-Lenz, Stefan Busse, Gudrun Ehlert und Silke Müller-Hermann (Hg.): Professionalität in der Sozialen Arbeit. Standpunkte, Kontroversen, Perspektiven. 3., durchgesehene Auflage. Wiesbaden: Springer VS, S. 95–116.

Dewe, Bernd; Ferchhoff, Wilfried; Scherr, Albert; Stüwe, Gerd (2011): Professionelles soziales Handeln. Soziale Arbeit im Spannungsfeld zwischen Theorie und Praxis. 4. Auflage. Weinheim und München: Juventa Verlag.

Dewe, Bernd; Gensicke, Dietmar (2018): Theoretische und methodologische Aspekte des Konzeptes „Reflexive Professionalität". In: Christiane Schnell und Michaela Pfadenhauer (Hg.): Handbuch Professionssoziologie. Wiesbaden: Springer VS, S. 1–20.

Dewe, Bernd; Stüwe, Gerd (2016): Basiswissen Profession. Zur Aktualität und kritischen Substanz des Professionskonzeptes für die Soziale Arbeit. Weinheim und Basel: Beltz Juventa.

DGSA (2016): Kerncurriculum Soziale Arbeit. Eine Positionierung der Deutschen Gesellschaft für Soziale Arbeit. Online verfügbar unter https://www.dgsa.de/ueber-uns/kerncurriculum-soziale-arbeit, zuletzt geprüft am 11.03.2022.

DIN Deutsches Institut für Normung e. V. (2011): DIN ISO 26000. Leitfaden zur gesellschaftlichen Verantwortung (ISO 26000:2010). Berlin: Beuth Verlag.

Donaldson, Thomas; Preston, Lee E. (1995): The Stakeholder Theory of the Corporation: Concepts, Evidence, and Implications. In: *The Academy of Management Review* 20 (1), S. 65–91.

Döring, Nicola; Bortz, Jürgen (2016a): Datenaufbereitung. In: Nicola Döring und Jürgen Bortz (Hg.): Forschungsmethoden und Evaluation in den Sozial- und Humanwissenschaften. Unter Mitarbeit von Sandra Pöschl. 5. vollständig überarbeitete, aktualisierte und erweiterte Auflage. Berlin und Heidelberg: Springer-Verlag, S. 579–595.

Döring, Nicola; Bortz, Jürgen (2016b): Qualitätskriterien in der empirischen Sozialforschung. In: Nicola Döring und Jürgen Bortz (Hg.): Forschungsmethoden und Evaluation in den Sozial- und Humanwissenschaften. Unter Mitarbeit von Sandra Pöschl. 5. vollständig überarbeitete, aktualisierte und erweiterte Auflage. Berlin und Heidelberg: Springer-Verlag, S. 81–119.

Engler, Rolf (1996): Über den Profit hinaus. Geschichte, Aufgaben und Perspektiven betrieblicher Sozialarbeit in Deutschland. In: *Blätter der Wohlfahrtspflege – Deutsche Zeitschrift für Sozialarbeit* (5), S. 121–124.

Erath, Peter; Balkow, Kerstin (2016): Einführung in die Soziale Arbeit. Stuttgart: Verlag W. Kohlhammer.

Erikson, Erik H. (1996): Identität und Lebenszyklus. Drei Aufsätze. Frankfurt am Main: Suhrkamp Taschenbuch Verlag.

Erpenbeck, John; Grote, Sven; Sauter, Werner (2017): Einleitung. In: John Erpenbeck, Lutz von Rosenstiel, Sven Grote und Werner Sauter (Hg.): Handbuch Kompetenzmessung. Erkennen, verstehen und bewerten von Kompetenzen in der betrieblichen, pädagogischen und psychologischen Praxis. 3., überarbeitete und erweiterte Auflage. Stuttgart: Schäffer-Poeschel Verlag, S. IX–XXXVIII.

Erpenbeck, John; Rosenstiel, Lutz von; Grote, Sven (2013): Einleitung: Kompetenzmodelle als Zukunftsmodelle. In: John Erpenbeck, Lutz von Rosenstiel und Sven Grote (Hg.): Kompetenzmodelle von Unternehmen. Mit praktischen Hinweisen für ein erfolgreiches Management von Kompetenzen. Stuttgart: Schäffer-Poeschel Verlag, S. 1–31.

Erpenbeck, John; Sauter, Werner (2013): So werden wir lernen! Kompetenzentwicklung in einer Welt fühlender Computer, kluger Wolken und sinnsuchender Netze. Berlin und Heidelberg: Springer Gabler.

Europäische Kommission (2011): Eine neue EU-Strategie (2011–14) für die soziale Verantwortung der Unternehmen (CSR). KOM(2011) 681 endgültig, vom 25.10.2011. Online verfügbar unter https://eur-lex.europa.eu/legal-content/DE/ALL/?uri=CELEX:52011DC0681, zuletzt geprüft am 19.11.2021.

Europäische Kommission (2021): Vorschlag für eine Richtlinie des Europäischen Parlaments und des Rates zur Änderung der Richtlinien 2013/34/EU, 2004/109/EG und 2006/43/EG und der Verordnung (EU) Nr. 537/2014 hinsichtlich der Nachhaltigkeitsberichterstattung von Unternehmen. COM(2021) 189 final, vom 21.04.2021. Online verfügbar unter https://eur-lex.europa.eu/legal-content/DE/TXT/HTML/?uri=CELEX:52021PC0189&from=DE, zuletzt geprüft am 18.01.2022.

Europäisches Parlament und Rat (2014): Richtlinie 2014/95/EU des Europäischen Parlaments und des Rates vom 22. Oktober 2014 zur Änderung der Richtlinie 2013/34/EU im Hinblick auf die Angabe nichtfinanzieller und die Diversität betreffender Informationen durch bestimmte große Unternehmen und Gruppen. In: *Amtsblatt der Europäischen Union* 57 (L 330), S. 1–9. Online verfügbar unter https://eur-lex.europa.eu/legal-content/DE/TXT/?uri=OJ:L:2014:330:TOC, zuletzt geprüft am 11.03.2022.

Fachbereichstag Soziale Arbeit; DBSH (2016): Deutschsprachige Definition Sozialer Arbeit des Fachbereichstag Soziale Arbeit und DBSH. Berlin. Online verfügbar unter https://www.dbsh.de/media/dbsh-www/redaktionell/bilder/Profession/20161114_Dt_Def_Sozialer_Arbeit_FBTS_DBSH_01.pdf, zuletzt geprüft am 11.03.2022.

Faltermaier, Toni; Mayring, Philipp; Saup, Winfried; Strehmel, Petra (2002): Entwicklungspsychologie des Erwachsenenalters. 2., überarbeitete und erweiterte Auflage. Stuttgart: Verlag W. Kohlhammer.

Farrenberg, Dominik; Schulz, Marc (2020): Handlungsfelder Sozialer Arbeit. Eine systematisierende Einführung. Weinheim und Basel: Beltz Juventa.

Faulstich, Peter (1978): Berufsbildung und „Humanisierung der Arbeit". In: *Die Deutsche Berufs- und Fachschule. Zeitschrift für Berufs- und Wirtschaftspädagogik* 74 (1), S. 3–16.

Faulstich, Peter (1998): Strategien der betrieblichen Weiterbildung. Kompetenz und Organisation. München: Verlag Vahlen.

Faulstich, Peter; Zeuner, Christine (2010): Erwachsenenbildung. Weinheim und Basel: Beltz Verlag.

Flick, Uwe (2004): Triangulation. Eine Einführung. Wiesbaden: VS Verlag für Sozialwissenschaften.

Fredenhagen, Hedda (1961): Function of Personnel Social Work. In: UN (Hg.): European Seminar on Personnel Social Work. Report. UN/TAO/SEM/1960/Rep. 3. Geneva: United Nations, S. 60–69.

Freeman, Edward; Moutchnik, Alexander (2013): Stakeholder management and CSR: questions and answers. In: *uwf UmweltWirtschaftsForum* 21, S. 5–9.

Freeman, R. Edward (2000): Business Ethics at the Millennium. In: *Business Ethics Quarterly* 10 (1), S. 169–180.

Freeman, R. Edward (2010a): Managing for Stakeholders: Trade-offs or Value Creation. In: *Journal of Business Ethics* 96, S. 7–9.

Freeman, R. Edward (2010b): Strategic Management. A Stakeholder Approach. Reissue. Cambridge: Cambridge University Press.

Freeman, R. Edward; Harrison, Jeffrey S.; Wicks, Andrew C.; Parmar, Bidhan; Colle, Simone de (2010): Stakeholder Theory. The State of the Art. Cambridge: Cambridge University Press.

Freeman, R. Edward; Harrison, Jeffrey S.; Zyglidopoulos, Stelios (2018): Stakeholder Theory. Concepts and Strategies. Cambridge: Cambridge University Press.

Freeman, R. Edward; Phillips, Robert A. (2002): Stakeholder Theory: A Libertarian Defense. In: *Business Ethics Quarterly* 12 (3), S. 331–349.

Frentz, Freiin Raitz von (2015): Die Fabrikpflege. In: Sabine Hering und Richard Münchmeier (Hg.): Geschichte der Sozialen Arbeit – Quellentexte. Weinheim und Basel: Beltz Juventa, S. 151–155.

Freund, Alexandra M.; Nikitin, Jana (2018): Junges und mittleres Erwachsenenalter. In: Wolfgang Schneider und Ulman Lindenberger (Hg.): Entwicklungspsychologie. 8., überarbeitete Auflage. Weinheim und Basel: Beltz Verlag, S. 265–289.

Friedman, Milton (2020): Kapitalismus und Freiheit. 12. Auflage. München: Piper Verlag.

Fuchs, Sandra (2011): Professionalitätsentwicklung des Weiterbildungspersonals. Tätigkeiten, Kompetenzen und Fortbildung von Trainern in der beruflichen/betrieblichen Weiterbildung. Hamburg: Verlag Dr. Kovač.

Fuchs, Sandra (2015): Was müssen Lehrkräfte können? Kompetenzanforderungen an Lehrende und pädagogisches Personal in der Weiterbildungspraxis. In: *DIE Zeitschrift für Erwachsenenbildung* (3), S. 27–29.

Füssenhäuser, Cornelia (2017): Sozialarbeiter/innen und Sozialpädagog/innen. In: Deutscher Verein für öffentliche und private Fürsorge e. V. (Hg.): Fachlexikon der Sozialen Arbeit. 8., völlig überarbeitete und aktualisierte Auflage. Baden-Baden: Nomos Verlagsgesellschaft, S. 766–767.

Galuske, Michael; Müller, C. Wolfgang (2012): Handlungsformen in der Sozialen Arbeit. Geschichte und Entwicklung. In: Werner Thole (Hg.): Grundriss Soziale Arbeit. Ein einführendes Handbuch. 4. Auflage. Wiesbaden: VS Verlag für Sozialwissenschaften, S. 587–610.

Garriga, Elisabet (2014): Beyond Stakeholder Utility Function: Stakeholder Capability in the Value Creation Process. In: *Journal of Business Ethics* 120 (4), S. 489–507.

Garriga, Elisabet; Melé, Domènec (2004): Corporate Social Responsibility Theories: Mapping the Territory. In: *Journal of Business Ethics* 53 (1/2), S. 51–71.

Gehlenborg, Holger (1994): Was gibt es Neues in der betrieblichen Sozialarbeit? Eine Rahmenkonzeption. In: *Sozialmagazin* 19 (11), S. 18–23.

Gehlenborg, Holger (1996): Das eigene Profil schärfen. Die Arbeit des Bundesfachverbandes Betriebliche Sozialarbeit zielt auf eine bessere Praxis. In: *Blätter der Wohlfahrtspflege – Deutsche Zeitschrift für Sozialarbeit* (5), S. 124–125.

Girmes, Margarethe (1970): Die Sozialarbeiterin im Industriebetrieb. Versuch einer soziologischen Positionsanalyse. Weinheim, Berlin und Basel: Verlag Julius Beltz.

Glaser, Barney G.; Strauss, Anselm L. (2010): Grounded Theory. Strategien qualitativer Forschung. 3., unveränderte Auflage. Bern: Verlag Hans Huber.

Gläser, Jochen; Laudel, Grit (2010): Experteninterviews und qualitative Inhaltsanalyse als Instrumente rekonstruierender Untersuchungen. 4. Auflage. Wiesbaden: VS Verlag für Sozialwissenschaften.

Googins, Bradley; Godfrey, Joline (1985): The Evolution of Occupational Social Work. In: *Social Work* 30 (5), S. 396–402.

Hägele, Thomas (2006): Analyse des beruflichen Handlungssystems im gewerblich-technischen Handwerk am Beispiel des Elektroinstallateurs – Was Elektroinstallateure können müssen! In: Günter Pätzold und Felix Rauner (Hg.): Qualifikationsforschung und Curriculumentwicklung. Stuttgart: Franz Steiner Verlag (Zeitschrift für Berufs- und Wirtschaftspädagogik, Beiheft 19), S. 183–197.

Hamburger, Franz (2012a): Einführung in die Sozialpädagogik. 3., aktualisierte Auflage. Stuttgart: W. Kohlhammer Verlag.

Hamburger, Franz (2012b): Soziale Arbeit und Öffentlichkeit. In: Werner Thole (Hg.): Grundriss Soziale Arbeit. Ein einführendes Handbuch. 4. Auflage. Wiesbaden: VS Verlag für Sozialwissenschaften, S. 999–1022.

Harrison, Jeffrey S.; Wicks, Andrew C. (2013): Stakeholder Theory, Value, and Firm Performance. In: *Business Ethics Quarterly* 23 (1), S. 97–124.

Hasenfeld, Yeheskel (2010): The Attributes of Human Service Organizations. In: Yeheskel Hasenfeld (Hg.): Human Services as Complex Organizations. Second Edition. Los Angeles, London, New Delhi, Singapore, Washington DC: SAGE Publications, Inc., S. 9–32.

Häußling, Roger; Zimmermann, Gunter E. (2010): Organisation. In: Johannes Kopp und Bernhard Schäfers (Hg.): Grundbegriffe der Soziologie. 10. Auflage. Wiesbaden: VS Verlag für Sozialwissenschaften, S. 219–223.

Heiner, Maja (2010): Soziale Arbeit als Beruf. Fälle – Felder – Fähigkeiten. 2., durchgesehene Auflage. München und Basel: Ernst Reinhardt Verlag.

Heiner, Maja (2012): Handlungskompetenz und Handlungstypen. Überlegungen zu den Grundlagen methodischen Handelns. In: Werner Thole (Hg.): Grundriss Soziale Arbeit. Ein einführendes Handbuch. 4. Auflage. Wiesbaden: VS Verlag für Sozialwissenschaften, S. 611–624.

Heiner, Maja (2018): Kompetent handeln in der Sozialen Arbeit. 3. Auflage. München: Ernst Reinhardt Verlag.

Helsper, Werner (2021): Professionalität und Professionalisierung pädagogischen Handelns: Eine Einführung. Opladen und Toronto: Verlag Barbara Budrich.

Hermes, Michael (2014): Übergänge und Soziale Arbeit. In: *Neue Praxis: Zeitschrift für Sozialarbeit, Sozialpädagogik und Sozialpolitik* 44 (3), S. 331–336.

Hirsch, E. D., Jr. (1972): Prinzipien der Interpretation. München: Wilhelm Fink Verlag.

Hobson, Charles J.; Delunas, Linda; Kesic, Dawn (2001): Compelling evidence of the need for corporate work/life balance initiatives: results from a national survey of stressful life-events. In: *Journal of Employment Counseling* 38 (1), S. 38–44.

Hübscher, Marc C. (2015): Understanding CSV: Ein neues Narrativ des Kapitalismus? Zur Geschichte der scheinbaren Emanzipation vom neoliberalen Paradigma Milton Friedmans. In: *Zeitschrift für Wirtschafts- und Unternehmensethik* 16 (2), S. 203–218.

Joint Action Mental Health and Wellbeing (2016): European Framework for Action on Mental Health and Wellbeing. Final Conference – Brussels, 21–22 January 2016. Brussels. Online verfügbar unter https://mentalhealthandwellbeing.eu/publications/, zuletzt geprüft am 05.01.2022.

Joseph, Beulah; Walker, Arlene; Fuller-Tyszkiewicz, Matthew (2018): Evaluating the effectiveness of employee assistance programmes: a systematic review. In: *European Journal of Work and Organizational Psychology* 27 (1), S. 1–15.

Kade, Jochen; Nittel, Dieter; Seitter, Wolfgang (2007): Einführung in die Erwachsenenbildung/Weiterbildung. 2., überarbeitete Auflage. Stuttgart: Verlag W. Kohlhammer.

Kakabadse, Nada K.; Rozuel, Cécile; Lee-Davies, Linda (2005): Corporate social responsibility and stakeholder approach: a conceptual review. In: *International Journal of Business Governance and Ethics* 1 (4), S. 277–302.

Kelle, Udo; Kluge, Susann (2010): Vom Einzelfall zum Typus. Fallvergleich und Fallkontrastierung in der qualitativen Sozialforschung. 2., überarbeitete Auflage. Wiesbaden: VS Verlag für Sozialwissenschaften.

Klatetzki, Thomas (2010): Zur Einführung: Soziale personenbezogene Dienstleistungsorganisation als Typus. In: Thomas Klatetzki (Hg.): Soziale personenbezogene Dienstleistungsorganisationen. Soziologische Perspektiven. Wiesbaden: VS Verlag für Sozialwissenschaften, S. 7–24.

Klein, Martin (2021): Eine kleine Einführung in die Betriebliche Soziale Arbeit. Weinheim und Basel: Beltz Juventa.

Klein, Susanne; Appelt, Hans-Jürgen (2017): Einführung der Herausgeber. In: Susanne Klein und Hans-Jürgen Appelt (Hg.): Praxishandbuch betriebliche Sozialarbeit. Prävention und Intervention in modernen Unternehmen. 6. Auflage. Kröning: Asanger Verlag, S. 5–7.

Klieme, Eckhard; Hartig, Johannes (2007): Kompetenzkonzepte in den Sozialwissenschaften und im erziehungswissenschaftlichen Diskurs. In: *Zeitschrift für Erziehungswissenschaft* 10 (Sonderheft 8/2007), S. 11–29.

Klinger, Inis-Janine (1995): Betriebliche Suchtprävention am Beispiel Alkohol als Aufgabe von Sozialarbeit. In: *Soziale Arbeit* 44 (11/95), S. 378–386.

Klonoski, Richard J. (1991): Foundational Considerations in the Corporate Social Responsibility Debate. In: *Business Horizons* 34 (4), S. 9–18.

Klug, Wolfgang; Niebauer, Daniel; Mirus, Georg; Dittelbach, Beatrice; Huber, Franziska (2020): Beziehungsgestaltung aus Sicht sozialarbeiterischer Fachkräfte. Eine empirische Annäherung. In: *Soziale Arbeit* 69 (9–10), S. 378–385.

Köngeter, Stefan (2013): Professionalität in den Erziehungshilfen. In: Roland Becker-Lenz, Stefan Busse, Gudrun Ehlert und Silke Müller-Hermann (Hg.): Professionalität in der Sozialen Arbeit. Standpunkte, Kontroversen, Perspektiven. 3., durchgesehene Auflage. Wiesbaden: Springer VS, S. 183–200.

Kosiol, Erich (1976): Organisation der Unternehmung. 2., durchgesehene Auflage. Wiesbaden: Springer Fachmedien.

Kraft, Susanne (2018): Berufsfeld Weiterbildung. In: Rudolf Tippelt und Aiga von Hippel (Hg.): Handbuch Erwachsenenbildung/Weiterbildung. 6., überarbeitete und aktualisierte Auflage. Wiesbaden: Springer VS, S. 1110–1128.

Kreher, Thomas; Lempp, Theresa (2020): Übergänge und Lebensbewältigung. In: Gerd Stecklina und Jan Wienforth (Hg.): Handbuch Lebensbewältigung und Soziale Arbeit. Praxis, Theorie und Empirie. Weinheim und Basel: Beltz Juventa, S. 595–603.

Kuckartz, Udo (2018): Qualitative Inhaltsanalyse. Methoden, Praxis, Computerunterstützung. 4. Auflage. Weinheim und Basel: Beltz Juventa.

Kühl, Wolfgang; Schäfer, Erich (2019): Coaching und Co. Ein Kompass für berufsbezogene Beratung. Wiesbaden: Springer.

Kuhlmeier, Werner (2015): Qualifikation. In: Jörg-Peter Pahl (Hg.): Lexikon Berufsbildung. Ein Nachschlagewerk für die nicht-akademischen und akademischen Bereiche. Bielefeld: W. Bertelsmann Verlag, S. 643–644.

Kujala, Johanna; Lehtimäki, Hanna; Freeman, R. Edward (2019): A Stakeholder Approach to Value Creation and Leadership. In: Anni Kangas, Johanna Kujala, Anna Heikkinen, Antti Lönnqvist, Harri Laihonen und Julia Bethwaite (Hg.): Leading Change in a Complex World. Transdisciplinary Perspectives. Tampere: Tampere University Press, S. 123–143.

Kurucz, Elizabeth C.; Colbert, Barry A.; Wheeler, David (2013): The Business Case for Corporate Social Responsibility. In: Andrew Crane, Abagail McWilliams, Dirk Matten, Jeremy Moon und Donald S. Siegel (Hg.): The Oxford Handbook of Corporate Social Responsibility. Reprinted 2013. Oxford: Oxford University Press, S. 83–112.

Latapí Agudelo, Mauricio Andrés; Jóhannsdóttir, Lára; Davídsdóttir, Brynhildur (2019): A literature review of the history and evolution of corporate social responsibility. In: *International Journal of Corporate Social Responsibility* 4.

Lau-Villinger, Doris (1994): Betriebliche Sozialberatung als Führungsaufgabe. Frankfurt am Main: Verlag der Gesellschaft zur Förderung arbeitsorientierter Forschung und Bildung.

Lencer, Stefanie; Strauch, Anne (2016): Das GRETA-Kompetenzmodell für Lehrende in der Erwachsenen- und Weiterbildung. Online verfügbar unter www.die-bonn.de/doks/2016-erwachsenenbildung-02.pdf, zuletzt geprüft am 07.09.2021.

Lerro, Antonio (2011): A stakeholder-based perspective in the value impact assessment of the project "Valuing intangible assets in Scottish renewable SMEs". In: *Measuring Business Excellence* 15 (3), S. 3–15.

Liebold, Renate; Trinczek, Rainer (2009): Experteninterview. In: Stefan Kühl, Petra Strodtholz und Andreas Taffertshofer (Hg.): Handbuch Methoden der Organisationsforschung. Quantitative und Qualitative Methoden. Wiesbaden: VS Verlag für Sozialwissenschaften, S. 32–56.

Liel, Benedikt von; Lütge, Christoph (2015): Creating Shared Value und seine Erfolgsfaktoren – ein Vergleich mit CSR. Was macht Creating Shared Value aus und wie kann man es am besten fördern? In: *Zeitschrift für Wirtschafts- und Unternehmensethik* 16 (2), S. 182–191.

Lutz, Burkart; Sengenberger, Werner (1974): Arbeitsmarktstrukturen und öffentliche Arbeitsmarktpolitik. Eine kritische Analyse von Zielen und Instrumenten. Göttingen: Verlag Otto Schwartz & Co.

Maiden, R. Paul (2001): The Evolution and Practice of Occupational Social Work in the United States. In: R. Paul Maiden (Hg.): Global Perspectives of Occupational Social Work. Binghamton (NY): Haworth Press, Inc., S. 119–161.

Mairhofer, Andreas (2017): Angebote und Strukturen der Jugendberufshilfe. Eine Forschungsübersicht. Hg. v. Deutsches Jugendinstitut e. V. München.

Martin, Andreas (2016): Tätigkeiten des Weiterbildungspersonals. In: Andreas Martin, Stefanie Lencer, Josef Schrader, Stefan Koscheck, Hana Ohly, Rolf Dobischat et al. (Hg.): Das Personal in der Weiterbildung. Arbeits- und Beschäftigungsbedingungen, Qualifikationen, Einstellungen zu Arbeit und Beruf. Bielefeld: W. Bertelsmann Verlag, S. 97–107.

Matten, Dirk; Crane, Andrew; Chapple, Wendy (2003): Behind the Mask: Revealing the True Face of Corporate Citizenship. In: *Journal of Business Ethics* 45 (1/2), S. 109–120.

Mayring, Philipp (2015): Qualitative Inhaltsanalyse. Grundlagen und Techniken. 12., überarbeitete Auflage. Weinheim und Basel: Beltz Verlag.

Mayring, Philipp (2016): Einführung in die qualitative Sozialforschung. Eine Anleitung zu qualitativem Denken. 6., überarbeitete Auflage. Weinheim und Basel: Beltz Verlag.

Meier, Ralf (2001): Betriebsinterne Anbindung der Betrieblichen Sozialarbeit. In: Charlotte Jente, Frank Judis, Ralf Meier, Susanne Steinmetz und Stephan F. Wagner (Hg.): Betriebliche Sozialarbeit. Freiburg im Breisgau: Lambertus-Verlag, S. 25–61.

Mele, Cristina; Colurcio, Maria (2006): The evolving path of TQM: towards business excellence and stakeholder value. In: *International Journal of Quality & Reliability Management* 23 (5), S. 464–489.

Melé, Domènec (2013): Corporate Social Responsibility Theories. In: Andrew Crane, Abagail McWilliams, Dirk Matten, Jeremy Moon und Donald S. Siegel (Hg.): The Oxford Handbook of Corporate Social Responsibility. Reprinted 2013. Oxford: Oxford University Press, S. 47–82.

Merchel, Joachim (2015): Management in Organisationen der Sozialen Arbeit. Eine Einführung. Weinheim und Basel: Beltz Juventa.

Mertens, Dieter (1974): Schlüsselqualifikationen. Thesen zur Schulung für eine moderne Gesellschaft. In: *Mitteilungen aus der Arbeitsmarkt- und Berufsforschung* 7, S. 36–43.

Mesicek, Roman H. (2016): Verantwortung für Stakeholdereinbindung. Stakeholderbegriff und Praxis im Kontext der Nachhaltigkeits- und CSR-Debatte. In: Reinhard Altenburger und Roman H. Mesicek (Hg.): CSR und Stakeholdermanagement. Strategische Herausforderungen und Chancen der Stakeholdereinbindung. Berlin und Heidelberg: Springer-Verlag, S. 1–12.

Meuser, Michael; Nagel, Ulrike (1991): ExpertInneninterviews – vielfach erprobt, wenig bedacht. Ein Beitrag zur qualitativen Methodendiskussion. In: Detlef Garz und Klaus Kraimer (Hg.): Qualitativ-empirische Sozialforschung. Konzepte, Methoden, Analysen. Wiesbaden: VS Verlag für Sozialwissenschaften, S. 441–471.

Meuser, Michael; Nagel, Ulrike (2009): Das Experteninterview – konzeptionelle Grundlagen und methodische Anlage. In: Susanne Pickel, Gert Pickel, Hans-Joachim Lauth und Detlef Jahn (Hg.): Methoden der vergleichenden Politik- und Sozialwissenschaft. Neue Entwicklungen und Anwendungen. Wiesbaden: VS Verlag für Sozialwissenschaften, S. 465–479.

Meyer, Markus; Wing, Lisa; Schenkel, Antje; Meschede, Miriam (2021): Krankheitsbedingte Fehlzeiten in der deutschen Wirtschaft im Jahr 2020. In: Bernhard Badura, Antje Ducki, Helmut Schröder und Markus Meyer (Hg.): Fehlzeiten-Report 2021. Betriebliche Prävention stärken – Lehren aus der Pandemie. Berlin: Springer, S. 441–538.

Michel, Alexandra; Bickerich, Katrin (2016): Berufliche Entwicklung steuern und Erfolg fördern: Mentoring und Coaching. In: Karlheinz Sonntag (Hg.): Personalentwicklung in Organisationen. Psychologische Grundlagen, Methoden und Strategien. 4., vollständig überarbeitete und erweiterte Auflage. Göttingen: Hogrefe, S. 561–600.

Michel-Schwartze, Brigitta (2009): Fallarbeit: ein theoretischer und methodischer Zugang. In: Brigitta Michel-Schwartze (Hg.): Methodenbuch Soziale Arbeit. Basiswissen für die Praxis. 2., überarbeitete und erweiterte Auflage. Wiesbaden: VS Verlag für Sozialwissenschaften, S. 121–154.

Mitchell, Ronald K.; Agle, Bradley R.; Wood, Donna J. (1997): Toward a Theory of Stakeholder Identification and Salience: Defining the Principle of Who and What Really Counts. In: *Academy of Management Review* 22 (4), S. 853–886.

Mitglieder des Rates der Arbeitswelt (2021): Arbeitswelt-Bericht 2021. Vielfältige Ressourcen stärken – Zukunft gestalten. Impulse für eine nachaltige Arbeitswelt zwischen Pandemie und Wandel. Berlin: Geschäftsstelle für die Arbeitsweltberichterstattung in Deutschland. Online verfügbar unter https://www.arbeitswelt-portal.de/arbeitswelt bericht/arbeitswelt-bericht-2021#c2352, zuletzt geprüft am 10.02.2022.

Molzow-Voit, Frank; Plönnigs, Florian (2016): Berufswissenschaftliche Erkenntnisse aus dem Projekt RobidLOG. In: Frank Molzow-Voit, Moritz Quandt, Michael Freitag und Georg Spöttl (Hg.): Robotik in der Logistik. Qualifizierung für Fachkräfte und Entscheider. Wiesbaden: Springer Fachmedien, S. 43–60.

Müggler, Katja; Baumgartner, Edgar (2019): Kasuistik in der Betrieblichen Sozialen Arbeit. Ein Arbeitsfeld in der Privatwirtschaft. In: Lea Hollenstein und Regula Kunz (Hg.): Kasuistik in der Sozialen Arbeit. An Fällen lernen in Praxis und Hochschule. Opladen, Berlin und Toronto: Verlag Barbara Budrich, S. 239–256.

Müller, Burkhard (2012): Professionalität. In: Werner Thole (Hg.): Grundriss Soziale Arbeit. Ein einführendes Handbuch. 4. Auflage. Wiesbaden: VS Verlag für Sozialwissenschaften, S. 955–974.

Müller-Hermann, Silke; Becker-Lenz, Roland (2018): Professionalisierung: Studium, Ausbildung und Fachlichkeit. In: Gunther Graßhoff, Anna Renker und Wolfgang Schröer (Hg.): Soziale Arbeit. Eine elementare Einführung. Wiesbaden: Springer VS, S. 687–697.

Neuhäuser, Christian (2011): Unternehmen als moralische Akteure. Berlin: Suhrkamp Verlag.

Neuhäuser, Christian (2016): Unternehmensverantwortung. In: Ludger Heidbrink, Claus Langbehn und Janina Sombetzki (Hg.): Handbuch Verantwortung. Wiesbaden: Springer VS.

Nguyen, Hoang Long (2022): Betriebliche Sozialberatung – Empirische Ergebnisse zu Arbeitsaufgaben in einem hybriden Tätigkeitsfeld. In: *Österreichisches Jahrbuch für Soziale Arbeit* 4, S. 183–202.

Nguyen, Hoang Long; Bohlinger, Sandra (2019): Qualifikationsanforderungen und Tätigkeitsprofile in der betrieblichen Sozialarbeit. In: *Soziale Arbeit* 68 (12), S. 442–448.

Nguyen, Hoang Long; Bohlinger, Sandra (2020): Soziale Arbeit in Betrieben. Ergebnisse einer Studie zu Qualifikationen und Aufgaben in der betrieblichen Sozialarbeit. In: *Sozial Extra* 44 (5), S. 298–303.

Niethammer, Manuela (2018): Fachinterview. In: Felix Rauner und Philipp Grollmann (Hg.): Handbuch Berufsbildungsforschung. 3. aktualisierte und erweiterte Auflage. Bielefeld: wbv Media, S. 723–730.

Nikles, Bruno W. (2008): Institutionen und Organisationen der Sozialen Arbeit. Eine Einführung. München: Ernst Reinhardt Verlag.

Nittel, Dieter (2000): Von der Mission zur Profession? Stand und Perspektiven der Verberuflichung in der Erwachsenenbildung. Bielefeld: W. Bertelsmann Verlag.

Nolda, Sigrid (2018): Programmanalyse in der Erwachsenenbildung/Weiterbildung – Methoden und Forschungen. In: Rudolf Tippelt und Aiga von Hippel (Hg.): Handbuch Erwachsenenbildung/Weiterbildung. 6., überarbeitete und aktualisierte Auflage. Wiesbaden: Springer VS, S. 433–449.

Norton, Robert Edward (1997): DACUM Handbook. Second edition. Columbus, Ohio: The Ohio State University.

OECD (2012): Sick on the Job? Myths and Realities about Mental Health and Work. Paris: OECD Publishing.

OECD (2015): Recommendation of the Council on Integrated Mental Health, Skills and Work Policy. OECD/LEGAL/0420: OECD. Online verfügbar unter https://legalinstruments.oecd.org/en/instruments/OECD-LEGAL-0420, zuletzt geprüft am 02.01.2022.

OECD (2021): Fitter Minds, Fitter Jobs. From Awareness to Change in Integrated Mental Health, Skills and Work Policies. Paris: OECD Publishing.

OECD; EU (2018): Health at a Glance: Europe 2018. State of Health in the EU Cycle. Paris: OECD Publishing.

Oevermann, Ulrich (2013): Die Problematik der Strukturlogik des Arbeitsbündnisses und der Dynamik von Übertragung und Gegenübertragung in einer professionalisierten Praxis von Sozialarbeit. In: Roland Becker-Lenz, Stefan Busse, Gudrun Ehlert und Silke Müller-Hermann (Hg.): Professionalität in der Sozialen Arbeit. Standpunkte, Kontroversen, Perspektiven. 3., durchgesehene Auflage. Wiesbaden: Springer VS, S. 119–147.

Oevermann, Ulrich (2017): Theoretische Skizze einer revidierten Theorie professionalisierten Handelns. In: Arno Combe und Werner Helsper (Hg.): Pädagogische Professionalität. Untersuchungen zum Typus pädagogischen Handelns. 9. Auflage. Frankfurt am Main: Suhrkamp Taschenbuch Verlag, S. 70–182.

Ohlenburg, Harro (1979): Perspektiven betrieblicher Sozialarbeit. In: *Neue Praxis: Kritische Zeitschrift für Sozialarbeit und Sozialpädagogik* 9 (3), S. 263–273.

Ohling, Maria (2021): Professionelles Handeln in der Sozialen Arbeit. Sicht der Praktiker_innen. In: *Sozial Extra* 45 (2), S. 134–138.

Phillips, Robert; Freeman, R. Edward; Wicks, Andrew C. (2003): What Stakeholder Theory is Not. In: *Business Ethics Quarterly* 13 (4), S. 479–502.

Pinquart, Martin; Silbereisen, Rainer K. (2007): Familienentwicklung. In: Jochen Brandtstädter und Ulman Lindenberger (Hg.): Entwicklungspsychologie der Lebensspanne. Ein Lehrbuch. Stuttgart: Verlag W. Kohlhammer, S. 483–509.

Porter, Michael E. (1999): Nationale Wettbewerbsvorteile. Erfolgreich konkurrieren auf dem Weltmarkt. Wien: Wirtschaftsverlag Ueberreuter.

Porter, Michael E.; Kramer, Mark R. (1999): Philanthropy's New Agenda: Creating Value. In: *Harvard Business Review* 77 (6), S. 121–130.

Porter, Michael E.; Kramer, Mark R. (2002): The Competitive Advantage of Corporate Philanthropy. In: *Harvard Business Review* 80 (12), S. 56–69.

Porter, Michael E.; Kramer, Mark R. (2006a): Strategy & Society. The Link Between Competitive Advantage and Corporate Social Responsibility. In: *Harvard Business Review* 84 (12), S. 78–92.

Porter, Michael E.; Kramer, Mark R. (2006b): Strategy & Society. The Link Between Competitive Advantage and Corporate Social Responsibility. Online verfügbar unter https://www.stern.nyu.edu/sites/default/files/assets/documents/Strategy_and_Society.pdf, zuletzt geprüft am 12.09.2020.

Porter, Michael E.; Kramer, Mark R. (2011): Creating Shared Value. How to reinvent capitalism – and unleash a wave of innovation and growth. In: *Harvard Business Review* 89 (1/2), S. 62–77.

Porter, Michael E.; Kramer, Mark R. (2015): Shared Value – Die Brücke von Corporate Social Responsibility zu Corporate Strategy. In: Andreas Schneider und René Schmidpeter (Hg.): Corporate Social Responsibility. Verantwortungsvolle Unternehmensführung in Theorie und Praxis. 2., ergänzte und erweiterte Auflage. Berlin und Heidelberg: Springer Gabler, S. 145–160.

Preis, Wolfgang (2011): Grundlagen der Integrativen Fallbearbeitung. Berlin: RabenStück Verlag.

Projektgruppe psyGA (2017): Kein Stress mit dem Stress. Ein Leitfaden zur Auswahl von Angeboten der Mitarbeiterberatung. Hg. v. Initiative Neue Qualität der Arbeit. Bundesanstalt für Arbeitsschutz und Arbeitsmedizin. Berlin.

Puhl, Ria (2004): Klappern gehört zum Handwerk. Funktion und Perspektive von Öffentlichkeitsarbeit in der Sozialen Arbeit. Weinheim und München: Juventa Verlag.

Raithel, Jürgen; Dollinger, Bernd (2006): Case Management. In: Bernd Dollinger und Jürgen Raithel (Hg.): Aktivierende Sozialpädagogik. Ein kritisches Glossar. Wiesbaden: VS Verlag für Sozialwissenschaften, S. 79–89.

Riedrich, Lenore (1983): Betriebliche Sozialarbeit in Vergangenheit, Gegenwart und Zukunft. In: *Soziale Arbeit* 32 (6), S. 283–290.

Riehle, Tamara (2020): Welche informatorischen Kenntnisse oder Kompetenzen brauchen Fachkräfte in der gewerblich-technischen Domäne im Zeitalter der Digitalisierung? In: Thomas Vollmer, Torben Karges, Tim Richter, Britta Schlömer und Sören Schütt-Sayed (Hg.): Digitalisierung mit Arbeit und Berufsbildung nachhaltig gestalten. Bielefeld: wbv Media, S. 195–205.

Roche, Ann; Kostadinov, Victoria; Cameron, Jacqui; Pidd, Ken; McEntee, Alice; Duraisingam, Vinita (2018): The development and characteristics of Employee Assistance Programs around the globe. In: *Journal of Workplace Behavioral Health* 33 (3–4), S. 168–186.

Rosa, Hartmut (2021): Resonanz. Eine Soziologie der Weltbeziehung. 5. Auflage. Berlin: Suhrkamp Verlag.

Rüegger, Cornelia (2021): Vom Problem mit der Bestimmung des Fallproblems. Herausforderungen bei der interaktiven Fallkonstitution als ein Kernprozess professioneller Praxis im Kontext (möglicher) Kindeswohlgefährdungen. In: *Sozial Extra* 45 (4), S. 251–256.

Ryser, Thomas (2010): Der gesellschaftliche Beitrag von Schweizer Unternehmen – Leistungswirkungen einer strategisch motivierten Philanthropie. In: Brigitte Liebig (Hg.): Corporate Social Responsibility in der Schweiz. Massnahmen und Wirkungen. Bern, Stuttgart und Wien: Haupt Verlag, S. 152–214.

Sauer, Peter (1988): Provokante Thesen zur Betriebssozialarbeit. In: *Soziale Arbeit* 37 (6–7), S. 225–228.

Schaarschuch, Andreas (1994): Zur Situation sozialer Dienste im Betrieb. In: *Sozialmagazin* 19 (11), S. 14–17.

Schelten, Andreas (2010): Einführung in die Berufspädagogik. 4., überarbeitete und aktualisierte Auflage. Stuttgart: Franz Steiner Verlag.

Scherr, Albert (2012): Sozialarbeitswissenschaft. Anmerkungen zu den Grundzügen eines theoretischen Programms. In: Werner Thole (Hg.): Grundriss Soziale Arbeit. Ein einführendes Handbuch. 4. Auflage. Wiesbaden: VS Verlag für Sozialwissenschaften, S. 283–296.

Schilling, Johannes (2005): Soziale Arbeit. Geschichte – Theorie – Profession. 2., überarbeitete Auflage. München: Ernst Reinhardt Verlag.

Scholz, Markus; Reyes, Gastón de los (2015): Creating Shared Value – Grenzen und Vorschläge für eine Weiterentwicklung. In: *Zeitschrift für Wirtschafts- und Unternehmensethik* 16 (2), S. 192–202.

Schormair, Maximilian J. L.; Gilbert, Dirk Ulrich (2017): Das Shared-Value-Konzept von Porter und Kramer – The Big Idea!? In: Thomas Wunder (Hg.): CSR und Strategisches Management. Wie man mit Nachhaltigkeit langfristig im Wettbewerb gewinnt. Berlin und Heidelberg: Springer Gabler, S. 95–110.

Schreier, Margrit (2014): Varianten qualitativer Inhaltsanalyse: Ein Wegweiser im Dickicht der Begrifflichkeiten. In: *Forum: Qualitative Sozialforschung* 15 (1). Online verfügbar unter https://www.qualitative-research.net/index.php/fqs/article/view/2043, zuletzt geprüft am 14.03.2021.

Schröder, Marjan (1961): Summary of Conclusions of the Seminar. In: UN (Hg.): European Seminar on Personnel Social Work. Report. UN/TAO/SEM/1960/Rep. 3. Geneva: United Nations, S. 7–21.

Schubert, Franz-Christian; Rohr, Dirk; Zwicker-Pelzer, Renate (2019): Beratung. Grundlagen – Konzepte – Anwendungsfelder. Wiesbaden: Springer.

Schulte-Meßtorff, Claudia; Wehr, Peter (2013): Employee Assistance Programs. Externe Mitarbeiterberatung im betrieblichen Gesundheitsmanagement. 2. Auflage. Berlin und Heidelberg: Springer-Verlag.

Schultenkämper, Hermann (1995): Perspektiven betrieblicher sozialer Arbeit. Gedanken zur Zukunft eines Arbeitsfeldes. In: *Archiv für Wissenschaft und Praxis der sozialen Arbeit* 26 (3), S. 218–230.

Schürmann, Ewald (2004): Öffentlichkeitsarbeit für soziale Organisationen. Praxishandbuch für Strategien und Aktionen. Weinheim und München: Juventa Verlag.

Schütze, Fritz (1992): Sozialarbeit als „bescheidene" Profession. In: Bernd Dewe, Wilfried Ferchhoff und Frank-Olaf Radtke (Hg.): Erziehen als Profession. Zur Logik professionellen Handelns in pädagogischen Feldern. Wiesbaden: Springer Fachmedien, S. 132–170.

Schütze, Fritz (2017): Organisationszwänge und hoheitsstaatliche Rahmenbedingungen im Sozialwesen. Ihre Auswirkungen auf die Paradoxien des professionellen Handelns. In: Arno Combe und Werner Helsper (Hg.): Pädagogische Professionalität. Untersuchungen zum Typus pädagogischen Handelns. 9. Auflage. Frankfurt am Main: Suhrkamp Taschenbuch Verlag, S. 183–275.

Schütze, Fritz (2021): Professionalität und Professionalisierung in pädagogischen Handlungsfeldern: Soziale Arbeit. Opladen und Toronto: Verlag Barbara Budrich.

Schwarz, Gerhard (2014): Konfliktmanagement. Konflikte erkennen, analysieren, lösen. 9. Auflage. Wiesbaden: Springer Fachmedien Wiesbaden.

Sickendiek, Ursel; Engel, Frank; Nestmann, Frank (2008): Beratung. Eine Einführung in sozialpädagogische und psychosoziale Beratungsansätze. 3. Auflage. Weinheim und München: Juventa Verlag.

Sickendiek, Ursel; Nestmann, Frank (2018): Beratung in kritischen Lebenssituationen. In: Gunther Graßhoff, Anna Renker und Wolfgang Schröer (Hg.): Soziale Arbeit. Eine elementare Einführung. Wiesbaden: Springer VS, S. 217–235.

Siebert, Horst (1990): Von der Professionalisierung zur Professionalität? In: *Hessische Blätter für Volksbildung* 1990 (4), S. 283–288.

Siebert, Horst (2006): Didaktisches Handeln in der Erwachsenenbildung. Didaktik aus konstruktivistischer Sicht. 5., überarbeitete Auflage. Augsburg: ZIEL – Zentrum für interdisziplinäres erfahrungsorientiertes Lernen.

Siebert, Horst (2010): Methoden für die Bildungsarbeit. Leitfaden für aktivierendes Lehren. 4., aktualisierte und überarbeitete Auflage. Bielefeld: W. Bertelsmann Verlag.

Sohn, Howard F. (1982): Prevailing Rationales in the Corporate Social Responsibility Debate. In: *Journal of Business Ethics* 1 (2), S. 139–144.

Sommerfeld, Peter; Hollenstein, Lea; Calzaferri, Raphael (2011): Integration und Lebensführung. Ein forschungsgestützter Beitrag zur Theoriebildung der Sozialen Arbeit. Wiesbaden: VS Verlag für Sozialwissenschaften.

Spector, Paul E.; Jex, Steve M. (1998): Development of Four Self-Report Measures of Job Stressors and Strain: Interpersonal Conflict at Work Scale, Organizational Constraints Scale, Quantitative Workload Inventory, and Physical Symptoms Inventory. In: *Journal of Occupational Health Psychology* 3 (4), S. 356–367.

Spiegel, Hiltrud von (2011): Methodisches Handeln in der Sozialen Arbeit. Grundlagen und Arbeitshilfen für die Praxis. 4. Auflage. München: Ernst Reinhardt Verlag.

Statistisches Bundesamt (Destatis) (2020): Bevölkerung und Erwerbstätigkeit. Erwerbsbeteiligung der Bevölkerung. Ergebnisse des Mikrozensus zum Arbeitsmarkt. Fachserie 1 Reihe 4.1.

Staub-Bernasconi, Silvia (2019): Menschenwürde – Menschenrechte – Soziale Arbeit. Die Menschenrechte vom Kopf auf die Füße stellen. Opladen, Berlin und Toronto: Verlag Barbara Budrich.

Steinke, Ines (2017): Gütekriterien qualitativer Forschung. In: Uwe Flick, Ernst von Kardorff und Ines Steinke (Hg.): Qualitative Forschung. Ein Handbuch. 12. Auflage. Reinbek bei Hamburg: Rowohlt Taschenbuch Verlag, S. 319–331.

Stocker, Désirée; Jacobshagen, Nicola; Krings, Rabea; Pfister, Isabel B.; Semmer, Norbert K. (2014): Appreciative leadership and employee well-being in everyday working life. In: *Zeitschrift für Personalforschung* 28 (1–2), S. 73–95.

Stockmann, Reinhard; Meyer, Wolfgang (2014): Evaluation. Eine Einführung. 2., überarbeitete und aktualisierte Auflage. Opladen und Toronto: Verlag Barbara Budrich.

Stoll, Bettina (2013): Betriebliche Sozialarbeit. Aufgaben und Bedeutung, praktische Umsetzung. 2. Auflage. Regensburg: Walhalla Fachverlag.

Sydow, Kirsten von; Beher, Stefan; Retzlaff, Rüdiger; Schweitzer, Jochen (2007): Die Wirksamkeit der Systemischen Therapie/Familientherapie. Göttingen, Bern, Wien, Toronto, Seattle, Oxford und Prag: Hogrefe Verlag.

Teichler, Ulrich (1995): Qualifikationsforschung. In: Rolf Arnold und Antonius Lipsmeier (Hg.): Handbuch der Berufsbildung. Opladen: Leske + Budrich, S. 501–508.

Terhart, Ewald (1981): Intuition – Interpretation – Argumentation. Zum Problem der Geltungsbegründung von Interpretationen. In: *Zeitschrift für Pädagogik* 27 (5), S. 769–793.

Thiersch, Hans (2019): Nähe und Distanz in der Sozialen Arbeit. In: Margret Dörr (Hg.): Nähe und Distanz. Ein Spannungsfeld pädagogischer Professionalität. 4., aktualisierte und erweiterte Auflage. Weinheim und Basel: Beltz Juventa, S. 42–59.

Thiersch, Hans (2020): Lebensweltorientierte Soziale Arbeit – revisited. Grundlagen und Perspektiven. Weinheim und Basel: Beltz Juventa.

Thole, Werner (2012): Die Soziale Arbeit – Praxis, Theorie, Forschung und Ausbildung. Versuch einer Standortbestimmung. In: Werner Thole (Hg.): Grundriss Soziale Arbeit. Ein einführendes Handbuch. 4. Auflage. Wiesbaden: VS Verlag für Sozialwissenschaften, S. 19–70.

Thole, Werner; Polutta, Andreas (2011): Professionalität und Kompetenz von MitarbeiterInnen in sozialpädagogischen Handlungsfeldern. Professionstheoretische Entwicklungen und Problemstellungen der Sozialen Arbeit. In: *Zeitschrift für Pädagogik* (57. Beiheft), S. 104–121.

UN (1961a): General Description of the Seminar. In: UN (Hg.): European Seminar on Personnel Social Work. Report. UN/TAO/SEM/1960/Rep. 3. Geneva: United Nations, S. 2–6.

UN (1961b): General Recommendations. In: UN (Hg.): European Seminar on Personnel Social Work. Report. UN/TAO/SEM/1960/Rep. 3. Geneva: United Nations, S. 22–25.

UN Global Compact (2020): Uniting Business in the Decade of Action. Building on 20 Years of Progress. Hg. v. United Nations Global Compact. Online verfügbar unter https://www.unglobalcompact.org/library/5747, zuletzt geprüft am 22.11.2021.

Unterkofler, Ursula (2018): Professionsforschung im Feld Sozialer Arbeit. In: Christiane Schnell und Michaela Pfadenhauer (Hg.): Handbuch Professionssoziologie. Wiesbaden: Springer VS, S. 1–21.

Vahs, Dietmar (2015): Organisation. Ein Lehr- und Managementbuch. 9., überarbeitete und erweiterte Auflage. Stuttgart: Schäffer-Poeschel Verlag.

Voß, G. Günter; Pongratz, Hans J. (1998): Der Arbeitskraftunternehmer. Eine neue Grundform der Ware Arbeitskraft? In: *Kölner Zeitschrift für Soziologie und Sozialpsychologie* 50 (1), S. 131–158.

Wachter, Karin (2017): Wirkungsnachweise von betrieblicher Sozialarbeit – Möglichkeiten und Grenzen. In: Susanne Klein und Hans-Jürgen Appelt (Hg.): Praxishandbuch betriebliche Sozialarbeit. Prävention und Intervention in modernen Unternehmen. 6. Auflage. Kröning: Asanger Verlag, S. 31–43.

Waltersbacher, Andrea; Zok, Klaus; Klose, Joachim (2017): Die betriebliche Unterstützung von Mitarbeitern bei kritischen Lebensereignissen. Ergebnisse einer repräsentativen Befragung unter Erwerbstätigen. In: Bernhard Badura, Antje Ducki, Helmut Schröder, Joachim Klose und Markus Meyer (Hg.): Fehlzeiten-Report 2017. Krise und Gesundheit – Ursachen, Prävention, Bewältigung. Zahlen, Daten, Analysen aus allen Branchen der Wirtschaft. Berlin: Springer, S. 133–152.

Wegge, Jürgen; Shemla, Meir; Haslam, S. Alexander (2014): Leader behavior as a determinant of health at work: Specification and evidence of five key pathways. In: *Zeitschrift für Personalforschung* 28 (1–2), S. 6–23.

Weinberg, Johannes (2000): Einführung in das Studium der Erwachsenenbildung. Bad Heilbrunn: Klinkhardt. Online verfügbar unter http://www.die-bonn.de/id/8168, zuletzt geprüft am 16.05.2021.

Weinert, Franz E. (2014): Vergleichende Leistungsmessung in Schulen – eine umstrittene Selbstverständlichkeit. In: Franz E. Weinert (Hg.): Leistungsmessungen in Schulen. 3., aktualisierte Auflage. Weinheim und Basel: Beltz Verlag, S. 17–31.

WHO (2021): Comprehensive Mental Health Action Plan 2013–2030. Geneva: World Health Organization.

WHO-EURO (2021): WHO European framework for action on mental health 2021–2025. Draft for the Seventy-first Regional Committee for Europe. Copenhagen: WHO Regional Office for Europe. Online verfügbar unter https://apps.who.int/iris/handle/10665/344609, zuletzt geprüft am 05.01.2022.

Widany, Sarah (2021): Die Trendanalyse im Rahmen der datengestützten Bildungsberichterstattung. Konzeption, Begriffe und eine kleine Gebrauchsanweisung. In: Sarah Widany, Elisabeth Reichart, Johannes Christ und Nicolas Echarti (Hg.): Trends der Weiterbildung. DIE-Trendanalyse 2021. Bielefeld: wbv Media, S. 8–29.

Wilsdorf, Dieter (1991): Schlüsselqualifikationen. Die Entwicklung selbständigen Lernens und Handelns in der industriellen gewerblichen Berufsausbildung. München: Lexika Verlag Barbara Rumpf.

Windsor, Duane (2006): Corporate Social Responsibility: Three Key Approaches. In: *Journal of Management Studies* 43 (1), S. 93–114.

Winkler, Eva; Busch, Christine; Clasen, Julia; Vowinkel, Julia (2014): Leadership behavior as a health-promoting resource for workers in low-skilled jobs and the moderating role of power distance orientation. In: *Zeitschrift für Personalforschung* 28 (1–2), S. 96–116.

Wood, Donna J. (1991): Corporate Social Performance Revisited. In: *The Academy of Management Review* 16 (4), S. 691–718.

Wunderlich, Frieda (1926): Fabrikpflege. Ein Beitrag zur Betriebspolitik. Berlin: Verlag von Julius Springer.

Zeier, Brigitte (1999): Betriebliche Sozialarbeit im Personalwesen. Das Beispiel der Siemens AG. In: *Soziale Arbeit* 48 (12), S. 437–440.

Züchner, Ivo; Cloos, Peter (2012): Das Personal der Sozialen Arbeit. Größe und Zusammensetzung eines schwer zu vermessenen Feldes. In: Werner Thole (Hg.): Grundriss Soziale Arbeit. Ein einführendes Handbuch. 4. Auflage. Wiesbaden: VS Verlag für Sozialwissenschaften, S. 933–954.

## Gesetze

Arbeitsschutzgesetz (ArbSchG) – Gesetz über die Durchführung von Maßnahmen des Arbeitsschutzes zur Verbesserung der Sicherheit und des Gesundheitsschutzes der Beschäftigten bei der Arbeit – vom 7. August 1996 (BGBl. I S. 1246), das zuletzt durch Artikel 12 des Gesetzes vom 22. November 2021 (BGBl. I S. 4906) geändert worden ist. Nichtamtliche Fassung. Online verfügbar unter https://www.gesetze-im-internet.de/arbschg/BJNR124610996.html#BJNR124610996BJNG000200000, zuletzt geprüft am 19.03.2022.

Mediationsgesetz (MediationsG) – Mediationsgesetz – vom 21. Juli 2012 (BGBI. I S. 1577), das durch Artikel 135 der Verordnung vom 31. August 2015 (BGBI. I S. 1474) geändert worden ist. Nichtamtliche Fassung. Online verfügbar unter https://www.gesetze-im-internet.de/mediationsg/BJNR157710012.html, zuletzt geprüft am 21.03.2022.

Sozialgesetzbuch (SGB) Neuntes Buch (IX) – Rehabilitation und Teilhabe von Menschen mit Behinderungen – vom 23. Dezember 2016 (BGBl. I S. 3234), das zuletzt durch Artikel 7c des Gesetzes vom 27. September 2021 (BGBl. I S. 4530) geändert worden ist. Nichtamtliche Fassung. Online verfügbar unter https://www.gesetze-im-internet.de/sgb_9_2018/BJNR323410016.html, zuletzt geprüft am 19.03.2022.

# Abbildungsverzeichnis

# Tabellenverzeichnis

# Anlagenverzeichnis

*Die Anlagen zu dieser Arbeit wurden gesondert elektronisch erfasst. Da im Text jedoch auf sie verwiesen wird, werden sie hier der Vollständigkeit halber aufgelistet.*

# Über den Autor

Hoang Long Nguyen ist wissenschaftlicher Mitarbeiter am Institut für Berufspädagogik und Berufliche Didaktiken an der Fakultät Erziehungswissenschaften der TU Dresden. Seine Forschungsschwerpunkte sind in der Sozialen Arbeit, Erwachsenenbildung/Weiterbildung und Berufspädagogik angesiedelt. Sie umfassen u. a. die Erforschung von Arbeitsaufgaben, Qualifikationen und Kompetenzen des betrieblichen Sozialberatungspersonals, betriebliche Sozialberatung im Kontext von Corporate Social Responsibility sowie Monitoring und Evaluation in der internationalen Berufsbildungsforschung und Berufsbildungszusammenarbeit.